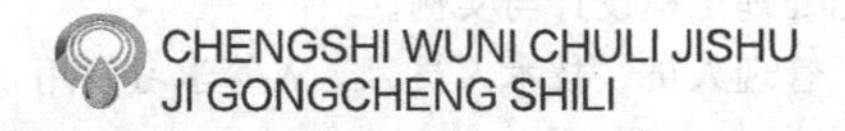

城市污泥处理技术及工程实例

赵玉鑫　刘颖杰　主编

许 颖　蒋宝军　张 岩　副主编

化学工业出版社

·北京·

本书共分5章，主要介绍了绪论，城市污泥传统处理处置技术、城市污泥处理处置新技术、污泥资源化利用技术、城市污泥处理工程设计与实例。

本书可供城市污水处理厂管理人员、技术人员、工人等学习使用，也可供高等学校环境工程专业师生教学参考。

图书在版编目(CIP)数据

城市污泥处理技术及工程实例/赵玉鑫，刘颖杰主编.
北京：化学工业出版社，2016.8（2023.6重印）
ISBN 978-7-122-27437-3

Ⅰ.①城… Ⅱ.①赵… ①刘… Ⅲ.①城市-污泥处理
Ⅳ.①X703

中国版本图书馆CIP数据核字（2016）第143312号

责任编辑：董　琳　　文字编辑：汲永臻
责任校对：边　涛　　装帧设计：王晓宇

出版发行：化学工业出版社（北京市东城区青年湖南街13号　邮政编码100011）
印　　装：涿州市般润文化传播有限公司
787mm×1092mm　1/16　印张15½　字数403千字　2023年6月北京第1版第3次印刷

购书咨询：010-64518888　　售后服务：010-64518899
网　　址：http://www.cip.com.cn
凡购买本书，如有缺损质量问题，本社销售中心负责调换。

定　　价：98.00元

前言

活性污泥法是污水处理中应用最广泛最成熟的技术。全世界大约有90%的污水处理厂采用该法作为核心技术。然而，活性污泥法的最大特点是产生大量的剩余污泥，该污泥含水率高，脱水困难，处理费用昂贵，据资料表明，污泥处理费用占污水处理厂总处理费用的20%～50%，占总运行费用的25%～65%。同时，剩余污泥中含有相当量的有毒有害物质（如寄生虫卵、病源微生物、重金属）及未稳定化的有机质、难降解有机物，如不经妥善处理处置而直接进入环境会带来二次污染，对生态环境和人类健康构成严重威胁。

相较于污水处理工艺的成熟与快速发展，长期以来我国污泥处理处置严重滞后，在现有的污水处理厂中，有污泥稳定处理设施的不到25%，处理工艺和配套设施完善的不到10%。近年来，随着工业化和城市化步伐的加快，污水处理率不断提高，污泥产量剧增，并且随着自然资源的日渐匮乏，污泥安全处理处置的需求与压力进一步加大，昔日一埋了之的简单做法已经落伍，污泥处理必须坚决遵循“减量化、无害化、稳定化、资源化”原则，在得到安全处理处置的前提下最大化地实现资源循环利用。在此背景下，污泥处理处置技术研究发展快速，其中某些技术已经实现工业化或者处于工程设计之中，因此本书在介绍了城市污泥的概念、来源、危害的基础上，介绍了部分目前占主导地位的污泥处理技术（如污泥厌氧消化、好氧消化、填埋等）的原理、操作条件、工艺组成、影响因素及存在问题，并重点对近年来污泥处理的新技术（如污泥减量化技术、污泥稳定化技术、污泥资源化技术等）的相关原理、新进展、工艺组成、操作条件、影响因素，以及相关的工程设计、施工管理和工程示范进行收集、整理和介绍。希望本书能够为从事污泥处理处置的相关人员提供经验和借鉴。

本书由吉林建筑大学赵玉鑫和哈尔滨商业大学刘颖杰主编，哈尔滨商业大学许颖、吉林建筑大学蒋宝军、中国市政工程东北设计研究总院有限公司张岩任副主编。具体编写分工如下：第1章1.1～1.4、1.6、第2章2.4、第4章由哈尔滨商业大学苏欣颖编写；第1章1.5由哈尔滨商业大学路文圣、李俊生编写；第2章2.1～2.3、第5章5.3由哈尔滨商业大学许颖编写；第3章由吉林建筑大学赵玉鑫编写；第5章5.1由吉林建筑大学蒋宝军、陈玉婷、杨静、张军军，中国市政工程东北设计研究总院有限公司张岩，吉林省辽源市环境卫生管理处贾德生编写；第5章5.2、5.4～5.12由哈尔滨商业大学刘颖杰编写。全书最终由赵玉鑫统稿、定稿。此外，吉林建筑大学研究生朱心悦、姜岩、汪雨薇，本科生杨占斌对本书的出版作出了较大贡献，在此一并致谢。

本书的编写得到国家自然基金青年基金（51208226）、黑龙江省教育厅科学技术研究项目（12541208）和哈尔滨商业大学博士科研启动项目（13DL013，14LG012，15KJ16）的资助，在此表示感谢。同时感谢在本书编写过程中提供资料的朋友以及其他同行专家的支持和帮助。

编者

2016年4月

目录

第1章 绪论

第2章 城市污泥传统处理处置技术

第 4 章　污泥资源化利用技术

第 5 章　城市污泥处理工程设计与实例

参考文献

第1章 绪论

1.1 城市污泥的产生

1.1.1 城市污泥的来源

本书中所指的城市污泥是城市净水厂、污水处理厂及工业废水处理系统在进行水处理过程中所产生的污泥。城市污水厂产生的污泥是城市污泥的主要来源，在城市污泥中所占的比重一般超过 90%，是城市污泥的主要处理对象。当前，随着城市化进程的加快和人民生活水平的不断提高，生活污水和工业废水的产生量迅速增加，污水处理的普及程度也得到迅速扩大，由城市水处理厂排放出来的污泥，特别是由城市污水处理厂排放出来的剩余污泥量迅猛增长。据统计，我国城市污水处理厂每年产生的污泥总量已超过 50 万吨，"治水不治泥，等于没治水"已成为业内的共识，如何对数量庞大的污泥进行合理有效地处理处置已成为环保工作者一项刻不容缓的任务。

对于工业废水处理产生的污泥来说，由于工业废水本身的性质多变，相应的处理工艺也变化很大，因此，工业废水处理过程中的具体污泥来源环节较难定义。而城市污水处理厂的污泥，则因污水性质和工艺具有相似性，其在污水处理过程中的产生环节相对确定。城市污水处理厂的污泥来源见表 1-1。

表 1-1　城市污水处理厂的污泥来源

污泥类型	来源	污泥特性
栅渣	格栅	包括粒径足以在格栅上去除的各种有机或无机物，有机物料的数量在不同的污水处理厂和不同的季节有所不同；栅渣量为(3.5～80)cm^3/m^3，平均约为 $20cm^3/m^3$，主要受污水水质影响
无机固体颗粒	沉砂池	无机固体颗粒的量约为 $30cm^3/m^3$，这些固体颗粒中也可能含有有机物，特别是油脂，其数量的多少取决于沉砂池的设计和运行情况
初次沉淀污泥	初次沉淀池	由初次沉淀池排出的初次沉淀污泥通常为灰色糊状物，其成分取决于原污水的成分，产量取决于污水水质与初沉池的运行情况，干污泥量与进水中的 SS 和沉淀效率有关，湿污泥量除与 SS 和沉淀效率有关外，还直接决定于排泥浓度

续表

污泥类型	来源	污泥特性
剩余活性污泥	二次沉淀池	传统活性污泥工艺等生物处理系统中排放的剩余污泥，其中含有生物体和化学试剂，产生量取决于污水处理所采用的生物处理工艺和排泥浓度
化学污泥	化学沉淀池	指混凝沉淀工艺中形成的污泥，其性质取决于采用的混凝剂种类，数量则由原污水中的悬浮物量和投加的药剂量决定
浮渣	初次沉淀池或二次沉淀池	浮渣主要来自初次沉淀池和二次沉淀池。浮渣中的成分较复杂，一般可能含有油脂、植物和矿物油、动物脂肪、菜叶、毛发、纸和棉织品等，浮渣的数量约为 $8g/m^3$

1.1.2 城市污泥的分类

污泥一般指介于液体和固体之间的浓稠物，可以用泵输送，但很难通过沉降进行固液分离。悬浮液浓度一般在0.5%～5%，低于此浓度常称为泥浆。由于污泥的来源及水处理方法不同，产生的污泥性质不一，导致污泥的种类很多，分类也比较复杂，目前一般可按以下方法分类。

(1) 按来源分类　污泥按来源分主要有生活污水污泥、工业废水污泥和给水污泥。生活污水污泥是生活污水在处理过程中产生的污泥。生活污水污泥中有机物含量一般相对较高，重金属等污染物的浓度相对较低。工业废水污泥是工业废水处理过程中产生的污泥，工业废水污泥的特性受工业性质的影响较大，其中含有的有机物及各种污染物成分也变化较大。给水污泥是净水厂在对原水进行混凝沉淀过程中产生的污泥，污泥成分主要是胶体和混凝剂，属于化学污泥。同工业废水和生活污水处理过程中产生的生物污泥相比，给水污泥产生量较少，处理也相对容易。

(2) 按处理方法和分离过程分类　污泥可分为沉淀污泥（包括物理沉淀污泥、混凝沉淀污泥、化学沉淀污泥）及生物处理污泥（包括剩余污泥、生物膜法污泥）。随着废水处理普及二级生物处理，目前一般废水处理厂的污泥大都是沉淀污泥和生物处理污泥的混合污泥。

(3) 按污泥的成分和某些性质分类　污泥可分为有机污泥和无机污泥；亲水性污泥和疏水性污泥。生活污水处理产生的混合污泥和工业废水产生的生物处理污泥是典型的有机污泥，其特性是有机物含量高（60%～80%），颗粒细（0.02～0.2mm），密度小（1002～$1006kg/m^3$），呈胶体结构，是一种亲水性污泥，容易管道输送，但脱水性能差。混凝沉淀污泥、化学沉淀污泥以及沉砂池产生的泥渣大都属无机污泥，以无机物为主要成分的无机污泥往往称为沉渣。它的特性是有机物含量少、颗粒粗、密度大、含水率低，一般呈现疏水性，容易脱水，但流动性差，不易用管道输送。

1.1.3 城市污泥产生量

城市污水处理厂产生的污泥是由无机颗粒、有机残片、细菌菌体、胶体等组成的极其复杂的非均质物质，是污水处理后的产物。其含水率较高、有机物含量高、有毒有害物的含量高、颗粒较小、密度较小，而且呈胶状液体，是介于液体和固体之间的浓稠物质。

生活污水和工业废水生物处理过程中污泥产生的主要环节为：格栅、沉砂池、初沉池和二沉池。前三个环节产生的污泥来源于废水原来含有的悬浮固体而称为初沉污泥，二沉池产生的污泥则由废水中胶体和溶解性污染物轻微生物代谢而产生，一般称为二沉污泥或生化污泥。活性污泥是生化污泥的主体，是多种细菌和杂质构成的聚合体。菌胶团是活性污泥的重要组成部分，具有较强的吸附和氧化有机物的能力，在污水生物处理中具有重要作用。活性污泥性能的好坏，可根据所含菌胶团多少、大小和结构的紧密程度确定。污水中的有机物被活性污泥颗粒吸附在菌胶团的表面，同时一些大分子有机物在细菌胞外酶作用下分解为小分子有机物，微生物在氧气充足的条件下，吸收这些有机物，氧化分解形成二氧化碳和水，使污水中有机物得到降解而去除，活性污泥本身得到繁衍增长，污水从而得到净化。因此有污水处理，必会产生污泥，而且处理程度越高，污泥产量越大。

污泥的产生量是指各种废水净化处理后所排出的污泥总量。由于废水的水质和处理方法不同，即使用相同的方法处理产生的污泥量也不同，加之操作控制不同，污泥的含水率不定，推断污泥的产生量极为困难。据估计目前生物处理的废水量占废水总量的65%，其产生的污泥量占很大比例。

污泥的产率与多种因素有关，如废水水质、处理工艺和处理要求等。图1-1为活性污泥法处理废水时每千克生化需氧量（BOD）去除率对污泥产量的影响。图中建议的设计曲线是用来决定污泥处理设备能力的大小，所以比实际产率大。中国实行二级处理的城市污水厂污泥产生量中，初沉污泥约占60%～70%，生化污泥为30%～40%。

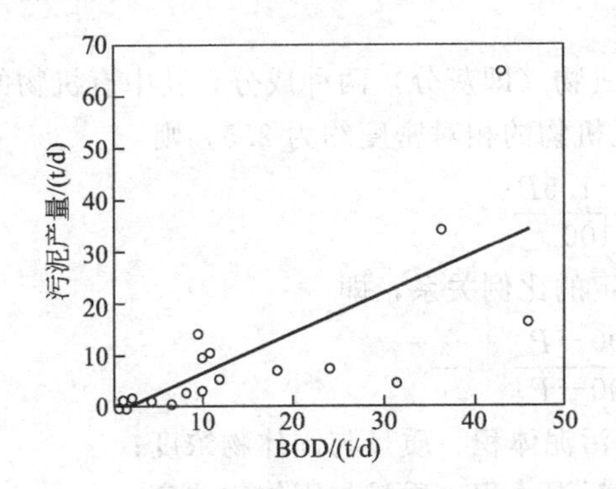

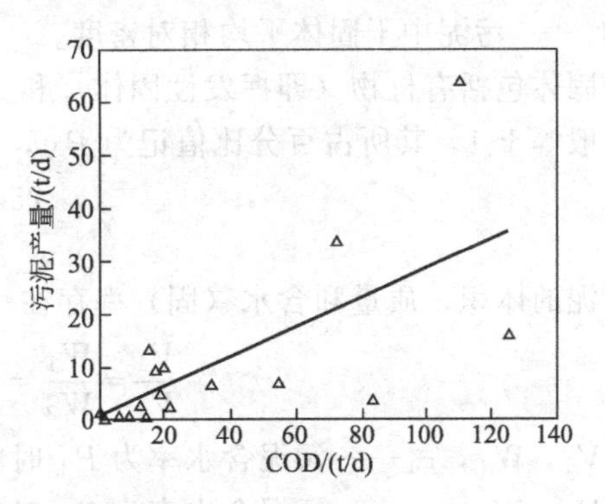

图1-1 BOD去除率对污泥产量的影响（石油化工废水）

2000年我国工业和城市生活废水排放总量为415×10^{8}t，其中工业废水排放量为194×10^{8}t，城市生活污水排放量为221×10^{8}t。化学需氧量（COD）排放总量1445×10^{4}t，其中工业废水中COD排放量705×10^{4}t，生活污水中COD排放量为740×10^{4}t。如果万吨废水污泥产生量的平均值为2.7t（干重），415×10^{8}t废水65%用生物处理，则将产生728×10^{4}t（干重）污泥。2000年全国工业废水处理率为94.7%，生活污水25%，按此计算中国每年产生的污泥量约420×10^{4}t，折合含水80%的脱水污泥为2100×10^{4}t。截至2014年3月底，我国城镇累计建成污水处理厂3622座，污水处理能力约$1.53\times10^{8}m^{3}/d$，80%含水率的污泥产量已超过3000×10^{4}t/a；2015年，我国年产污泥（80%含水率）总量达到3359×10^{4}t；预计到2018年，80%含水率的污泥产量将进一步突破4000×10^{4}t/a。

1.2 污泥的性质和组成

1.2.1 污泥的物理性质

污泥的物理性质对污泥的预处理过程有明显的影响。表征污泥物理性质的常用指标主要有含水（固）率、密度、比阻、可压缩性、水力特性和粒径等。不同类别城市污泥由于组成不同，物理性质有较大差异。污泥的处理方向差异不同，物理性质分析重点会有所不同。

（1）含水率　污泥中所含水分的质量与污泥质量之比称为污泥含水率。含水率是污泥性质的关键指标，污泥处理处置工艺的选择和工艺效果的好坏都与含水率息息相关。城市污水厂污泥的含水率取决于污水的水质、其产生的处理工艺环节和工艺运行条件等因素。原生污泥的含水率极高，初沉污泥的含水率在95%～97%之间，剩余活性污泥的含水率在99.2%～99.6%之间，也就是说污泥中只有0.8%～0.4%的固体物质，其他都是水。《城市污水处理厂污水污泥泥质》(GB 24188—2009）规定，污泥脱水后含水率必须低于80%，即便是脱水后的污泥，也只有20%的固体物质。实际上，降低污泥的含水率是实现污泥减量化的首要任务。

（2）密度　污泥的密度指的是单位体积污泥的质量，其数值也常用相对密度，即污泥与水（标准状态）的密度之比来表达。污泥相对密度与污泥固体密度的关系如下：

$$\gamma=\frac{P(1-\gamma_s)+100\gamma_s}{100} \tag{1-1}$$

式中　γ——污泥的相对密度；

P——污泥含水率；

γ_s——污泥中干固体平均相对密度。

干固体包括有机物（即挥发性固体）和无机物（即灰分）两种成分，其中有机物的相对密度一般等于1，其所占百分比值记为P_V，无机物的相对密度约为2.5，则

$$\gamma_s=\frac{250-1.5P_V}{100}$$

污泥的体积、质量和含水（固）率存在一定的比例关系，即

$$\frac{V_1}{V_2}=\frac{W_1}{W_2}=\frac{100-P_2}{100-P_1}=\frac{c_2}{c_1} \tag{1-2}$$

式中　V_1，W_1，c_1——污泥含水率为P_1时的污泥体积、质量与固体物浓度；

V_2，W_2，c_2——污泥含水率为P_2时的污泥体积、质量与固体物浓度；

P_1——脱水前的污泥含水率；

P_2——脱水后的污泥含水率。

式（1-2）适用于含水率大于65%的污泥，因含水率低于65%以下，污泥内出现很多气泡，体积与质量不再符合式（1-2）关系。

由式（1-2）可知，污泥的含水率与污泥的体积之间关系密切，当污泥含水率由99%降到98%，污泥体积均能减少一半，即污泥含水率越高，降低污泥含水率对减容的作用则越大。

（3）比阻和压缩系数　比阻（α_{av}）为单位过滤面积上，滤饼单位干固体质量所受到的阻力，其单位为m/kg。

$$\alpha_{av}=\frac{2\Delta p A^2 k_b}{\mu\omega} \tag{1-3}$$

式中　Δp——过滤压力（为滤饼上下表面间的压力差），N/m^2；

A——过滤面积，m^2；

k_b——过滤时间/滤液体积的斜率，s/m^6；

μ——滤液动力黏度，$(N\cdot s)/m^2$；

ω——滤液所产生的滤饼干质量，kg/m^3。

污泥比阻用来衡量污泥脱水的难易程度，它反映了水分通过污泥颗粒所形成泥饼层时，所受阻力的大小。比阻与过滤压力及过滤面积的平方成正比，与滤液的动力黏滞度及滤饼的干固体质量成反比，并取决于污泥的性质。不同的污泥种类，其比阻差别较大。一般来说，

比阻小于 1m/kg 的污泥易于脱水，大于 1m/kg 的污泥难以脱水。

(4) 水力特性　污泥的水力特性主要是指其流动性和可混合性，它受许多因素的影响，如温度、污水水质、流速、黏度等，但归结起来主要受黏度的影响。

1.2.2 污泥的化学性质

城市污泥的化学性质描述主要是为处理与利用污泥的方法选择服务的，一般包含酸碱度、有机质含量、植物养分含量、热值、毒害物质含量及其可浸出性等方面。

(1) 基本理化性质　城市污泥的基本理化成分如表 1-2 所示。可见城市污水厂污泥是以有机物为主（颗粒相）的废弃物，有一定的反应活性，理化性质随处理状况的变化而产生改变。

表 1-2　城市污水厂污泥的基本理化成分

项　目	初次污泥	剩余活性污泥	厌氧消化污泥
pH	5.0～6.5	6.5～7.5	6.5～7.5
干固体总量/%	3～8	0.5～1.0	5.0～10.0
挥发性固体总量(以干重计)/%	60～90	60～80	30～60
固体颗粒密度/(g/cm^3)	1.3～1.5	1.2～1.4	1.3～1.6
容量	1.02～1.03	1.0～1.005	1.03～1.04
BOD_5/VS	0.5～1.1		
COD/VS	1.2～1.6	2.0～3.0	
碱度(以 $CaCO_3$ 计)/(mg/L)	500～1500	200～500	2500～3500

(2) 植物养分　污水厂污泥含有丰富的植物养分，可转化为植物培植基质（人造表土、土壤调理剂、有机肥等）。污水厂污泥植物养分的组成主要取决于污水水质和处理工艺。

(3) 能量含量　污泥的能量含量可以其燃烧热值来表征，燃烧热值的大小不仅与其燃烧能量转化的效能有关，也是污泥生物与热化学能量转化的依据。

(4) 毒害物质含量　污水厂污泥中所含的毒害物质主要有重金属和有机化合物两类。尽管目前已确定的各类优先有机毒害物均有在污泥中存在的报道，但定量地描述污泥中有机毒害物的分析数据还非常缺乏和不全面。城市污水厂污泥中有害物质的现有分析结果以重金属含量为主。

1.2.3 污泥的生物性质

(1) 生物含量　污水污泥中含有大量的细菌、病毒、原生生物、寄生虫卵及其他的微生物，其中部分的微生物会对人体产生危害。对于特定的城市污水污泥中微生物种类和数量，特别对病原菌含量而言，很大程度取决于城市的生活水平，并且会随时间的改变而产生较大变化。

(2) 污泥可生化性　一般生物源有机质中约含 50%的碳（占干重），污泥中含有大量的有机物，其中的碳水化合物可被微生物用作生物活动的能源和碳源。

1.3 污泥的危害性和资源性

1.3.1 污泥的危害性

污水污泥是污水处理后的产物，而且随时间、地点、生活水平的差异，污泥的构成、污染物的构成与浓度各不相同，污泥不加任何处理的弃置、不合理的处置都可能对人类健康和环境造成不可恢复的破坏和影响。我国很多污水处理厂在规划设计之初“重水轻泥”，成千吨的污泥常常得不到妥善处理，被大规模弃置在河湖、堤岸、沟壑、田地中，有机质逐渐腐败，对环境造成严重的二次污染。污泥的危害性具体表现如下。

（1）污泥量大，环境负担重　随着我国污水处理能力的提升，污泥产量大幅增长。截至2012年6月底，全国城市和县城累计建成城镇污泥处理厂3243座，日处理能力达到$1.15\times10^8 m^3$，以每处理万吨污水平均产生6t的湿污泥（含水率80%）估算，按实际污水处理量计，全国城镇污水处理厂每天产生湿污泥约$6\times10^4 t$。大量的污泥如果得不到有效的处理处置，会对水体、土壤和大气造成极大的危害和负担。

（2）含水率高，处理难度大　城镇污水处理厂产生的初沉污泥含水率一般为97%，剩余活性污泥含水率更是大于99%，脱水污泥含水率也高达80%，含水率高造成运输成本高、堆放面积大，如填埋的话会造成挤压垃圾填埋场库容、堵塞垃圾渗滤液管等问题；含水率高易滋生细菌，并为其他有害生物的滋生提供条件；含水率高会使污泥中的污染物被雨水冲入水体，造成水体污染，同时造成土壤的污染。

（3）有机物高，腐败臭气多　污水污泥组成极其复杂，有机物含量高，虽然与国外污泥相比还是比较低的，干污泥中有机质含量平均值也有38%以上。有机物虽然是土壤养分、生物发育的主要来源，但如果处理不当，有机质极易产生腐败，散发出恶臭难闻的气味，同时还会产生甲烷等有害气体和挥发性有机物，污染周边空气，同时还会造成局部土壤的污染。

（4）有毒有害物多，威胁环境与人身安全　城镇居民生活会将各种各样的污染物带入污水中，而污水中污染物绝大部分又被浓缩到污泥中。污泥富集了污水中的污染物，也可能混入部分工业废水，因此会含有部分有毒有害的重金属，也会含有持久性有机化合物、环境持久性制药污染物、多环芳烃、挥发性有机化合物、环境外来物质等，此外还有大量的病原菌、病毒等。这些物质会对环境和人身安全造成较大的危害。

1.3.2 污泥的资源性

随着经济的发展及资源环境的日益紧张，人们越来越意识到污泥是一种很有利用价值的潜在资源，世界上许多国家都在大力发展污泥处理处置和利用的各种技术。除去80%左右的水分之外，污泥固体物质中的有机物在合理处置后可成为资源。

城市污水处理厂污泥中的有机物是一种十分有效的生物资源，它含有丰富的有益于植物生长的养分（N、P、K等）和大量的有机物，可以进行有效的利用。污泥进行稳定化无害化处理后，可以制成颗粒、粉状产品，作为有机土或有机肥料，用于园林绿化；污泥可以作为原料，和水泥厂协同处置；利用污泥中含有的大量有机物，可与煤、生活垃圾、秸秆等混合焚烧进行热力发电等。

对污泥的处理处置，应严格控制有毒有害物质，否则污泥不仅不能“变废为宝”，还会严重污染环境，危害人身健康。

1.4 污泥处理处置的技术原则

污泥的处理处置与其他固体废物的处理处置一样，都应遵循减量化、稳定化、无害化、资源化的原则。《城镇污水处理厂污染物排放标准》(GB 18918—2002) 规定了水、泥、气、声四个方面的全面达标，不仅是水污染物需要达到排放标准，污泥、臭气、噪声都有严格的控制标准。污泥有很明确的稳定化控制指标要求，厌氧消化、好氧消化、好氧堆肥的有机物降解率至少40%，污染物控制的标准限值，如重金属、有机污染物都有明确规定，没有实现污泥无害化和稳定化的污水处理是不完整的。

1.4.1 减量化原则

污泥减量化是指通过物理、化学、生物等方法降低剩余污泥产率和利用微生物自身内源呼吸作用进行氧化分解，使整个污水处理系统向外排放的生物固体量达到最少的方法。从广义上来看，污泥的减量化分为末端治理和源头控制两大部分。

(1) 末端治理　主要是针对污泥巨大的水分而言。污泥的含水率高，一般大于95%，体积很大，不利于贮存、运输和消纳。图1-2为$1m^3$含水率95%的生活污水污泥含水率降低与容积减少的关系。

由图可知含水率降低到85%，体积只有原来的1/3（333L）；降低到65%，体积只剩下原来的1/16（62.5L）。污泥含水率在85%以上，可以用泵输送污泥，含水率为70%～75%的污泥呈柔软状，60%～65%的污泥几乎成为固体状态，34%～40%时已经成为可离散状态，10%～15%的污泥则成粉末状态。因此可以根据不同的污泥处理工艺和装置要求，确定合适的脱水程度。

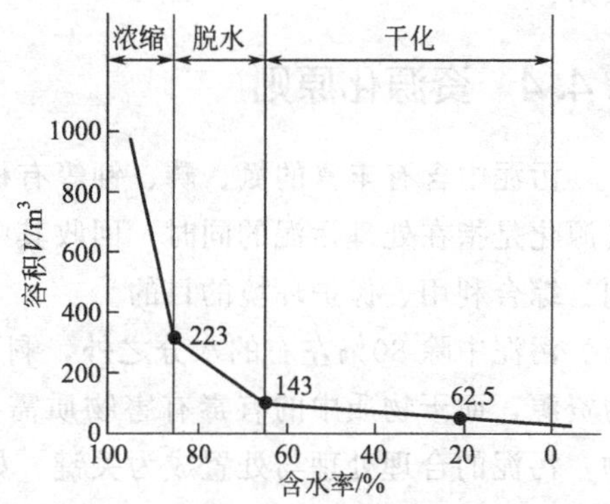

图1-2　$1m^3$含水率95%的生活污水污泥含水率降低与容积减少的关系

(2) 源头控制　是通常借助物理、化学和生物等方法，使活性污泥处理系统向外界排放的生物固体量最少，从根本上达到降低污染物的目的。源头减量化是从根本上、实质上减少污泥的产量。

虽然源头控制减量化和污泥脱水减容同属污泥减量范畴，但是污泥源头控制减量化与污泥减容化有本质的区别。污泥减容实质上是污泥浓缩过程，它只能减少污泥所占用的体积，并不能从根本上改变污泥的性能，更不能减少其对环境的危害，而污泥减量则是从源头抓起，在生产过程中减少其产量，这样才能减少污泥对环境的压力。若将污水处理看成生产过程，将清洁生产的理念运用到污水处理领域，那么剩余污泥的减量化就是从源头进行治理的“绿色生产”。经减量化后的污泥中有害物质浓度也将被成倍地浓缩，从而为无害化处理创造了更好的条件，可以大大降低无害化处理的费用。

1.4.2 稳定化原则

污泥的稳定化就是使污泥中的有机物达到GB 18918标准中的污泥有机物降解率要求。污泥中有机物含量60%～70%，极易因厌氧降解导致腐败并产生恶臭。通常需要采用生物好氧或厌氧消化工艺，使污泥中的有机组分转化成稳定的最终产物；有时候也可添加化学药剂，终止污泥中微生物的活性来稳定污泥，如投加石灰石，提高pH值，即可实现对微生物的抑制。pH值在11.0～12.2时可使污泥稳定，同时还能杀灭污泥中病原体微生物。但化学稳定法不能使污泥长期稳定，因为若将处理过的污泥长期存放，污泥的pH值会逐渐下降，微生物逐渐恢复活性，使污泥失去稳定性。

1.4.3 无害化原则

污泥的无害化就是达到污泥处理处置的泥质标准。污泥中尤其是初沉污泥含有大量病原菌、寄生虫卵及病毒，易造成传染病大面积传播。比如，肠道病原菌可随粪便排出体外，并进入废水处理系统，感染个体排泄出的粪便中病毒大于10^6个/g。有研究表明，污泥絮体可以通过吸附作用去除病毒。加到污泥悬浮液中的病毒能与活性污泥絮体结合，因而在水相中残留的相当少。病毒与活性污泥絮体的结合符合弗兰德里希吸附等温式。病毒与污泥絮体的吸附作用出现很快，用氚标记的脊髓灰质炎病毒与污泥絮体混合1min后60%即与污泥絮体结合，混合10min后，在水相中残留5%。日本对17个污水处理厂所取得的污泥样品分析，粪源大肠杆菌的平均个数为10^5个/g（MPN），而在消化污泥中其个数减少为10^3个/g（MPN）。污泥中还含有多种重金属离子和有毒有害的有机物，这些物质可从污泥中渗滤出来或挥发、污染水体和空气，造成二次污染。因此污泥处理处置过程必须充分考虑无害化原则。

1.4.4 资源化原则

污泥中含有丰富的氮、磷、钾等有机物及热量，其特点和性质决定了污泥的出路。污泥资源化是指在处理污泥的同时，回收其中的氮、磷、钾等有用物质或回收能源，达到变害为利、综合利用、保护环境的目的。

污泥中除80%左右的水分之外，剩下的20%固体物质中有机物在合理处理处置后可成为资源，而干物质中的有毒有害物质需要严格控制，否则二者混合在一起则使污泥成为废物，污泥的合理处理与处置成为关键。如前所述，城市污水处理厂污泥中的有机物是一种十分有效的生物资源，它含有丰富的有益于植物生长的养分（N、P、K等）和大量的有机物，可以进行有效的利用。污泥进行稳定化无害化处理后，可以制成颗粒、粉状产品，作为有机土或有机肥料，用于园林绿化；污泥可以作为原料，和水泥厂协同处置；利用污泥中含有的大量有机物，可与煤、生活垃圾、秸秆等混合焚烧进行热力发电等。随着污泥资源化利用的发展，人们越来越意识到污泥是一种很有利用价值的潜在资源，世界上许多国家都在大力发展污泥处理处置和利用的各种技术。

1.5 污泥处理处置的基本方法

污泥处理处置的方法很多，但最终目的是实现污泥减量化、稳定化、无害化和资源化。按照最终处置要求，污泥可经过浓缩、稳定、调理、脱水、灭菌、干化、堆肥、焚烧等一个或者多个工艺组合处理。图1-3为污泥处理处置系统的基本工艺流程，各种污泥处理处置工艺如表1-3所示。

1.5.1 我国污泥处理处置的基本方法

我国污泥处理与处置尚处于起步阶段，在全国现有污水处理设施中有污泥稳定处理设施的还不到1/2，处理工艺和配套设备较为完善的不到1/10，能够正常运行的为数更少，随着我国城市化进程的加快和污水处理率的提高，污泥的处理处置已成为我国环境保护中面临的日益紧迫和严峻的问题。

从我国已建成的污水处理厂来看，污泥处理工艺大致可归纳为如表1-4所示的18种污泥处理流程，表1-5为上海市城市污水处理厂污泥现况。

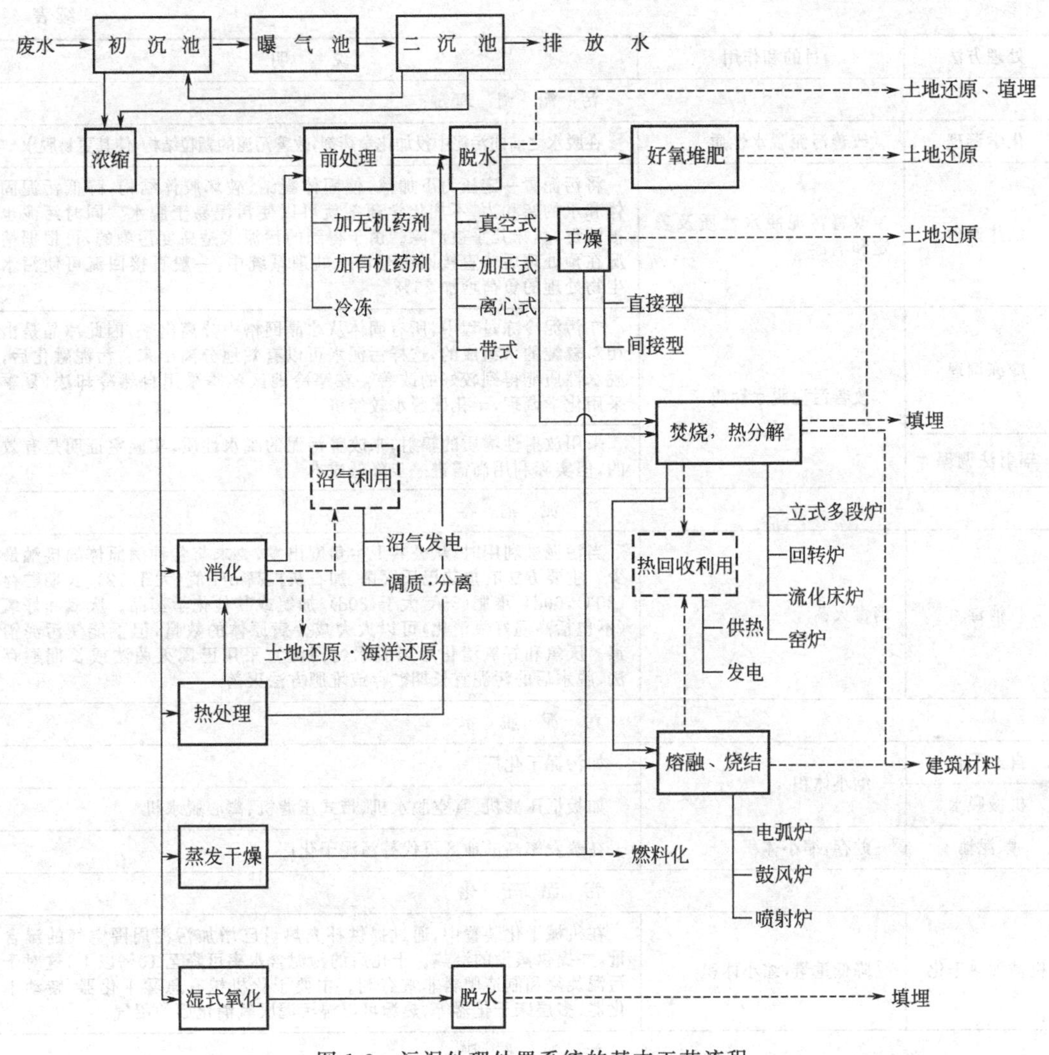

图 1-3　污泥处理处置系统的基本工艺流程

表 1-3　各种污泥处理处置工艺

处理方法	目的和作用	说明
污泥浓缩		
重力浓缩	缩小体积	
气浮浓缩		
机械浓缩		利用机械设备浓缩污泥，如离心浓缩、转鼓浓缩等
污泥稳定		
加氯稳定	稳定	利用高剂量的氯气与污泥接触以对其进行化学氧化
石灰稳定		将足够量石灰加入到污泥中，使 pH 维持在 12 或者更高，以此破坏导致污泥腐化的微生物生存条件
厌氧消化	稳定、减少质量	利用厌氧微生物的作用，在无氧和一定的温度条件下，使部分有机物进行分解生成沼气等产物，达到稳定的目的
好氧消化		利用剩余污泥的自身氧化作用，类似于活性污泥法，采用较长的污泥泥龄。其初期投资较少，但提供氧的动力费用较高

续表

处理方法	目的和作用	说　明
		污　泥　调　理
化学调理	改善污泥脱水性质	在脱水之前向污泥中投加化学药剂,改善污泥的颗粒结构,使其更易脱水
加热调理	改善污泥脱水性质及稳定和消毒	将污泥置一定压力下加热,使固体凝结,破坏胶体结构,降低污泥固体和水的亲和力,不加化学药剂就可以使污泥易于脱水。同时污泥也被消毒,臭味几乎被消除。由于得到的污泥水是高度污染的,可根据情况在预处理后或直接回流至污水处理系统中,一般直接回流可使污水生物处理的负荷增加25%
冷冻调理	改善污泥脱水性质	在污泥冷冻过程中,所有固体从冰晶网格中分离出来,因此冰晶是由相对较纯的水组成的,这样污泥水可以有效地分离出来。污泥融化后,脱水性质能得到较好的改善。在寒冷地区冬季采用自然冷却法,夏季采用化学调理,干化床脱水较经济
辐射法调理		采用放射性物质的辐射,来改善污泥的脱水性质,实验室证明是有效的,但实际利用尚需进一步降低成本
		污　泥　消　毒
消毒	消毒灭菌	当污泥被利用时,从公共卫生角度出发,要求与各种病原体的接触最少。主要方法有加热巴氏灭菌、加石灰提高pH值(大于12)、长期贮存(20℃,60d)、堆肥(55℃大于,30d)、加氯或其他化学药品。厌氧和好氧(不包括高温好氧消化)可以大大减少病原体的数量,但不能使污泥消毒。厌氧和好氧消化后未脱水的污泥宜采用巴氏灭菌法或长期贮存法,脱水后的污泥宜长期贮存或堆肥方法灭菌
		污　泥　脱　水
自然干化	缩小体积	如污泥干化厂
机械脱水		如板框压滤机、真空脱水机、带式压滤机、离心脱水机
贮泥池	贮存,缩小体积	在蒸发率高的地区可代替污泥干化厂
		污　泥　干　化
机械加热干化	降低重量,缩小体积	在机械干化装置中,通过提供补充热量已增加污泥周围空气的湿含量,并提供蒸发的潜热。干化后的污泥含水率可降至10%以下,这对于污泥焚烧和制造肥料非常有利。主要干化机械有急骤干化器、转动干化器、多层床干化器等,热源可以湿污泥厌氧消化后的沼气
		污　泥　堆　肥
污泥堆肥	回收产物,缩小体积,提高污泥用于农业的适用性	堆肥是将干污泥中的有机物进行好氧氧化和降解形成稳定的,类似腐殖质最终产物的过程。堆肥后的污泥可用作土壤的改良剂。堆肥过程所用的氧气可以通过定期机械翻动混合堆肥和强制通风的措施来实现。污泥可以单独堆肥,也可以和木屑或者城市垃圾一并堆肥
		污　泥　焚　烧
污泥焚烧	缩小体积	如果污泥肥效不高,或者存在有毒的重金属,不能保证其用于农业,污泥可以焚烧。由于焚烧的污泥一般是未经好氧或厌氧消化处理而直接脱水后的污泥,这种污泥热值较高。主要焚烧设备形式有回转窑炉、多段焚烧炉、流化床焚烧炉等
		污泥最终处置
卫生填埋	接纳处理后的污泥,解决处理后污泥的最终出路	可以和城市垃圾一起在垃圾填埋场进行卫生填埋,要求处理后的污泥体积尽可能小,且有较高的承载能力
农业利用	接纳处理后的污泥,充分利用污泥的肥分、改良土壤,解决处理后污泥的最终出路	处理后的污泥应具有较高的肥分,重金属和有毒有害物的含量达到农用标准
建材利用	接纳处理后的污泥,利用污泥的土质成分,烧制砖瓦等,解决处理后污泥的最终出路	烧制砖瓦、制造轻集料等需要处理后的土质污泥,而利用玻璃体集料技术则可接纳处理后的污水污泥

表 1-4 我国已建成污泥处理厂污泥处理流程

编号	污泥处理流程
1	浓缩池—最终处置
2	双层沉淀池污泥—最终处置
3	双层沉淀池污泥—干化场—最终处置
4	浓缩池—消化池—湿污泥池—最终处置
5	浓缩池—消化池—机械脱水—最终处置
6	浓缩池—湿污泥池—最终处置
7	浓缩池—两相消化池—湿污泥池—最终处置
8	浓缩池—两级消化池—最终处置
9	浓缩池—两级消化池—机械脱水—最终处置
10	初沉池污泥—消化池—干化场—最终处置
11	初沉池污泥—两级消化池—机械脱水—最终处置
12	接触氧化池污泥—干化场—最终处置
13	浓缩池—消化池—干化场—最终处置
14	浓缩池—干化场—最终处置
15	初沉池污泥—浓缩池—两级消化池—机械脱水—最终处置
16	浓缩池—机械脱水—最终处置
17	初沉池污泥—好氧消化—浓缩池—机械脱水—最终处置
18	浓缩池—厌氧消化—浓缩池—机械脱水—最终处置

注：未注明的污泥均为活性污泥。

表 1-5 上海市城市污水处理厂污泥现状

编号	厂名	污泥量(干重)/(t/d)	年污泥量(干重)/t	污泥处理方式	污泥出路
1	白龙巷	210	76650	离心脱水	填埋
2	竹园一厂	245	89425	离心脱水	填埋
3	石洞口	48	17520	压滤脱水干化焚烧	
4	曲阳	11.25	4106	脱水	外运
5	天山	11.25	4106	重力浓缩	外运
6	龙华	15.75	5749	离心脱水	外运
7	闵行	7.5	2738	重力浓缩	外运
8	泗塘	3	1095	重力浓缩	外运
9	吴淞	6	2190	带机脱水	外运
10	长桥	3	1095	重力浓缩	外运
11	桃浦	12	4380	焚烧	
12	莘庄	4.5	1643	重力浓缩	外运
13	南桥	1.5	548	厌氧消化＋带机脱水	集中堆放,少量做肥料
14	朱泾	2.55	931	重力浓缩	外运
15	嘉定	4.5	1643		外运做农肥、填河
16	安亭	3.75	1369	重力浓缩	外运
17	松江	10.2	3723	厌氧消化＋脱水	农用或填埋
18	周浦	1.875	684	重力浓缩	外运
19	青浦	2.25	821	重力浓缩	外运
合计		603.9	220416		

污泥浓缩、污泥稳定、污泥脱水是我国应用最为广泛的处理技术。我国污水处理厂所采用的污泥浓缩方式如图 1-4 所示，限于我国的经济状况，污泥中有机物含量低，所以重力浓缩仍将是今后主要的污泥减容手段。我国现有的污泥脱水措施主要是机械脱水，而自然干化场由于受到地区条件的限制很少被采用。

我国目前常用的污泥稳定方法是厌氧消化，好氧消化和污泥堆肥也被部分采用。污泥堆肥正处于不断研究阶段，而热解和化学稳定方法由于技术原因和经济、能耗的原因而很少被采用。图 1-5 为我国目前常用的污泥稳定方法。

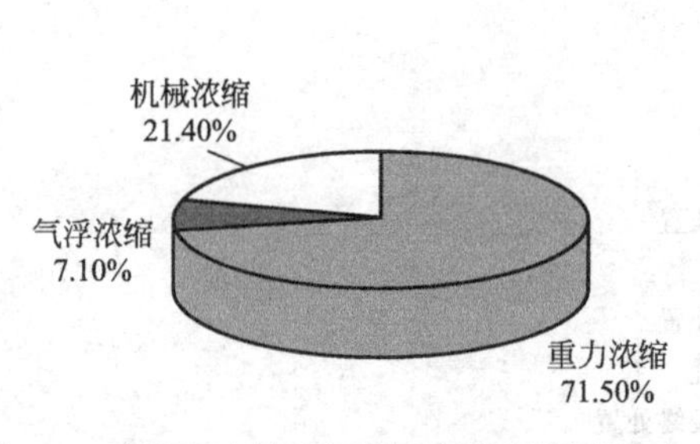

图 1-4　我国污水处理厂所采用的污泥浓缩方式

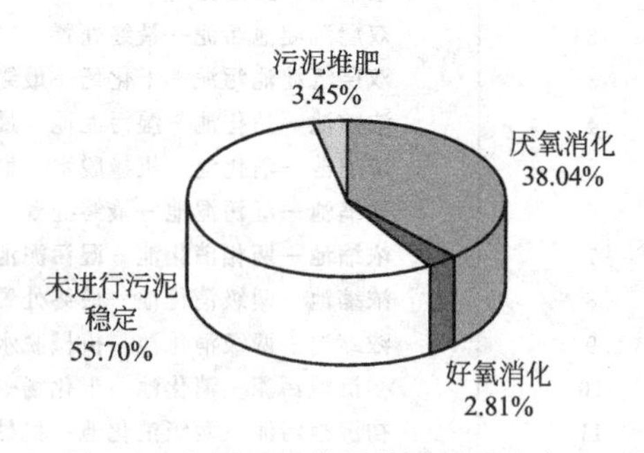

图 1-5　我国目前常用的污泥稳定方法

由图可见，我国城镇污水污泥中有 55.70%没有经过任何稳定处理，未经稳定处理的污泥将对环境造成严重的污染，就我国现有的经济能力和技术条件，厌氧消化后的污泥具有易脱水、性质稳定等特点，所以今后污泥稳定仍将以厌氧消化为主，而污泥好氧堆肥是利用好氧微生物作用进行好氧发酵，将污泥转化为类腐殖质的过程，堆肥后污泥稳定化、无害化程度高，是经济简便、高效低耗的污泥稳定化无害化技术，在我国拥有广阔的应用前景。

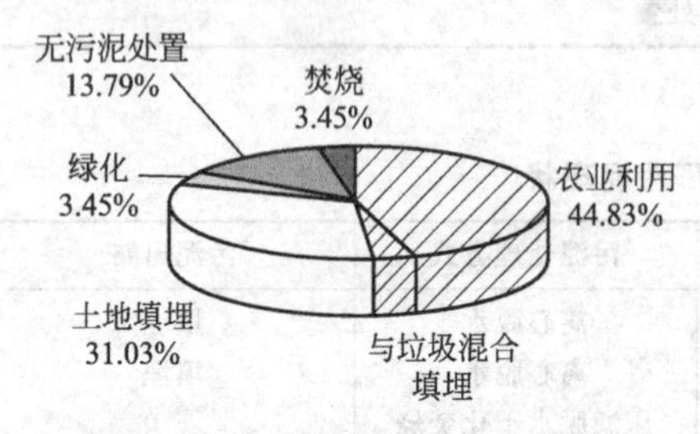

图 1-6　我国污泥最终处置方法

我国污泥最终处置主要方法为农业利用、园林绿化利用、填埋、建筑材料利用等，我国污泥最终处置方法如图 1-6 所示。

这些处理和处置的比例都是在特定条件下估算，据统计，我国用于处理处置的投资约占污水处理厂总投资的 20%～50%，污泥处理处置仍处于严重滞后状态。

2003 年开始，我国主要大城市，开始进行污泥处理处置规划研究，对其技术方案进行充分论证。如：广州市近期采取污泥制砖；深圳市已完成污泥专项规划，各项水处理厂拟采用污泥处理处置工艺如表 1-6 所示；上海市则根据不同情况，采取处理分散化、处置集约化、技术多元化的方针。

表 1-6　深圳剩余污泥处置工艺

厂名	规模 /($\times10^4 m^3$/d)	干污泥量 /(t/d)	最终处置工艺	
			2005 年	2010 年
滨河污水厂	30	34	干化—利用—卫生填埋	干化—利用—卫生填埋
罗芳污水厂	35	53	干化—利用—卫生填埋	干化—利用—卫生填埋
南山污水厂	73.6	100		消化—干化—利用—焚烧—卫生填埋
盐田污水厂	20	26	干化—利用—卫生填埋	干化—利用—焚烧—卫生填埋
福田污水厂	56	71		干化—利用—卫生填埋

1.5.2　日本污泥处理处置的基本方法

日本地少人多，土地资源相当贫乏。因此，日本全国对综合利用、循环经济十分重视。同世界各国一样，日本的污水污泥量逐年增加。2000 年污水污泥量达到 198×10^4t（干重）。

随着下水道的逐渐铺设，污水处理量的迅速增加，如何控制污泥的产生和有效利用污泥，一直是日本研究的一大课题。日本由于土地资源紧张，污泥处理处置的主要技术路线是焚烧后建材利用为主，农用与填埋为辅，近年来日本开始调整原有的技术路线，更加注重污泥的生物质利用，逐渐减少焚烧的比例。

自20世纪80年代以来，污泥干化焚烧、消化干化焚烧技术在日本得到广泛普及，截止2004年，焚烧处理污泥约占72%，焚烧灰应用于道路沥青、建筑材料、路床和路基材料、水泥原料、熔融填料、电厂燃料等多个领域。2010年以来，随着污泥炭化、污泥气化、湿式氧化等技术的应用，污泥的最终处置逐步应用于燃料等领域。随着温室气体的影响和碳足迹分析研究的深入，日本对污泥处理处置技术路线进行了战略调整，单纯焚烧有减少的趋势，具有资源化特征的焚烧（制水泥等）在增加，并正逐渐转向污泥资源化利用。

1995年以前，日本污水污泥的利用是以农业为主，用于建筑材料的利用量小于用于农用的利用量。从1995年起，随着污泥焚烧灰生产水泥和污泥焚烧融渣的充分利用，污泥用于建筑材料的利用量超过了农用的利用量。到2000年以后，这种趋势更明显，日本几种处置方法如图1-7所示。

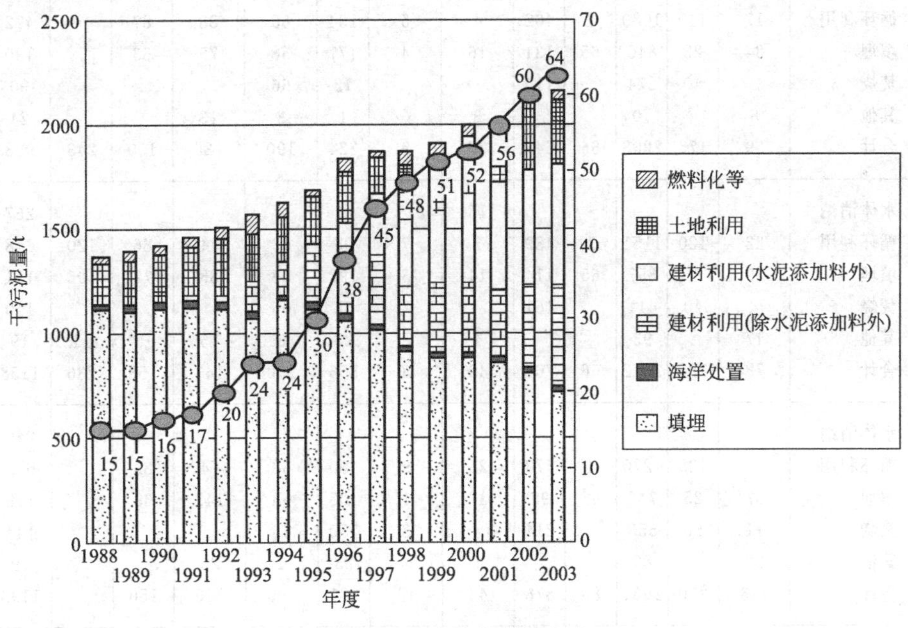

图1-7 日本几种处置方法

表1-7为2000年度日本污泥处理的基本状况。从表中可以看出：以填埋作为最终处理方式处置的污水污泥约为37%，有效利用率达60%左右。近年来，日本以填埋作为最终处置方式仍在不断减少，而有效利用的百分比还在稳步提高。

表1-7 2000年度日本污泥处理的基本状况 单位：$\times 10^4$ t（干重）

项目	脱水污泥	堆 肥	干 化	灰 渣	熔融污泥	总数
填埋	120	1	11	757	10	899
水泥	3	0	2	406	7	419
农用	20	187	15	5	0	226
市政	0	0	0	33	43	76
玻璃态骨料	0	0	0	63	0	63
制砖	0	0	0	55	1	56
总数	143	189	28	1319	61	1739

1.5.3 欧洲污泥处理处置的基本方法

欧洲发达国家污泥处理处置的总体思路是污泥的资源化利用，并将土地利用作为污泥处置的主要方式和鼓励方向。常见的污泥处置方式有厌氧消化、好氧发酵（堆肥）、干化、焚烧等。污泥处置方式有土地利用、填埋、综合利用等。由于各国国情不同，不同的经济条件、气候特征、土地资源和地形地貌，所采用的处理处置方式和技术也各不相同。目前资源化处理处置技术是国际上污泥处理处置的研究重点，在保证污泥无害化的前提下，实现污泥最大程度的资源利用已经成为国际污泥处理处置领域的发展趋势。

欧盟国家通常实施对废弃物（包括污泥）消纳的层次化管理原则，即循环利用优于焚烧，焚烧又应优先于填埋等，表 1-8 为欧洲主要国家的污泥处理处置发展历程。

表 1-8 欧洲主要国家的污泥处理处置发展历程 单位：$\times10^4$t（干重）

年份	处置	比利时	丹麦	德国	希腊	法国	爱尔兰	卢森堡	荷兰	奥地利	葡萄牙	芬兰	瑞典	英国	合计
1992	水体消纳						14							282	296
	循环利用	17	110	1080	1	402	4	5	134	63	38	87		472	2351
	填埋	34	25	846	65	131	16	4	177	58	75	63		130	1624
	焚烧		40	274		110			12	66				90	592
	其他	8		70			3		1	3	13			24	122
	合计	59	175	2208	66	643	37	9	324	190	126	150	243	998	5228
1995	水体消纳						15							267	282
	循环利用	22	120	1151	1	489	7	7	95	63	44	86	120	648	2853
	填埋	39	25	857	65	114	14	3	192	58	88	72	106	114	1747
	焚烧		40	411		161			56	66				110	844
	其他	17		93			4		23	3	15		11	19	185
	合计	78	185	2512	66	764	40	10	366	190	147	158	236	1158	5910
1998	水体消纳													240	240
	循环利用	33	125	1270	4	572	25	9	100	68	74	85		672	3037
	填埋	37	25	744	82	92	17	1	108	58	147	65		118	1494
	焚烧	11	50	558		214		3	150	66				144	1196
	其他	32		89			1		23	4	25			19	193
	合计	113	200	2661	86	878	43	13	381	196	246	150		1193	6160
2000	水体消纳														0
	循环利用	40	125	1334	6	640	65	9	110	68	104	90		1014	3650
	填埋	43	25	608	90	71	35	1	68	58	209	60		111	1379
	焚烧	11	50	732		269		3	200	66				326	1657
	其他	37		62					23	4	35			19	180
	合计	131	200	2736	96	980	100	13	401	196	348	150		1470	6821
2005	水体消纳														0
	循环利用	47	125	1391	7	765	84	9	110	68	108	115		1118	3947
	填埋	40	25	500	92		29	1	68	58	215	45		114	1187
	焚烧	14	50	838		407		4	200	65				332	1910
	其他	58		58					23	4	36			19	198
	合计	159	200	2787	99	1172	113	14	401	195	359	160		1583	7242

从表 1-8 可以看出，欧洲污泥处理处置最初的方式是以填埋和土地利用为主。20 世纪 90 年代以来，可供填埋的场地越来越少，污泥处理处置的压力越来越大，建设了一大批污泥干化焚烧设施。由于污泥干化焚烧投资和运行费用较高，同时污泥中有害成分又逐步减少，使污泥土地利用重新得到重视，成为污泥处置方案的重要选择。近几年总的趋势是土地利用的比例越来越高，绝大部分欧洲国家越来越支持污泥的土地利用。目前，德国、英国和法国每年产生的污泥分别为（干重）220×10^4t、120×10^4t 和 85×10^4t，土地利用的比例分别已达到 40%、60%和 60%。

1.5.4 美国污泥处理处置的基本方法

美国 16000 座污水处理厂年产 710×10^4t 污泥（干重）中，约 60%经厌氧消化或好氧发酵处理，形成生物固体用作农田肥料，另外有 17%填埋、20%焚烧、3%用于矿山恢复的覆盖。

美国在污泥管理制度上进行了积极的探索，具有许多成功的经验。美国环保署对污泥设定了安全标准，1993 年，制定了《污水污泥利用和处置标准》(Part503 法案)，对多种污染物进行控制，同时各州根据 Part503 制定各自标准。美国不同州污泥的处理处置方式不尽相同，2000 年，美国 21 个州 50%以上的污泥循环利用，4 个州 50%以上的污泥填埋，5 个州 50%以上的污泥焚烧。美国的污泥处理处置未来发展趋势是能源利用所占比例将持续增长，填埋处置比例逐渐下降。表 1-9 和图 1-8 列出了 1998 年、2000 年、2005 年和 2010 年美国的污泥产量及处理处置情况，从中可以看出，1998 年美国产生的 6.9×10^6t 干污泥，其中的 60%有效利用，包括直接土地施用、经堆肥等稳定化处理后施用和其他有效利用，包括垃圾填埋场的日覆土、最终覆土，建筑材料中的骨料等。污泥的有效利用部分均逐年增加，至 2010 年有效利用和处置的污泥量的比值达到 70%，同时，污泥作填埋和焚烧的比例将逐年下降。

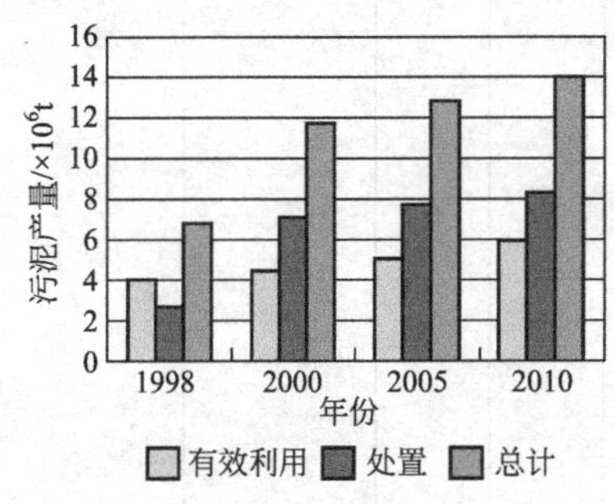

图 1-8 美国污泥产量及处理处置

表 1-9 美国污泥产量及处理处置 单位：$\times10^6$t

年份		1998	2000	2005	2010
有效利用(干污泥)	土地利用	2.8	3.1	3.4	3.9
	先进处理	0.8	0.9	1	1.1
	其他有益利用	0.5	0.5	0.6	0.7
	小计	4.1	4.5	5	5.7
处置(干污泥)	地表处置/陆地填埋	1.2	1	0.8	10
	焚烧	1.5	1.6	1.5	1.5
	其他	0.1	0.1	0.1	0.1
	小计	2.8	7.1	7.6	8.2
总计		6.9	11.6	12.6	13.9

美国 30 个主要城镇污泥消化及其他处置方式见表 1-10。

表 1-10 美国 30 个主要城镇污泥消化及其他处置方式

城市名称	处理方式				热处理	再利用		处置		
	厌氧消化	好氧消化	石灰	干化	焚烧	土地	堆肥	填埋	专用地填置	淤泥专理场
纽约	★			★		★				
洛杉矶	★					★				
芝加哥	★								★	
华盛顿特区	★		★			★				
旧金山	★									
费城	★						★			
波士顿	★			★		★		★		
底特律					★					
达拉斯	★					★			★	★
休斯敦		★	★	★		★		★		
亚特兰大	★				★			★		
迈阿密	★			★		★	★			
西雅图	★					★				
凤凰城	★					★				
克利夫兰					★					
圣保罗			★		★	★				
圣地亚哥	★					★		★		
圣路易斯					★					
丹佛	★					★				
匹斯堡					★					
坦帕	★			★		★				
波特兰	★					★				
辛辛那提					★					
堪萨斯	★				★					
萨克拉门托	★					★		★		
密尔沃基	★			★		★				
汉普顿	★				★	★	★			
圣安东尼奥	★					★	★			
印第安纳					★					
奥兰多		★				★				
小计/座	21	2	3	6	10	19	4	5	2	1

1.6 国内外污泥处理处置现状

随着世界人口的不断增长和城市化进程的飞速发张，城市污泥的产量与日俱增，如何安全经济地处理污泥对环境所造成的二次污染，已成为世界各国共同面临的环境问题。

1.6.1 发达国家污泥处理处置现状

发达国家从 20 世纪 60 年代开始，就对大量产生的城市污泥进行了有关安全处理和处置方面的研究，他们根据各国自身的实际情况，通过不断的工程实践，逐步建立了相应的污泥处理和处置方法，归纳起来主要有四种方法，即卫生填埋、土地利用、焚烧和投海。

(1) 污泥卫生填埋 污泥的卫生填埋始于 20 世纪 60 年代，是在传统填埋的基础上从保护环境的角度出发，经过科学选址和必要的场地防护处理，具有严格管理制度的环境工程方法。然而，污泥卫生填埋主要存在以下两大问题：一是填坑中含有各种有毒有害物，经雨水的浸蚀和渗漏作用污染地下水环境；二是适宜污泥填埋的场所，因城市污泥大量的产生和城市化进程的加快，显得越来越有限。因此，在对污泥进行卫生填埋时，除了要考虑城市周围是否有适宜污泥填埋空间外，建设污泥卫生填埋场如同建设生活垃圾卫生填埋场一样，地址需选择在地基渗透系数低且地下水位不高的区域，填坑铺设性能好的材料，如用高密度聚乙烯为防渗层，以避免对地下水源及土壤的二次污染。污泥卫生填埋场还应设渗滤液的收集及净化设施。

美国规定了污泥填埋场人工防渗层的渗透系数，要求小于1×10^{-12}m/s，并规定污泥填埋场地下水中氮的浓度不得超过10mg/L，污泥填埋场渗滤水的排放限制与相应的点源污水排放要求相同。欧盟国家除了对污泥填埋场人工防渗层渗透系数要求与美国相同外，还对土质隔水层厚度提出至少1m（渗透系数小于1×10^{-9}m/s）的限制要求。

由于污泥卫生填埋不能最终避免环境污染，因此，在欧洲，2000年后卫生填埋在污泥处置中所占的比例迅速减少，至2005年降低到10%左右。德国从2000年起，要求填埋污泥的有机物含量小于5%；英国自1996年10月开始，通过征收一定的税收，对污泥陆地填埋处理加以限制。美国许多地区基本已经禁止污泥填埋，具美国环保署估计，今后几十年内，美国已有的6500个污泥填埋场中将有5000个被关闭。

(2) 污泥的土地利用　污泥的土地利用主要包括污泥农用、污泥用于森林与园艺、废弃矿场的场地的改良等。城市污水处理厂污泥中含有丰富的有机物和一定量的氮（N）、磷（P）、钾（K）等营养元素，施用于农田有增加土壤肥力、促进作物生长的效果。虽然污泥的土地利用具有能耗低、可以利用污泥中养分等特点，但是污泥中含有大量的病原菌、寄生虫（卵）以及多氯联苯等难降解的有毒有害物。特别是污泥中所含有的重金属限制了土壤对污泥利用的适应性，根据以往的研究，从废水中去除1mg/L的重金属，就会在污泥中产生1000mg/L的重金属，因此，几乎所有从污泥处理厂产生的污泥都含有大量的重金属，如镉（Cd）、铅（Pb）、锌（Zn）等，它们会在土壤中富集，并通过作物的吸收进入食物链。随着城市污水中工业废水的比例逐渐增多，污泥中的重金属和有毒物质及持久性有机污染物也在逐渐增加，污泥农田利用的可行性变得越来越小，即使用于园林绿化，也会给环境带来潜在的危害。

一般来说，污泥在土地利用以前，必须经过无毒无害化处理，如果是生活污水处理后产生的污泥，经过高温堆肥和生化处理，可以进行土地利用，否则，污泥中的有毒有害物会导致土壤或水体污染。

欧美国家根据各自具体的情况，分别制定了污泥土地利用的技术标准。欧盟以植物吸收、土壤风蚀和渗漏作用而去除的最小重金属含量作为污泥中重金属的限制标准，保证施用过污泥的土地中重金属含量不超过土壤背景值，并以此限定出欧盟农用标准。欧洲各国参考欧盟的这个污泥农用标准，各自制定了本国的污泥土地利用的相关法规，瑞典、丹麦、挪威等北欧国家，制定了比欧盟农用标准更严格的标准。英国根据污泥土地利用可能对土壤植物和生物产生的负面影响，通过设置一个安全系数，制定污泥中重金属的土地利用限制标准，并对污泥土地适用范围在标准中做出具体规定。表1-11给出了欧洲国家或地区和中国污泥土地利用的使用量限制。

美国联邦政府对城市污泥的土地利用有严格的规定，在《有机固体废弃物（污泥部分）处置规定》中，将污泥分为A和B两大类：经脱水和高温堆肥无菌化处理后，各项有毒有害物指标达到环境允许标准的为A类，可作为肥料、园林植土、生活垃圾填埋坑覆盖土等；经脱水或部分脱水简单处理的为B类污泥，只能作为林业用土，不能直接用于粮食作物的耕地。

表 1-11 欧洲国家或地区和中国污泥土地利用标准（最大施用量）

国家或地区	重金属/(mg/kg)							
	Cd	Cu	Cr	Ni	Pb	Zn	Hg	As
欧盟	1～3	50～140	100～150	30～75	50～300	150～300	1～1.5	
法国	2	100	150	50	100	300	1	
德国	1.5	60	100	50	100	200	1	
意大利	3	100	150	50	100	300		
西班牙	1	50	100	30	50	150	1	
英国	3	135	400	75	300	200	1	50
丹麦	0.5	40	30	15	40	100	0.5	
芬兰	0.5	100	200	60	60	150	0.2	
挪威	1	50	100	30	50	150	1	
瑞典	0.5	40	30	25	40	100	0.5	
中国(①/②)	5/20	250/500	600/1000	100/200	300/1000	500/1000	5/15	75/75

① 适用于 pH<6.5 的土壤；
② 适用于 pH≥6.5 的土壤。

(3) 污泥焚烧　污泥焚烧是指在大于600℃的温度下，使污泥中的有机组分全部碳化生成稳定的无机物。污泥中含有大量的有机物和一定量的纤维素、木质素，污泥焚烧后的残渣无菌、无臭，体积可减少60%以上，可以最大限度地减少污泥体积。

污泥焚烧一般可分为两类：一类是将脱水污泥直接用焚烧炉焚烧；另一类是将脱水污泥先干化再焚烧。如果将脱水污泥直接焚烧，由于污泥含水率较高，焚烧时消耗的能源较高，因此，国外污泥焚烧前一般要进行干化处理。

自1962年联邦德国率先建设并开始运行第一座污泥焚烧厂以来的40多年中，污泥焚烧处理技术在西欧和日本等国得到较快推广，这些国家采用焚烧方法处理污泥的比例较高。污泥通过焚烧，减容减量化程度很高，在所有的污泥处理和处置方法中，焚烧方法产生的剩余物最少。但是由于污泥焚烧设备的一次性投资巨大，能耗和运行费均很高，一般污泥焚烧处理的费用在500元/t以上。另外，污泥直接焚烧，操作管理复杂，可能产生废气、噪声、振动、热和辐射等污染，特别是在经过不充分燃烧的过程时会产生二噁英等有害气体，在大气污染控制方面存在一定的技术问题，因此，普遍采用污泥焚烧的方法，不论在经济上，还是在技术上都存在一定的难度。

(4) 污泥投海　沿海城市或有通往海洋航道的城市，会采用污泥投海的方法。但是，随着生态意识的加强，人们越来越关注污泥中富集的有毒有害物质会对投海区域造成污染，影响海洋生态环境，因而，污泥投海受到公众舆论的批评和国际环保组织的禁令。美国1988年已禁止海洋倾倒，并于1991年全面加以禁止；欧盟于1998年颁布的城市废水处理法令中，禁止其成员国向海洋倾倒污泥。因此，污泥投海方法基本已被禁止。

1.6.2 我国污泥处理处置现状

近年来，随着我国政府不断加强环境保护的力度，城市污水处理率不断提高，但污泥的生产量也在迅速增加，随之而产生的污泥对环境造成二次污染的威胁也日益加剧。

我国在城市污水处理方面，通过引进、消化、改进国外先进技术，已经建立了较为完善的污水处理系统，污水的处理效果已经接近国际先进水平。然而，在污泥处理方面，由于现有的国外污泥处理和处置方法并不完全适合于我国，因此，没有有效的污泥处理技术可以借鉴，从而使我国在对城市污泥的最终处理方面进展缓慢，远远滞后于污水处理技术的发展。

目前，我国对于城市污泥的处理仍然主要采用填埋的处置方法。在城市污水处理厂开始运营的初期，一般都考虑将污泥与城市生活垃圾一起填埋，但是，一段时间后，就会出现以下的问题。

（1）污泥含水率较高，污泥填埋的单位面积土地容量低　污泥最大填埋量为 $2.8m^3/m^2$，而城市生活垃圾一般大于 $10m^3/m^2$，山谷型垃圾填埋量高达 $50m^3/m^2$。城市污水处理厂污泥作为垃圾填埋，其容量仅为生活垃圾的5%～30%。

（2）大大增加垃圾渗滤液的处理难度　经过机械脱水的污水处理厂污泥含水率一般在80%左右，并含有高浓度的有毒有害物质，这不仅加大了垃圾渗滤液的处理量，而且使渗滤部分变得更加复杂，大大增加了垃圾渗滤液的处理难度。

（3）严重影响垃圾堆体的稳定性　由于污泥含水率高，达不到一般固体废弃物填埋处置所必需的土力学稳定指标（剪切强度大于10kPa），严重影响垃圾堆体的稳定性。污泥的流变性使得填埋体极易变形和滑坡，成为人为的“沼泽地”，长此以往将留下严重的安全隐患。

（4）造成垃圾场排气排水不畅　污泥中粒径细小的颗粒容易堵塞垃圾填埋场的气体收集系统，使填埋气体排气不畅，甲烷气体积聚，有爆炸隐患。另外，垃圾极易堵塞垃圾坝的排水系统，使垃圾场排水不畅而加重垃圾坝的侧向推力，危及坝体安全。污泥也容易堵塞渗滤液的收集系统，使渗滤液得不到及时的排除。

（5）增加了作业难度　高黏度的城市污水处理厂污泥，经常使作业车辆打滑或陷车，造成作业困难。

实践证明，城市污泥不符合国家关于垃圾或固体废弃物卫生填埋的技术规范要求，污泥与城市生活垃圾一起填埋最终是不可行的，因此，必须寻找污泥的临时填埋场所。我国许多污泥填埋场所，不仅占用大量的土地资源，而且由于缺乏必要的环境保护措施和严格的管理制度，对周边的生态环境产生严重的影响，特别是污泥中的污水下渗进入地下水，引起地下水污染，对地下水资源造成无法估量的危害。

国内有些地区将城市污泥用于农业，由于我国城市污水处理多施行生活污水和工业废水合并处理的原则，污泥中富集了大量有毒有害物质和重金属元素，难以符合土地利用的技术标准，加上污泥中的大量病原菌和寄生虫（卵）等转移到农田和作物上，不仅对土壤造成污染和影响作物生长，最终影响人体健康，而且因蚊蝇聚集造成环境卫生方面的危害。因此，污泥的土地利用在我国受到限制。

针对城市污泥填埋处理存在的众多弊端，污泥用于农业又因污染土壤和作物而被限制，国内有单位尝试引进污泥焚烧处理技术。污泥焚烧法是将经过机械脱水，含水率为70%～80%的污泥在添加如煤、天然气、重油等辅助燃料的条件下进行直接焚烧，或者先对污泥进行干化，将污泥的含水率降低到65%以下再实施焚烧。由于至今我国还没有自主研发的污泥焚烧技术，只能向国外购买成套设备，一台从欧洲进口的污泥焚烧设备，需要数千万元人民币，而且每台每天污泥的焚烧量有限，处理费用根据上海引进设备的实际运行测算，每吨污泥的处理成本至少在500元。尽管污泥焚烧产生的排放物只有烟气和灰渣，但在排出的烟气中检测到二噁英类有毒气体，排放的二噁英类气体需要进行二次处理，使运行成本进一步提高。根据现有的经济实力和科技水平，采用焚烧方法处理城市污泥是不现实的。近年来，国内有些地方采用向炉膛直接喷烧湿污泥的方法，实践已表明，这种方法不仅对锅炉燃烧效率和设备有严重的负面影响，给安全生产带来隐患，而且不但不能满足处理大量污泥的要求，反而给大气环境带来严重的危害，因此也是不可行的。

我国的城市污泥不仅体积和数量大，而且成分复杂，采用国外现有的污泥处理和处置方法并不能有效彻底地解决污泥二次污染问题，因此，如何从我国的实际情况出发，开辟符合我国国情的污泥无害化、减量化、资源化处理新途径，是我们努力的目标。

第2章

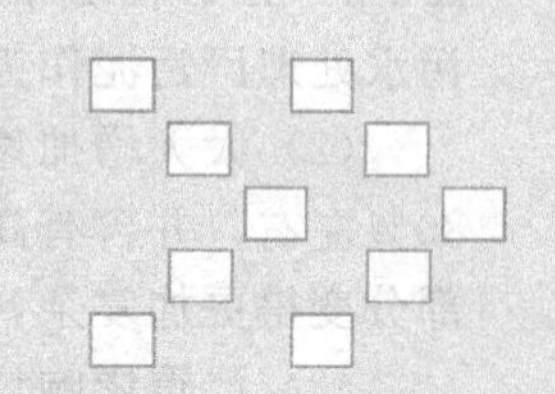

城市污泥传统处理处置技术

2.1 污泥厌氧消化技术

2.1.1 污泥稳定化概述

《城镇污水处理厂污染物排放标准》(GB 18918—2002) 中规定：城镇污水处理厂的污泥应进行稳定化技术处理，处理后应达到表 2-1 所规定的标准。

表 2-1 污泥稳定化控制指标

稳定化方法	控制项目	控制指标
厌氧消化	有机物降解率/%	>40
好氧消化	有机物降解率/%	>40
好氧堆肥	含水率/%	<65
	有机物降解率/%	>50
	蠕虫卵死亡率/%	>95
	粪大肠菌群菌值	>0.01

由于污水污泥中通常含有 50%以上的有机物，极易腐败，并产生恶臭，因此需要进行稳定化处理。目前常用的稳定化工艺有厌氧消化、好氧消化、好氧堆肥、碱法稳定和干化稳定等。

厌氧消化、好氧消化和好氧堆肥这三种生物方式，可使污泥中的有机组分转化成稳定的最终产物；碱法稳定是通过添加化学药剂来稳定污泥，通常是石灰稳定，如投加石灰等，但是碱法稳定的污泥，pH 值会逐渐下降，微生物逐渐恢复活性，最终使污泥再度失去稳定性。干化稳定，则是通过高温杀死微生物，在污泥低含水率时也能使污泥稳定。

在选择污泥稳定工艺时，重要的影响因素是污泥是否与大众接触，以及是否有农业或绿化的限制。表 2-2 列出了几种污泥稳定化过程的衰减效果，表 2-3 则是几种污泥稳定化工艺的比较，从这两个表的比较可以看出，对稳定化要求越高，所需要的投资和运行费用也越高。

表 2-2 集中污泥稳定化过程数量衰减效果

工艺	衰减程度			工艺	衰减程度		
	病原体	腐败物	臭味强度		病原体	腐败物	臭味强度
厌氧消化	中	良	良	石灰稳定	良	中	良
好氧消化	中	良	良	干化稳定	优	良	良
好氧堆肥	中	良	良				

表 2-3 污泥稳定化工艺比较

工艺	优 点	缺 点
厌氧消化	良好的有机物降解率(40%～60%)；如果气体被利用，可降低净运行费用；应用性广，生物固体适合农用；病原体活性低；总污泥量减少，净能量消耗低	要求操作人员技术熟练；可能产生泡沫；可能出现“酸性消化池”；系统受扰动后恢复缓慢；上清液中富含 COD、BOD 和 SS 及氨；清洁困难；可能产生令人厌恶的臭气；初期投资高；有鸟粪石形成和气体爆炸的安全问题
好氧消化	特别对小厂来说初期投资低；同厌氧消化相比，上清液少；操作控制较简单；适用性广；不会产生令人厌恶的臭味；总污泥量有所减少	高能耗；同厌氧消化相比，挥发性固体去除率低；碱度和 pH 值降低；处理后污泥较难使用机械方法脱水；低温严重影响运行；可能要求大量的土地面积；产臭气
好氧堆肥	高品质的产品可农用，可销售；可与其他工艺联用；初期投资低	要求脱水后的污泥含水率降低，要求填充剂；要求强力透风和人工翻动；投资随处理的完整性、全面性而增加；可能要求大量的土地面积；产臭气
石灰稳定	低投资成本，易操作，作为临时或应急方法良好	生物污泥不都适合土地利用；整体投资依现场而定；需处置的污泥量增加；处理后污泥不稳定，若 pH 值下降，会导致臭味
干化稳定	大大减少体积，可与其他工艺联用，可快速启动，保留了营养成分	投资较大，产生的废气必须处理

为选择污泥稳定工艺以及优化工艺运行，需要确立评价污泥稳定程度的一系列参数和指标体系。一套评价指标除了应能正确反映污泥的稳定程度外，应具有测定简单、经济、重现性好等特点。由于污泥生物稳定过程是一个逐渐完成的过程，故在实践中不可能存在具有明确临界值的参数指标，即当超过或低于此值时，污泥被明确定义为稳定或不稳定。因此在目前情况下，一些常用的评价污泥稳定程度的参数指标值也只具有相对意义。应该指出，尽管目前在文献上可查到的评价污泥稳定的参数有 50 多个，但真正具有实用价值的并不多，而且大部分情况下也没有明确给出评价污泥稳定相应的指标值。由于这种状况的客观存在，在实践上给污泥稳定的定义、系统的设计和运行带来相当的混乱。污泥好氧稳定过程和厌氧消化过程微生物对有机物的降解途径、最终产物的能量水平、污泥进一步堆置时的介质变化等都不同，故评价污泥稳定程度的参数和指标必须与所采用的污泥稳定工艺以及运行方式结合起来考虑。

对评价污泥稳定化有关参数和指标现在并没有统一的规定，但随着污泥处置尤其是农用卫生要求的不断提高，对污泥稳定化处理的要求也必将日益正规和严格。

评价污泥稳定程度的常用参数和指标见表 2-4。

表 2-4 评价污泥稳定程度的常用参数和指标

方法	好氧消化	厌氧消化	备注
1gMLSS 的好氧速率	≤1mg/h	不适用	需注意测定的温度条件，一般需结合其他参数综合考虑
BOD_5/COD	≤0.15，基本稳定 ≤0.10 稳定程度高	运行经验较少	是一个较好的评价参数，但是需要 BOD_5 测定的准确性
1gMLSS 的油脂含量	<65mg	较少应用	一般需结合其他参数综合考虑
脱氢酶活性	1gMLSS 形成的福尔马林含量 ≤10mg 基本稳定，≤5mg 稳定程度高	不适用	是一个较好的评价参数
堆置试验（堆置 10d 后 1gMLSS 中乙酸含量）	35mg≤HAC_{10}≤45mg 基本稳定；HAC_{10}≤35mg 稳定程度高		
VSS/SS	不适于作为独立的评价指标	45%±5%	一般需结合其他参数综合考虑
有机物（HAC_{10}）含量	不适用	100～300mg/L	是一个较好的评价参数

2.1.2 污泥厌氧消化技术

2.1.2.1 污泥厌氧消化原理

污泥厌氧消化是一个极其复杂的过程，多年来厌氧消化过程被概括为两阶段：第一阶段为酸性发酵阶段，有机物在产酸细菌的作用下，分解成脂肪酸及其他产物，并合成新细胞；第二阶段为甲烷发酵阶段，脂肪酸在专性厌氧菌——产甲烷菌的作用下转化为 CH_4 和 CO_2，污泥厌氧消化原理见图 2-1。

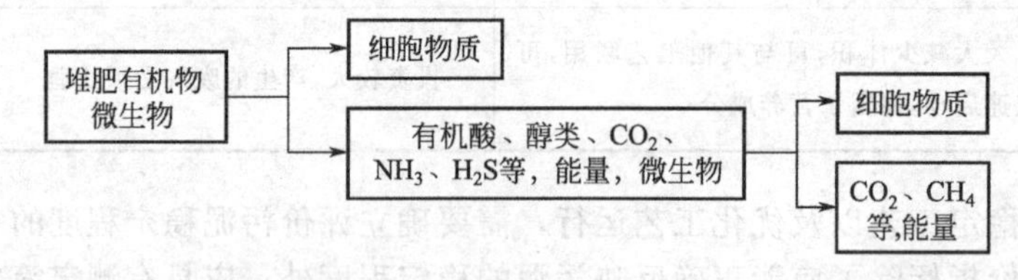

图 2-1 污泥厌氧消化原理

但是，事实上第一阶段的最终产物不仅仅是酸，发酵产生的气体也并不都是从第二阶段产生的，因此，两阶段过程较为恰当的提法为不产甲烷阶段和产甲烷阶段。随着对厌氧消化微生物研究的不断深入，厌氧消化中不产甲烷细菌和产甲烷细菌之间的相互关系更加明确。1979 年，伯力特等根据微生物种群的生理分类特点，提出了厌氧消化三阶段理论，这是当前较为公认的理论模式。

第一阶段，有机物在水解与发酵细菌的作用下，使碳水化合物、蛋白质与脂肪，经水解和发酵转化为单糖、氨基酸、脂肪酸、甘油、二氧化碳和氢等。

第二阶段，在产氢产乙酸菌的作用下，把第一阶段的产物转化成氢、二氧化碳和乙酸。如戊酸的转化化学反应式，如式（2-1）所示。

$$CH_3CH_2CH_2CH_2COOH+2H_2O \longrightarrow CH_3CH_2COOH+CH_3COOH+2H \quad (2\text{-}1)$$

丙酸的转化化学反应式，如式（2-2）所示：

$$CH_3CH_2COOH+2H_2O \longrightarrow CH_3COOH+3H_2+CO_2 \quad (2\text{-}2)$$

乙醇的转化化学反应式，如式（2-3）所示：

$$CH_3CH_2OH+H_2O \longrightarrow CH_3COOH+2H_2 \tag{2-3}$$

第三阶段，通过两组生理特性上不同的产甲烷菌的作用，将氢和二氧化碳转化为甲烷或乙酸脱羧产生甲烷。产甲烷阶段产生的能量绝大部分都用于维持细菌生存，只有很少能量用于合成新细菌，故细胞的增值很少。在厌氧消化的过程中，由乙酸形成的 CH_4 约占总量的2/3，由 CO_2 还原形成的 CH_4 约占总量的1/3，如式（2-4）和式（2-5）所示。

$$4H_2+CO_2 \longrightarrow CH_4+2H_2O \tag{2-4}$$

$$2CH_3COOH \longrightarrow CH_4+2CO_2 \tag{2-5}$$

由上可知，产氢产乙酸细菌在厌氧消化中具有极为重要的作用，它在水解与发酵细菌及产甲烷细菌之间的共生关系中，起到了联系作用，通过不断地提供大量的 H_2，作为产甲烷细菌的能源，以及还原 CO_2 生成 CH_4 的电子供体。

三阶段消化的模式如图 2-2 所示。

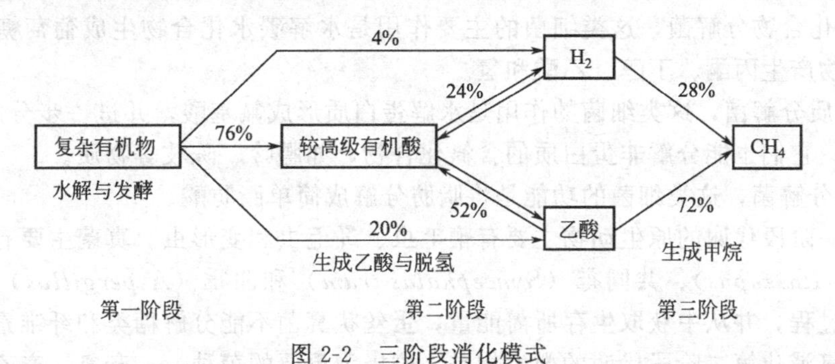

图 2-2　三阶段消化模式

总之，厌氧消化过程中产生 CH_4、CO_2 与 NH_3 等的计量化学反应方程式为：

$$C_nH_aO_bN_d+\left(n-\frac{a}{4}-\frac{b}{2}+\frac{3}{4}d\right)H_2O \longrightarrow$$

$$\left(\frac{n}{2}+\frac{a}{8}-\frac{b}{4}-\frac{3}{8}d\right)CH_4+dCH_4+dNH_3+\left(\frac{n}{2}-\frac{a}{8}+\frac{b}{4}+\frac{3}{8}d\right)CO_2+\text{能量}$$

当 $d=0$ 时，为不含氮有机物的厌氧反应通式，即伯兹伟尔和莫拉通式：

$$C_nH_aO_bN_d+\left(n-\frac{a}{4}-\frac{b}{2}\right)H_2O \longrightarrow \left(\frac{n}{2}+\frac{a}{8}-\frac{b}{4}\right)CH_4+\left(\frac{n}{2}-\frac{a}{8}+\frac{b}{4}\right)CO_2+\text{能量}$$

存在于动植物界的有机物大致可分为三大类：碳水化合物、脂肪和蛋白质。这三类有机基质的厌氧消化过程如下。

（1）碳水化合物的厌氧分解　所谓碳水化合物，指的是纤维素、淀粉、葡萄糖等糖类。在生活污水的污泥中，碳水化合物约占 20％。在消化过程第一阶段，碳水化合物（多糖）首先在胞外酶的作用下水解成单糖，然后渗入细胞在胞内酶的作用下转化为乙醇等醇类和醋酸等酸类。这些醇类物质在第二阶段进一步被分解成甲烷和二氧化碳。1g 可分解的碳水化合物的平均产气量约为 790mL，其组成为 50％ CH_4 和 50％ CO_2。

（2）脂肪的厌氧分解　脂肪在其分解的第一阶段通过解脂菌或脂酶的作用，使脂肪水解，成为脂肪酸和甘油。脂肪酸和甘油在酸化细菌的作用下，进一步转化为醇类和酸类。在第二阶段二者进而分解成甲烷和二氧化碳。每 1g 有机脂肪的产气量平均为 1250mL，其成分为 68％ CH_4 和 32％ CO_2。

（3）蛋白质的厌氧分解　在第一阶段具有能分泌出酶使蛋白质水解的解朊菌，解朊菌使蛋白质的大分子分解成简单的组分。这时将形成各种氨基酸、二氧化碳、尿素、氨、硫化

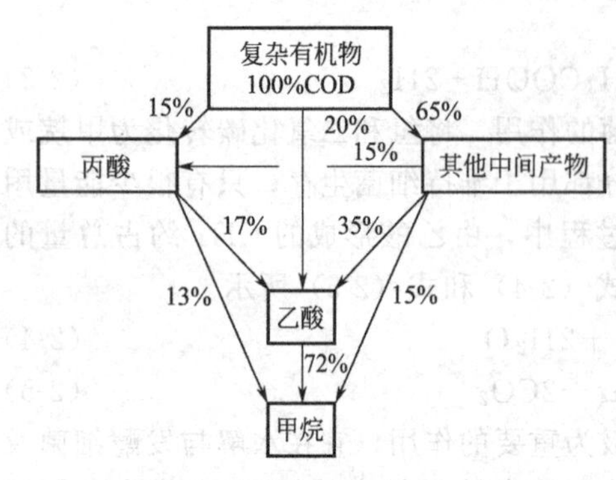

图 2-3 污泥消化过程中 CH_4 的形成

氢、硫醇等。尿素则在尿素酶的作用下迅速地全部分解成二氧化碳和氨。1g 蛋白质的产气量平均为 704mL，其成分为 71% CH_4 和 29% CO_2。McCarty 和 Jeris 曾在 1963 年用原子示踪法研究了污泥消化过程中 CH_4 的形成，如图 2-3 所示。

厌氧反应过程中，参与第一阶段代谢的微生物包括细菌、原生动物和真菌，通称水解与发酵细菌，它们大多为专性厌氧菌，也有不少兼性厌氧菌，根据其代谢功能可分为以下 4 类。

① 纤维素分解菌，参与对纤维素的分解，纤维素的分解是厌氧反应的重要一步，对消化速度起着制约的作用。这类细菌将纤维素转化为二氧化碳、氢气、乙醇和乙酸。

② 碳水化合物分解菌，这类细菌的主要作用是水解碳水化合物生成葡萄糖。它们能分解碳水化合物产生丙酮、丁醇、乙酸和氢。

③ 蛋白质分解菌，这类细菌的作用是水解蛋白质形成氰基酸，并进一步分解生成硫醇、氨和硫化氢；它们也能分解非蛋白质的含氮化合物，如膘呤、陈吱等物质。

④ 脂肪分解菌，这类细菌的功能是将脂肪分解成简单脂肪酸。

参与第一阶段代谢的原生动物主要有鞭毛虫、纤毛虫和变形虫。真菌主要有毛菌（*Mucor*）、根霉（*Rhizopus*）、共同霉（*Syncephalas-trum*）和曲霉（*Aspergillus*）等。真菌参与厌氧反应过程，并从中获取生存所需能量，蛋丝状真菌不能分解糖类和纤维素。

参与厌氧消化第二阶段代谢的微生物是一群极为重要的菌种——产氢、产乙酸菌及同型乙酸菌，其中有专性厌氧菌和兼性厌氧菌。它们能够在厌氧条件下，将丙酮酸及其他脂肪酸转化为乙酸、二氧化碳，并释放出氢气。同型乙酸的种属有乙酸杆菌等，它们能够将二氧化碳、氢气转化为乙酸，也能将甲酸、甲醇转化为乙酸。由于同型乙酸的存在，可促进乙酸形成甲烷的进程。

参与厌氧消化第三阶段代谢的菌种是甲烷菌或称为产甲烷菌（*Methanogens*），是甲烷发酵阶段的主要细菌，均属严格的厌氧菌，主要代谢产物是甲烷。甲烷菌常见的有四类：a. 甲烷杆菌，杆状细胞，连成链或长丝状或成短而长的杆状；b. 甲烷球菌，球形细胞成正圆或椭圆形，成对或成链排列；c. 甲烷八叠球菌，它可成繁殖有规律的、大小一致的细胞，并堆积在一起；d. 甲烷螺旋菌，呈有规律的弯曲杆状和螺旋丝状。

据报道，迄至目前已得到确证的甲烷菌有 14 种 19 个菌株，分属于 3 个目，4 个科，7 个属。表 2-5 列出了几种主要甲烷菌种属及其分解的底物。

表 2-5 甲烷菌主要种属及其分解的底物

甲烷菌种属	分解的底物
马氏甲烷球菌(*Methanococcus mazei*)	乙酸盐、甲酸盐
产甲烷球菌(*Methanococcus vanniel*)	氨、乙酸盐
甲烷八叠球菌(*Methanosaricina barkeru*)	乙酸盐、甲醇
甲烷杆菌(*Methanobacterium formicicum*)	乙酸盐、二氧化碳、氢
奥氏甲烷杆菌(*Methanobacterium omeliansku*)	乙醇、氢
甲烷杆菌(*Methanobacterium propionicum*)	丙酸盐
孙氏甲烷杆菌(*Methanobacterium sohngenu*)	乙酸盐、甲酸盐
甲烷杆菌(*Methanobacterium suboxydans*)	乙酸盐、甲酸盐、戊酸盐
甲烷杆菌(*Methanobacterium ruminantium*)	乙酸盐

2.1.2.2 厌氧消化工艺分类

美国在 1989 年通过研究表明，当污水厂规模大于 $1.89\times10^4 m^3/d$ 时，厌氧消化应该是优先考虑的污泥稳定工艺，它曾是也仍将是污水厂应用最广泛的污泥稳定方法。厌氧消化工艺种类较多。

（1）按消化温度分　按消化温度可分为中温消化（适应温度区为 30～38℃）和高温消化（适应温度去为 50～57℃）。中温厌氧消化条件下，挥发性有机物负荷为 $0.6\sim1.5kg/(m^3\cdot d)$，产气量约为 $1\sim1.3m^3/(m^3\cdot d)$，消化时间约为 20～30d；高温消化条件下，挥发性有机物负荷为 $2.0\sim2.8kg/(m^3\cdot d)$，产气量约 $3.0\sim4.0m^3/(m^3\cdot d)$，消化时间约为 10～15d。

（2）按运行方式分　按运行方式可分为一级消化和二级消化。一级消化，即在一个消化装置内完成全过程的消化。由于污泥中温消化有机物的分解程度为 40%～50%，消化污泥排入干化场后将继续分解，使污泥气体逸入大气，既污染环境又损失热量（消化污泥的显热），如新鲜污泥由 16℃升温至 33℃，每 $1m^3$ 污泥耗热 $71MJ/m^3$，排入干化场中，此热量全部浪费。此外，消化池如采用蒸汽直接加热，再加上有机物的分解和搅拌，使消化污泥含水率提高，增加了污泥干化场或机械脱水设备的负荷和困难。鉴于以上原因，根据中温消化的消化时间与产气率的关系（如图 2-4 所示）可知，在消化的前 8d 里，产生的沼气量约占全部产气量的 80%，据此将消化池一分为二，污泥先在一级消化池中（设有加温、搅拌装置，并有集气着收集沼气）进行消化，经过约 7～12d 旺盛的消化反应后，把排出的污泥送入第二级消化池中不设加温和搅拌装置，依靠来自一级消化池污泥的余热继续消化污泥，消化温度约为 20～26℃，产气量约为占 20%，可收集或不收集，由于不搅拌，第二级消化池兼具有浓缩的功能。

（3）按消化池的效率分　按消化池的效率可分为常规消化和高效消化（如图 2-5 所示）。

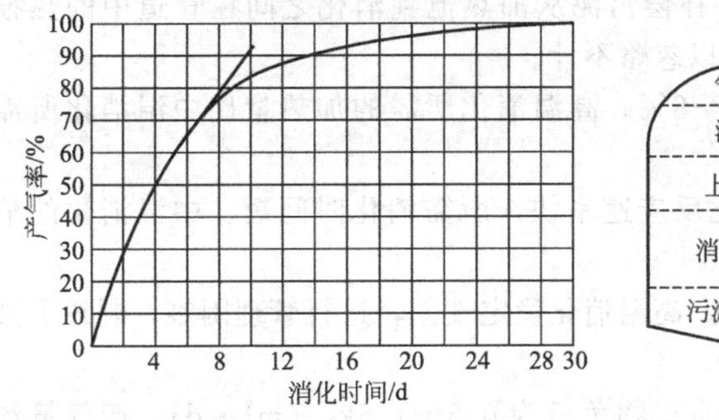

图 2-4　消化时间与产气率的关系

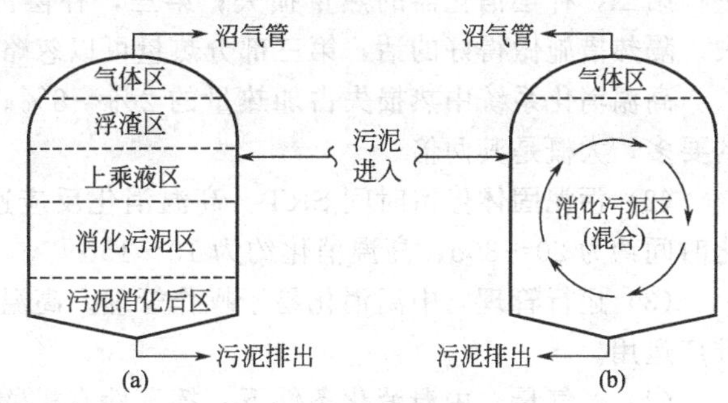

图 2-5　消化池效率图

常规消化负荷在 $0.4\sim0.9kg/(m^3\cdot d)$ 之间，污泥的进出流为间歇式，消化时间一般在 30～60d。一级消化池后常常加一个或几个不加热的二级消化池，在此情况下，一级消化池可采用较短的停留时间。一级消化池往往采用固定盖，二级消化池常常采用浮动盖；一级消化池通常也不采用混合。高效消化池的负荷在 $1.3\sim5.3kg/(m^3\cdot d)$，污泥的进出流可以是间歇式的，也可以是连续式的，高效池可串联运行，也可后接不加热的常规池或其他的污泥处理设施。高效消化池的混合可采用气体混合或机械搅拌。

（4）两相消化　两相消化是根据消化机理进行设计的，目的是使各相消化池具有更适合于消化过程三个阶段各自特定菌种群的生长繁殖环境条件。如前所述，厌氧消化分为三个阶段即水解与发酵阶段、产氢产乙酸阶段及产甲烷阶段。各阶段的菌种、消化速度及对环境的要求和消化产物等都各不相同，造成运行控制方面的诸多不便，故把消化的第一、第二与第三阶段分别在两个消化池中进行，每个阶段都能在各自的最佳环境条件下完成，此即为两相消化法。两相消化法所需的消化池容积小，加温与搅拌能耗少，运行管理方便，消化更彻底。

两相消化池中，第一相消化池的容积按投配率为100%核算，即停留时间为1d，第二相消化池容积采用投配率为15%～17%，即停留时间为6～6.5d。第二相消化池有加温、搅拌设备及集气装置，产气量约为1.0～1.3m³/(m³·d)，每去除1kg有机物的产气率为0.75～1.0m³/kg。

(5) 中温/高温两相厌氧消化（APAD） 其特点是在污泥中温厌氧消化前设置高温厌氧消化阶段。污泥进泥的预热温度为50～60℃，前置高温段中的污泥停留时间约为1～3d左右，后续厌氧中温消化时间可从20d左右减少至12d左右，总的停留时间为15d左右。这种工艺同时增加了总有机物的去除率和产气率，并可完全杀灭污泥中病原菌。

2.1.2.3 中温厌氧消化与高温厌氧消化

在美国，美国环保局把使用在土地上的污泥分为A级和B级两类。A级污泥是指污泥经过专门处理后的病菌微生物数量无法被直接检测到，也就是低于可测值。A级污泥的制成品（通常可以袋装）可以被安全地不受限制地用于各种土地上，包括居民住宅的房前屋后。一般中温消化不能使城市污水污泥达到A级污泥的微生物指标，高温消化对寄生虫卵的杀灭率可达99%，可以达到A级污泥的微生物指标。而且高温消化有机物降解率要高一些，反应速率要快一些，并能改善污泥脱水性能，但是高温消化运行过程中明显出现挥发性有机酸（VFA）积累现象，使运行过程不稳定，中温消化不会出现这种问题。高温消化过程中上清液水质不好，含有大量不溶固体颗粒。

目前单级的高温消化应用受到种种限制，一般作为两相消化的前一相（后一相是中温消化）的应用比较多。

(1) 加热量 污泥消化的热量需求一般包括三个部分：第一，使进泥温度升高的加热量；第二，补偿消化器的热量损失；第三，补偿污泥从加热池到消化之间在管道中的热损失。隔热措施做得好的话，第三部分热量可以忽略不计。

高温消化系统中热损失占加热量的2%～8%。高温消化所需的加热量比中温消化所需的要多，大概是其两倍。

(2) 污泥固体停留时间SRT 高温消化反应速率快，所需消化时间短。中温消化的消化时间约为20～30d，高温消化约为10～15d。

(3) 运行管理 中温消化易于操作管理。高温消化稳定性差，运行管理困难，制约了其推广运用。

(4) 产气量 中温消化条件下，挥发性有机物负荷为0.6～1.5kg/(m³·d)，产气量约1～1.3m³/(m³·d)；高温消化条件下，挥发性有机物负荷为2.0～2.8kg/(m³·d)，产气量约为3.0～4.0m³/(m³·d)。

2.1.2.4 一相厌氧消化与两相厌氧消化

(1) 一相厌氧消化 一相中温厌氧消化反应器有两种形式：传统低效消化反应器和单级高效反应器。传统低效消化反应器体积大，没有搅拌，有效容积小，已经很少应用。单级高效厌氧消化反应器应用较多。由于操作上的限制，单级高温消化反应器很少有应用。

(2) 二相厌氧消化 为了提高厌氧消化性能，不同学者将反应器进行了组合，提出两级、两相厌氧消化。组合的类型有四类：中温两级厌氧消化、高温/中温两相厌氧消化、产酸/产气两相厌氧消化和高温两级厌氧消化。前两种我们称之为两级厌氧消化，后两种我们称为两相厌氧消化。四类组合如图2-6所示。

① 中温两级厌氧消化。中温两级消化与单级高效厌氧消化相比，在有机物去除率和产气量这两个指标上并没有优势，但最近的研究表明两级中温厌氧消化产生的污泥更稳定，更容易脱水。采用两个加热消化池串联的两级消化极少采用，它比单级消化没有任何显著优

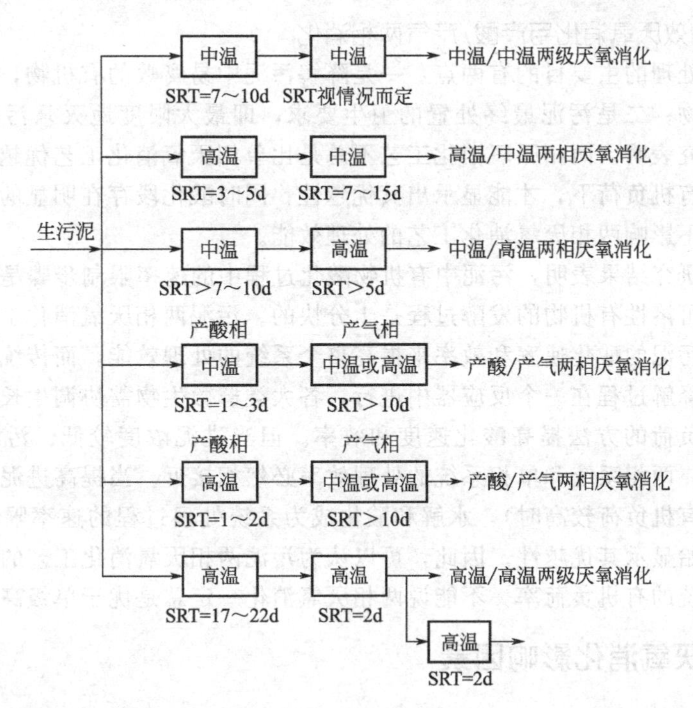

图 2-6 厌氧消化的组合工艺

点。一般的两级消化是第一级消化池加热并搅拌，第二级不加热也不搅拌，利用第一级的余热进一步消化，起着污泥浓缩和贮存的作用。第二级消化池在美国、日本为密闭的池子，在英国、前联邦德为露天池子。我国有些污水厂的消化池之后设有一敞露式浓缩池。

② 高温/中温或中温/高温厌氧消化。该组合通过与中温消化结合缓和了高温消化缺点，充分利用高温消化反应速率快的特点，一般认为高温消化反应速率比中温消化快四倍。与单级中温、高温厌氧消化相比，该组合抗冲击负荷能力强。对于高温/中温两相厌氧消化，高温相一般设计温度为 55℃，固体平均停留时间为 3～5d；中温相一般设计温度为 35℃，固体平均停留时间一般大约为 10d。总固体平均停留时间大概为 15d。单级高效中温厌氧消化的典型平均停留时间是 10～20d。

③ 产酸/产气两相消化。在产酸相，溶解颗粒有机物并且酸性发酵产生的大量挥发性有机酸，pH 控制在 6 或者 6 以下，生物固体停留时间控制得很短，以产生更高浓度的有机酸。在产气相，pH 控制在中性，生物固体停留时间控制得更长一些，以维持更适于甲烷菌生长的环境使产气量最大化。

这种组合的特点是可以得到更高的有机物降解率；消化器中泡沫可以得到控制；每一相都可以控制在高温或者中温条件下运行。

但是有学者研究表明，污泥两相厌氧消化系统并不总是比单相工艺更为优越。在较长水力停留时间下，两种工艺的性能并无明显区别，但当进泥浓度提高并适当缩短水力停留时间时，两相工艺开始显示出明显的优越性。高温/中温甲烷化两相工艺在灭活病原微生物性能上要明显优于中温单相工艺。此外，两相系统的酸化段存在明显的产甲烷作用并不影响两相系统的处理性能。

④ 高温两级厌氧消化。第一级用一个大消化反应器，后面跟一个或更多小消化反应器，其目的是为了杀死更多的病原微生物，提高有机物的降解率。有报道称，高温两级厌氧消化有机物的降解率可达 63%。

2.1.2.5 单级高效厌氧消化与产酸/产气两相消化

污泥稳定化处理的主要目的有两点：一是降解污泥中易腐败的有机物，即最大限度地去除污泥中的有机物；二是污泥最终处置的卫生要求，即最大限度地灭杀污泥中的病原微生物。高廷耀等研究表明，两相厌氧消化工艺不总是比单相厌氧消化工艺优越，只有在一定的水力停留时间和有机负荷下，才能显示出其优越性；同时酸化段存在明显的产甲烷作用，即相分离不明显并不影响两相厌氧消化工艺的处理效能。

Eastman等研究结果表明，污泥中有机物酸化过程中的速率限制步骤是颗粒有机物的水解和溶液化，而可溶性有机物的发酵过程是十分快的。污泥两相厌氧消化工艺主要是通过设置酸化池，提高污泥的酸化速率和效率来提高整个系统的处理效能，而传统污泥单相厌氧消化系统由于整个降解过程在一个反应器中进行，各大类群微生物需协调生长和代谢，所以没法通过诸如提高负荷的方法提高酸化速度和效率。但当进泥浓度较低、污泥停留时间较长(有机负荷较低)，两相系统和单相系统的处理效率必然相接近。当提高进泥浓度并适当降低污泥停留时间（有机负荷较高时），水解和酸化成为系统处理过程的速率限制步骤，则两相厌氧消化工艺开始显示其优越性。因此，可以认为污泥两相厌氧消化工艺的优越性是否能实现主要取决于系统的有机负荷率，不能说两相厌氧消化一定总是优于单级高效厌氧消化。

2.1.3 污泥厌氧消化影响因素

2.1.3.1 温度

温度是影响消化的主要因素，温度适宜时，细菌活力高，有机物分解完全，产气量大。消化温度的范围按所利用的厌氧菌最适宜的温度，可分为中温消化（适应温度区为30～36℃）和高温消化（适应温度区为50～53℃)。中温消化条件下，挥发性有机物负荷为0.6～1.5kg/(m^3·d)，产气量约为1～1.3m^3/(m^3·d)。高温消化条件下，挥发性有机物负荷为2.0～2.8kg/(m^3·d)，产气量约为3.0～4.0m^3/(m^3·d)。消化温度与有机物负荷、产气量之间的关系，如图2-7所示。

消化温度与消化时间（指产气量达到可产气总量的90%所需时间）之间的关系如图2-8所示。

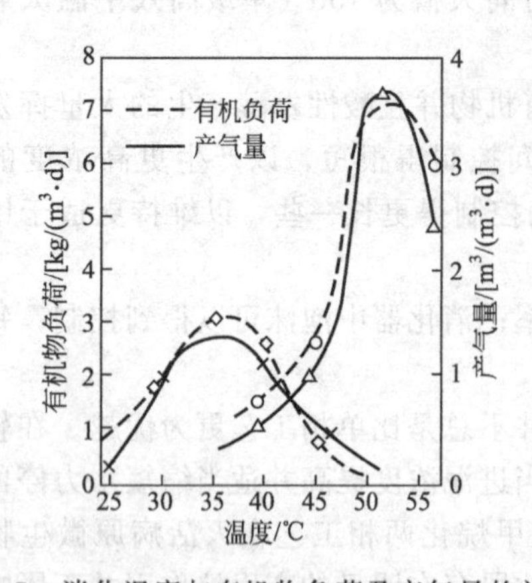

图2-7 消化温度与有机物负荷及产气量的关系

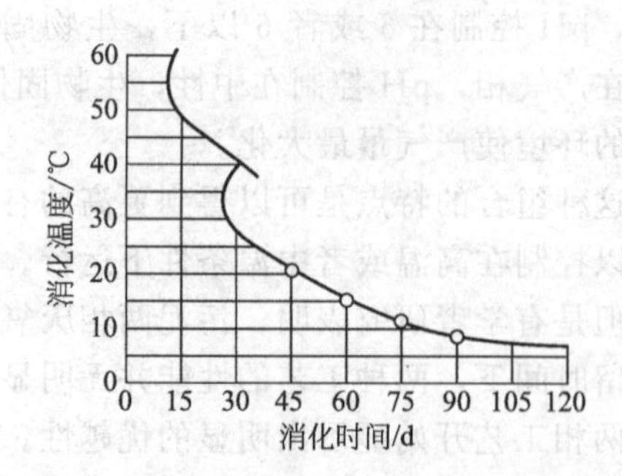

图2-8 消化温度与消化时间的关系

由图可知，中温消化的消化时间约为20～30d，高温消化约为10～15d。

大多数厌氧消化系统设计在中温范围内操作，因为在温度35℃左右消化，有机物的产气速率比较快、产气量也比较大，而生成的浮渣则较少，并且消化液与污泥分离较容易。但也有少数系统设计在高温范围内操作，高温消化能改善污泥脱水性能，增加病原微生物的杀灭率，增加浮渣的消化等。但高温操作费用高，过程稳定性差，对设备结构要求高，所以高温消化系统很少见。

虽然选择设计温度是重要的，但维持消化池内温度稳定更为重要。这是因为相关细菌，特别是产甲烷菌对温度变化非常敏感，温度变化大于1℃/d就会对消化过程产生严重影响。中温或高温厌氧消化允许的温度变动范围较小，当温度变化在±3℃以上时，就会抑制消化速率，温度变化超过±5℃时，就会突然停止产气，使有机酸大量积累而破坏厌氧消化。一个好的设计应避免使消化池内温度变化大于0.5℃/d，温度变化必须控制在1℃/d以下。

此外，中温消化的温度因与人的体温接近，故对寄生虫卵及大肠菌的杀灭率较低；高温消化对寄生虫卵的杀灭率可达99%，能满足卫生无害化要求。

2.1.3.2 pH值

污泥中所含的碳水化合物、脂肪和蛋白质在厌氧消化过程中，经过酸性发酵和碱性发酵，产生甲烷和二氧化碳，并转化为新细胞，成为消化污泥。pH值的抑制系数如图2-9所示。酸性发酵和碱性发酵最合适的pH值各自不同，厌氧细菌，特别是甲烷菌，对pH值非常敏感。酸性发酵最合适的pH值为5.8，而甲烷发酵最合适的pH值为7.8。酸性细菌在低pH值范围，增值比较活跃，自身分泌物的影响比较小。而甲烷菌对pH值的适应范围为6.6～7.5，即只允许在中性附近波动，最合适的pH值范围在7.3～8.0，因此酸化细菌和甲烷菌共存时，pH值在7.0～7.6最合适。

消化过程中由于连续产酸，因此使pH值降低。然而，甲烷化过程会产生碱度，主要是二氧化碳和氨形式的碱度。这些物质通过与氢离子结合，缓冲pH值的变化。消化池中pH值的降低（如消化池负荷过高，导致产酸量增加）将抑制甲烷的形成。合理设计搅拌、加热和进料系统，对于减少不正常操作的扰动是很重要的。设计时还应当考虑提供外加化学物质（如石灰、碳酸氢钠或碳酸钠）来中和不正常消化中过量的酸。

2.1.3.3 污泥浓度

在实施气体发电的欧洲各污水处理厂里，投入消化池的污泥浓度一般为4%～6%。在日本，多数污泥浓度在3%左右，特别是污泥中有机物的含量增加以后，污泥浓度可以下降到2.5%，与欧洲相比要低，这是气体发生率小的原因之一。提高污泥浓度使消化池有机负荷保持在适当的范围，有助于气体发生量的增加。

2.1.3.4 有机物含量

在污泥厌氧消化过程中常用有机物的分解率作为消化过程的性能和气体发生量指标。图2-10表示在中温消化过程中污泥的有机物含量和有机物分解率的关系。在消化温度、有机物负荷都正常的情况下，有机物分解率受污泥中有机物含量的影响，所以，要增加消化时的气体发生量，重要的是使用有机物含量高的污泥。

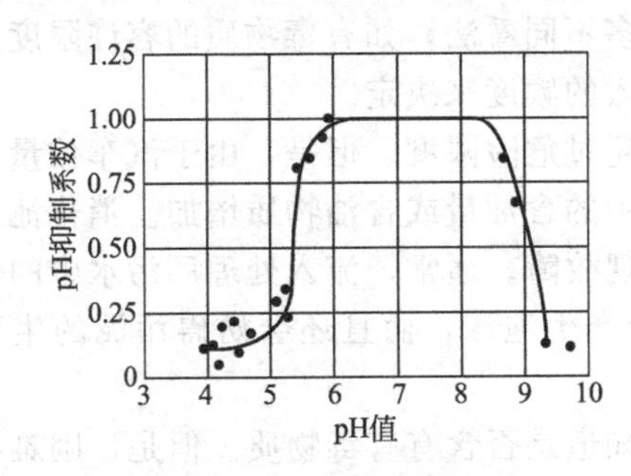

图2-9 pH值的抑制系数

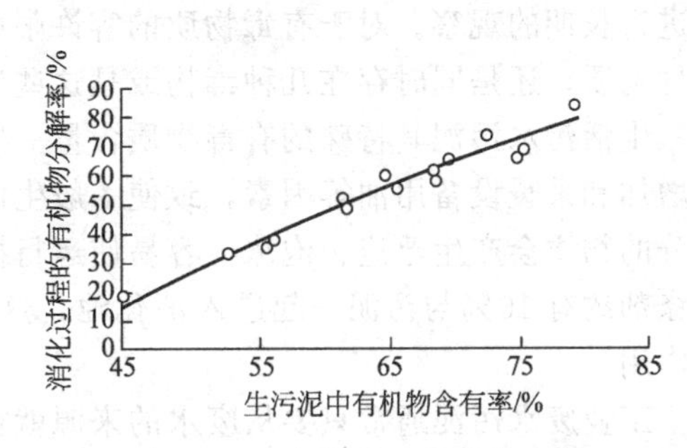

图2-10 生污泥中有机物含有率

2.1.3.5 碳氮比（C/N）

厌氧消化池中，细菌生长所需营养由污泥提供。合成细胞所需的碳源担负着双重任务，其一是作为反应过程的能源，其二是合成新细胞。用含有葡萄糖和蛋白胨的混合水样所做的消化试验表明，当被分解物质的碳氮比（C/N）大约为（12～16）：1这一范围时，厌氧菌最为活跃，单位质量的有机物产气量也最多。麦卡蒂等提出污泥细胞质（原生质）的分子式是$C_5H_7NO_2$，即合成细胞的C/N约为5：1，因此要求C/N达到（10～20）：1为宜。如C/N太高，合成细胞的氮源不足，消化液的缓冲能力低，pH值容易降低；C/N太低，氮量过多，pH值可能上升，铵盐容易积累，会抑制消化过程。根据勃别尔的研究，各种污泥生物可降解底物含量及C/N值见表2-6。

表2-6 各种污泥生物可降解底物含量及C/N值

底物名称	污泥种类		
	初沉污泥	活性污泥	混合污泥
碳水化合物/%	32.0	16.5	26.3
脂肪、脂肪酸/%	35.0	17.5	26.3
蛋白质/%	39.0	66.0	45.2
C/N	(9.40～10.35)：1	(4.60～5.04)：1	(6.80～7.50)：1

从表中可见，从C/N角度来看，初次沉淀池污泥比较合适，混合污泥次之，剩余活性污泥单独厌氧消化效果较差。

根据实际观察，蛋白质含量多的污泥与碳水化合物含量多的菜屑、落叶等混合一起消化，比它们分开单独消化时的产气量显著增加，这可能是因为C/N值低的污泥与C/N值高的有机物混合后，使厌氧菌获得了最佳C/N值的缘故。

2.1.3.6 污泥种类

污水处理厂所产生的污泥，有初沉污泥和剩余污泥。初沉污泥是污水进入曝气池前通过沉淀池时，非凝聚性粒子及相对密度较大的污泥沉降、浓缩而形成的。作为基质来讲，同生物处理的剩余污泥有很大的区别，初沉污泥浓度通常高达4%～7%，浓缩性好，C/N比在10左右，是一种营养成分丰富，容易被厌氧菌消化的基质，气体发生量也较大。二次沉淀池的剩余污泥是以好氧细菌为主，作为厌氧菌营养物的C/N只有4.8，这个数值大大低于最佳值，所以有机物分解率低，分解速度慢，气体发生量较少，因此将剩余污泥单独进行消化是非常困难的，但是将剩余污泥与初沉污泥混合在一起则易于消化，因为C/N值上升。

2.1.3.7 有毒物质

污泥中含有毒物质时，根据其种类与浓度的不同，会给污泥消化、堆肥等各种处理过程带来影响。由于处理厂的污泥数量与成分经常变化，为了及时发现有毒物质的危险含量，必须进行长期的观察。对于有毒物质的容许限度有很多不同看法，如有毒物质的容许限度是指一种物质，还是同时存在几种毒物或是这些毒物混入的频度来决定。

生活污水污泥其特殊的有毒物质含量一般不会超过危险限度。但是，由于汽车数量的急剧增加和采暖设备用油等因素，致使一般生活污水中的含油量或含油物质增加。消化池中含油分的物质会产生浮渣、泡沫，容易使运行操作出现故障。通常，流入处理厂污水中的合成洗涤剂约有10%与污泥一起进入消化池，这不仅会产生泡沫，而且还会妨碍污泥的生物消化作用。

工业废水污泥通常只要从废水的来源就很容易知道是否含有有毒物质。但是，困难在于城市污水污泥中或多或少含有一些工业废水，特别是从许多小型企业排出的废水或污泥中有毒物质不入城市下水道。为此，需要进行系统的调查。

污泥中存在有毒物质时，消化作用将受到很大的影响。有毒物质会抑制甲烷的形成，从而导致挥发性的积累和pH值的下降，严重时会使得消化池无法正常操作。所谓有毒是相对的，事实上任何一种物质对甲烷消化都有两方面的作用，即有促进甲烷细菌生长的作用与抑制甲烷细菌生长的作用。关键在于它们的浓度界限，即毒阈浓度，表2-7列出了常见无机物对厌氧消化的抑制浓度，而表2-8则列出了使厌氧消化活性下降50%的一些有毒有机物浓度。低于毒阈浓度下线，对甲烷细菌生长有促进作用；在毒阈浓度范围内，有中等抑制作用，如果浓度是逐渐增加的，则甲烷细菌可被驯化；超过毒阈浓度上限，对甲烷细菌有强烈的抑制作用。

表2-7 常见无机物对厌氧消化的抑制浓度 单位：mg/L

基质	中等抑制浓度	强烈抑制浓度	基质	中等抑制浓度	强烈抑制浓度
Na^+	3500～5500	8000	Cr^{6+}	—	3.0(可溶) 200～250(总量)
K^+	2500～4500	12000	Cr^{3+}	—	180～420(总量)
Ca^+	2500～4500	8000			
Mg^{2+}	1000～1500	3000	Ni	—	2.0(可溶) 30.0(总量)
氨氮	1500～3000	3000			
硫化物	200	200			
Cu	—	0.5(可溶) 50～70(总量)	Zn	—	1.0(可溶)

表2-8 使厌氧消化活性下降50%的一些有毒有机物浓度

化合物	50%活性浓度/(mmol/L)	化合物	50%活性浓度/(mmol/L)
1-氯丙烯	0.1	2-氯丙酸	8
硝基苯	0.1	乙烯基醋酸纤维	8
丙烯醛	0.2	乙醛	10
1-氯丙烷	1.9	乙烷基醋酸纤维	11
甲醛	2.4	丙烯酸	12
月桂酸	2.6	儿茶酚	24
乙基苯	3.2	酚	26
丙烯腈	4	苯胺	26
3-氯-1,2-丙二醇	6	间苯二酚	29
亚巴豆醛	6.5	丙酮	90

2.1.3.8 污泥接种

消化池启动时，把另一消化池中含有大量微生物的成熟污泥加入其中与生污泥充分混合，称为污泥接种。接种污泥应尽可能含有消化过程所需的兼性厌氧菌和专性厌氧菌，而且以有害代谢产物少的消化污泥为最好。活性低的消化污泥，比活性高的新污泥更能促进消化作用。好的接种污泥大多存在于最终消化池的底部。

消化池中的消化污泥的数量越多，有机物的分解过程就越活跃，单位质量有机物的产气量便越多。消化污泥与生污泥质量之比为0.5：1（以有机物计）时，消化天数要26d，随着混合比增加，气体发生量与甲烷气含量增多，混合比达到1：1以上，10d左右即可得到很高的消化率。

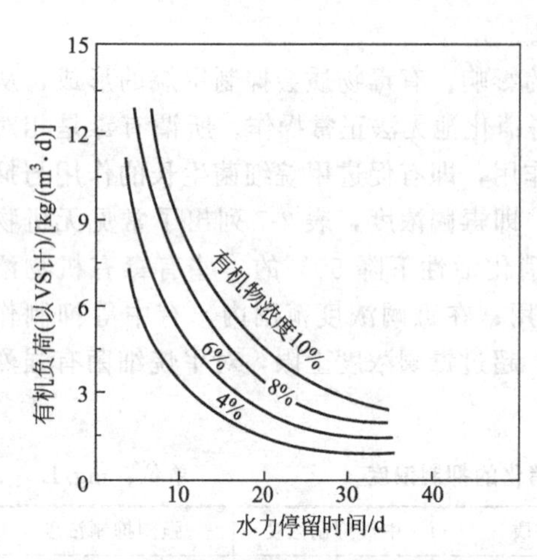

图 2-11 容积负荷和水力停留时间关系

在污泥的间歇消化过程中，产气量曲线是与微生物的理想生长繁殖曲线相似，呈S形曲线。在消化作用刚开始的几天，产气量随消化时间的增加而缓慢增加，这说明污泥的消化存在诱导期（或延滞期）。但如果把活性高的消化污泥与生污泥先充分混合再投入到消化池中（即进行接种），在投入的过程中就发生了消化作用，从而使诱导时间减小，消化时间缩短，由此可见，污泥接种可以促进消化，接种污泥的数量一般以生污泥量的1～3倍最为经济。

2.1.3.9 生物固体停留时间（污泥龄）

消化池的容积负荷和水力停留时间（即消化时间）t 的关系如图 2-11 所示。

厌氧消化效果的好坏与污泥龄有直接关系，泥龄的表达式与定义如式（2-6）所示：

$$\theta_c=\frac{M_t}{\phi_e} \tag{2-6}$$

式中 θ_c——污泥龄，d；

M_t——消化池内的总生物量，kg；

ϕ_e——消化池每日排出的生物量，$\phi_e=\frac{M_e}{\Delta t}$；

M_e——排出消化池的总生物量（包括上清液带出的），kg；

Δt——排泥时间，d。

有机物降解程度是污泥泥龄的函数，而不是进水有机物的函数。消化池的容积设计应按有机负荷、污泥泥龄或消化时间设计。所以只要提高进泥的有机物浓度，就可以更充分地利用消化池的容积。由于甲烷菌的增值较慢，对环境条件的变化十分敏感，因此，要获得稳定的处理效果就需要保持较长的污泥泥龄。

消化池的有效容积如式（2-7）所示：

$$V=\frac{S_v}{S} \tag{2-7}$$

式中 S_v——新鲜污泥中挥发性有机物质量，kg/d；

S——挥发性有机物负荷，kg/(m³·d)，中温消化 0.6～1.5kg/(m³·d)，高温消化 2～2.8kg/(m³·d)；

V——消化池的有效容积，m³。

消化池的投配率是每日投加新鲜污泥体积占消化池有效容积的百分比。投配率是消化池设计的重要参数，投配率过高，消化池内脂肪酸可能积累，pH 值下降，污泥消化不完全，产气率降低；投配率过低，污泥消化较完全，产气率较高，消化池容积大，基建费用增高。根据我国污水处理厂的运行经验，城市污水处理厂中温消化的投配率以 5%～8%为宜，相应的消化时间为 12.5～20d。

2.1.3.10 搅拌

厌氧消化是由细菌体的内酶和外酶与底物进行的接触反应，因此必须使两者充分混合。同时厌氧消化的搅拌不仅能使投入的生污泥与熟污泥均匀接触，加速热传导，把生化反应产生的甲烷和硫化氢等阻碍厌氧菌活性的气体赶出来，也起到粉碎污泥块和消化池液面上的浮渣层的作用。充分均匀的搅拌是污泥消化池稳定运行的关键因素之一。搅拌比不搅拌产气量约增加30%。通常搅拌的方法有机械搅拌、泵循环搅拌和沼气搅拌等。

2.1.4 厌氧消化工艺

2.1.4.1 设计参数的确定

厌氧消化池设计必要的资料包括待消化污泥的进料数量、性质、总固体量、挥发性固体VS百分含量及初沉污泥与剩余污泥的比例等。总固体产率可以运用固体平衡进行理论计算，也可以从实际污水厂的运行数据中推测得到。总固体含量和挥发性固体比可估计，也可以由实验分析决定。污泥中粗砂含量应该注意，一旦它在消化池内积累就会减小消化池的有效容积。

给定污泥的总固体量就可以用公式（2-8）来计算相关的消化池容积。

$$V_S = W_S / K' S_g f \tag{2-8}$$

式中 V_S——污泥体积，L/d；

W_S——产生的干固体质量，kg/d；

K'——水的单位质量；

S_g——污泥的相对密度；

f——固体的质量分数。

相对密度可根据给定污泥的质量分数和污泥体积运用公式（2-9）计算：

$$L/S_g = W_w/S_{gw} + W_f/S_{gf} + W_v/S_{gv} \tag{2-9}$$

式中 L——污泥密度；

S_{gw}——水的相对密度（1.0）；

S_{gv}——VS的相对密度（大约为1.03）；

S_{gf}——特定固体的相对密度；

W_w——水的质量分数；

W_f——特定固体的质量分数；

W_v——VS的质量分数。

另外，相对密度可按下式估计：

$$S_g = 1.0 + 0.005\text{TS}$$

式中 S_g——相对密度；

TS——总固体百分含量，%。

厌氧消化池设计可根据生物固体停留时间（SRT）、有机负荷率（单位体积挥发性固体量VSS）等参数确定，低负荷和高负荷消化池的典型设计参数如表2-9所示。在没有操作数据的情况下估算生活污水处理厂的进料体积，可利用平均体积指标。低负荷消化池有机负荷一般为0.5～1.5kg/(m^{3}VSS・d)。带有搅拌和加热的高负荷消化在2～3kg/(m^{3}VSS・d)。低负荷中温消化的停留时间（SRT）是30～60d，高负荷中温消化的SRT是15～20d。SRT可定义成总污泥质量与每天派出的污泥质量之比。对两相消化而言，SRT和水力停留时间（HRT）是相等的；在回流污泥的情况下，SRT会增至高于HRT，这一循环特征也是厌氧接触或两相消化工艺的特点。

表 2-9 低负荷和高负荷消化池典型的设计参数

参数	低负荷	高负荷
固体停留时间/d	30～60	15～20
挥发性炫富固体负荷/[kg/(m³·d)]	0.64～1.6	1.6～3.2
混合初沉＋剩余生物污泥进料浓度(以干固体百分比表示)	2～4	4～6
消化池下向流期望值浓度/干固体%	4～6	4～6

为确保必需的微生物增长速率同每日消耗速率相同，厌氧消化过程必须保证最小 SRT，这一临界 SRT 又因不同成分而不同。对于脂肪代谢的细菌是增长最慢的，因而需要较长的 SRT，而对于纤维代谢的细菌却要求较短的 SRT，SRT 和温度对甲烷生产模式及挥发性固体降解的影响如图 2-12 所示。

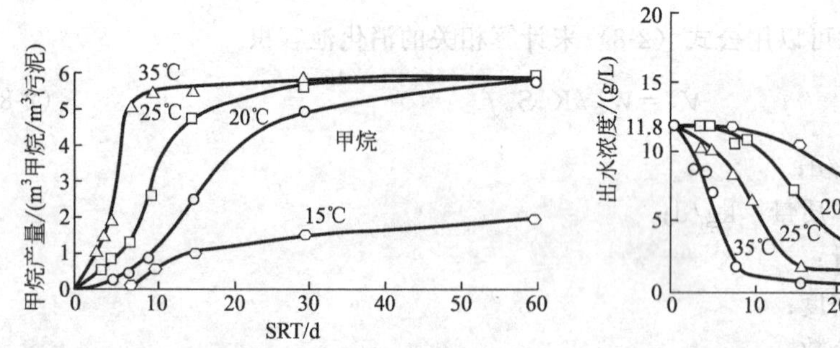

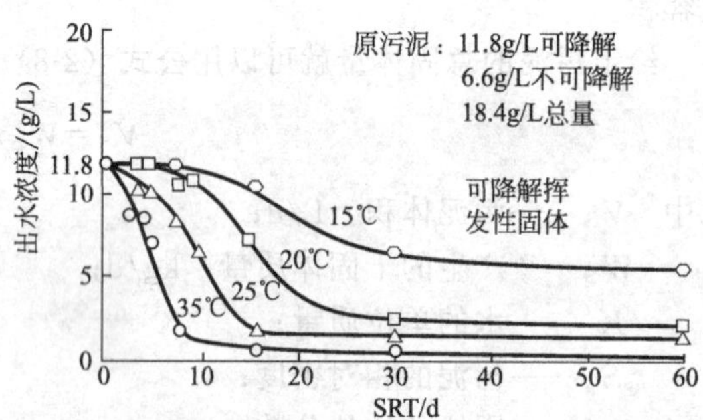

图 2-12 SRT 和温度对甲烷生产模式及挥发性固体降解的影响

当 SRT 在临界时间以下时，系统会冲洗掉产甲烷菌群体而操作失败，劳伦斯发表了几种给定基质降解的最小 SRT 值。表 2-10 列出了不同基质厌氧消化固体停留时间最小值。SRT 是温度的函数，对氢来说还不到 1d，而对污水污泥来说是 4.2d。升高温度会使最佳运行的必要 SRT 缩短。温度增高的结果也会使产气量增加。一般高负荷中温消化池至少为 10d。为了稳定性和控制，以及由于浮渣和粗砂积累、搅拌不良等原因，大多数消化池的运行停留时间在 15d 以上。

表 2-10 不同基质厌氧消化固体停留时间最小值　　单位：d

基质	35℃	30℃	25℃	20℃	基质	35℃	30℃	25℃	20℃
乙酸	3.1	4.2	4.2		长链脂肪	4.0	—	5.8	7.2
丙酸	3.2	—	2.8		酸氢	0.95	—		
乳酸	2.7	—			污水污泥	4.2	—	7.5	10

本尼菲尔德和兰德尔 1980 年发表了无循环完全混合反应器反应动力学模式。由此模型可以估算临界 SRT：

$$1/\theta_c^m=\frac{Y_t k S_0}{k_s}+S_0-K_d$$

式中 θ_c^m——临界 SRT，d；

Y_t——产率系数；

k——给定底物最大消耗速率，d^{-1}；

S_0——进料底物浓度，单位体积质量；

k_s——饱和常数，单位体积质量；

K_d——降解系数，t^{-1}。

劳伦斯给出的市政污泥的产率和降解系数分别为 $0.04d^{-1}$ 和 $0.012d^{-1}$，欧拉克 1968 年给出的值分别是 k 为 $6.67d^{-1}$，35℃以 COD 计，k_s 为 2224mg/L，k 和 k_s 值在 35℃以下必须加以校正。

当临界 SRT 求得之后（或由实验而得），设计用 SRT（θ_c^m）还需有一个合适的安全因子（SF）：

$$SRT=SF\times SRT$$

或

$$\theta_a^m=SF\times\theta_c^m$$

劳伦斯和麦卡蒂推荐的安全因子 SF 是 2～10，根据高峰负荷和设计的粗砂和浮渣积累而变化，小的消化池应该使用较高的 SF 值。

SRT 设计参数选择可以利用小试或中试研究考察有代表性的进料以及使用合适的动力学方程求算常数。对于工业污染物含量很大时更需如此。工业废弃物对厌氧消化具有负面影响，因而须预先测定待定污染物的污染特性。

SRT 选好之后，由日常流量可计算消化池容积，如：

$$V_R=V_S\theta_d^m$$

式中 V_R——消化池容积，m^3；

V_S——每日污泥负荷，m^3/d。

对于循环消化池，侧面水深可能是 8～12m，横断面面积和直径可由此计算。

2.1.4.2 工艺设计

（1）消化池尺寸标准 确定消化池尺寸的关键参数是 SRT。对于无循环的消化系统，SRT 与 HRT 无甚区别。VS 负荷率使用也很频繁，VS 负荷率直接与 SRT 或 HRT 相关，SRT 被认为是更为基本的参数。消化池尺寸的确定还应该兼顾固体产率变化和浮渣、粗砂积累等影响。

（2）固体停留时间 目前设计最小 SRT 的选择一般还是根据经验确定的，典型值是低负荷消化池 30～60d，高负荷消化池 10～20d。设计者在确定合适的 SRT 标准时必须考虑到污泥生产过程的条件范围。

帕金和欧文提出了一个更为合理的选择设计 SRT 的方法，尽管它使用的数据很有限。这种方法是以安全系数 SF 去修正 SRT 从而得出一个设计 SRT。如果以给定的消化效率为依据而且假定消化池以完全混合方式运行，则这一修正 SRT 如式（2-10）所示：

$$SRT_{min}=\left[\left(\frac{YkS_{eff}}{K_c+S_{eff}}\right)-b\right]^{-1} \tag{2-10}$$

$$S_{eff}=S^0(1-e)$$

式中 SRT_{min}——消化池运行要求的修正 SRT；

Y——厌氧微生物的产率，gVSS/gCOD；

k——给定基质最大消耗速率，gCOD/(gVSS·d)；

S_{eff}——消化池内消化污泥中可生化降解基质的浓度，gCOD/L；

S^0——进料污泥中可生化降解基质浓度，gCOD/L；

e——消化效率，部分降解；

K_c——进料污泥中可生化降解基质的半饱和浓度，gCOD/L；

b——内源衰减系数，d^{-1}。

式（2-10）中的常数的建议值，一般是针对市政初沉污泥在温度 25～35℃而言。下列建议值是基于实验所得。

$$k=6.67\times1.035^{T-35}$$

$$K_c=1.8\times1.112^{T-35}$$
$$b=0.03\times1.035^{T-35}$$
$$Y=0.04\text{gVSS/gCOD} \quad (2\text{-}11)$$

式中 T——温度，℃。

消化池运行使用修正 SRT 来计算，其厌氧消化过程的 SF 可按如下计算

$$SF=SRT\text{实测值}/SRT_{min}$$

表 2-11 显示了美国水污染控制协会对全美厌氧消化设备调查所得的厌氧消化停留时间（SRT）的数值。对所调查的设备而言，SRT 的平均值大约为 20d。如果进入消化池的可生物降解 COD 浓度为 19.6g/L，消化效率为 90%，设计温度 35℃，得出的最小 SRT 是 9.2d。在这种情况下，如果采用 SRT 的设计值为 20d，对于包含大量难降解物质的污泥，尤其是脂肪，常数值就不再适用。在这些情况下，或者在需持续保持较高 VS 去除率的地方，保证高的 VS 去除率较难，表 2-11 列出数值稍低的设计 SRT 值可能是更合适的。

表 2-11 厌氧消化固体停留时间

SRT/d	每种条件下的设备百分数/%		SRT/d	每种条件下的设备百分数/%	
	仅有初沉污泥	初沉污泥＋剩余污泥		仅有初沉污泥	初沉污泥＋剩余污泥
0～5	0	9	31～35	11	15
6～10	0	15	36～40	0	6
11～15	0	9	41～45	0	0
16～20	11	12	46～50	22	0
21～25	45	25	超过 50	0	6
26～30	11	3	污水处理厂数量/座	12	132

为将消化池扰动的可能性降至最小，应在考虑一些不利运行情况的基础上选择设计 SRT 值，例如短时期的高污泥负荷、粗砂和浮渣在消化池的积累和消化池停止运行等。

（3）挥发性固体负荷 挥发性固体负荷是指消化池每天投加的 VS 量被消化池工作体积相除。负荷标准一般是基于持续的加载条件下，同时避免短时间的过高负荷。通常设计的持续高峰 VS 负荷率是 1.9～2.5kgVS/(m³·d)。VS 负荷率的上限一般由有毒物质积累速率、氨或甲烷形成的冲击负荷来决定，3.2kgVS/(m³·d) 是常用的上限值。

过低的 VS 负荷率会造成建设和运行费用昂贵。建设费用高是由大的池容积造成，运行费高是由于产气量不足以供给维持消化池温度所必需的能量。

高峰污泥负荷的估算要包括进厂污水中 BOD 和总悬浮物（TSS），并以此为基础计算污泥量。估算还必须预见高峰负荷使其浓缩不理想的情况。此外，多个消化池的设计要预见到高峰负荷时最大的消化池不工作的情况。设计时必须提供这些时段继续保持污泥稳定的方案。

（4）挥发性固体去除率估算 VS 可由前文述及的数据（40%～60%）估计或者根据 VS 与停留时间的关系式来估算。对一个一般性负荷的系统，也可用式（2-12）估算。

$$V_d=30+t/2 \quad (2\text{-}12)$$

式中 V_d——挥发性固体去除率，%；

t——消化时间，d。

对高负荷消化系统

$$V_d=13.7\ln\theta_d^m+18.94$$

准确估计进入两相消化系统的二级消化池的污泥，可按式（2-13）估算

$$污泥量=TS-(A\times TS\times V_d) \tag{2-13}$$

式中　TS——进入消化池总固体量，kg/d；

A——挥发性固体，%；

V_d——赤忱小胡吃去除的挥发性固，%。

系统的有机物降解率也可参照表2-12所示。

表2-12　挥发性固体去除率估计值

项目	消化时间/d	挥发性固体去除率/%	项目	消化时间/d	挥发性固体去除率/%
高负荷(中温范围)	30	65.5	低负荷	40	50.0
	20	66.0		30	45.0
	15	56.0		20	40.0

式（2-13）可用于TS进入第二消化池时确定两相消化池的尺寸，确定固体浓缩的百分比以及最终处置要求的贮存周期。然而在很多情况下二级消化池容积设计与初沉消化池相同。

（5）气体产量和质量　气体产量可以运用0.8～1.1m³/kgVSS的关系式来估算，在SRT给足和搅拌良好的情况下，油脂含量越高，产气量越高。这是因为油脂成分代谢缓慢，总气体产量如式（2-14）所示：

$$G_v=G_{sgp}V_s \tag{2-14}$$

式中　G_v——气体生产的总体积，m^3；

V_s——VS去除率，kg；

G_{sgp}——给定气体产率，0.8～1.1m^3/kgVSS。

甲烷总产量可根据每天有机物的去除量来计算，关系式为：

$$G_m=M_{sgp}(\Delta OR-1.42\Delta X)$$

式中　G_m——甲烷产量，m^3/d；

M_{sgp}——给定单位质量有机物甲烷产率，按BOD或COD去除率计，m^3/kg；

ΔOR——每日有机物去除率，kg/d；

ΔX——产生的生物量。

由于消化气体中约有2/3是甲烷，消化池气体总量按下式计算：

$$G_T=G_m/0.67$$

式中　G_T——总气体产量，m^3/d。

不同消化池内甲烷浓度自45%～75%变化，CO_2浓度自25%～45%变化。若存在硫化氢必须调查清楚任何工业污染源或盐水渗入系统来源。消化气热值是24MJ/m^3，而甲烷热值大约是38MJ/m^3。

2.1.4.3　工艺要求

（1）搅拌要求　厌氧消化池可以采用气体搅拌、机械搅拌或水泵混合系统。不同的搅拌方式有着各自的优点和缺点。搅拌方式的选择其依据是成本、维护要求、工艺构筑物型式、格栅、进料的粗砂和浮渣含量等。确定消化池搅拌系统规模，建议的参数包括单位能耗、速率梯度、单元气体流量和消化池翻动时间等。

单位能耗是单位消化池容积的动力功率。关于单位能耗的选择有几个建议值。这些值从5.2～40W/m^3变化。使用试验数据，预计40W/m^3对完全混合反应器是足够的。

坎伯和史泰因发表了以速度梯度为指标衡量混合程度，如式（2-15）表示：

$$G=(W/\mu)^{\frac{1}{2}} \tag{2-15}$$

式中 G——速度梯度的平方根，s^{-1}；

W——单位容积消耗的能量，Pa·s；

μ——绝对黏度，Pa·s（水，35℃时为720Pa·s）。

$$W=E/V$$

式中 E——能量；

V——池容积，m^3。

能耗可以从下列方程求定：

$$E=2.4p_1Q\ln(p_2/p_1)$$

式中 Q——气体流量，m^3/s；

p_1——液体表面绝对压力，Pa；

p_2——气体注入深度绝对压力，Pa。

这些公式可以计算必要的能量需求、压缩机气流流量和注气系统的动力。黏度是温度、TS浓度、VS浓度的函数。温度升高，黏度下降，固体浓度增加。另外，VS增加3%以上，黏度才会增加。速度梯度的平方根恰当的值是50～80s^{-1}。

较低的值用于只有一个出气孔和油类、脂类及浮渣造成潜在故障的系统。

重新组织前述公式，单位气体流量与速度梯度平方根之间的关系可用式（2-16）所示：

$$\frac{Q}{V}=\frac{G^2\mu\ln\frac{p_2}{p_1}}{p_1} \tag{2-16}$$

对免提升系统气流量/池容积的建议值是76～83mL/m^3，吸管式系统的建议值是80～120mL/m^3。

翻动时间是消化池容积除以气管内气体流速。这一概念一般仅用于通气管气体和机械泵送循环系统。典型的消化池翻动周期为20～30min。

评价搅拌系统性能的方法有好多种，包括固体浓度断面剖析、温度特点分析、退量分析研究等。

固体浓度断面剖析这一方法，是从消化池内部中央深度（一般1～1.5m）取样然后分析TS浓度。当消化池整个深度内测得浓度与消化池平均浓度的差别不超过给定值（5%～10%）时，可以认为搅拌良好。浮渣层和底部污泥层可以容许较大的偏差。固体浓度剖析方法的缺点，对初沉或初沉和剩余污泥混合的消化系统来说，它们即使不搅拌也不会产生很大的层叠作用。所以，搅拌不充分不能仅仅由固体浓度断面剖析来表达。

温度分析也是评价搅拌消化的方法。描述温度特征的方法有着与固体浓度分析方法类似之处。温度读数是从消化池内不同深度处获得。如果任何点的温度都不偏离平均值或者与其相差在0.5～1.0之内，可以认为搅拌充分。这种方法的缺点就是在搅拌不足的情况下，通过足够的热扩散也能保持相对均匀的温度特征，尤其是在消化池SRT较长时是如此。

评价搅拌效果最为可靠的方法是衡量分析方法。这种方法是将锂注入消化池，然后分析其仍保存在池内的痕量物浓度。连续进料法也可使用但实际上办不到，这是由于在测试过程历时较长的情况下会用掉大量的痕量物质。消化污泥样品收集后分析痕量物含量。完全混合的理想消化池，滞留在消化池的痕量物质浓度可按式（2-17）

$$c=c_0^{-t/\mathrm{HRT}} \tag{2-17}$$

式中 c——t时刻痕量物浓度，mg/L；

c_0——t为0时刻，理论初始痕量物浓度（注入的痕量物总量/消化池容积），mg/L；

t——自加注痕量物之后的延续时间，1h；

HRT——消化池水力停留时间，h。

以自然对数替换，上述公式可以转化为式（2-18）：

$$\ln c = \ln c_0 - V/V_0 \tag{2-18}$$

式中 V——t 时刻进料的污泥体积，m^3/h；

V_0——消化池总容积，m^3。

以这种方法估计搅拌效果是最为准确的方法，然而，由于这种方法要求仔细监测消化池进料和排放速率，以及要求大量分析消化池内痕量物浓度，因此比其他方法都昂贵得多。

（2）浮渣、砂粒、碎屑和泡沫聚集的控制 浮渣、砂粒和泡沫这些物质会降低消化池有效容积，破坏搅拌和加热，影响气体生成和收集，从而扰动消化池运行。它们也会带来运行管理上的问题，造成消化过程失败。

浮渣积累可以通过在厌氧消化处理前的沉淀阶段去除其成分来减弱，如旋转式格栅。浮渣形成的趋势可以从分析进水的含油量得到。粗砂可在进厂之前的沟渠系统中得到去除。通过充分搅拌和加热维持完全混合，可以避免在消化池内形成粗砂层和浮渣层。有效地搅拌可以使其悬浮在整个池中，但过度搅拌会造成泡沫问题。形成泡沫和浮渣可以通过安装在顶部的喷嘴来纠正。暖式喷洒对消泡除渣尤其有效，这是通过降低黏度和增加搅拌分散效果来达到的。市场上有售消泡和除渣用的药剂，然而这些化学物质会增加上清液的 COD 浓度，而且封闭容器内喷洒设备的维护很困难。

去除消化池内的粗砂、碎屑可通过提高底板坡度，设几处排放口来强化，消化池位于地面以上时，在贴近地面的地方开口供人进出，有助于在清洗消化池时清除砂粒。切线式搅拌系统会在 3 池子中部积砂。

以容器构造来达到清除积砂积渣的目的，蛋形消化池是一个很好的例子。边壁陡峭坡向顶部迫使浮渣集中在有限的区域内，既有利于清除，也利于搅拌打碎成液状。陡峭的底坡也使砂粒碎屑集中，便于清除。

（3）浓缩 预先浓缩对厌氧消化过程是有益的，因为这样可减少厌氧反应池体积和反应器尺寸。因为生物污泥一般在二沉池内的浓缩性并不好，消化前浓缩会使消化池尺寸更经济。然而超过 4%的浓缩会造成搅拌的困难。

（4）加热系统 控制温度在最优值附近能使消化速率达到最高，使池容积最小。为维持消化池温度恒定在最优点，须对投配污泥进行加热升温以弥补消化池的热量损失。式（2-19）给出了对投配污泥加热升温所需要的热量：

$$Q_1 = W_f c_p (T_2 - T_1) \tag{2-19}$$

式中 Q_1——热量需求，kJ/d；

W_f——投配量，kg/d；

c_p——水的热值，4.2kJ/(kg·℃)；

T_1——进入消化池污泥温度,℃；

T_2——离开消化池产物温度,℃。

弥补消化池热损失所要求的加热量可以按式（2-20）估算：

$$Q_2 = UA(T_2 - T_1) \tag{2-20}$$

式中 Q_2——弥补消化池热损失要求的加热速率，kg·cal/h；

U——换热系数，kg·cal/(m^2·h·℃)；

A——损失热量的消化池表面积,℃；

T_2——消化池内污泥温度,℃；

T_1——环境温度，℃。

消化池底板、贴土的墙、暴露于空气的墙和顶盖等各表面的热损失一般分别计算，然后累加得到消化池总热量损失。计算时，消化池内及周围环境温度必须已知或能估算出。

表 2-13 和表 2-14 可用于计算消化池各部分的热损失。表 2-13 列出的是不同结构材质的换热系数；表 2-14 描述的是不同部位的换热系数。

表 2-13 不同结构材质换热系数

材质	换热系数		材质	换热系数	
	kg·cal·m/(m²·h·℃)	Btu·in/(h·ft²·℉)		kg·cal·m/(m²·h·℃)	Btu·in/(h·ft²·℉)
混凝土，不绝热	0.25～0.35	2.0～3.0	材料间夹气孔隙	0.02	0.17
钢，不绝热	0.65～0.75	5.2～6.0	干土	1.2	10
绝热/矿物棉	0.032～0.036	0.26～0.29	湿土	3.7	30
砖	0.35～0.75	3.0～6.0			

注：1Btu≈251.9958cal；1in=2.54cm；1ft=30.48cm。

表 2-14 消化池不同部位换热系数

池部位	典型换热系数	
	kg·cal/(m²·h·℃)	Btu/(h·ft²·℉)
固定式钢盖，6mm(0.25in)	100～200	20～25
固定式混凝土盖，280mm(9in)	1.0～1.5	0.20～0.30
混凝土墙，370mm(12in)		
暴露在空气中	0.7～1.2	0.15～0.25
加 25mm(1in)空气间隙和 100mm(4in)砖	0.3～0.5	0.07～0.10
混凝土底板，370mm(12in)		
暴露于干土，3m(10ft)	0.3	0.06
暴露于温土，3m(10ft)	0.5	0.11

当壁或顶由两种以上材质做成时，有效换热系数可由下式计算：

$$1/U_e = 1/U_1 + 1/U_2 + \cdots$$

式中 U_e——有效换热系数；

U_1，U_2——各独立材质的有效换热系数。

计算热损失时，一般假定消化池所有内容物温度相同。环境温度 T_2，是消化池附近空气和与之接触的土的温度。有关表面热传导更多的讨论见鲍曼斯特等的论述。

计算热量需求时，须考虑到可能的操作条件变化范围。换热系统的加热能力须考虑到最低温度条件可能的最大污泥投配率的情况。一般来说，计算是根据最低温度周的最大产泥量来进行的。加热系统配备足够的切换设备设施可在平均需热量和最小需热量之间切换。换热要求还需包括换热器的热效率，它可能的变化范围是 60%～90%。

至于环境温度，设计者须考虑风对消化池换热的影响。风使消化池的热损失加大，这可通过增大换热系数来估计。风速超过 30km/h 后风速每增加 1km/h，换热系数增加 1%。

(5) 药剂要求　碱度、pH 值、硫化物或重金属浓度的变化需投药加以调节，投加的药品有碳酸氢钠、氯化铁、硫酸铁、石灰和明矾等。尽管泵和其他化学加药设备在开始阶段可以不安装，但须为将来连接设好预留口（如管嘴和空法兰）。

(6) 消化对脱水及脱水循环液的影响　厌氧消化减少了脱水污泥量。但消化后的产物比未经消化的产物能将污泥中 50%～60%的颗粒 TKN 转化成氨。这些氨多数存在于脱水过程产生的上清液中。

上清液中的硫化氢会导致下游生物处理单元的运行故障。尤其对于污水厂的固定膜系统，有大量厌氧消化循环水流时，会出现硫氧化细菌的过度生长。

2.1.4.4 消化池设备及池型设计

对消化工艺构筑物而言，很大程度上受物理空间或可使用的土地面积影响。针对不同的空间要求，可使用的消化池结构和几何外形有所不同。圆柱形水池，特别是美国传统使用的较大直径高度比的单元构筑物，占地面积较大。蛋形消化池及其变种，在土地面积有限或地价很贵时是比较经济的选择。但是蛋形和筒形消化池设计建造构筑物时复杂。

(1) 消化池顶罩 消化池顶罩用以收集气体，减少臭气，保持内部恒温，维持厌氧条件。此外，罩子还可支撑搅拌设备，深入水池内部。传统做法有两种顶盖：固定式消化池顶盖和浮动式消化池顶盖。

固定式消化池顶盖如图 2-13 所示。它们由钢筋混凝土或钢制成扁平状或穹顶状。钢筋混凝土顶罩一般内衬 PVC 或钢板便于贮存气体。固定罩易产生的问题是，引入空气形成爆炸性气体，或在池内形成正压或负压。

浮动式消化池顶盖如图 2-14 所示，在液相表面占用较大的面积便于气体收集。为此，浮力作用于罩子外边缘使之成为一个浮筒。下降式浮动罩通过增加罩与液相表面的接触从而减少液相上方的占用空间。附加的重物用于增加顶罩的浮力抵消气压或平衡在罩子上安装设备造成的荷载。浮动罩普遍使用在一级消化池，优点是方便控制，它使进料和排放操作分开，将浮渣压入液相使之得以控制。浮动罩的缺点是在泡沫严重时会倾斜。

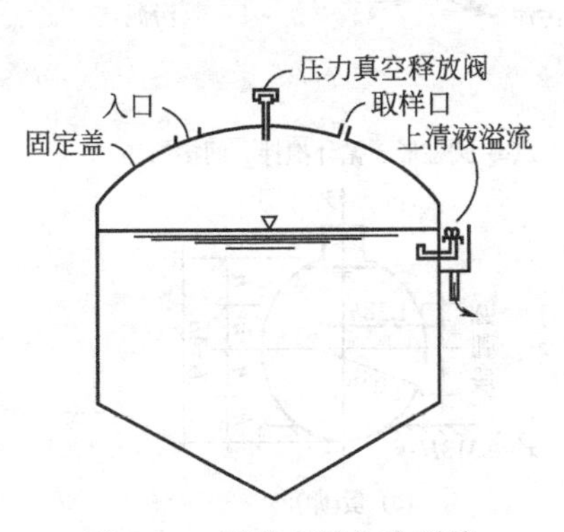

图 2-13 固定式消化池顶盖

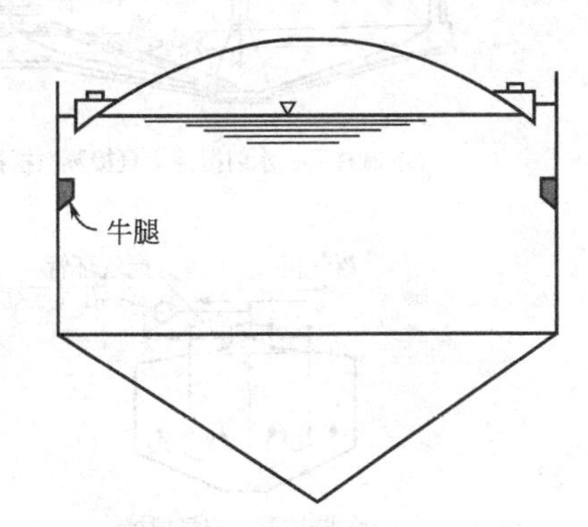

图 2-14 浮动式消化池顶盖

设计集气罩式顶盖能增加气体贮存空间，气体贮存空间允许产气量和污水厂使用负荷的变化。集气罩式顶盖是经改进的浮动罩，它浮于气相而不是液相，套式浮动罩见图 2-15。改进措施包括增长的边缘利用贮气和一个特别的导引系统使罩子稳定地浮于气相之上。这种式样的顶盖在设计时须考虑到侧面风荷载以及由此导致的翻转力量。近来发展的集气罩式顶盖是膜式集气罩顶盖（见图 2-16）。这种盖由中央小型集气穹顶支撑结构和弹性气膜组成。鼓起系统通过给两膜之间的空隙打入空气来改变贮气空隙的体积。随着产气体积的增加，通过空气释放使空气体积减少。随着产气体积的减少，通过鼓风机向空隙补充空气，仅仅气膜和中央贮气穹顶与消化池内部接触。气膜由弹性聚酯纤维制成，该纤维类似珊瑚礁类内衬物质。

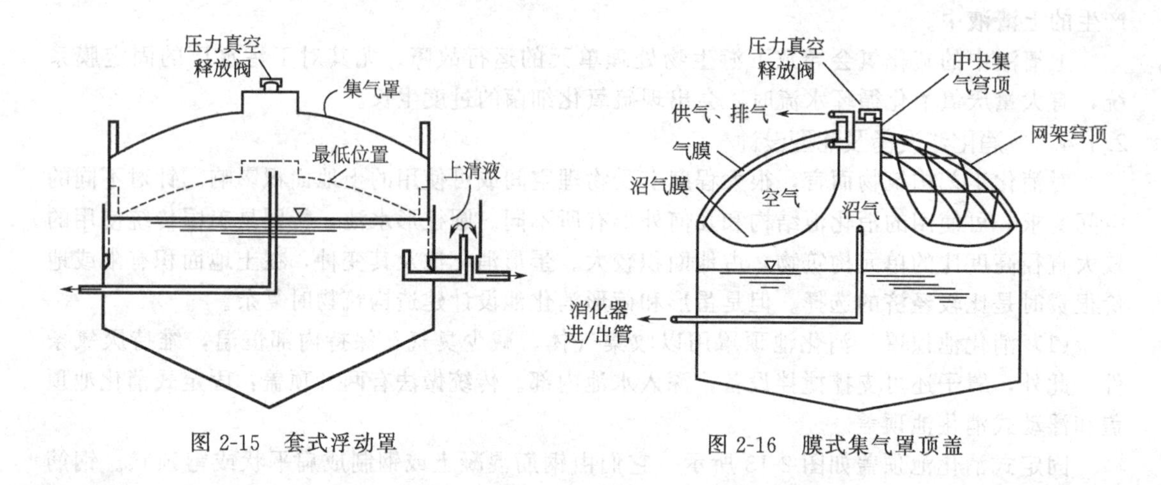

图 2-15 套式浮动罩　　图 2-16 膜式集气罩顶盖

(2) 池型和构造　厌氧消化池外形有矩形、方形、圆柱形、蛋形等。由于矩形池易受现场条件限制，因此尽管它的造价最省，但操作很困难，常出现搅拌不均而形成死区。因此厌氧消化池圆柱形和蛋形较多（见图 2-17）。

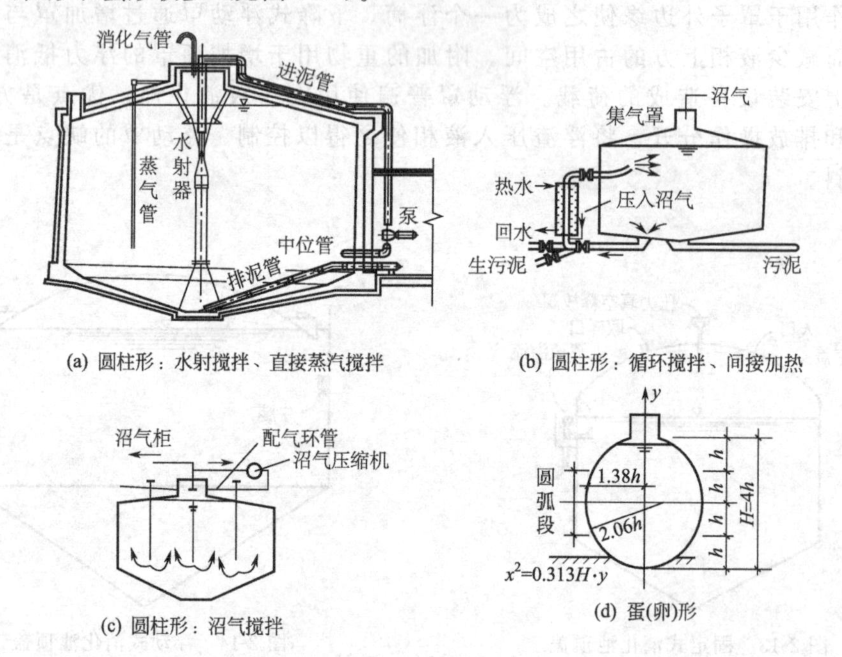

图 2-17 厌氧消化池

图中（a）（b）（c）为圆柱形，池径一般为 6～35m，视污水厂规模而定，池总高与池径之比取 0.8～1.0，池底、池盖倾角一般取 15～20°，池顶集气罩直径取 2～5m，高 1～3m。

传统圆柱形厌氧消化池普遍使用带圆锥底板的低圆柱形，该圆形池一般由钢筋混凝土制成。垂直边壁高度 6～14m 不等，直径约 8～40m。圆锥形底便于清扫，底板坡度为（1∶3）～（1∶6）。底坡大于 1∶3，尽管有利于清理砂粒，但难于建造和清扫。中等的坡度对于平底消化池来说没有较大改进。底板上在中央有一根排放管，或者按照圆饼状分区，每区设置一根排放管（蛋饼底式消化池），后者同传统圆锥形设计相比造价要高，但减少了清淘频率和费用。根据需要，有的地方圆柱形消化池采用砖砌外表，中间有空气夹层，内填土、聚苯乙烯塑料、玻璃纤维和绝热板材料等。

大型消化池常采用蛋形，如图 2-18 所示，容积可做到 $10000m^3$ 以上。上部的陡坡和底板的锥体有利于减少浮渣和砂粒造成的问题，从而减少了消化池清淘的工作量。蛋形消化池同传统矮圆柱形池相比搅拌要求要少，后者大部分的搅拌能量用于维持砂粒悬浮和控制浮渣形成。大多数蛋形消化池在池底的锥形部分备有气体“刀”和水力“喷头”，便于偶尔冲洗积存在底部的砂粒。尽管气体搅拌和机械搅拌极少可能在同时使用，一个消化池内可能任何种搅拌系统都有，而且在任何一天都能操作。蛋形消化池可由钢筋混凝土制成。外表面用氧化铝作绝热层起到保护或绝热的作用。

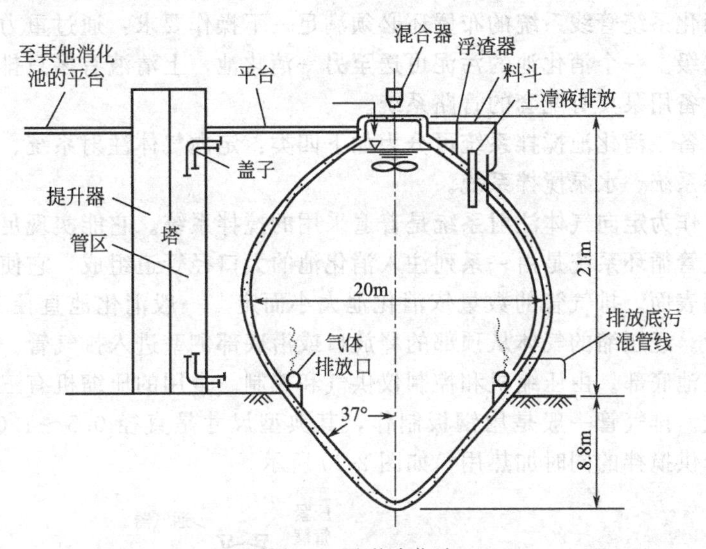

图 2-18 蛋形消化池

蛋形消化池在工艺与结构方面有如下优点：a. 搅拌充分，均匀、无死角，污泥不会在池底固结；b. 池内污泥层表面积小，即使生成浮渣，也容易清除；c. 在池容相等的条件下，池子总表面积比圆柱形小，故散热面积小，易于保温；d. 蛋形的结构与受力条件最好，如采用钢筋混凝土结构，可节省材料；e. 防渗水性能好，聚集沼气效果好。

蛋形消化池搅拌系统由三种基本形式：非限定性气体搅拌、管式布置搅拌浆式机械搅拌和外加泵循环，如图 2-19 所示。

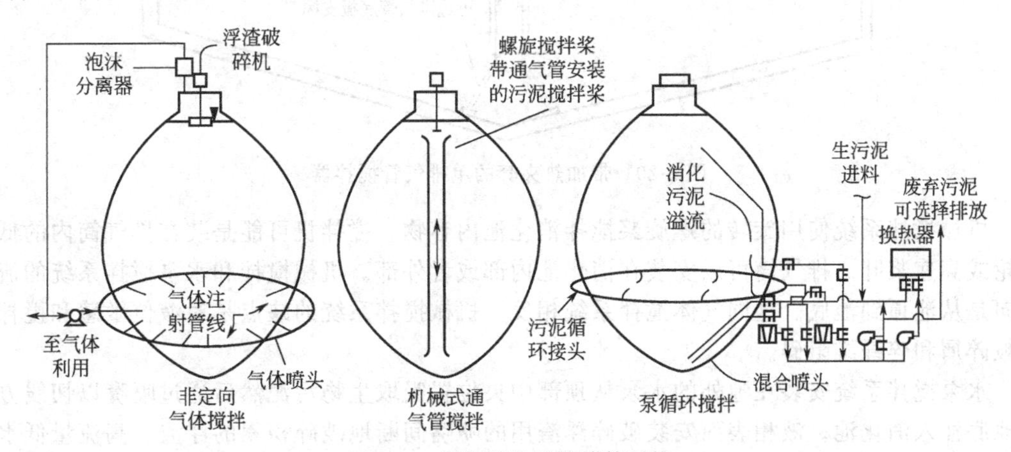

图 2-19 蛋形消化池的搅拌系统

(3) 水泵和管路系统形式 选择污泥输送泵时的一个重要因素是泵内外的结构材质。泵内部的结构材质必须耐磨、耐腐蚀、耐穿孔。镍铬叶轮和泵壳由于它的良好性能常被采用。

聚合及其他塑料可用做往复泵的静态材料，转轴可用工具钢。泵外部涂油漆防止腐蚀。另一个选泵的要素是使用是否简易以及泵内积累碎屑是否易于清除。

管路系统的设计必须在进料、循环、排放固体等方面有最大的灵活性。管路系统的安排须考虑进料、固体排放和上清液排放等多个接口。由于污泥泵的低速特点会产生管路系统的淤积，设计方案须考虑到清洗或冲洗（尽可能使用经处理的废水）。阀门及阀门位置的选择也须慎重考虑。阀门设置必须易于接近和手动操作。设计方案还应考虑到，出于安全性和维护的需要，所有的消化池子和泵能够隔离开。

对于两相消化系统管线系统的布置还必须满足一下操作要求：通过重力流将一级的生物污泥输送到第二级。一个消化池的污泥可送至另一消化池，上清液有多只排放口，循环系统有多只进出口，备用泵具有配套的管路系统。

（4）搅拌设备　消化池搅拌系统可分为如下四类：定向气体注射系统、不定向气体注射系统、机械搅拌系统、水泵搅拌系统。

使用排气管作为定向气体注射系统是普遍采用的搅拌系统。它能实现足够的搅拌，确保完全混合。排气管循环系统是由一系列注入消化池的大口径管道组成，它使生物污泥得以上升混合到达液相表面。排气管的数量依消化池大小而定。一般消化池直径 18m 以上，就需不止一根排气管。经压缩的气体从顶部的释放口或沿底部侧壁进入排气管。单管排气系统可以用支架固定在池底部。由压缩机和控制仪供气和控制。常用的压缩机有三种：转叶式、螺旋泵式、液环式。排气管一般是用钢板制作，其典型尺寸是直径 0.5～1.0m（20～40in），外圈可装加热套供搅拌的同时加热用，如图 2-20 所示。

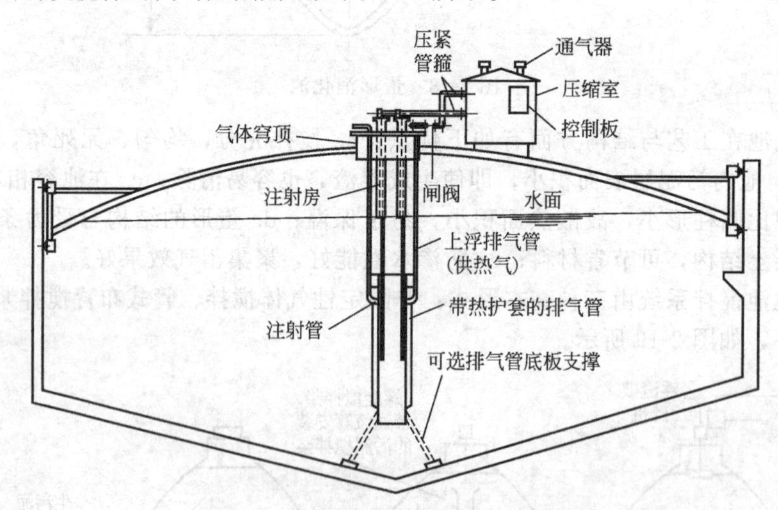

图 2-20　带加热夹套的单排气管搅拌器

机械搅拌系统使用旋转的螺旋桨搅拌消化池内容物。搅拌机可能是装在排气筒内的低速涡轮或高速桨叶。排气筒可以安装在消化池内部或者外部。机械搅拌和水泵搅拌系统的流动方向是从池顶到池底。这同气体搅拌系统相反。机械搅拌系统的缺点是对液位敏感和搅拌桨易被碎屑和碎纤维阻碍。

水泵搅拌系统安装在池外的水泵从顶部中央位置吸取生物污泥然后通过喷嘴以切线方向在池底注入消化池。液相表面安装破碎浮渣用的喷嘴间断地破碎积累的浮渣。高流量低水头输送“污泥”的水泵有轴流泵、混流泵和离心螺旋泵。泵通常以传送带驱动，从而根据消化池内固体浓度变化而调节。

多点喷射气体循环系统是一种通常使用的不定向系统。它由分布于整个池内的多根喷射管组成。气体可通过所有的管子连续排放或经旋转阀门调节顺序地从一根管换至另一根管。旋转阀门的操作一般按预先设定的定时器自动控制。喷气管大约位于离开消化池中心 2/3 处。为保证中心部位的混合，在离中心几米远处增设一根喷枪。此外，系统要求有压缩机和控制设备。图 2-21 所示为多点顺序喷气系统的剖面图。气体排放管直径至少有 50mm，设计方案须尽可能地使它们集中。喷枪的淹没深度是决定气体流量的重要因素。图 2-22 是喷枪系统的平面图，13～15m 直径的消化池备有六支喷枪。

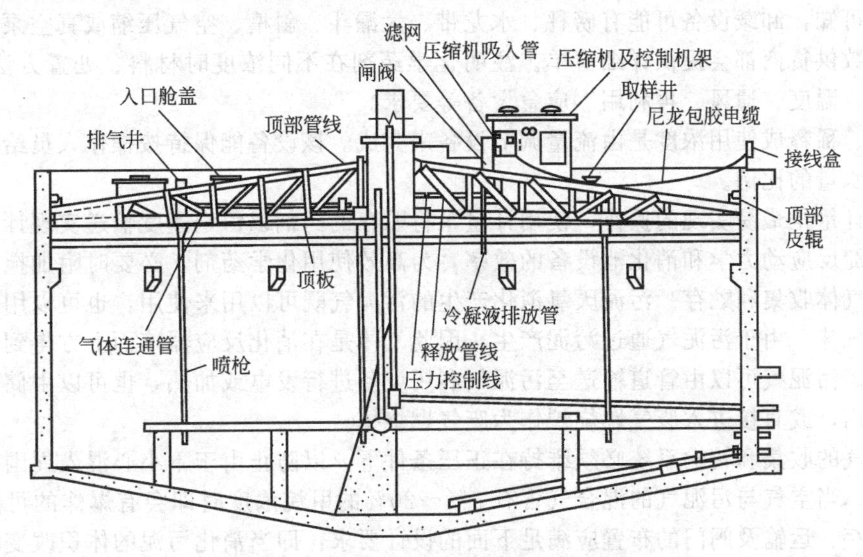

图 2-21 多点顺序喷气系统的剖面图

另一种不定向气体喷射系统是布置成环形的扩散器盒安装在池底部。它固定在混凝土短柱上，扩散器盒的个数依消化池容积和大小而定。每一个扩散器通过独立的器官供给来自压缩机的压缩气体。同其他喷射系统相比，该搅拌的几何特性与浮动罩的高度无关。由于这些设备永久地固定在池底部，搅拌系统的维护很困难。

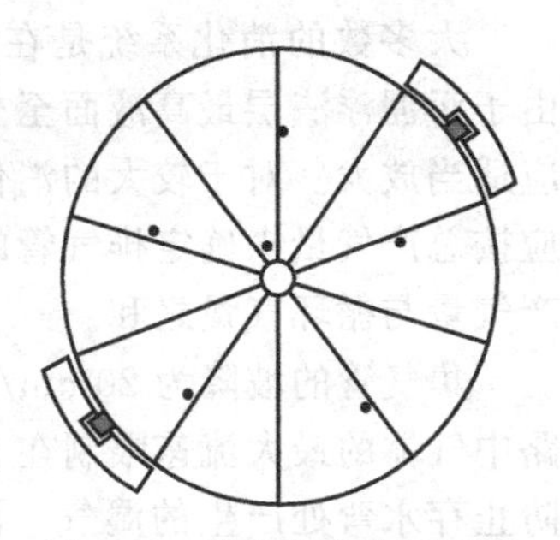

图 2-22 喷枪系统的平面图

(5) 加热设备 不论是内部还是外部的加热设备都是为维护恒定的操作稳定。老式的消化池采用固定在边壁上的内部加热盘管。盘管内部有热水循环。这些盘管易于受损，导致换热效率下降。维修这些盘管需要操作人员关闭消化池，清空内容物。带加热夹套的排气筒式搅拌器也可以在内部对污泥加热，然而内部加热系统由于维护困难而很少使用。

水浴式、套管式和螺旋板式外部换热器可用于厌氧消化。水浴式换热器的操作是用泵将生物污泥循环送至水浴加热换热器。通过泵送热水进出水浴池可以提高换热效率。外部换热器使用循环泵允许进料在进入消化池之前被加热，当然这种加热并不充分。

套管式换热器和螺旋板式换热器在设计上是相似的。套管换热器由两根同心管组成（一个装生物污泥，另一个装热水），两层流体逆向流动。螺旋板式换热器的组成是由两根长条形板相互包裹形成两个同轴通道。螺旋板式换热器的流程也是逆向的。内层板的设计须让其最大可能地易于清洗和防止堵塞和辅助维护。为防止结块水温须保持在 68℃以下。

外部换热器的换热效率为 0.9～1.6kJ/(m² · ℃) 不等。内部盘管式换热效率为 85～450kJ/(m² · ℃)，根据生物污泥中的固体含量而变。常用的热源是用锅炉给循环水加热。锅炉的专用能源就是消化池产气，当然设计方案也须考虑到天然气、燃料、油等辅助燃料。

(6) 药剂投配系统　消化池加药系统，理想的做法是与整个污水厂加药系统的设备一起布置。这便于设备安装的优化组合，因为消化池加药系统不需要每天使用。

配备加药有两种主要原因：碱度控制和抑制物控制。碳酸氢钠、碳酸钠、石灰是常用的碱。氯化铁、硫酸铁和铝盐可用于抑制物质的沉淀或共聚，以及控制消化气中的硫化氢含量。

化学加药设施包括卸载和贮存设备、溶解/稀释设备、计量和传输设备。根据化学药剂的供货商可知，卸载设备可能有磅秤、水龙带、大漏斗、斜槽、空气压缩或真空泵、卸料泵等。大多数供货商都会提供详细清单。注明化学药剂在不同浓度时材料、处置方法、安全、贮存过程、温度、通风、再利用、应急设备等要求。

溶解、稀释成使用浓度是由流量调节设备来完成。该设备能保持按操作人员给定的化学药剂与用水量的比例。

化学计量是最易实现的操作，使用计量泵将贮存的药剂以恒定速度输送实现计量。依据预期的沉淀反应动力学和消化池设备的效率，为高效使用化学药剂，必要时附加搅拌。

(7) 气体收集和贮存　污泥厌氧消化产生的污泥气既可以用来使用，也可以用来燃烧以避免产生气味。由于污泥气通过污泥产生，因此气体是在消化反应器液面上方得到收集，并且释放的。污泥气可以由管道输送至污泥气利用设备进行发电或加热，也可以由储气装置贮存以备后用，或直接进入废气燃烧炉作为废气燃烧掉。

污泥气的收集和转输系统必须维持在正压条件下，以防止由于不小心混入周围的空气而发生爆炸。当空气与污泥气的混合气含有5%～20%的甲烷浓度时即会有爆炸的可能性。污泥气的贮存、运输及阀门的布置应满足下面的设计要求：即当消化污泥的体积改变时，污泥气（不是空气）应被抽回到消化池中而不是被其他气体所替代。

大多数的消化系统是在小于3.5kPa的压力下运行的，同时压力应以毫米水柱来表示。由于污泥浮渣层最高液面至少1.2m。考虑到减少固体颗粒和泡沫进入集气管路，这段距离应适当放大。对于较大的消化气体收集系统，集气管道的直径应为200mm或更大。消化池应按总产气量来确定排气管的大小，这是因为当气体混合系统启动时，总气量为设计最高月产气量与循环气量之和。

集气管的坡降为20mm/m，且输送浓缩气体的管道坡降不得小于10mm/m。消化池管路中气体的最大流速限制在3.4～3.5m/s，保持这么低的流速是为了使管路压力损失适当，防止存水弯处产生的湿气。湿气可以对仪表、阀门、压缩机、电机和其他设备产生腐蚀作用。为防止由于不恰当的安装、内部压力及地震所造成的破坏作用，应确保有足够的管路支撑设施。管路与设备之间应有柔性接头，埋地管线要特别注意。

2.1.5 厌氧消化技术研究进展

2.1.5.1 化学一级强化污泥厌氧消化研究

城市污水经化学絮凝强化一级处理，产生的污泥成为化学一级强化污泥，又可成为化学强化一级污泥。在适宜的条件下，不投加化学絮凝剂重力产生的初沉污泥是比剩余污泥更容易厌氧消化的。但由于投加了化学絮凝剂（铝盐或铁盐），化学一级强化污泥性质与初沉污泥有了一定的差别。投加化学絮凝剂增加了污泥量，降低了污泥的挥发性固体含量比例。化学一级强化污泥量比初沉污泥量有较大的增长，增加量为35%～56%，一般认为，只有当挥发性固体含量为50%或更高时，才适宜用厌氧消化。

有研究者认为絮凝剂降低了污泥的可生物降解性。Dentel and Gossett 认为这是由于絮凝剂絮体与污泥中的有机分子发生架桥或网捕作用，因而这部分有机分子在厌氧消化过程中无法释放出来或者释放速度很慢。蛋白质和脂肪酸由于含有离子化的结构，与不含离子化结构的糖类相比，更容易受絮体的作用。由于蛋白质和脂肪完全消化会产生比糖类完全消化更多的甲烷，这也可以解释 Wouter Ghyoot 等的研究结果中为什么化学一级强化污泥的甲烷产率（299～395LCH_4/kg 降解 VS）低于初沉污泥的甲烷产率（519～612LCH_4/kg 降解 VS）。但中国科学院生态研究中心吴成强等对 $FeCl_3$ 混凝污泥厌氧消化进行了研究后发现：至少 $FeCl_3$ 絮凝剂对污泥的可生物降解性是没影响的，这是因为整个厌氧体系处于一个还原态环境中，因此 Fe^{3+} 在厌氧条件下必然要被氢还原为 Fe^{2+}。这时，氢氧化铁絮体解体，捕捉的一些生物降解有机物被释放出来，促进了消化反应的顺利进行。

化学一级强化污泥在稳定过程中产生的碱度偏低，因此对 pH 扰动的缓冲能力较弱。Grossett 等在含铝盐的化学一级强化污泥的厌氧消化实验中的碱度仅仅为 1200～1450mg$CaCO_3$/L。这是因为絮凝剂影响了含有机氮物质的代谢，从而减少了碱度（NH_4^+）的生成。而 Wouter Ghyoot 等在中试实验规模基础上对含 $FeCl_3$ 的一级强化污泥的厌氧消化实验中，则未发现碱度偏小现象。

投加铁盐絮凝剂能带入污泥大量的 Fe^{3+}，幸运的是 Fe^{3+} 本身是无毒的，并且能与 S^{2-} 形成缓冲系统减轻重金属离子对厌氧消化的毒害。其中的机理：因为 S^{2-} 能与重金属离子反应生成溶度积很小的沉淀，而 S^{2-} 本身对厌氧菌是有毒性的，而 Fe^{3+} 能与 S^{2-} 反应生成溶度积较大的沉淀，所以 Fe^{3+} 大量存在既能控制 S^{2-} 的浓度，又能控制重金属离子的浓度，这是因为当重金属离子增加时，Fe^{3+} 还能被置换出来的缘故。

表 2-15 是 Wouter Ghyoot 等在中试实验规模基础上对含 $FeCl_3$ 的化学一级强化污泥及初沉污泥分别进行厌氧消化后得出的结果比较。其中化学一级强化污泥的甲烷产率低于初沉污泥的甲烷产率。Dohanyos 的文章指出初沉污泥的有机固体分解率通常为 47%～51%，在该实验中，初沉污泥的有机固体降解率较低，可能与操作条件不稳或有机负荷较低有关；但化学一级强化污泥的有机固体降解率竟达到 52%～57%，这与其他研究者认为化学一级强化污泥可消化性差的结果有点矛盾。另外，在整个厌氧消化期间，未见磷的释放；系统运行正常，化学一级强化污泥的厌氧消化并未影响化学除磷的稳定性。

表 2-15 初沉污泥和化学一级强化污泥厌氧消化反应的参数

参　数	初沉污泥	化学一级强化污泥
温度/℃	35	35
SRT/d	20	15
TS 负荷/[kgTS/(m^3·d)]	1.84～2.18	2.11～2.24
VS 负荷/[kgVS/(m^3·d)]	0.60～0.79	1.18～1.36
碱度/[mg$CaCO_3$/L]	未测	2100
pH 值	7.03～7.04	7.10
入流污泥 TS/%	3.7～4.4	4.2～4.5
消化污泥 TS/%	2.1～2.6	2.5～3.2
消化污泥 VS/TS/%	40～41	44～45
生物气中的 CH_4 含量/%	68	68
VS 分解率/%	34～35	52～57

吴成强等对初沉污泥、含 $FeCl_3$ 的化学一级强化污泥和含 PAC 的化学一级污泥进行了厌氧消化的研究，结果如表 2-16 所示，表明当每升污泥中含 1488mgFe^{3+} 时，对厌氧消化不仅没有抑制作用，厌氧消化反而进行得更好，甲烷回收率比原污泥的高 7%～8%，原因可能是絮凝剂的絮凝作用使原水中一部分易降解的有机物转移到污泥中。消化后的上清液中

有 Fe^{2+} 溶出，浓度为 99mg/L。含 PAC 的污泥消化效果较差，产甲烷率比原污泥的低了 5%。可能的原因是 PAC 通过架桥及网捕等作用将有机分子裹在絮体中，因而这部分有机分子在厌氧消化过程中无法释放出来或者释放速度很慢。

表 2-16 化学一级强化污泥的厌氧消化实验

试验对象	污泥负荷/(kgCOD/kgTSS)	甲烷			pH 值		金属含量/(mg/L)	
		理论值/mL	实测值/mL	产气率/%	进水	出水	进水	出水
原污泥	1.193	893	366	41.0	7.30	6.98		
$FeCl_3$ 污泥	1.212	893	432	48.4	7.30	7.17	1488(Fe^{3+})	99(Fe^{3+})
PAC 污泥	1.191	893	327	36.6	7.30	7.3	754(Al^{3+})	

2.1.5.2 污泥分解技术与厌氧消化相结合研究

(1) 不同污泥分解方式的对比研究　有研究者指出，水解是厌氧消化的限制性步骤，污泥细胞壁的刚性结构可以阻碍胞内易降解物质的水解，污泥分解技术能促进厌氧消化的原因就在于：被分解污泥的细胞壁遭到破坏，使得细胞壁中的易降解物质泄漏出来，并且能将难降解的大分子物质分解成易降解的小分子物质，从而提高了水解的速率。

利用球墨机或高压泵等机械力分解污泥，能提高污泥厌氧消化的速率，但设备复杂，运行成本极高。In Wook Nan 等的实验结果表明，经过机械力处理的污泥在厌氧消化池中的污泥停留时间从 13d 降至 6d，而 VS 去除率和产气量基本维持不变。A. Tiehm 等利用超声波分解污泥，使得随后的污泥厌氧消化效率提高很多，污泥挥发性固体的降解率由 21.5% 增加到 33.7%。Rajan. R. V 等发现，在污泥中加入 NaOH 或 $Ca(OH)_2$ 可以改善污泥的消化性能。通常污泥固体浓度为 0.5%～2%，碱的用量为 8～16gNaOH/100gTS 或 14.8g $Ca(OH)_2$/100gTS，前者可将 40% 的 TCOD 转化为 SCOD，后者的转化率仅为 20%。林志高等的研究表明，污泥经碱预处理后，厌氧消化效率提高，基质的去除率和产气量增加；加碱后，碱度会升高，但不会对系统内的 pH 值造成太大的影响。运用高温或高压条件对污泥进行预处理，对促进污泥厌氧消化非常有效。有研究者发现，污泥经过 180℃ 的高温预处理后，甲烷产率翻倍。还有的研究中运用催化氧化技术对污泥进行预处理，氧化污泥的上清液用 UASB 处理。

A. Scheminski 等对臭氧氧化、超声波分解、热分解方法等不同的污泥分解方式的分解效率进行了对比研究，处理对象为同样的厌氧消化污泥，比较的指标是有机碳释放率和在随后厌氧消化实验中的挥发性固体降解率。就有机碳释放率而言，当臭氧投加量为 0.2gO_3/g 干污泥时，有机碳的释放率达到 40%；利用超声波粉碎污泥细胞，有机碳释放率达到 10%；在 90℃ 下热解 30min 时，有机碳释放率为 15%，在 134℃ 下热解 30min 时，有机碳释放率为 30%；利用 0.5mol/L 的 NaOH 溶液进行碱性水解时，有机碳释放率为 55%。在随后厌氧消化实验中，投加臭氧的有机物降解率为 42%，用浓度为 0.3mol/L 的 NaOH 溶液处理过的污泥的挥发性固体降解率能达到 35%，而用浓度为 0.5mol/L 的 NaOH 溶液处理过的污泥的挥发性固体降解率仅能达到 28%。

比较几种不同的污泥分解方式，用 NaOH 碱解污泥能达到最大的有机碳释放率，但碱解后的污泥中盐的浓度过高，对厌氧消化有不利影响；臭氧氧化处理过的污泥在随后的厌氧消化实验中能达到最大的挥发性固体降解率。

(2) 臭氧氧化后污泥性质的变化　臭氧是一种十分活泼的氧化剂，它可与污泥中的化合物发生反应。为了确定臭氧氧化后污泥中的蛋白质、多聚糖和脂类化合物的去向，

A. Scheminski 等对厌氧消化污泥投加臭氧。在投加量为 0.5gO_3/g 干污泥时，污泥中 60%的固体有机组分可以被转化为可溶解的物质，污泥中的蛋白质含量可以减少 90%。Buning 等的研究认为，当臭氧与污泥反应时，蛋白质从被破坏的细胞壁中泄漏放出来；释放到污泥中的蛋白质只能被瞬间检测到，凝胶渗透色谱分析表明，被污泥溶液稀释的蛋白质又继续与臭氧发生反应而被分解，由于氧化分解反应的速率很高，因此在氧化后的污泥液中测不出蛋白质浓度的增加。大约 60%的多聚糖溶解进入污泥液中并被继续氧化，但是由于氧化速率很慢，可以测出污泥液中多聚糖浓度的增加，而污泥中多聚糖浓度则随臭氧投量的增加而减少。污泥中的脂类减少 30%，臭氧与不饱和脂肪酸进行直接或间接反映，形成可溶于水的短链片段。当臭氧投加量为 0.38O_3/g 干污泥时，处置前干污泥的蛋白质含量为 16%，处置后蛋白质含量为 6%。用较低臭氧投加量处理过的污泥含有大量羧酸，但是 90%的羧酸为不挥发性的，碳链长度大于 17，而臭氧投加量较高时，能生成碳酸，所以此时尽管 pH 值降低，但是 VFA 值并不升高。

表 2-17 是臭氧氧化预处理前后污泥特性比较。当臭氧投加量是 0.2O_3/gCOD 时污泥化学特性的变化情况，污泥样品取自城市污水厂初沉污泥和剩余污泥的混合污泥。

表 2-17 臭氧氧化预处理前后污泥特性比较

项目	预处理前	预处理后	项目	预处理前	预处理后
总 COD/(g/L)	7.9±0.5	4.9±0.6	SS/(g/L)	9.5±1.2	3.8±0.5
可溶性 COD/(g/L)	0.06±0.05	2.3±0.1	VSS/(g/L)	5.7±0.6	1.8±0.2
总 TOC/(g/L)	2.9±0.3	2.1±0.2	SVI/(mg/L)	100～120	25～30
可溶性 TOC/(g/L)	0.014±0.002	1.06±0.06	pH 值	7.8	4.9
IC/(mg/L)	66±10	2.45±0.02			

从表 2-17 可以看到，污泥经臭氧（0.2O_3/gCOD）氧化处理后，其可溶性 COD 由 0.06g/L 增至 2.3g/L；可溶性 TOC 由 0.014g/L 增至 1.06g/L；SS 去除率可达 64%，而 VSS 的分解率可达 72%；pH 值下降。

2.1.6 厌氧消化经济型分析

2.1.6.1 运行费用

由于厌氧处理是在完全封闭的环境下发生的，所以和好氧处理工艺相比它不需要耗电的曝气设备。厌氧消化的处理费用主要是污泥消化池的加热和搅拌机械的运行费用。厌氧消化有一个非常有经济价值的副产品——污泥气，可以用来发电或供热，补充污水厂的能量。由于它在能量平衡方面的优势，污泥的厌氧消化有时用来改善污水或污泥处理的能量平衡，见图 2-23。

在比利时 Deurne 的一个现有污泥处理厂中，厂区的能量主要靠一个燃烧器加热，该燃

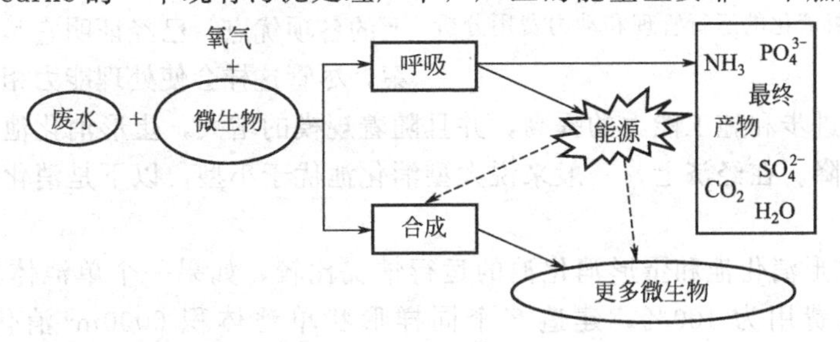

图 2-23 使用厌氧消化的能量平衡

烧器使用来自于贮存于两个蛋形消化罐内的污泥气作燃料。如果需要，天然气可用来补充其余的能量需要，并用于加热消化前的污泥浆。

污泥消化池的加热所需的热量包括加温所需的热量和热损失：

加热污泥所需的热量，如式 (2-21)

$$Q_1=\frac{V_1}{24}(T-T_0)c\times10^3 \tag{2-21}$$

式中 Q_1——加热所需的热量，kJ/h；

T——消化温度,℃；

T_0——新鲜污泥温度,℃；

c——新鲜污泥比热，可取为 4.18kJ/℃；

V_1——新鲜污泥投加量，d^{-1}。

损失的热量包括池体所散失的热量和管道的散热。池体损失的热量如式 (2-22) 所示。

$$Q_2=FKT_3 \tag{2-22}$$

式中 F——消化池壳体总表面积，m^3；

K——传热系数，kJ/(m²·h·℃)，一般可用 2.5～3.3；

T_3——池外介质温度,℃。

管道的热损失可用简化法计算，如式 (2-23) 所示。

$$Q=Q_1+Q_2+Q_3=1.1(Q_1+Q_2) \tag{2-23}$$

如果用蒸汽加热，所需的一定压力的蒸汽量可根据蒸汽表查的每千克蒸汽能提供的热量计算，并计算应有的锅炉生产能力。蒸汽加热一般用于池内加热，也可以在污泥投配池内进行。我们也可以根据美国 EPA 的估算方法来分析厌氧消化系统的运行管理和动力费用。图 2-24 是根据一系列的污泥消化系统运行数据所绘制的污泥厌氧消化的运行管理和动力费用分析图。只要知道污水厂的平均流量就可以在此图上查到它运行的动力费用和人工费用。

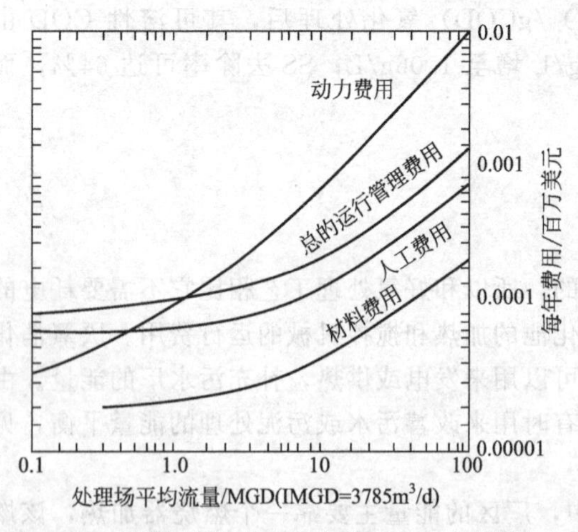

图 2-24 污泥厌氧消化的运行管理和动力费用分析

2.1.6.2 固定资产投资

消化池的形状大小对污泥消化过程中的混合、产气量和消化时间有较大的影响。同时也影响消化池的造价和运行费用。因此如何因地制宜地选择消化池的形状和大小是一个非常重要的考虑因素。

有关的资料表明不论从运行方面还是结构设计方面，蛋形是最佳池型。这主要是由于采用蛋形，其应力分布特性可使池壁相对减薄，降低了材料成本。而且由于蛋形消化池在技术上的各项优点，已经证明它是最经济的解决方案，尽管这样会使处理能力相对较小。

由于技术的进步和施工能力的提高，并且随着规模的增大，蛋形消化池的基建费用和运行成本都趋于下降。在经济上，一般来说大型消化池优于小型。以下是消化池容积和建造费用的关系。

表 2-18 是柱形消化池和蛋形消化池的运行情况比较，如果一个单池体积 12000m³ 的蛋形消化池的建造费用为 100%，建造 2 个同样形状单池体积 6000m³ 消化池的费用即为 103%，建 3 个单池体积 4000m³ 的费用为 109%，建 4 个单池体积 3000m³ 的费用为 112%。

表 2-18 消化池运行情况比较

项目	柱形消化池	蛋形消化池	项目	柱形消化池	蛋形消化池
有机负荷/[kgVS/(m^3·d)]	0.42	1.7	消化时间/d	49	25
进泥浓度 TS/%	2.8	5.6	产气率/(m^3/kgVS)	0.40	0.50
消化后的污泥浓度 TS/%	2.5	3.4	有机物降解率/%	52	53
消化液浓度 TS/%	1.1	—	沼气产量/(m^3/单位体积污泥)	8.8	20

由表 2-18 可知，两种类型消化池其有机物降解率和单位有机物产生率没有明显的差别。但蛋形池消化时间是柱形池的 1/2；而两种池型产气量相差较大，蛋形池是柱形池的两倍以上，这说明蛋形消化池具有良好的混合性能。而且蛋形消化池可以得到更多有经济价值的污泥气。另一有关蛋形消化池的优势是占地更小。在美国 Boston 的 Deer Island 工程中，建造的 16 座蛋形消化池只有普通型所占面积的一半。蛋形消化池不仅在投资上，而且在运行上也具有明显优势。再以 Boston 的工程为例，采用蛋形消化池每年在能耗上可节省 400000 美元。由于运行成本低和其高效性，蛋形消化池同样发展很快。在 Los Angeles 的一家污水厂，于 1977 年已有 4 座容量同为 5300m^3的蛋形消化池在运行。据报道，在 1992 年，美国有 8 座蛋形消化池在运行，17 座在建，26 座在设计。最大消化池的容量为 11350m^3，主要采用的建材是钢。美国最大的污水厂是 Boston 的 Deer Island 污水厂，它由 Massachussets 水资源委员会管理，拥有 16 个蛋形消化池，每个容量为 11350m^3。在德国，目前在建的大型或中型消化池都是采用蛋形消化池。在日本，有 20 多家建筑承包商在 10 多年前已开始建造预应力混凝土蛋形消化池。目前，有 47 座这样的消化池在运行，每座处理能力在 1600～12800m^3。它们中有许多处于地震带，有 8 座在建或已建成，累计消化容量达 300000m^3，且都采用混凝土结构。目前规模最大的处理厂是 Yokohama 市的北部污泥处理中心，处理能力为 12 座 6800m^3消化池。该中心处理来自 11 座污水厂的污水污泥。在我国济南盖家沟污水厂，1996 年就有 3 座 10500m^3的蛋形消化池投入运行。

2.2 污泥好氧消化技术

2.2.1 污泥好氧消化的优缺点

同厌氧消化相比，好氧消化的目标是通过对可生物降解有机物的氧化产生稳定的产物，减少质量和体积，减少病原菌，改善污泥特性，以利于进一步处理。好氧消化通常用于处理能力小于 $1.89\times10^4 m^3/d$ 的污水厂，而且通常将初沉污泥与二沉污泥进行混合消化，这时的氧需求量大于对单独的生物污泥进行处理。消化池宜设置格栅和撇渣设备，进水不宜含有过高的无机物，并宜经过磨碎，以防止杂物对曝气设备的堵塞，即使如此，曝气设施仍然需要进行充分的考虑，防止油脂的浮渣等在消化池表面积累。

美国、日本、加拿大等国家，目前都有不少中小型污水厂运用好氧消化技术，特别是丹麦大约有 40%的污泥使用好氧消化法进行稳定化处理。

污泥好氧消化的优点：产生的最终产物在生物学上较稳定；稳定后的产物没有气味；由于反应速率快，构筑物结构简单。所以好氧消化池的基建费用比厌气消化池低；对于生物污泥，好氧消化所能达到的挥发性固体去除率与厌氧消化大体相同；好氧消化上清液中的 BOD_5浓度比厌氧消化的低，一般为 50～500mg/L；而厌氧消化高达 500～3000mg/L；运行简单，操作方便；好氧消化的污泥肥料价值比厌氧消化的高；运行稳定，对毒性不敏感；环境卫生条件好。

污泥好氧消化的缺点：由于供氧需要动力，因此好氧消化池的运行费用较高，这一点在大型污水处理厂更为显著；固体去除率随温度的波动而变化，冬季效率较低；好氧消化后的重力浓缩，通常使上清液中固体浓度较高；某些经过好氧消化的污泥，明显地不容易用真空过滤脱水；不会产生有价值的产物，如甲烷。

2.2.2 污泥好氧消化机理

好氧消化基于微生物的内源呼吸原理，即污泥系统中的基质浓度很低时，微生物将会消耗自身原生质以获取维持自身生存的能量。消化过程中，细胞组织将被氧化或分解成二氧化碳、水、氨氮、硝态氮等小分子产物，从而成为液相和气相物质。同时，好氧氧化分解过程是一个放热反应，因此在工艺运行中会产生并释放出热量。实际上，尽管消化反应在理论上已经终止，氧化的细胞组织将仅有75%～80%，剩下的20%～25%的细胞组织由惰性物质和不可生物降解有机物组成。消化反应完成后，剩余产物的能力水平将极低，因此生物学上很稳定，适于各种最终处置途径。

污泥的好氧消化过程包括两个步骤：可生物降解有机物氧化成为细胞物质和细胞物质的进一步氧化。用式（2-24）和式（2-25）表示为：

$$\text{有机物} + NH_3 + O_2 \xrightarrow{\text{细菌}} \text{细胞物质} + CO_2 + H_2O \tag{2-24}$$

$$\text{细胞物质} + O_2 \xrightarrow{\text{细菌}} \text{消化污泥} + CO_2 + H_2O + NO_2 \tag{2-25}$$

式（2-24）表示液相有机物氧化成细胞物质；而细胞物质紧接着被氧化成消化后的稳定化生物固体，这由式（2-25）表示，这是典型的内源呼吸过程，是好氧消化系统的主要反应。

由于好氧消化需要将反应维持在内源呼吸阶段，因此该工艺适用于剩余污泥的稳定。初沉池污泥中的有机物和颗粒物质是活性污泥中微生物的食源，因此需要相对较长的停留时间以首先进行代谢和细胞生长反应，然后再进入内源呼吸阶段。如果以$C_5H_7NO_2$代表微生物细胞物质，好氧消化过程的化学计量学可由下述式（2-26）和式（2-27）表示：

$$C_5H_7NO_2 + 5O_2 \longrightarrow 5CO_2 + 2H_2O + NH_3 + \text{能量} \tag{2-26}$$

$$C_5H_7NO_2 + 7O_2 \longrightarrow 5CO_2 + 3H_2O + NO_3 + H^+ + \text{能量} \tag{2-27}$$

式（2-26）表示消化系统设计为抑制硝化的工艺形式，氮以氨态存在，这种情形存在于高温好氧消化过程；式（2-27）表示包括硝化反应的消化工艺系统设计，氮以硝态的形式存在。

理论上讲，反硝化可以补充约50%的由于硝化反应而消耗的碱度，如果pH值下降显著，可以通过间歇反硝化的方式来控制或者投加石灰。

式（2-26）表明，好氧消化过程中的硝化反应会产生H^+，如果污泥的缓冲能力不足，pH值会降低。式（2-26）和式（2-27）表明，理论上，在非消化系统中，每千克的微生物活细胞需要消耗1.5kg的氧气，在消化系统中，每千克的微生物活细胞需要2kg的氧气，实际运行中的需氧量还受其他因素的影响如操作温度、初沉池污泥的加入、SRT等。

常温消化系统一般温度为20～30℃、以空气作为氧源的条件下运行，决定消化系统设计的因素包括：VSS设计去除率、进泥的质和量、操作温度、氧传质和混合要求、池体积、停留时间、运行方式等，甚至要考虑病原菌消灭和蚊蝇孳生。好氧消化的主要目的是减少生物固体的量达到稳定化以适用于各种处置手段，稳定化是指生物固体特别是病原菌减少到可以使用或者处置却不会对环境产生显著负面效应的程度。通过好氧消化可以将VSS去除

35%～50%，当然具体情况将随污泥的特性而异。

在好氧消化过程中，微生物处于内源呼吸阶段，反应速率与生物量遵循一级反应模式。目前最常用的模型是 Adams 等建议采用的模型。该模型假定如式（2-28）所示：

$$\frac{d(X_0-X)}{dt}=k_d X \tag{2-28}$$

式中　X_0——进水中 VSS 浓度，kg/m^3；

X——在时间 t 时的 VSS 的浓度，kg/m^3；

k_d——反应常数。

因好氧消化池是连续搅拌的，污泥在池内完全混合，所以单位时间内进入池内的挥发性固体减去单位时间内出池的挥发性固体等于池内挥发性固体的去除量（稳态）。即：

$$QX_0-QX=\frac{d(X_0-X)}{dt}=k_d XV$$

式中　Q——污泥流量，m^3/h；

V——消化池容积，m^3。

对上式变形后有：

$$t=(X_0-X)/k_d X$$

$$T=V/Q$$

如果 VSS 中存在不可生物降解成分 n，则：

$$t=(X_0-X)/k_d(X-X_n)$$

2.2.3　污泥好氧消化工艺

2.2.3.1　传统污泥好氧消化工艺

传统污泥好氧消化工艺（CAD）主要通过曝气使微生物在进入内源呼吸期后进行自身氧化，从而使污泥减量。CAD 工艺设计、运行简单，易于操作，基建费用低。传统好氧消化池的构造及设备与传统活性污泥法的相似，但污泥停留时间很长，其常用的工艺流程如图 2-25 所示。

一般大中型污水处理厂的好氧消化池采用连续进泥的方式，其运行与活性污泥法的曝气池相似。消化池后设置浓缩池，浓缩污泥一部分回流到消化池中，另一部分进行污泥处置，上清液被送回至污水处理厂与原污水一同处理。间歇进泥方式多应用于小型污水处理厂，其在运行中需定期进泥和排泥（1 次/d）。

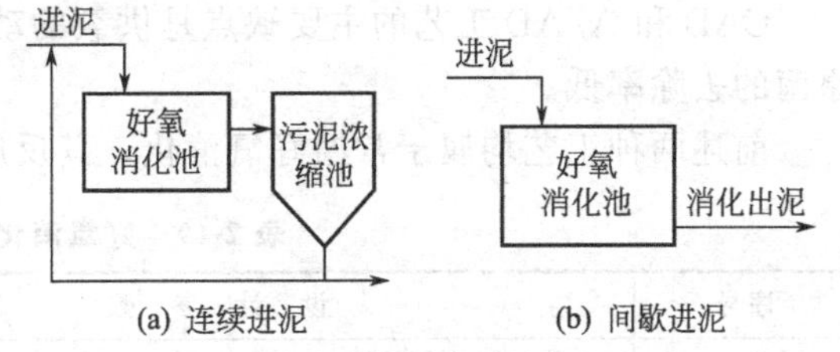

图 2-25　传统好氧消化工艺流程图

在好氧消化中曝气量很重要，既要为微生物好氧消化提供充足的氧源使消化池内 DO 浓度＞2.0mg/L，又要使污泥处于悬浮状态满足搅拌混合需要。同时，曝气量又不能过大以防止增加运行费用。好氧消化的空气扩散装置可采用除微气泡扩散装置外的鼓风曝气和机械曝气。当氧的传输效率太低或搅拌不充分时会出现泡沫。

运行经验表明，CAD 消化池内的污泥停留时间和污泥浓度与污泥来源有关。在温度为 20℃时，消化池进泥为剩余污泥，则污泥浓度为（1.25～1.75）$\times10^4$ mg/L，SRT 为 18～22d；如果仅是初沉污泥，则污泥浓度为（3～4）$\times10^4$ mg/L，需要较长的停留时间。

CAD 需长时间连续曝气，工艺运行费用较高；反应池露天设置，受气温影响较大；而且对病原菌的消灭能力较低。另外，在CAD工艺中微生物进入内源呼吸期会释放出内源呼吸产物NH_3^-N，而较长的污泥停留时间有利于硝化菌的生长，可将NH_3-N转换为NO_3^--N，此反应过程要消耗碱度，当消化池内剩余碱度<50mg/L时，pH值可降至4.5～5.5，无法将pH值维持在7左右，使得微生物的新陈代谢受到抑制而导致对有机物的去除率降低。也有报道在处理污泥浓度较高的初沉污泥时没发生pH值降低现象，但大部分的CAD工艺中都要添加化学药剂（如石灰等）来调节pH值，因而增加了处理费用。

消化反应因要消耗氧气而提高了供氧的动力费用，为此人们对传统好氧消化工艺进行改造，提出了缺氧/好氧消化工艺（A/AD）。

2.2.3.2 A/AD工艺

A/AD工艺是在CAD工艺的前端加一段缺氧区，利用污泥在该段发生反硝化反应产生的碱度来补偿硝化反应中所消耗的碱度，所以不必另行投碱就可使pH值保持在7左右。另外，在A/AD工艺中NO_3^--N替代O_2作最终电子受体，使得耗氧量比CAD工艺节省了18%。

A/AD工艺基本流程如图2-26所示。工艺Ⅰ采用间歇进泥，通过间歇曝气产生好氧和缺氧期，并在缺氧期进行搅拌而使污泥处于悬浮状态以促使污泥发生充分的反硝化。工艺Ⅱ、工艺Ⅲ为连续进泥且需要进行硝化液回流，工艺Ⅲ的污泥经浓缩后部分回流至好氧消化池。A/AD消化池内的污泥浓度及污泥停留时间等与CAD工艺的相似。

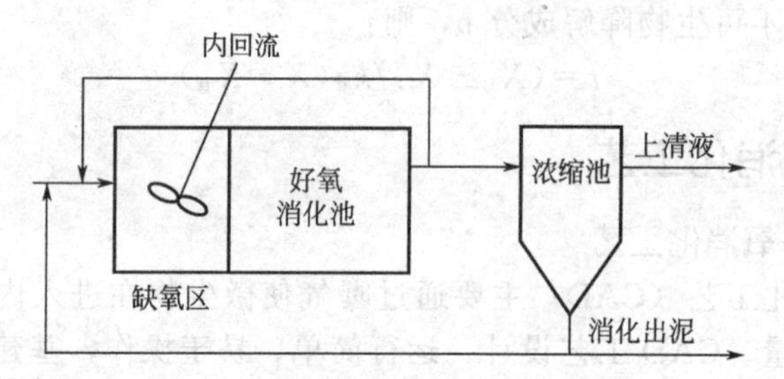

图2-26 A/AD工艺基本流程图

CAD和A/AD工艺的主要缺点是供氧的动力费较高、污泥停留时间较长，特别是对病原菌的去除率低。

前述两种工艺均属于常温好氧消化，其反应器的基本设计参数如表2-19所示。

表2-19 好氧消化反应器设计参数

序号	设计参数	数值
1	污泥停留时间/d	
	活性污泥	10～15
	初沉污泥、初沉污泥与活性污泥混合	15～20
2	有机负荷/[kgVSS/(m³·d)]	0.38～2.24
3	空气需要量/[m³空气/(m³池容·min)]	
	活性污泥	0.02～0.04
	初沉污泥、初沉污泥与活性污泥混合	≥0.06
4	机械曝气所需功率[kW/(m³·池)]	0.02～0.04
5	最低溶解氧/(mg/L)	2
6	温度/℃	>15℃
7	挥发性固体(VSS)去除率/%	50左右

2.2.3.3 ATAD工艺

自动升温高温好氧消化工艺的研究最早可追溯到20世纪60年代的美国，其设计思想产生于堆肥工艺，所以又被称为液态堆肥。自从欧美各国对处理后污泥中病原菌的数量有了严格的法律规定后，ATAD工艺因其较高的灭菌能力而受到重视。

ATAD的一个主要特点是依靠VSS的生物降解产生热量，以致将反应器的温度升高到高温范围内。由于在大多数生物反应系统中，增加温度意味着增加反应速率，这在工程上便减少了反应器容积，反应速率和温度的关系可由式(2-29)表示：

$$k_{T_1}=k_{T_2}\Phi_1^{T_1-T_2} \tag{2-29}$$

式中 k_{T_1}，k_{T_2}——温度为T_1、T_2的反应速率；

Φ——常数，一般为1.05～1.06。

$$k_{T_1}=k_{T_2}(\Phi_1^{T_1-T_2}-\Phi_2^{T_1-T_3})$$

式中 T_3——抑制出现的温度上限；

Φ_1，Φ_2——增加速率和降低速率的温度指数。

这意味着当温度从常温增加到45～60℃时反应速率迅速增加，继续升高温度，速率将会下降。没有一个速率下降的精确温度，以前的研究表明，当温度上升到65℃以上时，反应速率迅速减低到0。

获得自热操作的关键是控制系统中的热量产生和损失。主要问题包括以下几点。

① 足够浓缩的污泥，污泥浓度低，污泥分解释放的热量不足以加热多余的水分。

② 污泥中VSS的合适的分解率，同时具有高的VSS浓度，一些污泥中的固体是不易生物降解的，因此它们的放热率有限。

③ 保温良好的反应器以及合理的设计以降低系统净热损失，即，包括热交换器以回收排放的热污泥的热量。

④ 有效的混合。

⑤ 有效的曝气系统。

对ATAD反应器系统的热量平衡分析如图2-27所示。

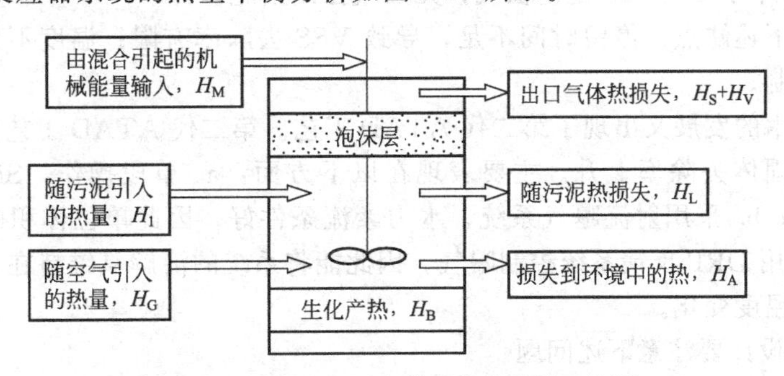

图2-27 ATAD反应器系统的热量平衡图

下式给出了反应器中的总的热平衡，该式可用于预测反应器的温升潜力：

$$H_B+H_M=H_L+H_S+H_A+H_V$$

为了提供足够的热量，减少水分引起的不必要的热损失，因此ATAD工艺的进泥首先要经过浓缩使MLSS浓度达到(4～6)×10^4mg/L或VSS浓度最少为2.5×10^4mg/L，这样才能产生足够的热量。各种不同类型的物料分解产生的热量如表2-20所示。同时，反应器要采用加盖封闭式，其外壁需采取隔热措施以减少热损失。另外，还需采用高效氧转移设备以减少蒸发热损失，有时甚至采用纯氧曝气。通过采取上述措施可使反应器温度达到45～65℃，甚至在冬季外界温度为−10℃、进泥温度为0℃的情况下不需要外加热源仍可使其保持高温。

表 2-20 不同的废弃物中每 1kgVSS 去除释放的热量

物料	释热 /(kJ/kgVSS 去除)	资料来源	物料	释热 /(kJ/kgVSS 去除)	资料来源
城市固体废弃物有机部分	29500～30900	Wiley,1957	污水污泥	约 23000	Haug,1993(计算值)
蘑菇堆肥基质	15400～22000	Harper et al. ,1992	污水污泥	21000	Andrews and KAMBHU, 1973(估计值)

ATAD 反应器内温度较高有以下优势。a. 抑制了硝化反应的发生，使硝化菌生长受到抑制，因此其 pH 值可保持在 7.2～8.0。同 CAD 工艺相比，既节省了化学药剂费又可节省 30%的需氧量。b. 有机物的代谢速率较快，去除率一般可达 45%，甚至达 70%。c. 污泥停留时间短，一般为 5～6d。d. NH_3-N 浓度较高，故对病原菌灭活效果好。研究结果表明，ATDT 工艺可将粪便大肠杆菌、沙门菌、蛔虫卵降低到“未检出”水平，将粪链球菌降到较低水平。

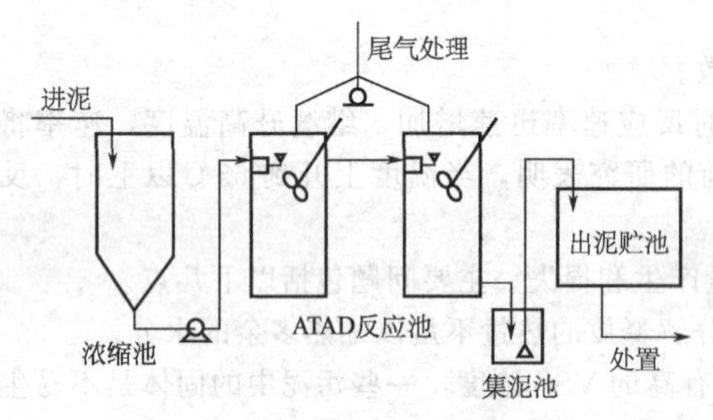

图 2-28 ATAD 基本工艺流程图

第一代 ATAD 消化池一般由两个或多个反应器串联而成，其基本工艺流程如图 2-28 所示，反应器内加搅拌设备并设排气孔，其操作比较灵活，可根据进泥负荷采取序批式或半连续流的进泥方式，反应器内的 DO 浓度一般在 1.0mg/L 左右。消化和升温主要发生在第一个反应器内，其温度为 35～55℃，pH≥7.2；第二个反应器温度为 50～65℃，pH≈8.0。为保证灭菌效果应采用正确的进泥次序，即首先将第二个反应器内的泥排出，然后由第一个反应器向第二个反应器进泥，最后从浓缩池向第一个反应池进泥。

第一代 ATAD 工艺具有以下特点：a. 鼓风曝气系统；b. 两个或三个反应器串联操作；c. SRT 短，通常小于 10d；d. 定量供气，无曝气控制措施。

这就带来了下述缺点：停留时间不足，导致 VSS 去除率有限；温度不易调节，需要外加热量或冷却控制。

随着工艺技术的发展又出现了第二代 ATAD 工艺。第二代 ATAD 工艺操作简便，反应池容积缩小，总固体去除率上升。主要表现在以下方面：a. 单段操作，SRT 为 10～15d，因此操作条件好；b. 采用射流曝气系统，水力紊流条件好，因此单位体积的氧传质效率得以最大化；c. 采用 ORP 反馈系统控制曝气，因此能将系统的溶解氧维持在一个较为稳定的水平上，并控制温度变化。

ATAD 工艺设计要注意下述问题。

(1) 曝气 ATAD 工艺中对曝气的控制尤为重要，曝气量过大既增加运行费用，又会因剩余气体排出，向外散热而使反应器温度降低。曝气量太低将造成反应器因溶解氧不足而出现厌氧状态，在导致好氧消化效率降低的同时还会产生臭味。所以应选择氧转移效率高的设备。国外对曝气方法分别进行试验发现，鼓风曝气、机械表面曝气以及机械表面曝气结合鼓风曝气均无法实现系统的自热。能够实现系统自热的曝气方法有射流曝气和射流鼓风曝气。

(2) 泡沫 ATAD 的进泥浓度及反应器温度均高，所以有泡沫产生。泡沫可提高氧的利用率，还可保温，提高生物活性，但也不能太多，所以必须安装刮渣设备，只保留 0.5～1.0m 的泡沫层。

(3) 气味 国外运行经验表明，当曝气量不足、DO浓度过低、搅拌不完全及第二个反应器温度>70℃或有机负荷过高时会有臭气产生。也有文献报道，在进泥阶段会发生短期的气味问题，但其量很少。可在排气口安装臭气过滤器来控制气味问题。

污泥的性质对系统的处理能力也有相当的影响，大规模ATAD系统中对不同来源的污泥的VSS去除率效果如表2-21所示。

表2-21 大规模ATAD中对于不同来源的污泥的VSS去除率

污泥来源	VSS去除率/%	参考资料	污泥来源	VSS去除率/%	参考资料
延时曝气	25～35	Schwinning and Cantwell,1999	初沉污泥＋剩余污泥＋滴滤池污泥	43～66	Schwinning and Cantwell,1999
初沉污泥＋剩余污泥	30～56	Schwinning and Cantwell,1999	剩余污泥	25～40	US EPA,1990

ATAD反应器系统组成需要有隔热保温反应器、曝气设施、泡沫控制器以及尾气处理装置。挥发性有机底物的降解产生二氧化碳、水和热量；热量在反应器内积累使得温度得以上升，好氧高温菌得以扩增并逐渐成为优势菌种。图2-29为第一代ATAD反应器。热量产生及其维持是ATAD工艺的关键，这是因为：第一，挥发性有机固体的降解速率与温度有关，在某一温度范围内，降解速率随着温度的上升而上升；然而如果温度增加得过高，降解速率又会下降；第二，病原菌的灭活率依赖于操作温度。

经ATAD反应器处理后的污泥需用泵输送到污泥贮池中以冷却并调蓄贮存，为后续浓缩脱水做准备。污泥贮池及内部构造如图2-30所示，一般该工艺出泥较难脱水，混凝剂的投加量需要适当增加，这也是在工艺选择中需要重点考虑的问题之一。

图2-29 第一代ATAD反应器

图2-30 污泥贮池及内部构造

2.2.3.4 AerTAnM工艺

近几年，人们又提出了两段高温好氧/中温厌氧消化（AerTAnM）工艺，其以ATAD作为中温厌氧消化的预处理工艺，并结合了两种消化工艺的优点，在提高污泥消化能力及对病原菌去除能力的同时还可回收生物能。

预处理ATAD段的SRT一般为1d，有时采用纯氧曝气，温度为55～65℃，DO维持在(1.0±0.2)mg/L。后续厌氧中温消化温度为（37±1)℃。该工艺将快速产酸反应阶段和较慢的产甲烷反应阶段分离在两个不同反应器内进行，有效地提高了两段的反应速率。同时，可利用好氧高温消化产生的热来维持中温厌氧消化的温度，进一步减少了能源费用。

目前，欧美等国已有许多污水处理厂采用AerTAnM工艺，几乎所有的运行经验及实验室研究都表明，该工艺可显著提高对病原菌的去除率，消化出泥达到美国EPA的A级要求和后续中温厌氧消化运行的稳定性，具有较低VFA浓度和较高碱度。不同的研究者将AerTAnM工艺与单相中温厌氧消化工艺进行了比较：R. Pagilla.（1996年）发现AerTAnM工艺对有机物（VSS）的去除率可提高6%，A. A. Ward和H. David（1998年）发现其对VSS的去除率只提高了1.4%，而Cheunbarn和R. Pagilla（2000年）的实验室研究表明其对VSS的去除率可提高14%；R. Papilla（1996年）发现AerTAnM工艺的产甲烷率（$0.5m^3/kgVSS$）明显小于单相厌氧消化的产甲烷率（$0.56m^3/kgVSS$），Baier和Zweifelhofer（1991年）发现AerTAnM工艺的甲烷产量提高约10%，A. A. Ward和H. David（1998年）发现产甲烷量只有轻微提高，Cheunbarn和R. Papilla（2000年）发现产甲烷量可提高17%；R. Papilla、A. A. Ward、Cheunbarn都发现AerTAnM工艺的消化气中H_2S含量降低，Cheunbarn（2000年）的研究表明AerTAnM工艺消化出泥脱水性能好，污泥处置费用低。另外，还有一些文献报道将ATAD工艺放在厌氧中温消化之后（AnMAerT工艺）可进一步提高对病原菌的去除率和污泥的脱水性能，但此工艺目前仍处于实验室研究阶段。

2.2.3.5 深井曝气污泥好氧消化工艺

又称VERTADTM工艺（简称VD工艺），该技术是一种高温好氧污泥消化技术，初沉污泥及剩余活性污泥经VD工艺处理后，可达到美国环境保护局503条例规定的A级生物固体的标准。A级生物固体可直接用作土壤肥料，彻底解决污泥的最终处置问题。该工艺的核心是深埋于地下的井式高压反应器，VD工艺反应器构造及流程如图2-31所示。该反应器深一般是100m，井的直径通常是0.5～3m，所占面积仅为传统污泥消化技术的一小部分。

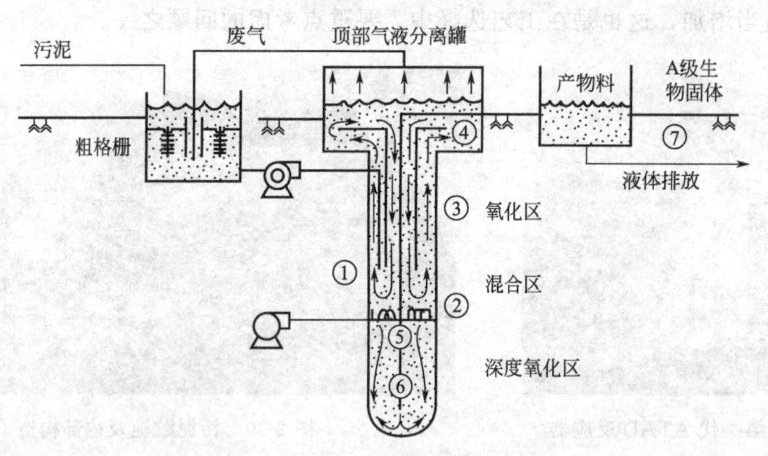

图2-31 VD工艺反应器构造及流程

与其他高温消化系统相比，其不同之处在于将3个独立的功能区放在1个反应器中进行。井筒的最上部是第一级反应区，包括一个同心通风试管和用于混合液体循环的再循环带。混合区在第一级反应区的下部，位于整个井筒的1/2深度处。空气注入区域，为空气循环提升提供动力。第二级反应区域在井筒的底部，井径3m，井深一般约100m，是普通好气氧化所用气量的10%。具体由污水浓度及污泥量确定。

(1) VD处理工艺流程 具体工艺流程如下。

① 起始阶段，空气通过入流管进入混合区以产生循环。升起气泡产生一个密度坡度，从而导致空气在氧化区内循环。

② 一旦这个循环建立并稳定后，空气注入点转移到混合区的下部。未处理的污泥通过

入流管在混合区空气注入点的同等高度进入液体循环。

③ 压力和深度导致了高的氧气传导速率从而保证混合区内的混合溶液中具有高的溶解氧量。氧化区内高的反应速率保证了有机物能在垂直循环圈的上部被生物氧化。

④ 再循环液体沿着井筒的竖壁到达上部箱体中，在那里含有废气的气泡可以将废气释放入大气中。去掉这些微生物呼吸作用产生的气态产物，对于防止这些废气重新回到系统内影响空气动力效率是非常必要的。

⑤ 混合液体中比例较小的一部分从混合区进入下部第二级消化区。这个区域内溶解氧含量极高，停留时间较长，所以，污泥中剩余的有机物在此被高度氧化。同时所含的溶气也有利于后续产物池中的固液分离。此过程最关键和最重要的特点是在这个过程中随着有机物的氧化，污泥温度不断升高，并利用周围良好的保温环境使反应器的温度得到稳定。

⑥ 消化后的污泥以极快的速度到达地表的产物箱，这个速度可以保证砂粒和固体物质不会沉积在井底。

⑦ 混合液体行至上表面过程中快速的减压可以导致固体物质从液体中分离并悬浮于表面。分离出来的高浓度生物具有不同的用处。废液循环至二级处理以便于达标排放。

(2) VD处理工艺流程优点 VD污泥处理技术与传统的厌氧及好氧污泥处理工艺相比，具有以下优点：

① 投资省。在大多数情况下，总投资比传统工艺低。

② 占地小。本系统结构非常紧凑，占地面积小。

③ 处理效果好。在处理过程中，挥发性固体要减少40%～50%。经处理后的出厂污泥可达到美国EPA污泥A级标准。污泥经脱水后，可以直接用作土壤肥料，彻底解决污泥的最终处置问题。

④ 运行费用为传统高温好氧消化的一半以下。

⑤ 对经消化后的污泥，只需投加少量的有机絮凝剂进行污泥脱水，就可使污泥的含水率降至65%～70%。

⑥ 环境影响小。采用VD污泥处理工艺，异味气体和挥发性有机物的排放量很低。

⑦ 在气候非常恶劣的地方，或者对环境有特殊需要的情况下，便于将该系统置于封闭的建筑之内。

⑧ 维修、管理方便，并可以通过自动控制，实现无人值守。

⑨ 使用价钱不高的热交换器，即可实现过程的热量回收（收回的热量可以用来采暖），而不需像厌氧消化那样配置价格昂贵的气体净化装置和专用锅炉。

VD工艺的主要技术经济指标：氧传质效率约50%；经VD工艺处理后，挥发性固体至少可以降低40%；经离心脱水可得到含水率小于70%的A级生物固体；去除每1kg挥发性固体耗电小于1.4kW·h，对城市污水而言，相当于每1m³水耗电0.06kW·h；占地面积仅为传统污泥消化工艺的10%～20%。

2.2.4 污泥好氧消化操作的控制参数

2.2.4.1 温度

温度对好氧消化的影响很大，温度高时微生物代谢能力强即比衰减速率大，达到要求的有机物（VSS）去除率所需的SRT短。当温度降低时，为达到污泥稳定处理的目的则要延长污泥停留时间。但当SRT增加到某一特定值时，即使SRT继续增加也不会对有机物的去除率有显著的提高。这个特定值与进泥的性质及其所含的可生物降解有机物的含量有关。Mavinic和Koers（1979年）在研究低温条件下（5℃、10℃、20℃）污泥好氧消化动力学时，提出温度与污泥停留时间的乘积和VSS去除率有一定曲线关系；Kelly（1990年）在研究高温好氧消化时也发现了相似的关系曲线。美国EPA将上述发现结合起来提出了污泥好氧消化的设计曲线，当好氧消化的温度（℃）与SRT（d）的乘积（为横坐标）为400～500时，即可获得较理想的VSS去除率。

实践表明，温度为20℃时，达到50%TVS去除率约需两周的时间，而温度为30℃时约需一周的时间，温度为40℃时则约需3d的时间。在一定的初始污泥浓度的条件下，温度每增加10℃时，达到一定消化效率所需的时间将成倍缩短。这是因为，在不致微生物变性的条件下，温度越高，则污泥活性越高，消化效果越好。

由于好氧消化属于生物过程，因此温度的影响可由式（2-30）评估：

$$(K_b)_T=(K_b)_{20}q^{T-20} \tag{2-30}$$

式中 K_b——反应速率常数；

q——温度常数；

T——温度,℃。

反应速率常数随着温度的升高而增加，反映了消化速率的提高，报道的温度常数为1.02～1.10，平均为1.05。但温度过高会影响微生物的活性，有报道指出最大消化速率发生在温度为30℃时。

2.2.4.2 pH值

在污泥消化过程中，含氮有机物的氨化作用会引起pH值上升，而氨态氮的硝化作用又会导致pH值下降。图2-32反映了好氧消化过程中pH值随污泥浓度变化。总体上看，pH值随着消化时间的增加，而呈现“上升—下降—最后接近平稳”的变化趋势。大约在消化开始的3～5d内，它们分别达到峰值，然后逐渐下降，直到好氧消化的15d后，pH值变化接近平稳，最后分别保持在pH值4.8～5.1左右。此外，初始污泥浓度较高的消化污泥的pH值，总是保持在较高的水平上，这与Ganczarcyk等（1980）报道的结果一致。

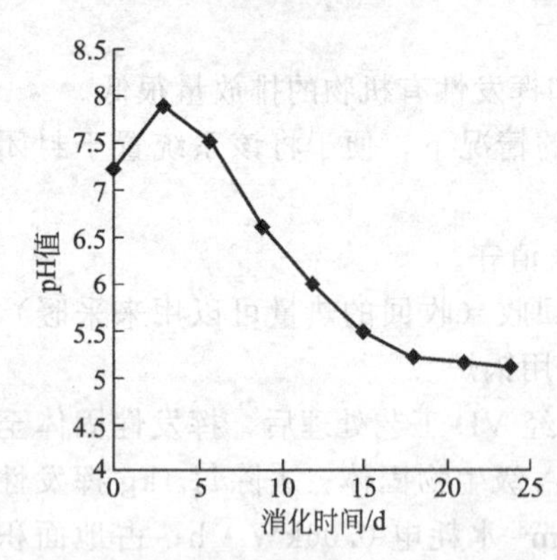

图2-32 好氧消化过程中pH值随污泥浓度变化

2.2.4.3 污泥特性

由于好氧消化的机理与活性污泥系统相似，因此，对进泥的要求也与活性污泥相似，特别是采用预沉淀工艺产生的初沉池污泥，如果pH值大于7时，污泥中将会含有较多的重金属，这些有毒的重金属在消化中的pH值条件下有可能溶出，从而对消化产生影响。

进泥浓度对好氧消化设计和操作十分重要。浓度高时单位体积需要输入更多的氧气，然而可以延长SRT，缩小消化池体积，简化操作控制（放空量少），从而增加VSS去除。Casey等认为，较高的初始污泥浓度会影响氧的传递效率，从而在一定程度上影响了污泥中微生物体的内源呼吸速率。这说明对初始浓度较高的污泥进行好氧消化时，必须加强充氧量或采用机械搅拌等强化措施。低污泥浓度可缩短消化时间。初始污泥浓度较高时，可提高单位消化池容积的处理能力，从而可降低处理构筑物的投资。

沈耀良认为，虽然高浓度时的去除量高于低浓度情形，但由于污泥浓度高影响了供氧的传递效率，使其去除量与去除率与低浓度情形并不相应，达到一定去除率所需的时间要长于低浓度情形。在实际运行中，虽然通过污泥浓缩池可使污泥体积缩小一半，但相应此消化池的去除量并没有得到充分发挥，因而使得高浓度和低浓度消化时的综合运转费用（不考虑辅助搅拌设备）相差不大，但若考虑污泥的充分搅拌，则投资费用和运转费用将会有明显的差别，低浓度时的费用较低。因而在好氧消化工艺的设计中建议以低浓度（浓度系指直接从二沉池及初沉池排出的污泥浓度）为好，以便于操作管理，节省基建和运行投资费用，此外，消化时间以一周左右为好。

2.2.4.4 传质、供氧及混合

好氧消化工艺中的生物反应需要供氧以维持微生物的内源呼吸作用，当有初沉污泥混入时还要考虑将有机物转化为胞内物质的需氧量。系统的操作同时要考虑物料的混合，以保证微生物、有机物和氧气的充分接触。供氧的同时一般情况下也提供了混合的能量。在仅仅处理剩余污泥的消化系统中，一般而言控制因素是混合，而对于初沉污泥的加入情况下，控制因素往往是供氧。一般单位容积需要供给的混合能量为 10～100W/m^3，但这一数值将随着池型、混合设备类型而变化。

理论上单位细胞物质的氧化需要 1.4～1.98 单位的氧气供给，随着消化作用是否受到抑制而变化。用于生物稳定的最小设计值宜为 2.0。当有初沉污泥混入时，单位 VSS 转化为细胞物质并内源呼吸达到稳定需要再额外供给 1.6～1.9 单位的氧气。对剩余活性污泥而言，好氧消化系统的需氧量相当于空气流量为 0.25～0.33L/(m^3·s)，当有初沉污泥混入时，流量增加为 0.4～0.5L/(m^3·s)。消化池中的 DO 宜维持在 2.0mg/L，当氧利用率小于 20mg/(L·h) 时，这一数值可适当降低。对混合需求值和氧传质需求值分别进行计算以后，取其大者。为了优化设计，当混合需求值远远大于供氧需求时，宜增加辅助机械混合设施，对于因此而增加的能耗、投资可作相应的平衡分析。

好氧消化是悬浮生长或者固定化生物膜反应器的延续。因此视主体处理系统的处理程度而变化，也包括进水水质，因此消化池中往往会包含有氨化作用、消化作用等反应，从而增加供氧。

2.2.4.5 停留时间

好氧消化池容积由要求达到的 VSS 分解率所要求的停留时间来控制。在温度 20℃左右时，VSS 去除 40%～45%需要 10～12d 的停留时间。尽管延长水力停留时间后，VSS 的分解会继续进行，但分解速率将会显著降低，超过某一典型的停留时间后将会变得不经济。

消化过程中的可生物降解污泥的降解率由一级反应动力学控制：

$$dM/dt = K_d M \tag{2-31}$$

式中 dM/dt——单位时间内 VSS 分解速率，kg/(m^3·d)；

K_b——反应速率常数，d^{-1}；

M——t 时刻时残留的可生物降解 VSS 浓度，kg/m^3。

式 (2-31) 中的时间为好氧消化池的 SRT。操作方式、操作温度、系统 SRT 会导致时间因子等于或大于系统理论 HRT。公式使用有机物的可生物降解部分意味着 20%～35%的剩余污泥部分是不可生物降解部分。连续流好氧消化反应池容积可根据下述公式确定：

$$V = \frac{Q_d(X_i + YS_i)}{X(K_d P_v + 1/\text{SRT})} \tag{2-32}$$

式中 V——好氧消化池的有效容积，L；

Q_d——平均进泥流量，L/d；

X_i——进泥 SS，mg/L；

Y——进水 BOD 中的初沉池污泥部分，%；

S_i——进泥 BOD_5，mg/L；

X——消化池 SS，mg/L；

K_d——反应速率常数，d；

P_v——消化池SS中的挥发分，%；

SRT——固体停留时间，d。

如果没有初沉污泥混入时，YS_i可以省略。当消化池发生显著的硝化作用时上式不适用。Benefield和Randall通过研究发展了消化池水力停留时间方程，如式（2-33）所示。该方程结合动力学和消化工艺得出，并充分考虑VSS中的一部分为不可能生物降解部分，一部分不可挥发性固体由污泥中微生物细胞的溶解而成。

$$t_d=\frac{X_i-X_e+YS_a}{K_d D X_{oad} X_i} \tag{2-33}$$

式中 t_d——消化池停留时间，d；

X_i——进泥中的TSS浓度，mg/L；

X_e——出泥中的TSS浓度，mg/L；

Y——初沉污泥中的有机物合成常数；

S_a——消化池中的初沉污泥BOD；

K_d——活性污泥微生物中的可生物降解部分的反应速率常数，d^{-1}；

D——出泥中的微生物可生物降解部分，%；

X_{oad}——进泥微生物中的可生物降解部分，%。

2.2.5 污泥好氧消化稳定性的评价指标

污泥需要达到的稳定程度主要取决于污泥最终处置的方式，而且与国家有关的环境法规密切相关。污泥稳定的最初意义和目的是避免和防止污泥在农用或其他最终处置过程中产生和散发臭味物质。一般当污泥中有机物质含量下降到某种程度时，污泥在堆置过程中散发臭味的可能性即大为下降，因此污泥稳定可以理解为进一步去除污泥中的有机物质或将污泥中的不稳定有机物质转化为较稳定物质，使污泥即使在较长时间堆置后，其成分也不再发生明显的变化。稳定污泥的显著特性在于不会向周围环境散发异味或产生不良影响。

污泥稳定除了满足上述主要目的外，尚可达到下列效果：减少病原菌的数量；减少污泥量；改善污泥脱水性能。

一种评价指标除了应能正确反映污泥的稳定程度以外，应具有测定简单、经济、重现性好等特点。由于污泥生物稳定过程是一个逐渐完成的过程，故在实践上不可能存在具有明确临界值的参数指标，即当超过或低于此值时，污泥被明确定义为稳定或不稳定，因此在目前情况下，一些常用的评价污泥稳定程度的参数指标也只具有相对稳定的意义。尽管目前在文献上可查到的评价污泥稳定的参数有50多个，但其中较为常用的仅有数种。

（1）氧摄取速率（OUR） 根据美国环保局（USEPA，1989）规定，污泥比氧利用率（SOUR）小于等于1mgO_2/(h·g) 时则认为达到稳定。不同浓度剩余污泥好氧消化过程中的氧摄取速率（OUR）与TTC-脱氢酶活性（TTC-DHA）的历时曲线，如图2-33、图2-34所示。它们均随着好氧消化时间的延长而逐渐降低，在消化开始的5～7d内，曲线较陡，然后趋于平缓，15d以后保持在一个相对较低的水平上。在初始污泥浓度较高的好氧消化过程中，OUR与TTC-DHA的水平总是较高的。它们的变化情况与剩余污泥VSS的降解过程一致，这说明在好氧消化的前几天，污泥中OUR与TTC-DHA水平较高，进而导致了污泥中VSS的快速去除；而好氧消化到15d以后，OUR与TTC-DHA水平相对较低，致使VSS的降解出现“平台期”。因此，可以借助于测定OUR或TTC-DHA等生化活性参数的方法进行污泥好氧消化处理的可行性研究。

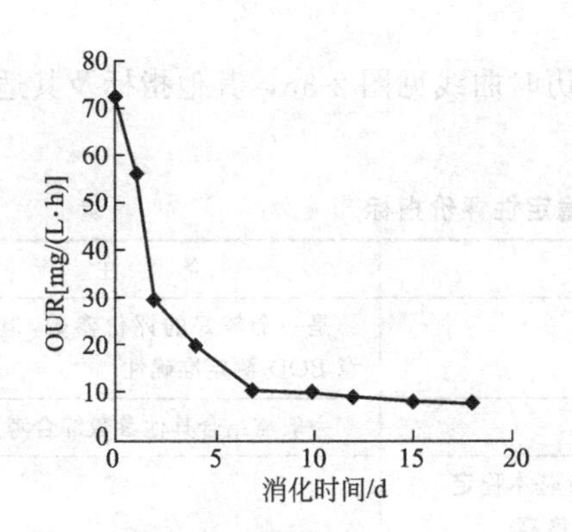

图 2-33 污泥好氧消化中 OUR 历时曲线

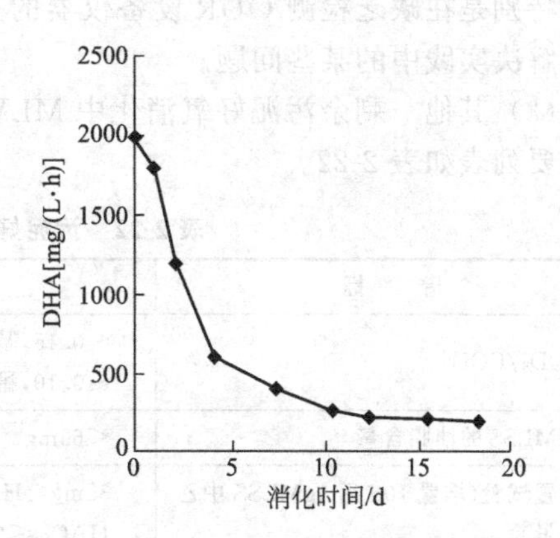

图 2-34 污泥好氧消化中 DHA 历时曲线

OUR 与 TTC-DHA 历时曲线形态的相似性，预示着两者之间可能具有良好的相关性。因为在这两种活性参数的测定中，测定 OUR 所消耗的溶解氧和测定 DHA 所选用的 TTC，均在微生物好氧呼吸过程中扮演着最终受氢体的"角色"，只不过是在测定中它们各自以不同形式发挥作用而已。因此，从理论上讲，OUR 与 TTC-DHA 在微生物呼吸的生化本质方面，能够反映出共同的问题。在好氧消化过程中，具有较高浓度污泥之所以 VSS 去除量较大，可以根据它们所具有的 OUR 或 TTC-DHA 水平较高加以解释。因为中位体积污泥在单位时间内所显示的生化活性越高，污泥中被降解的 VSS 质量也就越多。

(2) 消化污泥活性参数（DHA） 剩余污泥好氧消化的本质是微生物有机体的氧化分解，这个过程是在微生物酶催化下进行的，其反应速率与降解规律可以通过测定过程中各种生物学活性参数予以确定。因此，研究剩余污泥好氧消化活性，不但有利于探讨污泥好氧消化的生化机理，而且也能够为污泥好氧消化处理的工程设计和运行控制提供理论依据。

消化污泥活性参数 DHA 与 OUR 显著相关（$r=0.9814$，$n=9$），而且 DHA 与 MLVSS 间的相关性（$r=0.9698$，$n=8$）也优于 OUR 与 MLVSS 间的相关性（$r=0.9304$，$n=8$），因此在实践中 DHA 具备了替代 OUR 的可能性，并可能成为污泥好氧消化研究和运行控制中的最佳活性参数。

DHA 与 MLVSS 间显著相关，对于确定剩余污泥中可生物降解分数或非降解性 MLVSS 浓度是有意义的。实践中，可把 DHA 与 MLVSS 相关数据进行线性回归分析，并绘制回归曲线。该曲线在 MLVSS 轴上的截距可被看作为试验条件下的非降解性 MLVSS 浓度。这样，可使传统的污泥好氧消化研究实验周期缩短。

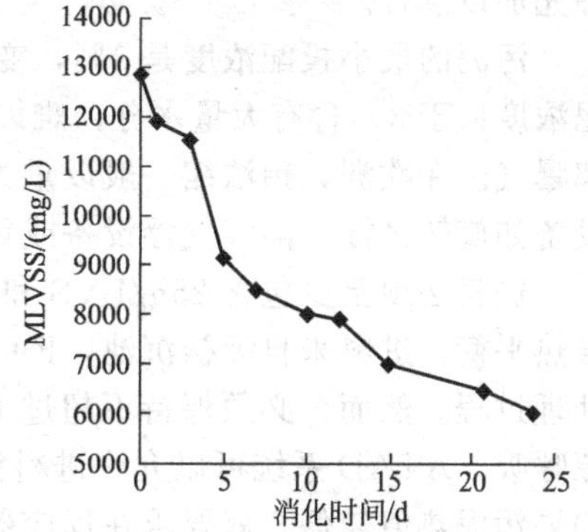

图 2-35 剩余污泥好氧消化中 MLVSS 降解历时曲线

脱氢酶的催化作用主要发生在活性微生物细胞内，其活力与污泥中的活性微生物数目成正比关系。因为只有活细胞能够再生脱氢酶的辅酶（NAD^+ 或 $NADP^+$），也只有活细胞才能有效地吸收转运基质或最终受氢体（TTC），进而使脱氢酶真正起作用，使 TTC 的还原产物（TF）更多地形成。既然 DHA 与 OUR 的线性关系良好，那么在实践中完全有可能利用这种线性关系，根据其中的一种实验数据推测另一种活性参数。这样，势必会给剩余污泥好氧消化研究和运行控制带来一定的方便。特别是在缺乏检测 OUR 设备仪器的条件下，如果能够测定样品中的 DHA，那么照样能够解决实践中的某些问题。

（3）其他　剩余污泥好氧消化中 MLVSS 降解历时曲线见图 2-35，其他指标及其适用条件简要列表如表 2-22。

表 2-22　污泥好氧消化的稳定性评价指标

指　标	参　数	备　注
BOD_5/COD	≤0.15，基本稳定 ≤0.10，稳定程度高	是一个较好的评价参数，但需注意 BOD_5 测定准确性
1gMLSS 的油脂含量	＜65mg	一般需结合其他参数综合考虑
堆置试验（堆置 10d 后 1gMLSS 中乙酸含量）	35mg≤HAC_{10}≤45mg 基本稳定 HAC_{10}≤35mg 稳定程度高	
VSS/SS	不适合于独立评价	宜结合其他参数综合考虑
VSS 降解率	＞38%	宜结合其他参数综合考虑

2.2.6 好氧消化的工艺设计要点

完成一个有一效的 ATAD 设计，需使用一套污泥处理方法，提供性质恰当的进料，保证自热平衡反应的合适环境，以及处理后污泥的冷却。这些特征可运用到现有设施的改造或新的 ATAD 系统的设计中。

（1）预浓缩系统　以最少的搅拌能耗达到有效的运行，进料 COD 不低于 40g/L。通过 ATAD 进料前的浓缩能达到至少 3%的固体浓度。预浓缩池也可作为混合池将初沉污泥与剩余污泥混合。预浓缩可采用重力的或机械的方法来实现。

（2）反应器　一般地，一个系统中至少有两个封闭的绝热的反应器，每一个反应器都具备搅拌、曝气和泡沫控制设备。单级系统能达到与多级系统相似的 VS 去除率；然后，除却系统以序批式操作，单级系统由于存在短流的可能，其病原体的去除率比较低。三级和四级系统可灵活用于附加过程，产气排放至脱臭系统。

（3）后冷却及浓缩　ATAD 过程之后，有时需冷却达到有效浓缩和提高上清液质量的目的。一般推荐的冷却时间是 20d。

（4）进料特征　进料特征对 ATAD 系统的成功运行甚为关键。一般初沉污泥和剩余污泥都可以送入 ATAD 系统，当然有些设施仅仅投配剩余污泥。污泥进入 ATAD 系统之前最好先加以混合。

污泥的最小投配浓度是 3%，变化范围是 4%～6%，建议 COD 浓度不低于 40g/L。污泥浓度低于 3%含有大量水分，难以达到自热平衡的条件。浓度高过 6%又很难有效地搅拌和曝气。在欧洲，预浓缩一般以重力方式在初沉池内或独立的重力浓缩池内完成。其他浓缩设备如旋转格栅、溶气气浮设备或重力带式浓缩池，也都可以使用。

进料必须至少包含 25g/LVS 和 40g/L 的 COD。挥发性固体含量低于这一数量难以达到自热平衡。进料来自无初沉池，F∶M 比值很低（0.1～0.15）的污水污泥仍然适合 ATAD 处理过程。然而，必须保持不超过 15d 的 SRT，才能保证曝气系统的 VS 发生最小程度的内源呼吸。ATAD 系统可以允许进料污泥 F∶M 之比很低，但要求很高的进料浓度。或者说，如果污泥热值较低，就要求在反应器内有外加热交换器加热。

不论是原生污水还是污泥都要经过细格栅处理（栅条间隙 6～12mm，除去惰性物质、塑料以及来自反应池的碎屑）。破碎方法也曾使用过，在使用换热器的场合，破碎不失为预筛分设备良好的补偿力法。恰当地去除水中的砂粒有助于减少曝气设备的磨损和抑制反应器内砂粒的累积。

(5) 停留时间　通过早期（1972 年）的试验证实，同普通好氧消化相比，要达到类似的污泥稳定程度，ATAD过程操作温度高于 45℃，HRT 不超过 5d。按照病原菌去除要求，德国设计标准 HRT 是 5～6d。文献报道的停留时间 4～30d 不等。

(6) 进料循环　ATAD系统既可连续进料，也可以间歇批量进料。连续进料，污泥以连续或半连续方式进入第一反应器。第一反应器内污泥允许溢流至第二反应器，以及从第二反应器流进贮存池。如果使用的是吸气式曝气器，要求必须保持反应器内物料高度恒定，以使曝气器始终浸没于其中。其他曝气系统并没有严格的进料高度要求。

间歇进料一般设计在 1h 之内向反应器加入 1d 所需的体积。间歇进料每天为去除病原菌预留了 23h 的停留时间。二相系统间歇进料的顺序可描述如下：

① 关闭 1# 和 2# 反应器的曝气器和削泡刀；

② 自 2# 反应器向贮存池排放污泥；

③ 开启两个反应器之间的阀门使之连通达到平衡；

④ 向 1# 反应器投配进料至操作高度，允许在投配过程中污泥自 1# 反应器向 2# 反应器流动；

⑤ 在两个反应器都到达操作高度时关闭中间阀门，开启所有曝气器和削泡刀。

(7) 曝气和搅拌　ATAD系统能否高效运行关键在于曝气和搅拌。高效的曝气搅拌设备要求满足工艺需氧量，由反应器排出空气带来的热损失要扣除，为达污泥完全稳定须加以充分搅拌。

用于 ATAD系统的曝气搅拌设备有多种式样，包括呼吸曝气器，组合式循环泵/文丘里管，以及涡轮和空气扩散器。

最广泛使用的设备是吸气式曝气器。一般在每只反应器的边壁上安装至少 2 只曝气器。更大的装置可能增加第三只安装在中央的曝气单元或者沿切线安装的曝气单元。曝气器的安装角能促使反应器由内流体造成垂直向下的搅拌和水平旋流。

反应器有效容积供气量 $4m^3$（$m^3\cdot h$）是以投配 VSS 范围 2.5%～5%为前提。

沃林斯基（Wolinski）报道过压缩空气是经压力调节器和气体流量计送入文丘里管的，空气和纯氧都测试过。空气比氧气更为高效，使用空气时氧利用率达 100%，而使用纯氧时氧利用率只有 50%～90%。将这一现象同泡沫层联系起来。厚厚的泡沫“盖”能改善空气利用。使用纯氧时，泡沫层散开，氧利用率下降。所以，泡沫层与氧气利用存在内在联系。这一形式的曝气器的主要优点是循环泵和文丘里管都位于消化池外。然而，据报道，使用泵式搅拌机磨损很高，而且有可能导致泵堵塞。这一点要求指定使用合适的泵内衬合金。

一个类似的文丘里管装置应用在美国哈特维斯勒（Haltwhistle）的 ATAD 厂。尽管使用了破碎装置，仍难避免因砂对泵的磨损（除砂不良）和泵堵塞造成的操作难度。

在不列颠哥伦比亚的吉布桑（Gibsons）和维斯勒（Whistler）使用一个泵式文丘里管装置，在吉布桑（Gibsons），每一个反应器备有一个 7kW 变速循环泵和文丘里管，功率为 $675W/m^3$，污泥流动的能耗是 $290MJ/m^3$。同吸气式曝气机相比，这么高的功率，具有强烈的冲刷作用，能够在 3d 之内使反应器温度自 15℃上升到 65℃。维斯勒（Whistler）的 ATAD 系统运行功率是 $100～120W/m^3$，但它通过一个循环泵的一个变频驱动单元能够在进料较冷和启动温度较低时提供高达 $250W/m^3$ 的功率。在吉布桑（Gibsons）出现过泵堵塞，但以污泥泵取代之后没有发生过堵塞。要求采用抗腐蚀的搅拌机和涡形的泵衬里，在较高的操作温度，低碳钢会在循环过程中发生腐蚀造成磨损。

涡轮式曝气机是加拿人开发出来的一种吸气式曝气机，它在萨蒙阿（Salmon Arm）、不列颠哥伦比亚（British Columbia）等地使用过。使用初期功率是190W/m³。当进料浓度低于3%～4%，就会造成冲刷；导致温度下降就是明证。随后，建造一个三级反应器来增加HRT到10d以上。这时系统功率是105W/m³，污泥流动的能耗是100MJ/m³。

（8）温度和pH值　一个典型的二级ATAD系统。其操作温度是35～50℃（第一反应器）和50～60℃（第二反应器）。设计时第二反应器使用的平均温度是55℃。反应过程若没有严重的问题，第二反应器的温度一般会超过55℃，达到65～80℃。

进料过程中，第一反应器会出现温度下降（下降幅度与进料及其温度有关），如果使用的是吸气式曝气装置，一般恢复速度是1℃/h。实际温度恢复速度依赖于进料特点、入口温度、功率以及曝气器的效率。第一段反应温度下降不允许低于25℃，以避免产生生物适应性的问题。

一般地，并不需要控制pH值调节系统运行。德国的经验表明进料pH值为6.5，第一反应器的pH值就接近7.2，而到达第二反应器之后就达到了8.0。

（9）泡沫控制　泡沫控制在ATAD过程有着重要的作用。根据沃林斯基（Wolinski）1985年的报道，泡沫层影响氧传质效率，增进生物活性。若不加以控制，会形成超厚、棕色的泡沫层，结果是泡沫从反应器中流失。高效运行有必要控制泡沫让其适度增长。

装置可以设计0.5～1.0m的超高作为泡沫的增长及控制的空间。控制是指将大气泡破碎变成小气泡形成稠密的泡沫层。这是通过固定在一定高度的机械式水平杆削泡刀来完成的，电机四周用空气冷却以延长电机寿命。其他控制泡沫的方法有垂直式搅拌机和喷洒系统。方法的选择取决于反应器几何特性和搅拌方式，化学消泡方法也有使用。

（10）后浓缩和脱水　冷却和浓缩至少需要20d的停留时间。然而在有换热器对出料污泥吸热的这些ATAD装置的后冷却和浓缩池的尺寸只须容纳1～3d的量就足够了。许多德国设施使用不搅拌、不曝气的顶部开放、具有撇水能力的混凝土池。出ATAD系统的生物污泥一般重力浓缩至6%～10%的含固率，部分装置据报道达到14%～18%的含固率。在加拿大邦伏阿伯塔（Banff Alberta），HRT为5d，后浓缩池加盖以防臭味。然而，夏天污泥冷却至45～55℃，会导致脱水过程有机药剂耗量很高。不列颠哥伦比亚的雷迪史密斯（Ladysmith），建造了HRT为10d的加盖的贮存池；而且发现来自ATAD系统的污泥直接脱水，脱水性能最好。维斯勒（Whistler）使用换热器将消化后污泥冷却至35℃，用于加热进料污泥，在35℃以下，脱水有所改善。

有关出ATAD系统污泥脱水性能的数据非常有限。然而，可得到的数据表明其脱水与厌氧消化后污泥类似。表2-23数据来自三个加拿大的厂，是带式滤机脱水典型数据。

表2-23　自热平衡高温好氧消化工艺比较

生化污泥类型	地点	干污泥投配率/%	干燥剂/(g/kg干污泥)	泥饼含固率/%
自热高温好氧消化	不列颠哥伦比亚维斯勒	5	3～8	25
自热高温好氧消化	不列颠哥伦比亚霍迪斯密	3～7	<1	12～15
自热高温好氧消化	不列颠哥伦比亚萨蒙阿	3～5	25	30
厌氧消化后	典型值	3～6	3～8	20～25

（11）结构特点　在德国，ATAD反应器一般建造成具环氧树脂壳层的圆柱形，钢制扁平低的池。池顶和边壁绝热采用100mm涂有聚亚胺酯的矿质木材。池底板采用泡沫板绝热，绝热保护采用铝质或钢制的护套。入口预留在反应器顶部。整个反应器建在地面上，下

有混凝土基础。

一般曝气机的高深比是0.5～1.0，具体比例依据达到良好搅拌而使用的曝气机形式而定。换热器就反应要求而言不是必需的，但由于能量回收和在第一反应器之前对进料预热的需要，换热器是结合在某些装置中的。据文献报道，可以回收50～70MJ/m^3 的能量。热交换是通过安装在反应器壳层的热交换器以污泥冷却或水冷却的方式完成的。在不列颠哥伦比亚萨蒙阿，加热浓缩构筑物的热量回收速度是1.2J/s。

2.2.7 好氧消化费用分析

污泥稳定的处理费用包括污泥处理的动力费用、污水厂操作工人的人工费用、设备的维护费用等。污泥稳定的工艺对污泥处理的费用影响较大，其中处理构筑物的设计参数和运行负荷对处理费用的影响是十分明显的。

根据污泥负荷的要求与曝气所需要的电能我们可以计算出污泥好氧消化的处理动力费用。在经济上，通过好氧消化处理，污泥体积得以大幅度减少从而可以减少污泥的脱水、运输和填埋等费用。表2-24、表2-25为以上海某污水处理厂为例，污泥好氧消化的设计参数、污泥先进行好氧消化再脱水填埋的工艺与直接脱水后填埋工艺的投资和运行费用的比较。计算依据为：混合污泥量为250m^3/d，其含水率为97%；经过好氧消化后，SS的去除率为50%；两种工艺污泥脱水后的含水率均为80%，好氧消化的供气量为0.03m^3 空气/(m^3 · min)，运行费用每吨污泥为5.81元；污泥运输费根据有关部门最新测算为每吨公里在1.2元左右；填埋费参照城市垃圾填埋运行费用，每吨污泥13元；污泥脱水以污水厂离心脱水运行费用计，每吨污泥9.94元。由表2-25可知，每年运行费用可节省83.4万元。

表2-24 污泥好氧消化的设计参数

项 目	水力停留时间(T=20℃)/d	参 数
剩余活性污泥	12～15d	每1min1kgBOD_5所需空气 1.6～1.9kg
剩余活性污泥(或生物滤池)+初沉	18～22d	用机械曝气器混合所需要电能 20～40kW/(×10^3 m^3污泥)
污泥负荷	1.6～4.8挥发固体/(m^3 · d)	空气混合所需氧气 20～40m^3/(×10^3 m^3污泥 · min)

表2-25 两种污泥处置工艺的经济性对比 单位：元/d

项目	好氧消化费用	污泥脱水费用	污泥运输费用	污泥填埋费用	运行费用合计	运行一年总投入
好氧消化+脱水+填埋	1453	1243	2250	244	5190	189.4
直接脱水+填埋	—	2482	4500	488	7473	272.8

2.3 污泥好氧堆肥技术

堆肥技术处理有机废弃物具有悠久的历史。早在几个世纪前，世界各地农村将落叶、杂草、海草和人畜粪尿等混合堆积在一起使其发酵并制取肥料，这就是原始的堆肥方式。1925年，英国人A. HowMd首先在印度提出印多尔法的堆肥技术，仅限于厌氧发酵，经改进成为多次翻堆的好氧性发酵，后来发展为将固体废弃物与人粪肥分层交替堆积法。此后，世界各国对有机固废的堆肥化技术进行较系统的规模化研究，并取得了很大的进展。1932 年，意大利人 G. G. B6emri 向政府申请了堆肥法专利。1932 年，荷兰 VAW 公司对 Bangalorc 法进行了改进，建成了范曼奈法工艺堆肥厂。1933 年，在丹麦出现 Dano 堆肥法，运用卧式回转窑发酵仓进行好氧发酵，标志着连续性机械化堆肥工艺的开端。其显著特点是发酵周期短，一般只需 3～4d，与此同时，在德国开发出了巴登堆肥法，其特点是先将垃圾中不易堆肥的无机物去除，然后再与排水系统中的消化污泥一起露天堆置发酵 4～6 个月。1940 年，Thomas 堆肥法的问世导致了高速堆肥的迅速发展。至此，堆肥技术已经初步形成。

堆肥是利用污泥中的微生物进行发酵的过程。在污泥中加入一定比例的膨松剂和调理剂（如秸秆、稻草、木屑或生活垃圾等），利用微生物群落在潮湿环境下对多种有机物进行氧化分解并转化为稳定性较高的类腐殖质。污泥经堆肥处理后，一方面植物养分形态更有利于植物吸收，另一方面还消除臭味，杀死大部分病原菌和寄生虫（卵），达到无害化目的，且呈现疏松、分散、细颗粒状，便于储藏、运输和使用。

世界范围内污泥堆肥的发展趋势是：从厌氧堆肥发酵转向好氧堆肥发酵；从露天敞开式转向封闭式发酵；从半快速发酵转向快速发酵；从人工控制的机械化转向全自动化；最终彻底解决二次污染问题。目前发达国家在污泥堆肥方面的技术已经成熟，具备了先进的堆肥工艺和设备。在设备上他们更加注重增强机械设备的性能，提高处理量，从而降低污泥堆肥的成本。我国在污泥堆肥工艺上已经接近或达到国外先进水平，但在机械设备方面与国外还存在较大的差距，表现在设备的自动化程度差，生产效率低。今后，我国污泥堆肥设备的研究重点将是如何改善力学性能，提高自动化程度和延长设备使用寿命等。随着我国经济的发展，人民生活质量的提高，对于迅速增加的污泥量，无论从环境保护还是从资源循环利用的角度，我国的污泥堆肥设备都具有迫切的发展需求和巨大的市场潜力。

生污泥、消化污泥、化学稳定污泥均可以堆肥。这一工艺也可用于其他有机残渣，如造纸、制药、食品加工。调理剂可由各种材料充当，包括其他废物。

堆肥工艺相对简单，可在室外各种气候下进行，为了高效操作，减少臭味，降低成本，也有许多堆肥设施，在完全封闭的建筑物内，或者完全机械化。

堆肥的优点：堆肥产品是一种对环境有用的资源；能够加速植物生长，能够保持土壤中的水分，能够增加土壤中的有机质含量，有利于防止侵蚀。但迄今为止，堆肥工艺效率低，成本高。

2.3.1 污泥堆肥基本工艺

尽管堆肥是个自然生物过程，工程应用中通常施加充分控制，控制程度从简易的定期日常搅动到较严格的机械翻堆、臭气控制的反应器系统，其工艺如图 2-36 所示。

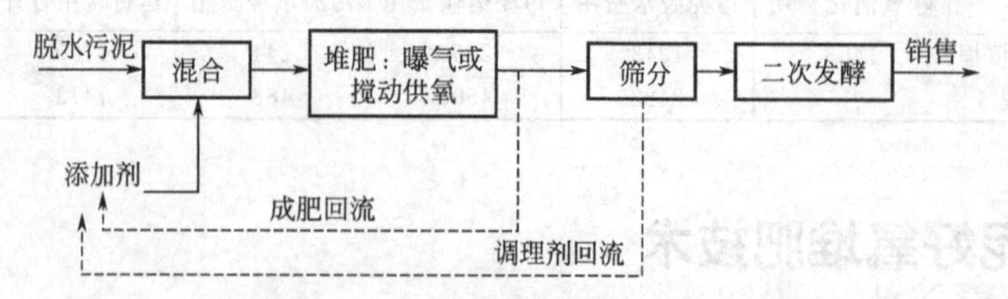

图 2-36 污泥堆肥的基本工艺流程图

为了适应各种不同的环境因素及社会条件，目前为止已发展了多种堆肥手段。受控堆肥具有下述优点：加速自然生物过程；控制工艺进程中的水分、碳源、氮、氧；臭气及颗粒物控制以改善周围环境；减少占地；获取质量稳定的产品。

目前，堆肥工艺有多种分类方式。根据物料的状态，可分为静态和动态两种；根据微生物的生长环境，堆肥可分为好氧和厌氧两种；根据堆肥过程的机械化程度，可分为露天堆肥和快速堆肥两种；根据堆肥技术的复杂程度，堆肥又可分为条垛式、强制通风静态垛式和反应器系统。条垛式的垛断面可以是梯形、三角形或不规则的四边形，它通过定期翻堆来实现堆体中的有氧状态。强制通风静态垛式是在条垛式基础上，不通过物料的翻堆而是通过强制通风向堆体中供氧。它的堆肥时间较短，温度和通风条件能得到较好的控制，操作运行费用低。反应器系统实际上是密闭的发酵仓或塔，占地面积小，可对臭气进行收集处理，但投资和运行费较高。

好氧静态堆肥：脱水泥饼同多孔介质（如木屑）相混合，混合物堆置在多孔床上，多孔床上配备连接有鼓风机的空气管路，肥堆有成肥覆盖以隔热及捕捉臭气，空气从下部排除或者向上扩散。堆肥结束后，调理剂可筛分回用。

条垛工艺：混合物以条垛形（细长条堆）堆置，具有足够大的表面积和体积比，通过自然对流、扩散的方式供气，条垛定期由机械翻堆，添加剂粒径比好氧静态堆肥小，也可由熟肥回用。在好氧条垛工艺中，自然对流扩散由强制通风完成，空气通过工作面的沟渠供给。

反应器工艺：混合物由地窖、隧道或敞口渠的一端进入，并朝排放端连续移动，经过一定的停留时间后排出，空气强制通入混合物，混合物可以无扰动的推流式运行，也可定期翻堆运行。

在所有工艺构型中，均添加调理剂以增加空隙率便于曝气，同时也减少了混合物含水率，调理剂由粗糙颗粒构成，同时可以补充碳源以提供能量平衡及补充碳源。

堆肥系统中的微生物活动需要氧气，产生二氧化碳、水蒸气和热量。混合物温度可以超过70℃，最优操作温度为50～60℃，3～10d以后温度开始缓慢降低，除了供氧以外，曝气和翻堆还可以排除废气、水蒸气和热量。曝气速率可用于控制系统温度和干燥速率。

快速可生物降解有机物料通过一系列的代谢过程转化为更为稳定的物料，在二次发酵阶段这一过程以较缓慢的速率继续进行。如果物料多孔，在二次发酵阶段需氧量及产热速率均足够低，因此此时强制曝气或者搅动并不重要。然而，实践中经常使用曝气式二次发酵以维持物料的好氧条件和抑制臭气，堆肥及其后处理时间总计50～60d。

(1) 好氧静态堆肥　堆肥混合物建成高为2～2.5m，表面覆盖0.3m高的木片覆盖层，底部铺有木片层，内置曝气管。曝气系统由鼓风机、穿孔封闭管路和臭气控制系统构成。整堆由木片或者未经筛分的成肥覆盖以确保堆肥各个部位的温度均符合要求，并减少臭气的释

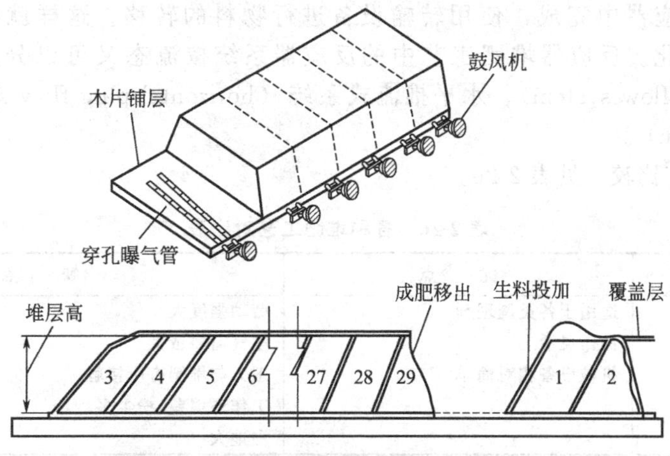

图2-37　好氧静态堆肥断面图及其平面布置

放，图 2-37 为好氧静态堆肥的断面图及其平面布置。当处理量大时，连续操作的肥堆被分割为代表每天操作量的不同部分。

好氧静态堆肥的一次发酵时间一般为 21～28d，随后将堆肥破解、筛分，再转移到二次发酵区，有时需要进一步强化干燥，使用强于活性堆肥阶段的曝气量，二次发酵以后继续筛分，堆肥在二次发酵区至少停留 30d 以进一步稳定物料。

(2) 条垛式堆肥　在条垛式堆肥中，堆肥混合物形成平行布置的长条垛，具有梯形或三角形断面。物料由机械定期搅动，以使物料充分暴露于空气、释放水分并疏松物料以便于空气的渗入。

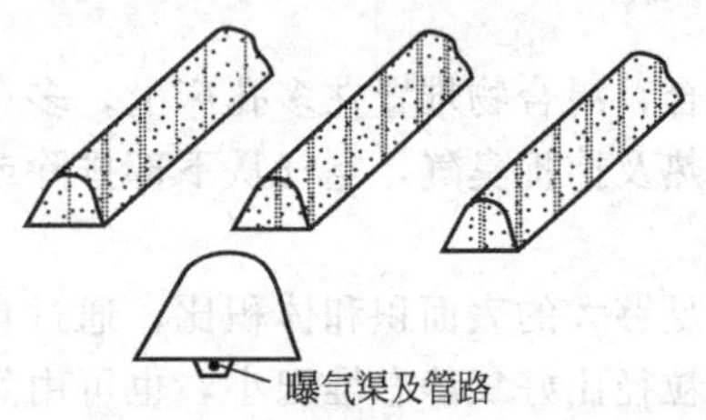

图 2-38　条垛式堆肥断面图

空气管路置于底部的空气渠内以保护其免受翻堆机械的破坏。图 2-38 为条垛式堆肥断面。空气可由下至上穿过堆肥或者由底部的空气渠排出。条垛式堆肥可在室外露天操作也可室内进行。与其他堆肥技术相比，条垛式堆肥占地大，这由条垛的几何形状限定，而且堆与堆之间以及堆的两端要预留翻堆机械的机动空间。

(3) 反应器堆肥　反应器堆肥产品更稳定，质量均匀，占据空间小，对臭气的控制效果好。图 2-39 为反应器堆肥工艺流程图。

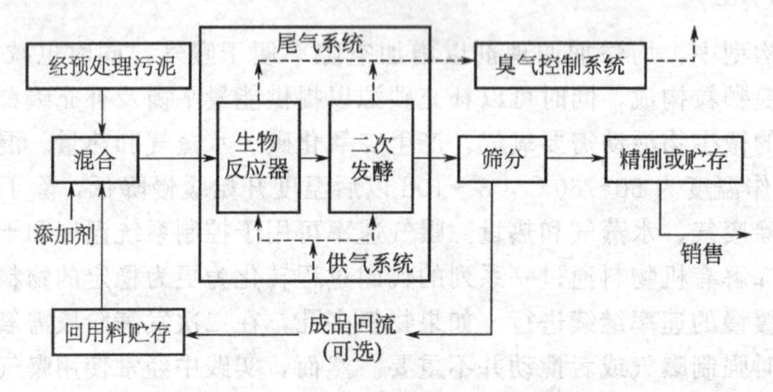

图 2-39　反应器堆肥工艺流程图

脱水泥饼、添加剂和回流熟肥这三种物料混合在一起投加到一个或多个好氧反应器中进行堆肥反应，结束以后，产品移出进行二次发酵、贮存和使用。

反应器堆肥的主要特点是其物料传输系统。堆肥场高度机械化，设备的设计尽量考虑堆肥在单一反应器中完成，使用转输设备进行物料的转移。这样就实现了人力成本和固定投资的转化。反应器堆肥工艺中的反应器系统按流态又可以分为垂直推流式系统（vertical plug flow system)、水平推流式系统（horizontal plug flow system)、搅动柜系统（agitated bin）。

(4) 堆肥工艺比较　见表 2-26。

表 2-26　各种堆肥工艺对比表

堆肥工艺	优　点	缺　点
好氧静态堆肥	适用于各类调理剂 操作灵活 机械设备相对简单	劳动强度大 空气需要量大 工人与堆肥有所接触 工作环境差，粉尘多 占地大

续表

堆肥工艺	优点	缺点
条垛式堆肥	适用于各类调理剂 操作灵活 机械设备相对简单 无需固定的机械设备	劳动强度大 工人与堆肥有所接触 工作环境差,粉尘多
垂直推流式系统	系统完全封闭,臭气易于控制 占地面积较小 工人与堆肥物料无直接接触	各反应器使用独自的出流设备,易产生瓶颈 不易维持整个反应器的均匀好氧条件 设备多,维护复杂 当条件变化时,操作不够灵活 对调理剂的选择有所要求
水平推流式系统	系统完全封闭,臭气易于控制 占地面积较小 工人与堆肥物料无直接接触	反应器容积固定,操作不灵活 运行条件变化时,处理能力受到限制 设备多,维护复杂 对调理剂的选择有所要求
搅动柜系统	混合强化曝气,堆肥混合物均匀 具有对堆肥进行混合的能力 对各种添加剂具有广泛的适应性	反应器容积固定,操作不灵活 占地面积较大 工作环境有粉尘 工人与物料有所接触 设备多,维护复杂

2.3.2 堆肥的操作原理

(1) 物料平衡计算 物料平衡计算用以跟踪堆肥各个阶段的重量及体积变化。污泥固体与木片混合，堆置在一层木片之上以均布空气，用未经筛分的成肥覆盖，典型的堆肥截面图见图2-37。堆肥完成以后筛分，大粒径的则回用作调理剂。等于覆盖层体积的那一部分则搁置在一边备用无需筛分。通过筛分可以回收65%体积的调理剂，因此仍然需要补充新的调理剂。在实际应用中，回收率还受到水分含量、堆肥的黏度、调理剂中细小颗粒的比例、过筛负荷的影响，因此回收率一般可以达到50%～80%。

(2) 微生物 堆肥过程主要由三类微生物参与：细菌、放线菌、真菌。细菌承担主要有机物部分的分解，最初，在中温条件下（低于40℃），细菌代谢分解碳水化合物、糖、蛋白质。在高温条件下（高于40℃），细菌分解蛋白质、脂类、半纤维素部分。另外，细菌也承担了大部分的产热过程。

放线菌的作用目前尚不明了（它们是土壤中的常见微生物），Waksman 和 Cordon 指出，他们能够破解半纤维素，但对纤维素不起作用。放线菌能够代谢许多有机化合物，如糖、淀粉、木质素、蛋白质、有机酸、多肽。

真菌可在中温及高温条件下生存，Chang 指出中温真菌代谢纤维素和其他复杂的碳源，他们的活动类似于放线菌。由于多数的真菌和放线菌是严格好氧菌，它们通常发现于堆肥的外表面。

堆肥过程中的微生物活动可分为下述三个基本阶段：中温阶段，堆肥温度从室温到40℃；高温阶段，温度40～70℃；冷却阶段，伴随着微生物活性的降低及堆肥过程的完成。高温期间的最佳温度为55℃及60℃，此时VSS分解速率最高。

(3) 能量平衡 在有机碳转化为二氧化碳和水蒸气的过程中产生热量，热量的排除通过曝气和翻堆引起的蒸发冷却而完成，通过堆表面散失，如果散热速率超过产热速率，工艺温度将不会升高，Haug 通过下述关系式详细探讨了能量平衡：

$$W=\frac{\text{水分蒸发量}}{\text{挥发性固体分解量}} \tag{2-34}$$

如果 W 低于8～10，用于加热和蒸发的能量将充足；如果 W 超过10，混合物将会处于冷湿状态。

2.3.3 堆肥的工艺控制参数

(1) 含水率 水分是微生物生存环境十分重要的条件之一，因此堆肥物料必须保持一定的含水率。通常含水率高，其微生物的活性增大，便于进行有机物的分解；但倘若含水率过高，其透气性便会显著降低，又会使堆肥化中的好氧反应转化为厌氧性状态下的厌氧反应。自污水处理厂的污泥经过污泥处理工艺后，其污泥状态，又因污泥处理过程的不同而各异。研究者通过试验得出高效堆肥需要的水分含量为50%～60%。脱水后的污泥，其含水率约在65%～85%左右，大多在75%左右。而且脱水过程中，微生物的活动并未停止。但在污泥加热脱水的过程中，其含水率可达45%以下，其好氧性发酵有时不能充分进行，含水率过低，微生物活动能力降低。因此，从微生物学考虑，好氧性发酵需要调整适宜的含水率。

污泥含水率的调整方法，根据堆肥化的方法、污泥脱水时使用絮凝剂的种类等情况而选定。如采用投加絮凝剂脱水的时候，可向污泥原料中添加稻壳、植物屑等粗大有机物，以调整混合原料含水率达60%～70%，对于污泥脱水过程中添加石灰的情况，可采用自然干燥及与有机堆肥混合，调整其含水率在50%～65%状态，或利用太阳能加热蒸发方式，调整含水率。

(2) C/N比 C/N是微生物体细胞维持与增殖的主要因素，微生物体内（细菌）的C/N比约为5～10，通常平均为5～6。C含量增大，微生物的增殖会因N不足而受到制约，从而减缓有机物的分解。通常C/N比较低时，堆肥化较易实施，而当原料中C/N比低于5以下，又会导致堆肥化难于实施。因此，C/N比的大小，直接影响有机物的分解速度。

污水处理厂污泥的有机物组成，一般以蛋白质、油脂、纤维素等成分组成，同时，又因污水的种类、有无消化处理、污泥处理工艺情况的不同而相异，不同污水处理厂生污泥有机物含量分析见表2-27、表2-28。一般消化污泥与混合污泥相比，有机物含率要低，碳水化合物、脂质的含水率也偏低，污泥中C/N比约在6～8左右，微生物的构成基本相同，作为发酵条件的营养成分（C/N），能够满足微生物的活动。而对于污水处理中的污泥，有时C/N比处于10～26的程度，要过分增大C/N比则是非常困难的，在C/N比较小的状态下，堆肥化作业过程中，则产生部分 NH_3 排入空气，有时会给周边环境带来污染。

表2-27 生污泥有机物含量

处理厂	污泥种类	有机物VS /%	TC/%	TN/%	总碳水化合物/%	总脂肪 /%	总蛋白质 /%
A	初沉污泥	84.6	42.1	4.2	49.2	7	11.9
	剩余污泥	85	48.2	9.8	13.2	26.9	27.5
B	初沉污泥	61.8	34	5.2	6.9	12.2	26.3
	剩余污泥	69.2	33.4	6.7	6	12.1	26.3
C	初沉污泥	67.6	36.8	4.7	19.5	8.1	26.3
	剩余污泥	77.9	41.7	8.6	9	20.3	27.5
平均	初沉污泥	71.3	37.6	4.7	25.2	9.1	21.5
	剩余污泥	77.4	41.1	8.4	9.4	19.8	27.1

表 2-28 消化泥有机物含量

处理厂	污泥种类	有机物 VS/%	总碳水化合物/%	总脂肪/%	总蛋白质/%
A	初沉污泥	59.1	7.6	9.8	20
	剩余污泥	68.8	6.8	14.4	31.9
B	初沉污泥	51.3	7	8.3	21.3
	剩余污泥	54.7	7.5	7.3	24.4
C	初沉污泥	53.7	7.9	8.3	20
	剩余污泥	64.7	6.9	12.4	28.1
平均	初沉污泥	54.7	7.5	8.8	20.4
	剩余污泥	62.7	7.1	11.4	28.1

理想的C/N比为（25∶1）～(35∶1)，如果C/N比低于25，过量的氮将会以氨态释放，导致营养物质的损失以及氨臭的释放，如果大于35，有机物料分解速率将会很慢，即使进入后处理阶段分解活动仍会继续进行，剩余污泥典型的C/N比为5∶20，因此，使用调理剂提供足够的碳源，提供足够的能量平衡和混合物C/N比。

因为一些碳源相对氮而言，利用速率十分缓慢，因此定量化计算C/N比相当复杂。如果使用木片的话，仅仅其表面薄层可作为碳源利用，锯屑相对而言利用速率更快。对于城市生活垃圾堆肥化的过程，其原料的C/N比通常较高，伴随着发酵进程的不断推进，其C/N比会降得较低。因此，可以利用C/N比，作为肥料化的成熟指标之一，而对于以污水处理厂污泥为原料的堆肥化作业，因其自身C/N比较低，所以该情况下，C/N比通常不作为操作指标。

添加剂如果不进行筛分去除的话会在堆肥结束后继续分解，因此会延长后处理时间。C/N比过高也会有同样的影响。

(3) pH值　投加聚合物脱水的污泥，其pH值约在6～7，呈弱酸性，对堆肥发酵不会构成障碍。对于利用投加石灰脱水的污泥，脱水时添加$FeCl_3$约为7%～15%，消石灰约为30%～50%，其pH值达到11～12，呈强碱性，在这种状态下，要进行好氧性发酵，显然不可能，可采用返送投加成品有机堆肥，以降低pH值，并据发酵槽的种类、原料污泥发酵中的情况进行混合，该状态下，不必设置前调整用的中和装置。发酵中产生的CO_2则与$Ca(OH)_2$发生化学反应，pH值会迅速下降，因此对停留时间没有影响。热调理后的污泥pH值5～6。

(4) 透气性　对好氧性微生物而言，空气的供给是不可缺少的，其发酵槽中的含氧量不应低于10%，过量地供给空气，会影响槽内原料的温度升高。空气的供给量据发酵槽内的含氧量及产生的CO_2浓度情况，进行适度调节控制。

当脱水污泥直接投入发酵槽内时，由于污泥自重的压缩，将使槽内堆积物之间的间隙显著减少，失去良好的透气性能。这种情况下，会使好氧性微生物因缺氧而死灭，厌氧性微生物活跃起来，厌氧发酵将导致恶臭的发生。为了改善原料的透气性，可采取以下两种方式。

① 添加辅助原料。向堆肥料中添加木屑、禾秆、稻壳等粗大有机物，以改善其透气性能，或采取通过返送投加已发酵好的成品肥料，进行混合，可取得同样的效果。

对于以城市垃圾与污水处理厂污泥混合为原料的堆肥发酵槽，改善C/N比、调整含水率、改善透气性等具有重要意义。在美国、欧洲等西方国家，已有许多运行良好的实例。

② 调整粒度与返送混合。污水处理厂的脱水污泥，有的呈黏土状，在发酵过程中，应进行搅碎、返送、混合，可以起到增加原料间隙、改善透气性能的作用。

(5) 接种菌种　将发酵完好的部分有机肥料进行返送，并与原料污泥混合，这与活性污泥法中返送剩余污泥所起的作用相似。但对于连续式发酵槽，在进入正常运转状态后，再添加菌种，便没有太大实际效果。对于多段式发酵槽，在运转开始时，添加菌种，则有利于促进发酵的进行。

(6) 发酵时间 对于腐烂、发酵分解的有机物，通常在前发酵阶段即可分解、稳定，称为一次发酵，即前发酵。对于纤维等分解性较差的有机物，一般要在第二阶段发酵分解，又称为二次发酵即后发酵。虽然一次发酵与二次发酵的准确界面不易明确划分，然而，一次发酵终结后，即使不中断送气，也会因其进行厌氧发酵而产生恶臭气味。一次发酵的时间，应在5～14d左右，随发酵的原料状况，发酵方法的不同而相异。其发酵时间的确定，有必要通过先期的试验来进行，一般小型试验槽与大型发酵装置相比，其堆肥化时间偏短。

二次发酵的时间，则按堆肥的用途要求来确定。通常在要求较细化施肥的情况下，其二次发酵时间定在20d以上为宜。在美国一般要求好氧堆肥21d，无曝气的后处理阶段为30d，后处理一般为静置贮存。纽约州规定最小总处理时间为50d。

堆肥工艺没有固定的终点，因为在认为堆肥已经稳定时，有机物的分解还在继续。一种测试稳定性的方法是，测试二氧化碳产生速率的呼吸速率法。当呼吸速率为3mgCO_2/(g有机物·d)便认为无臭气和生物毒性。

另外可以测试好氧速率。Jimenez和Garcia (1989) 报道堆肥好氧速率为0.96mgO_2/(gC·d)时可认为已稳定化，相当于1.4mgCO_2/(gC·d)。

(7) 温度 在有机废弃物高温堆肥过程中，水分、温度、pH值、C/N比等许多因素均影响堆肥进程和最终产品的质量，在诸多因素中，温度是堆肥过程的核心参数。堆体一般要经历升温过程、高温持续过程和降温过程。国内外学者对于堆肥温度的研究主要集中于以下几个方面：堆肥升温过程的特点及堆肥所能达到的最高温度；堆体热量散失过程与温度的关系；控制过程与温度的关系；温度与微生物的生长繁殖及种群演替的关系。

由于高温分解较中温分解速度快，并且高温堆肥又可将虫卵、病原菌、寄生虫、孢子等杀灭，故有机废弃物资源化处理中一般多采用高温堆肥。

通常需要采用通气调整堆肥温度和有机物分解速率之间的平衡。堆肥初期3～7d，通气的主要目的是满足供氧，使生化反应顺利进行，以达到提高堆层温度的目的。当堆肥温度升到峰值以后，通气的目的以控制温度为主。Wilev和Spillane认为，如果缺少温度调节措施，堆体温度会很快升至70～80℃，这将严重影响微生物的生长繁殖，因此，必须通过加大通气，通过蒸发水分带走热量，使堆温下降，Finstcin等的研究结果表明，在强制通风静态垛堆肥系统中，鼓风使得堆体中心和表面的温度差异极大。

不仅仅微生物的代谢活动具有高度的温度依赖性，而且温度极大地影响微生物的群体动力学，即组成、密度。堆肥物料内部温升是初始温度、代谢热产生、热转化的函数，最小温度水平对于有效的堆肥过程十分重要，而且对高速率的分解活动十分重要，当堆肥物料温度降低到低于20℃时，会显著减慢甚至于终止堆肥进程，超过60℃时，微生物活性减少，因为超过了微生物的最佳温度范围。如果温度超过82℃时，微生物群落活性受到严重阻止，MacGregor等发现，以最大的分解速率为基础，最佳堆肥温度为55～60℃。一些研究者发现，产生高质量的产品无需如此高的温度，一些研究显示，低温可能会允许更多的微生物活动。

(8) 调理剂 堆肥中使用调理剂为物料提供空隙、自由空气和足够的湿度以维持生物活性，一般含固率35%～50%，由于调理剂的添加，堆肥固体一般大于或等于脱水固体。

好氧静态堆肥工艺以及一些反应器工艺均需要足够的空隙率以便于通过低压鼓风机曝气，此时就需要添加调理剂。部分常用调理剂的特性如表2-29所示。

表 2-29 堆肥原料特性

物料	含水率/%	有机质含量/%	体积质量/(kg/m³)	物料	含水率/%	有机质含量/%	体积质量/(kg/m³)
木片	20.91	91.26	224.76	麦壳	6.19	75.98	52.50
稻壳	8.36	85.00	102.50	回流堆肥	38.15	52.49	483.34
玉米芯	8.75	96.01	105.83				

调理剂的作用是增加堆肥的含固率，增加碳源以调整 C/N 比及能量平衡。当堆肥处于堆置状态时能够维持足够的空隙率。

条垛式堆肥及部分反应器工艺一般来说不需要很大的空隙率，但同样需要调整含固率和补充碳源。这时也可称作“改良剂”。改良剂经常使用锯屑和回用熟堆肥。

(9) 曝气　曝气可以去除热量和水分，并为微生物的生命活动提供氧气。当强制曝气系统的流量增加时，堆肥温度将会下降，水分挥发速率提高。搅动也能够释放热量和水分，而且还可以增加空隙率。当曝气不充分时，堆肥温度会超过 70℃，这将会极大地抑制微生物活性。最佳的分解速率温度为 40～50℃，在堆肥的特定时期为了杀灭病原菌，温度宜超过 55℃。Higgins 等（1982）报道曝气速率 $34m^3/(mg \cdot h)$ 可以满足干燥要求并能够提供杀灭病原菌的温度，在堆肥初期需要较高的曝气量以防止堆肥升温过高。

在微生物活性的高峰期将温度维持在 60℃所需要的曝气速率为 $300m^3/(mg \cdot h)$，当系统过大时，这一曝气量无疑不切实际。实际应用中的曝气量一般为 $90 \sim 160m^3/(mg \cdot h)$，这一曝气范围适于在堆肥的整个过程中控制温度并能够提供足够的水分去除能力。在接近工艺结束时，已不需要再灭活病原菌，因此可以增加曝气量以促进干燥。

在好氧静态堆肥工艺中，堆肥下部的布气系统可如下设计。

空气管或渠间距 1.2～2.4m，木片的基础层对布气相当重要，在容器内时可以安装固定管路并铺上砂砾。

鼓风机可进行自动控制：根据温控仪返回的信号控制鼓风机的启闭，以维持适宜的温度。当鼓风机停止时，氧气将会被逐渐耗尽。Murray 和 Thompson（1986）报道在不曝气的情况下，12～15min 以后氧气将被耗尽。因此鼓风机的停运时间不宜超过这一范围。

强制曝气系统可以负压抽吸或者鼓风模式进行操作。负压抽吸模式可令堆肥中心区域升温迅速，因此更适于寒冷条件下的操作。在负压抽吸模式下，废气更易于排除并集中进行臭气处理。鼓风模式可以加速水分挥发从而促进干燥，而且可以有效地防止在空气管路中积累冷凝水。

2.3.4 堆肥的控制指标

(1) 工艺目标　堆肥的目标是产生有利用价值的肥料，堆肥必须符合法规和公众健康要求，而且在终端利用上具有吸引力。

(2) 评价指标　堆肥化发酵过程的监测控制及其运转的优劣，通常从以下 5 个方面加以综合分析。

① 腐熟度。腐熟一词指有机物料中的快速降解成分和调理剂转化为类似于土壤腐殖质的物质从而分解缓慢。腐熟未完全的堆肥会重新产热并在贮存和湿度上升的情况下产生臭气。它也会产生有机酸从而抑制种子发芽，当在土壤中分解时，会耗氮，造成对氮的争夺，抑制植物生长。稳定一词指当堆肥腐熟时，混合物中的可生物降解成分的微生物降解速率减缓。测试堆肥稳定或腐熟的方法及标准很多，但目前没有任何一种单一方法广泛适用。多种方法的综合使用可能更有效。

李承强等把堆肥腐熟度指标划分为三类：物理学指标、化学指标（包括腐殖质）和生物学指标。李艳霞等把堆肥腐熟度的评价方法分为表观分析法、化学分析法、波谱分析法及植物生长分析法 4 类，与前者的分类方法也比较相似。

VSS/TS 并不是一个测试稳定性的好方法，因为它没有考虑生物降解速率。测量二氧化碳或需氧速率的呼吸测试能较好地代表稳定性，但这种方法对测试条件较为敏感。二氧化碳产生量测试对模拟堆肥进程非常有用，可用于堆肥初期的高度不稳定样品和堆肥成品。好氧速率可用于堆肥混合物的测试和堆肥提取液的测试。

腐熟堆肥的 C/N 比宜小于 20：1，堆肥中的碳源会争夺土壤中的氮。使用水芹植物种子在堆肥提取过滤液中发芽，以蒸馏水为空白进行对比。这种方法测试了堆肥中的有机酸造成的植物毒性。稳定化通过维持足够时间的最佳条件而获得。由于调理剂中的纤维素，如木材等分解速率缓慢，因此宜筛除这种调理剂以提高稳定性。

② 发酵温度。要保持堆肥化进程的顺利进行，发酵温度应保持在 55～65℃的范围。温度过高，反而会导致反应速率降低的后果。

③ 氧浓度。如前所述，发酵槽内的氧气浓度，也是重要的运转指标之一，通过检出氧气浓度的变化情况，以此判断发酵过程的进展。

④ 病原菌减少。剩余污泥中的病原菌主要有 5 类：细菌、病毒、原生动物胞囊、大肠菌卵（寄生虫）、真菌。上述前 4 类称为首要病原菌，因为它们会感染健康人群并导致疾病。真菌被称为次要病原菌，因为它们仅仅感染低下的免疫系统。灭菌的最有效的方法是升温。然而，需要指出的是堆肥中的各个部位的温度并不一致。

⑤ 干燥度。堆肥过程中，水蒸气挥发去除，将混合物含固率从 40％增加到 55％，干燥在处理工程中十分关键，因为小于 50％～55％含固率的堆肥在筛分时比较困难，干燥通过提供足够的曝气及翻堆搅动来实现。

2.3.5 堆肥的工艺设计要点

(1) 膨胀剂的贮存和装卸　膨胀剂最理想的储备供给能力为 15～30d 的用量。对于使用锯末来作为膨胀剂的机械堆肥系统，应配备有完全卸料、气动传输及封闭的贮存设施。在这种情况下，备有一个卸料斗自 15～75m^3 的活动底板的卡车里卸下进料，同时设有升降式吊装运输机用以将锯末传送至分离筛以去除大的碎片。经过筛分处理后，物料由气动传送带传至一个不透气的筒仓中贮存，该筒仓设有旋转出料装置用以向混合设备中投加物料。传送系统的能力约为 4535～36000kg/h，取决于传送锯末的设备形式。

为了尽可能减少粉尘的传播，同时为保护设备不受湿冷季节的影响，卸料和传送设施一般安装于封闭区域中。由于产生的粉尘会引起爆炸，则在设计任何封闭结构的设备房时，必须遵循相应的防爆标准。

(2) 搅拌　脱水泥饼与膨胀剂的最初混合非常重要，可以确保堆肥物料均匀性及良好的充氧特性。因此，处理厂设计中通常要考虑机械搅拌系统。脱水泥饼与膨胀剂的快速混合可以使贮存设施最小化并降低臭味的强度。污泥与膨胀剂的混合物比单独的脱水泥饼更容易堆放和运输。一些机械搅拌系统比较适宜初期混合搅拌。连续混合器包括破碎系统，其配有机械进泥箱可以投加污泥及膨胀剂。间歇式混合器是通过一个前端式装料机进泥完成填充、混合及排放的全过程。间歇式混料器安装于拖车或卡车底盘之上，用来同时完成在脱水系统传输污泥及搅拌的功能。若采用前端式装料机进行初期混合，则混合的间歇期不得超过 20min。较好的混合效果应该是膨胀剂颗粒完全地被污泥包裹且不含有球状污泥颗粒。静态堆肥及长堆堆肥系统的再搅拌通常需要堆肥机械或配有前端装料机的螺旋搅拌机来完成。堆肥机械配有带特殊设计把齿的转鼓。另外，长堆堆体可通过前端装料机和螺旋搅拌机来混合，堆肥机械一般用于长堆堆体最初的成形堆放。

混合及贮存污泥区域通常会散发臭味，为有效地控制臭味的产生及人员安全，一般需要进行每小时至少 12 次的通风换气。

(3) 回流　堆肥过程通常会产生回流液，这是由于堆肥过程去除的湿气冷凝和堆场径流引起。回流液中包括高浓度的有机物、养分和其他物质等，设计人员应考虑到这些回流液的处理要求。

(4) 曝气和排气系统　对于好氧静态堆肥系统，通常每个堆体或连续堆料的每一个部分采用独立的鼓风机，将空气吸入或排出堆体。使用单独的鼓风机曝气可以使操作人员控制每一个循环周期的充氧，使堆体充分进行分解和干燥。爆气管道可以采用易处理的排水管或固定式沟槽系统。

鼓风机可采用两种不同的工作方式，经过堆体向下负压抽吸或是正向通气曝气。负向曝气有助于堆体迅速加热及排放臭气的收集及处理。正向曝气则有助于去除湿气。许多处理厂开始时采用负向曝气方式运行，经过 1～2 周的堆肥后，再切换到正向曝气方式。

好氧静态堆肥通常其堆体内部压降在 125～50mmH_2O 之间。大多数的损失是空气传输系统造成而不是堆肥混合物自身造成。设计良好的布气系统能够以最小的压降均匀布气且达到排除冷凝湿气的目的。使供气的压降达到最小并且能够使系统冷凝的湿气排出，这一点对于负向曝气方式尤为重要。空气供给系统应合理计算使大多数损失发生于堆体及供气系统之间接触界面上。

由于正向曝气与负向曝气可以交替运行，设计人员可以考虑系统采用可切换的供气方式。另外，鼓风机时间控制器设定的循环周期不能超过 15min，主要是为了防止出现厌氧的条件。负向曝气时排出空气的温度一般为 30～50℃，含饱和水蒸气且带有臭味，由于空气自堆体向外流动，排放气体冷却，释放的冷凝水有可能向管沟中渗漏出来造成腐蚀。因此，应采用耐腐蚀的排气导管，可采用不锈钢、PVC 或玻璃钢材质。

用于好氧静态堆肥中的鼓风机一般为离心式风机，输送静压力一般为 125～300mmH_2O。以锯末作为膨胀剂的仓式堆肥系统由于压降较大可采用高压离心式风机或变容式风机。

(5) 筛分　除锯末外的膨胀剂可能经筛网回收并回用，一般可节约 50%～80%新膨胀剂的投资。筛分处理应使堆肥产品均一、美观，增强市场竞争力。配有清洁刷的振荡筛网及旋转格栅经常使用。振荡筛网可以将物料筛分成两种以上的粒径。旋转格栅则针对较高湿度的物料使用。

2.3.6 堆肥的利用及其市场

利用污水处理厂污泥进行堆肥，既节约能源，又有效合理地利用资源，从而确立了该项污泥处理工艺的重要地位，同时，也存在一些问题，有必要在实施过程中加以调查解决。在污水处理厂污泥中，基本上都不同程度地含有金属物质，如 Zn、Fe、Mn、Cu、Pb、Cd、Hg 等，虽然 Zn、Fe、Mn、Cu 等金属作为农作物的营养物质，是其生长必需的成分，但其在土壤中的金属含量，不可能因作物的需求而定，多余的部分则会蓄积在土壤里和农作物中。因此，金属含量过高的污泥，在堆肥化过程中，有特殊的要求，在日本，其农林省制定的肥料法中，明确规定了堆肥化肥料中有害物质的指标，超标即视为不可用肥料，如表 2-30 所示。

表 2-30 肥料中有害物质含量的限定 mg/kg

项目	总量分析	溶解试验	项目	总量分析	溶解试验
Cd	5	0.3	CN	—	1.0
Pb	—	3	Hg	2	0.005
As	50	1.5	有机P	—	1
Cr^{+6}	—	1.5	PCB	—	0.003

在污泥脱水处理过程中，经常添加石灰、铁盐、铝盐、化学聚合物等，其在堆肥化过程中及其对农作物施肥后的影响有待于进一步地研究，但认为不希望铁盐、铝盐含量过高。作为堆肥化的前提，有必要在前期的脱水过程中，适量地检测、控制。

堆肥化设备的规模，所需肥料量等，要通过对农田、季节施肥情况等的调查选定。对于养殖厂则更为实用，要通过对堆肥车间的需求量、季节变化中的肥料需量调查，积极合理地开发在农业、工业、养殖业中的新用途。

污泥可以作为肥料应用于农业，虽然与化学肥料相比，其中氮、磷、钾含量偏低，但有机物含量高、肥效持续时间长，可以改善土壤结构，可以有效合理地解决污泥的处置，保护环境、节省资源，发挥良好的经济效益，达到经济、社会、环境效益的统一。也为污泥的稳定化、无害化、减量化、资源化、合理化，寻求了一条切实可行的新途径。

堆肥作为土壤调理剂具有下述优点：①增加沙性土壤的保水能力；②增加黏土土壤的透气性；③为植物生长提供微量元素；④增加土壤持久的肥效。

2.4 污泥填埋处理技术

污泥的填埋处理技术是污泥的最终处置技术，当污泥中含有的重金属或其他有毒有害物质浓度超过土地利用标准时，或者是在土地相对紧张的情况下，可以采用填埋作为污泥的最终处置方法。

2.4.1 污泥填埋的方式

污泥可单独填埋，也可与城市生活垃圾混合填埋，填埋方式的选择如表 2-31 所示。其中单独填埋又可分为四种类型：开沟污泥填埋、堆放式填埋、分层堆放式填埋和堤坝式填埋(见图 2-40)。

表 2-31 填埋方式的选择

污泥种类	单独填埋		混合填埋	
	可行性	理由	可行性	理由
重力浓缩生污泥				
初沉污泥	不可行	臭气与运行问题	不可行	臭气与运行问题
剩余活性污泥	不可行	臭气与运行问题	不可行	臭气与运行问题
初沉污泥+剩余活性污泥	不可行	臭气与运行问题	不可行	臭气与运行问题
重力浓缩消化污泥				
初沉污泥	不可行	运行问题	不可行	运行问题
初沉污泥+剩余活性污泥	不可行	运行问题	不可行	运行问题
气浮浓缩污泥				
初沉污泥+剩余活性污泥(未消化)	不可行	臭气与运行问题	不可行	臭气与运行问题
剩余活性污泥(加混凝剂)	不可行	运行问题	不可行	臭气与运行问题
剩余活性污泥(未加混凝剂)	不可行	臭气与运行问题	不可行	臭气与运行问题

续表

污泥种类	单独填埋		混合填埋	
	可行性	理由	可行性	理由
处理浓缩污泥				
好氧消化初沉污泥	不可行	运行问题	勉强可行	运行问题
好氧消化初沉污泥+剩余活性污泥	不可行	运行问题	勉强可行	运行问题
厌氧消化初沉污泥	不可行	运行问题	勉强可行	运行问题
厌氧消化初沉污泥+剩余活性污泥				
石灰稳定的初沉污泥	不可行	运行问题	勉强可行	运行问题
石灰稳定的初沉污泥+剩余活性污泥	不可行	运行问题		
脱水污泥	勉强可行	运行问题		
干化床 消化污泥	可行		可行	
石灰稳定污泥	可行		可行	
真空过滤(加石灰)				
初沉污泥	可行		可行	
消化污泥	可行		可行	
压滤(加石灰)消化污泥	可行		可行	
离心脱水消化污泥	可行		可行	
热干化消化污泥	可行		可行	

2.4.1.1 沟填

沟填就是将污泥挖沟填埋，沟填要求填埋场地具有较厚的土层和较深的地下水位，以保证填埋开挖的深度，并同时保留有足够多的缓冲区。沟填的需土量相对较少，开挖出来的土壤能够满足污泥日覆盖土的用量。

沟填按照开挖沟槽的宽度可分为两种类型：宽度>3m 的为宽沟填埋；宽度<3m 的为窄沟填埋，两者在操作上有所不同。沟槽的长度和深度根据填埋场地的具体情况，如地下水的深度、边墙的稳定性及挖沟机械的能力所决定。

窄沟填埋中，机械在地表面上操作。窄沟填埋的单层填埋厚度为 0.6～0.9m。对窄沟所填污泥的含固率要求较低；对宽度小于 3m 的窄沟，相应的要求为 20%～28%，其填埋量通常可达 $10000m^3/hm^2$。窄沟填埋可用于含固率相对较低的污泥填埋，但其土地利用率低，且沟槽太小，不可能铺设防渗和排水衬层。

宽沟填埋中，机械可在地表面上或沟槽内操作。地面上操作时，所填污泥的含固率要求较高（28%），覆盖厚度也较厚；沟槽内操作时，相应的含固量要求为>28%，覆盖厚度为可至 1.5m。宽沟填埋的填埋量可达 $27000m^3/hm^2$。其与窄沟填埋相比的优点为可铺设防渗和排水衬层。

无论是窄沟填埋或宽沟填埋，沟槽通常平行开挖，沟距视沟墙的稳定性及开挖机械的性能而定。

2.4.1.2 掩埋

掩埋是将污泥直接堆置在地面上，再覆盖一层泥土，作为稳定污泥的处置方法，此方法适合于地下水位较高或土层较薄的场地，其对污泥的含固率没有特殊的要求，但由于操作机械是在填埋表层操作，因此填埋物料必须具有足够的承载力和稳定性，对污泥单独进行填埋往往达不到上述要求，这就通常需要混入一定比例的污泥一并填埋。覆土的时间间隔由污泥的稳定性决定，对相对稳定的污泥物料，并不一定要求天天覆土。

掩埋可分为堆放式掩埋和分层式掩埋两种方式。

堆放式掩埋要求污泥含固率大于 20%，污泥通常先在场内的一个固定地点与泥土混合

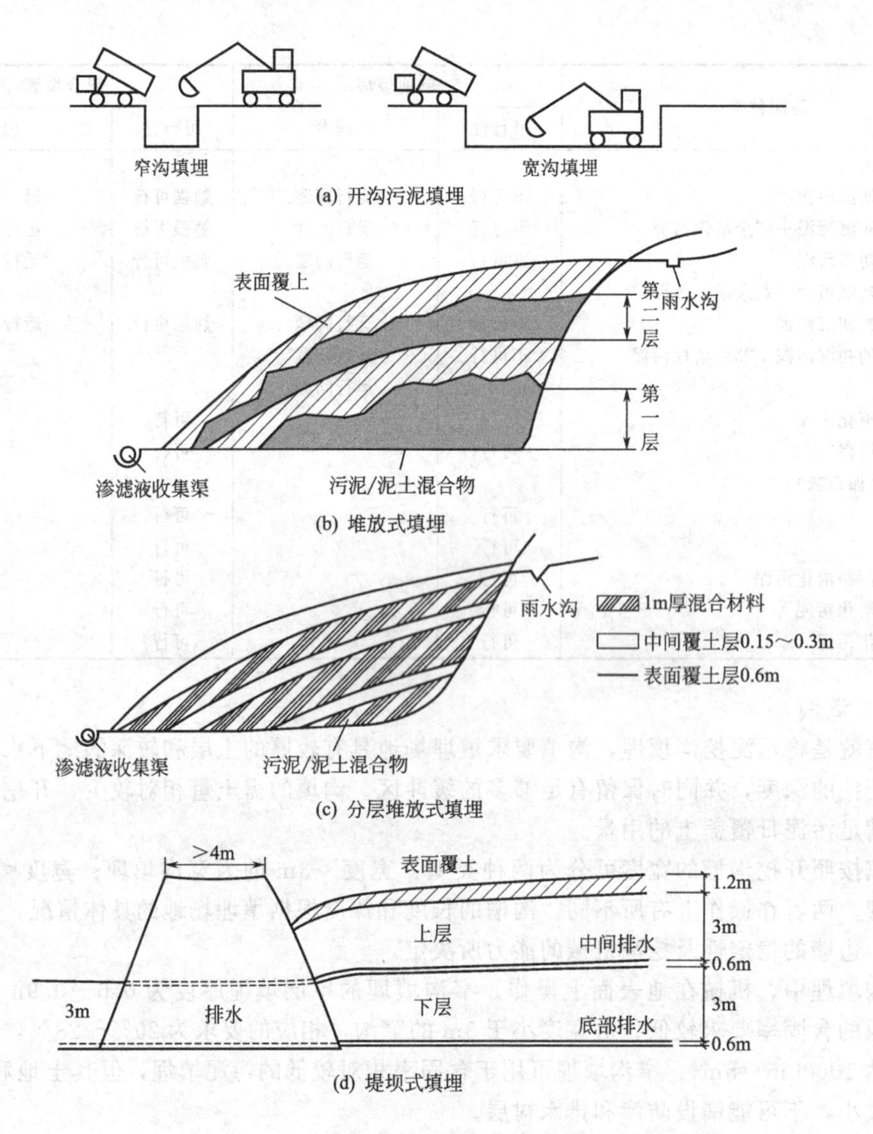

图 2-40 填埋类型

后再去填埋，泥土与污泥的混合比一般由所需要的稳定常数和承载力决定。混合堆料的单层填埋高度约为 2m，填埋量通常可达 26000m³/hm²，但其操作费用（泥土用量大）较贵。

分层式掩埋对污泥的含固率要求较低，泥土与污泥混合堆料分层填埋，为防止填埋物料滑坡，分层式掩埋要求场地必须相对平整。它的最大优点为填埋完成后，终场地面平整稳定，所需后续保养比堆放式掩埋少，但其堆埋量通常较小约 17000m³/hm²。

2.4.1.3 堤坝式填埋

堤坝式填埋是指在填埋场地四周建有堤坝，或是利用天然地形（如山谷）对污泥进行填埋，污泥通常由堤坝或山顶向下卸入，因此，堤坝上需具备一定的运输通道。堤坝式填埋对填埋物料含固率的要求与宽沟填埋相类似。它的最大优点在于填埋容量大，通常规模为宽 15～30m、长 30～60m、深 3～9m 的堤坝式填埋场的填埋容量可达 28000m³/hm²；由于堤坝式填埋的污泥层厚度大，填埋面汇水面积也大，产生渗滤液的量也较大，因此，必须铺设衬层和设置渗滤液收集（处理）系统。

2.4.1.4　混合填埋

污泥可与城市生活垃圾或泥土混合填埋。与生活垃圾混合填埋是将污泥撒布在城市垃圾上面，混合均匀后铺放于填埋场内，压实覆土。含固率大于 3%的污泥均可混合填埋，但在实际操作中，填埋的污泥的含固率通常在 20%以上。两者的混合比如表 2-32 所示，填埋容量可达 7900m³/hm²。

表 2-32　污泥与城市垃圾、泥土的混合比例

填埋方法	混合物料	污泥含固率/%	混合物料:湿污泥(质量比)
与垃圾混合填埋	垃圾	3～10	7:1
		10～17	6:1
		17～20	5:1
		≥20	4:1
与泥土混合	泥土	≥20	1:1

含固率大于 20%且已稳定化的污泥可与泥土按 1:1 的比例混合（混合物含水率一般控制在≤50%），作为垃圾填埋场的中间覆土和表面覆土，填埋容量约为 3000m³/hm²。它比垃圾混合填埋操作简单，并且有利于填埋场的最终植被恢复（污泥混合物的植物养分含量高，有形成表土生物群落的可能）。

上述四种填埋类型的设计参数如表 2-33 所示。

表 2-33　不同填埋类型的设计参数

填埋类型	污泥含固率/%	泥土或垃圾与污泥的混合比①	填埋量/(m³/hm²)
窄沟填埋	15～20(宽度＜1m)		2300～10600
	20～28(宽度 1～3m)		
宽沟填埋	20～28(地面操作)		6000～27400
	＞28(沟槽内操作)		
堆放式填埋	＞20	0.5～2 份泥土	5700～26400
分层式填埋	＞15	0.25～1 份泥土	3800～17000
堤坝式填埋	20～28(地面操作)		9100～28400
混合填埋	＞28(堤坝内操作)	0.25～1 份泥土	
	3～20	7～4 份垃圾	900～7900
	20	4 份泥土	
	20	1 份泥土	

① 质量比，以 1 份污泥为基准。

污泥填埋对周围环境的影响主要有渗滤液对地下水和地表水的污染，污泥发酵产生的甲烷气体对周围的建筑物和植被的危害。控制渗滤液污染的方法主要为铺设衬层，衬层通常为合成的高分子材料，如高密度聚乙烯等。气体收集系统通常由封闭法（用透气性差的材料铺设在填埋场的周围，减少气体的迁移）或导排法（用通气通道排出和收集气体）完成。

2.4.2　污泥填埋的问题

2.4.2.1　污泥的土力学稳定性和填埋面积容量

根据上述分析可见污泥单独（专用）填埋的单位面积土地的污泥容量是较低的（最大为 2.8m³/m²），与城市生活垃圾填埋相比，其一般的填埋面积容量均大于 10m³/m²，对于山谷型填埋甚至可高达 50m³/m²。污泥单独填埋的面积容量限制主要来自于污泥（一般以脱水污泥饼形式填埋）缺乏填埋处置所需要的土力学稳定性［一般以污泥饼内聚力（剪切力）计需大于 10kPa，参见前述］，因此，污泥单独填埋时必须采用特殊的技术措施保证土力学稳定性差的污泥填埋体有足够的堆体稳定性。

污泥开沟填埋通过提供对污泥堆体的侧限保护使其达到土力学稳定的要求，但它显然是以牺牲面积容量为代价的。掩埋式污泥填埋，它采用了两个方面的措施来保证填埋堆体的稳定性。其一是使污泥（脱水泥饼）与泥土混合，提高混合物的土力学稳定性；其二是控制污泥（与泥土混合物）层的填埋厚度，以施加上、下限制面的方式提高堆体的稳定性。这些措施 首先是以增加填埋用污泥量的方式来实现的，覆盖与混合用土合计为污泥体积的1～3倍；其次泥土也占用了填埋容量，限制了面积容量的进一步提高；最后，在采取了这些措施后，填埋体的垂直深度仍然是有限制的（堆体滑移防护），一般不能超过9m，这也限制了此填埋方式面积容量的提高幅度。堤坝式污泥单独填埋采用的堆体稳定性控制的要求有所降低，因此其填埋面积容量在各种污泥专用填埋方式中是最高的。

提高污泥土力学稳定性，从而减少污泥填埋的用土量和提高填埋面积容量的有效方法是降低污泥的含水率。虽然还缺乏足够的应用工程数据支持，但一般认为，当污泥含水率≤50%时，污泥的土力学稳定性已不劣于城市生活垃圾堆体，此种污泥的填埋既无需再与污泥混合，填埋浓度也可较大。但要使污泥的含水率下降至此水平，必须对污泥进行干燥预处理，一般的工业干燥方式对污泥填埋预处理而言，缺乏经济上的可行性；利用太阳能的强化自然污泥干燥方法可能具有应用前景。

上述主要以污水厂污泥为分析依据，其他城市污泥填埋与之在原理上是相同的，但它们的无机物含量高，脱水处理后的含水率低，土力学稳定性好，在填埋面积容量、填埋用土比和填埋经济性方面均可能优于污水厂污泥。

2.4.2.2 污泥与城市生活垃圾混合填埋的效益与问题

城市生活垃圾（堆体）的土力学稳定性优于脱水污泥，同时，污泥的颗粒度又明显地小于城市生活垃圾，使二者混合时的混合物体积可能小于二者分离时的体积，因此，污泥与城市生活垃圾混合填埋是改善污泥填埋的稳定性与容积问题的有效途径。

污泥与城市生活垃圾混合填埋有多种实施工艺。

(1) 浓缩污泥分层浇注与垃圾混合填埋，其适用于填埋的污泥固体量与垃圾相比很少(<3%)，城市垃圾含水率低于30%的状况。此时，填埋无需混合操作，运行简便，有报道认为污泥中的微生物还能加快填埋垃圾稳定化过程（产气量增加，沉降率提高）；问题是除了可用污泥填埋容量小外，也会增加填埋渗滤液的产量，对渗滤液处理的压力增加。

(2) 脱水污泥预混合，与城市垃圾混合填埋，污泥与垃圾混合比可参见表2-33所示。污泥在专用场地与生活垃圾进行预混合后（机械一般选用前端装载机），才能进入填埋单元填埋。因此，操作上较复杂；但增加了可用污泥填埋容量，也可能有加速垃圾稳定化作用，产生的渗滤液问题也小于浓缩污泥混合填埋。

(3) 污泥代替覆盖材料，如仅从污泥填埋的角度考虑，这种混合填埋方式类似于污泥与垃圾分层混合填埋。为了保证覆盖层的土力学稳定性和生物稳定性，此种填埋方式要求污泥与泥土的预混合，混合物含水率应小于50%；污泥应进行消化后达到生物稳定化，方能有效减少覆盖层的臭气散发对填埋操作的不利影响，同时控制污泥有机物代谢带来的结构不稳定因素对覆盖层质量的影响。显然决定了这是一种操作运行更复杂的污泥混合填埋工艺，但有节约土地资源，减少混合填埋对渗滤液处理影响的效益。

2.4.2.3 污泥填埋的环境影响控制

污泥填埋的环境影响除了占用土地空间外，主要是其填埋衍生物流、填埋气体和渗滤液释放对环境的影响。

污泥填埋气体的组成与生活垃圾填埋气体接近，单位体积纯污泥的气体产率（生污泥）

可能高于生活垃圾，但污泥填埋的面积密度低、与泥土混合比大，因此其有效的面积产气率比典型的生活垃圾填埋场低得多；加之污泥填埋层颗粒致密、空隙率小，气体收集井的服务半径十分有限，因此，少有专用污泥填埋场气体主动收集利用的报道。专用污泥填埋场多采用被动气体放散的方法，以安全为日标对气体进行控制。污泥与垃圾混合填埋可加速填埋气体的产生，有提高填埋气体能量利用价值的可能。填埋气体有组织放散与收集的要点是覆盖与导气通道。

污泥填埋渗滤液的有机污染物（COD、BOD_5、NH_3-N 等）比生活垃圾填埋要低得多，原因是：①污泥有机物属中等腐化程度物质，比生活垃圾中的新鲜有机物质释放可溶性有机污染物的容量小；②污泥单独填埋时，填埋体内混入大量的泥土，它们的吸附容量使污染物的释放率减少。

渗滤液环境影响的控制包括渗透（漏）控制与导排处理两个方面。污泥填埋场底部应满足一定的防渗要求（参见前述），除了窄沟填埋因经济原因，主要考虑自然土层防渗外，其他污泥填埋场可按下衬土层的自然渗透性，选择采用人工（以 HDPE 膜为技术主流）或自然衬层防渗的方法。人工防渗层至少由上、下保护层和不透水膜三层组成；各类防渗层上均应设置渗滤液收集层，由疏水反渗层、导流层（中间设引流管网）组成。

由导流层收集的渗滤液应进行净化处理，按当地点源污水的排放控制要求排入水体。尽管污泥单独填埋场渗滤液的主要污染物浓度比生活垃圾填埋场低，但其可处理性同样不佳，处理的成本相当高。

2.4.2.4 污泥填埋的经济问题

污泥填埋长期以来因其成本较低而成为最主要的污泥处置技术，但近十年来发达国家，从环境安全与土地空间保护的角度，对污泥填埋提出了更高的管理要求，包括选址、操作工艺和污染物处理标准等。这些已使污泥填埋成本有了显著的上升，超过了污泥土地利用（包括施用前的消化稳定等预处理），并已达到污泥焚烧成本的 1/2 左右。

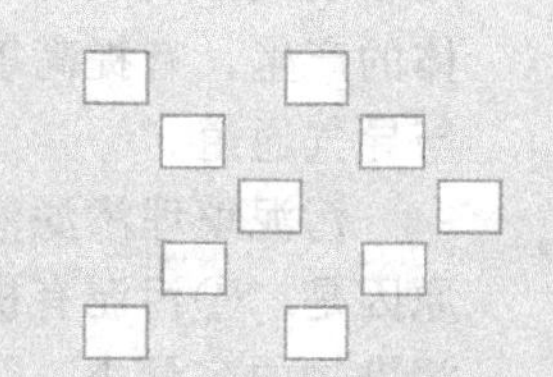

第3章 城市污泥处理处置新技术

3.1 城市污泥减量化技术原理

在 20 世纪 90 年代，德国学者提出污泥减量化概念，即在保证污水处理效果的前提下，使整个污水处理系统向外排放的生物固体量达到最少。这一理念为污泥的处理处置开辟了一片新天地，使人们对于能减少污泥产量的生物处理工艺更加关注，并想方设法从源头控制污泥产量。

采用不同污水生物处理方法所产生的剩余污泥量是不相同的。目前中国大部分污水处理厂都是采用生物处理法来处理污水，产生的剩余污泥量与所采用的生物处理法息息相关。根据相关数据显示，间歇式活性污泥法、生物转盘、氧化沟法、延时曝气活性污泥法、阶段曝气活性污泥法、普通曝气活性污泥法七种生物处理污水产生的剩余污泥量是完全不同的。图 3-1 显示出不同污水处理方法处理单位水量在设计条件下运行和实际运行时的污泥产率。

从图 3-1 可以看出，在设计条件下运行时，阶段曝气法产法泥量是最大的，但在实际运行时，阶段曝气法与普通曝气活性污泥法、间歇式活性污泥法、生物转盘法基本是相同的。氧化沟法的实际产泥量比设计产泥量高出许多，这可能是因为大多数的氧化沟法不设置初沉池，反应池中的无机物含量比其他的要多。普通曝气活性污泥法和延迟曝气活性污泥法的实际产泥量比设计产泥量要低，这可能与除磷设施没有负荷运行有关。

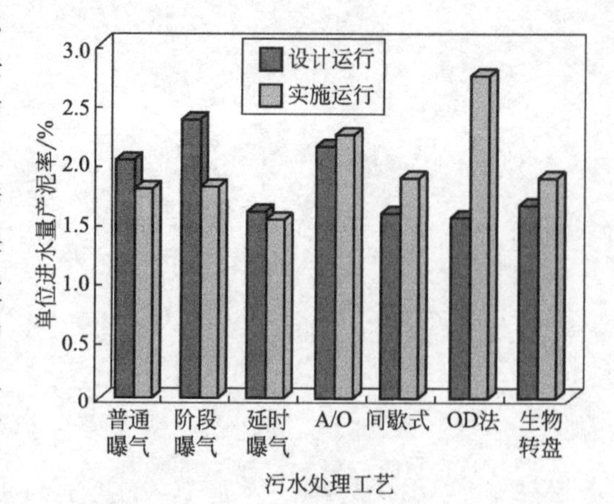

图 3-1　不同污水处理法处理单位水量的产泥率

污水生化处理过程中，污水中的有机污染物在活性污泥微生物的代谢作用下得到降解、去除，与此同步产生的则是活性污泥微生物本身的增殖和随之而来的活性污泥的增长。活性污泥微生物的增殖是微生物合成反应和内源代谢两项生理活动的综合作用，活性污泥的净增殖量是这两项活动的差值，即

$$\Delta X = aS_r - bX \tag{3-1}$$

式中 ΔX——活性污泥量的净增值量；

S_r——在活性污泥微生物作用下，污水中被降解、去除的有机污染物量；

X——曝气池内混合液中含有的微生物量；

a——微生物降解有机物的污泥产率；

b——微生物内源代谢反应的自身氧化率。

污泥产率因有机污染物的组成不同而异，不同物质的污泥产率见表3-1，某些废水的a值与b值见表3-2。生活污水的污泥产率也因组成不同而异而有所不同，一般介于0.49～0.73之间，而自身氧化率则比较稳定，一般在0.07～0.075之间，差别很小。

表3-1 某些有机物的污泥产率

物质名称	污泥产率/%	物质名称	污泥产率/%
碳氢化合物	65～85	牛奶	50～52
乙醇	52～66	葡萄糖	44～64
氨基酸	32～68	蔗糖	58～68
有机酸	10～60		

表3-2 某些污水的污泥产率及自身氧化率

污水种类	污泥产率(a)	自身氧化率(b)	污水种类	污泥产率(a)	自身氧化率(b)
炼油废水	0.49～0.62	0.10～0.16	制药废水	0.72～0.77	—
石化废水	0.31～0.72	0.05～0.18	生活污水	0.49～0.73	0.075
酿造废水	0.56	0.10			

从上式可以看出，假设BOD的去除量S_r不变，那么要减少剩余污泥产量，就需要降低污泥产率a或者增大b和X，传统的减少产泥量的方法也正是依靠延长停留时间，提高自身氧化率b值实现的。随污水、污泥处理技术的不断发展，污泥减量技术已不仅仅局限于提高自身氧化率b值。

在污水生化处理系统中，污泥产量不仅与微生物对基质进行分解转化、合成生物细胞、自身分解作用有关，还与及微型动物对细菌的捕食作用息息相关。合成作用使生化系统生物量增加，自身分解和捕食作用使生物量减少，因此污泥产量的减少从原理上可以从以下途径来实现：①降低细菌的净合成量；②增加细菌自身氧化速率；③增强微型动物对细菌的捕食作用。

目前国内外对污泥减量技术的研究主要集中在以下四个方面：①围绕降低细菌净合成量的各种解偶联技术；②维持代谢技术；③强化微型动物捕食细菌技术；④增强微生物隐性生长的各种溶胞技术。

3.2 解偶联污泥减量技术

解偶联是指没有磷酸化的呼吸过程，即氧化和磷酸化相互分离，在降解相同基质条件下，微生物的合成量降低。一般情况下，微生物的合成代谢通过呼吸与底物的分解代谢进行偶联，当呼吸控制不存在，生物合成速率成为速率控制因素时，解偶联新陈代谢就会发生，并且在微生物新陈代谢过程中产生的剩余能量没有被用来合成生物体，这种现象称为解偶联生长。

在正常情况下，生物的分解代谢与合成代谢是通过腺苷三磷酸（ATP）和腺苷二磷酸之间的相互转化而偶联在一起的，特殊情况下，底物被氧化，但ATP不同时被大量合成或者合成以后迅速由其他途径释放，从而使细菌的分解代谢和合成代谢不再由ATP的合成与分解反应偶联在一起，这样细菌在保持正常分解底物的同时自身合成速度减缓，表观产率系数降低，从而达到降低污泥产量目的。

3.2.1 解偶联原理

污水生物处理方法的本质是微生物以废水中的污染物质（基质）作为生长的碳源和能源，污染物从废水中去除，并将其转化为新细胞物质和CO_2或者其他形式，如图3-2所示。

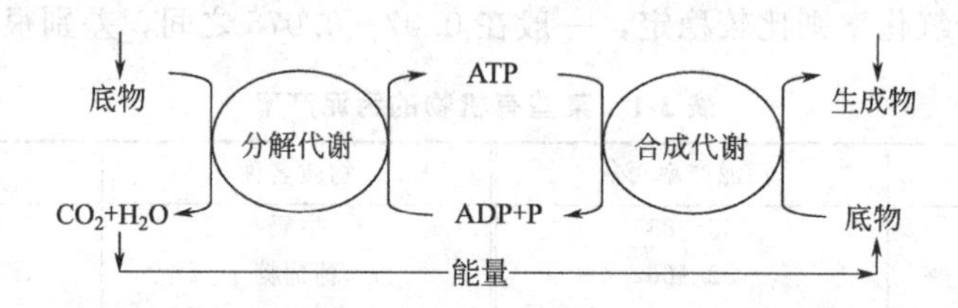

图3-2 分解代谢和合成代谢关系示意图

在大多数情况下，生长是平衡的，即微生物生长与基质利用是相关的。污染物在微生物的作用下可用如下方程式进行计量，即

碳源＋能源＋电子受体＋营养物⟶细胞生成量＋CO_2＋还原受体＋最终产物

从上式计量方程可以看出，生物合成反应除了物质反应外，还需要能够与之相耦合的能量以形成新的细胞，这种能量重要由三磷酸腺苷（ATP）提供。

基质＋ATP⟶细胞物质＋ADP＋PO_4^{3-}＋废弃产物

其中，ADP（二磷酸腺苷）是ATP脱去一个磷酸后形成的，其间释放大量能量，用于细胞物质的合成，因此微生物产率的大小与ADP的量密切相关。

而ATP则主要是微生物分解代谢过程中通过ADP的氧化和磷酸化生成。

基质⟶产物＋废弃产物＋能量

ADP＋PO_4^{3-}＋能量⟶ATP

正常情况下，氧化反应和磷酸化反应是偶联的，即生物将物质氧化的过程中同时伴随着ADP转化成ATP的磷酸化过程。

1961年，英国生化学家P. Michell提出："化学渗透学"观点，认为生成ATP的氧化与磷酸化之间起偶联作用的因素是H的跨膜梯度。细胞膜外的H^+只有通过一个特异的质子通道才能顺着H浓度梯度进入细胞内，H^+顺浓度梯度方向运动所释放的自由能使ADP和PO_4^{3-}结合生成ATP，所以说，生成ATP的氧化与磷酸化之间起偶联作用的因素是H^+的跨膜梯度。解偶联剂可以增强细胞膜对H^+的通透性，促进H^+被动扩散通过细胞膜，消除细胞两侧的质子梯度，所以不能再合成ATP，即氧化和磷酸化之间存在的偶联关系，可以通过投加解偶联剂使其脱偶联，氧化反应仍可以进行，而磷酸化反应不能进行，从而导致合成反应无法进行，所以微生物产率大幅度减小。

值得注意的是，解偶联剂只消除膜两边的质子或电位梯度，不但不会抑制呼吸链的电子传递，反而加速电子传递，促进呼吸底物和分子氧的消耗，解偶联剂抑制细胞的氧化磷酸化过程，使分解代谢产生的能量大部分转化成热量，而不能有效转换为合成代谢所必需的ATP，从而抑制合成代谢的化学物质，它们一般为脂溶性的弱酸。在活性污泥工艺过程中使用代谢解偶联剂可以使污泥的合成代谢受到抑制，而其分解代谢的能力基本不受影响，即活性污泥的合成代谢和分解代谢被解偶联。在活性污泥的解偶联代谢过程中，污染物质主要被氧化成CO_2和水，仅少部分被转化成新细胞，故可以在保证污泥分解代谢能力基本不受影响的前提下减少新生污泥的产量。

3.2.2 解偶联工艺

目前普遍认为在下列五种情况下微生物可以发生解偶联生长：①有解偶联剂存在，影响ATP的合成；②存在过剩能量，引起能量消耗（高S_0/X_0条件，即初始底物的质量浓度与初始微生物的质量浓度之比较高）；③在过渡时期生长（OSA工艺）；④在不适宜的温度下生长；⑤有限制性基质的存在。其中前四种是通过解除新陈代谢中的能量偶联，第五种是通过解除新陈代谢中的物质偶联达到的。

3.2.2.1 投加解偶联剂消减剩余污泥产量

投加解偶联剂消减剩余污泥产量是指加入影响ATP合成的物质解偶联剂，减少污泥的产量的一种工艺方法，目前还只限于机理方面，不同解偶联剂对微生物的减量效果不同。

从1948年W. F. Loomis等首次发现2,4-二硝基苯酚可作为化学解偶联剂起，经过几十年的研究，已经发现了10多种可用于有效减量污泥的化学解偶联剂。目前研究的化学解偶联剂包括硝基酚类，如2,4-二硝基苯酚（DNP）、对硝基苯酚（*p*-NP）、间硝基苯酚（*m*-NP）、邻硝基苯酚（*o*-NP）等；氯酚类，如邻氯苯酚（*o*-CP）、对氯苯酚（*p*-CP）、间氯苯酚（*m*-CP）、三氯苯酚（TCP），2,4-二氯苯酚（2,4-DCP）、2,6-二氯苯酚（2,6-DCP）、五氯苯酚（PCP），3,3′,4′,5-四氯水杨酰苯胺（TCS）等；季铵盐类，如苄基季铵盐；季磷盐类，如四羟四甲基硫酸磷（THPS）、氯化四羟甲基磷（THPC）；氨基酚，如邻氨基酚（AP）、2,4-二氯苯氧乙酸（2,4-D）和氨基酸等。

现有文献表明大部分化学解偶联剂具有弱酸性，且为脂溶性。弱酸性使其在不同pH环境下均可结合H^+或释放H^+。通常解偶联剂的酸度越低，污泥减量效果越好，但解偶联剂的污泥减量效果还受到许多其他因素的影响。而脂溶性则使其能自由透过磷脂双分子层，将膜外的H^+转移到膜内，从而消除质子梯度。但最新发现的一种水溶性有机化合物THPS具有解偶联效果，说明非脂溶性物质也可以作为化学解偶联剂。在污水处理过程中，化学解偶联剂的脂溶性会导致其在水中溶解度不高，降解慢，这可能是化学解偶联剂应用于污水处理中的不足。

文献表明化学解偶联剂的污泥减量可达到21%～87%，不同化学解偶联剂的污泥减量效果如表3-3所示。

表3-3 不同化学解偶联剂的污泥减量效果

解偶联剂	规模	系统	添加量	污泥减量率/%	污泥产率
TCS	2L	SBR①	2mg/L	47.0	—
TCS	25L	CAS②	1.0mg/L	48.2	减少47.4%
TCS	25L	CAS	0.5mg/L	27.8	减少26.3%
THPS	5000L	A^2/O③	1.08～1.86mL/m^3	22.5	减少14.7%
TCP	10L	SBR	4mg/L	49.8	2.38g/d
2,6-DCP	13L	SBR	20mg/L	—	40%
2,6-DCP	25mL	摇瓶	20mg/L	50.1	0.381g/gBOD_5
DNP	5L	—	15mg/L	46.0	—
DNP	15L	—	10mg/L	30.0	38%
DNP	7L	SBR	5mg/L	21.0	—
DNP	0.12L	摇瓶	20mg/L	69.1	0.24%
p-NP	20L	SBR	100mg/L	57.0	—

续表

解偶联剂	规模	系统	添加量	污泥减量率/%	污泥产率
p-NP	1.5L	Pyrex	100mg/L	49.0	—
p-NP	0.12L	摇瓶	20mg/L	63.7	0.277g/gBOD$_5$
o-CP	120mL	摇瓶	20mg/L	42.8	0.427g/gBOD$_5$
o-CP	120mL	摇瓶	20mg/L	60.1	0.305g/gBOD$_5$
p-CP	4.5L	—	20mg/L	58.0	—
m-CP	120mL	摇瓶	20mg/L	46.6	0.408g/gBOD$_5$
m-CP	4.5L	—	20mg/L	86.8	—
m-NP	0.12L	摇瓶	20mg/L	71.7	0.216g/gBOD$_5$
m-NP	4.5L	—	20mg/L	65.5	—
o-NP	4.5L	—	20mg/L	86.1	—
m-CP	—	A_2/O④	10mg/L	52.0	—
丙二酸	2L	SBR	15mg/L	53.8	—
AP	2L	SBR	20mg/L	62.4	—
AP	0.12L	摇瓶	15mg/L	21.0	0.52g/gBOD$_5$

① 序批式活性污泥法。

② 传统活性污泥法。

③ 厌氧-缺氧-好氧法。

④ 没有提及。

由表3-3可见，化学解偶联剂的污泥减量效果受到化学解偶联剂的种类、添加量和污水处理规模等的影响。不同化学解偶联剂对污泥减量的效果不相同，Zebo Liu通过批量试验研究了3种化学解偶联剂（TCS、p-NP、THPS）的污泥减量效果，结果表明，添加质量浓度分别为0.5mg/L、20mg/L、0.02mg/L时，其污泥减量率可分别达到18%、28%、30%。C. Aragóna等的研究发现，添加30mg/L的DNP时，污泥产率可降低14%，而添加40mg/L的TCS时，污泥产率降低率可达49%。化学解偶联剂的添加量明显影响其污泥减量效果。化学解偶联剂的添加位置也会影响其污泥减量效果。S. Rho等比较了在好氧系统和缺氧系统中添加TCS时，污泥产率的变化，发现好氧系统污泥对TCS的敏感性要比缺氧系统中更高。另外，化学解偶联剂的污泥减量效果还受到试验规模的影响：Zebo Liu的研究结果表明THPS在小试中的污泥减量效果可达30%。

化学解偶联剂的添加会影响污水处理，包括对污水处理效果的影响、对污泥性质的影响、污泥微生物菌群结构的影响等。部分化学解偶联剂对污泥处理过程的影响如表3-4所示。

表3-4 部分化学解偶联剂对污泥处理的影响

解偶联剂	COD去除率	氮去除率	SVI	SOUR	微生物菌群
TCS	下降0.1%	—	—	升高26.5%	—
TCS	下降2.82%	氨氮下降27.3%，总氮下降9.54%	升高了15%	升高28.67%	原核生物减少，且其活性降低，微生物菌群结构变化，丝状菌增多
TCS	下降0.7%	—	—	升高51.8%	—
THPS	下降6.8%	TN去除率升高2.9%	升高约31%	升高	出现新的微生物，影响微生物群落结构
TCP	下降8%	—	升高约20%	—	丝状菌增多，原生动物减少微生物菌群结构有一定变化
TCP	下降7%	—	—	升高	—

续表

解偶联剂	COD去除率	氮去除率	SVI	SOUR	微生物菌群
TCP	下降26.8%	氨氮和总氮基本无影响	升高9.32%	—	
TCP	无影响	氨氮、总氮去除率下降	SVI稍升高	—	丝状菌减少
2,6-DCP	下降6%	硝化作用下降62%	—	下降20%	微生物菌群结构发生变化
DNP	基本无影响	—	下降5%	升高20%	菌胶团结构无明显变化，原生动物聚集生长
p-NP	下降22.5%	—	降低48%	升高30%	—
丙二酸	下降9.83%	—	高达300	—	—
AP	基本无影响	氨氮去除率下降7%	基本无影响	—	絮体外层较光滑，突起减少，少量丝状菌存在，原生动物减少，无后生动物

解偶联剂在减少污泥产量的同时，还会可能带来一些负面影响，最严重的影响是会升高出水COD，导致出水水质变差，由于污泥产量减少，出水中N、P浓度可能也会升高。

目前对由于化学解偶联剂的添加影响污水处理过程COD去除的研究结果并不一致。C. Aragóna等发现随着TCS的添加，质量浓度从0升高到0.8mg/L，COD的去除率从52.16%升高到58.92%；而一些研究则表明，COD的去除率有一定降低，谢敏丽甚至发现当氨基酚投加量为20mg/L时，COD去除率会下降56%。不同化学解偶联剂对COD去除率的影响不同，且不同投加量的同一化学解偶联剂的影响也不同。另外，投加方式也会影响其效果。例如，一次性投加TCS减量化效果要好于多次投加，并且随着投加量的增大，COD去除率降低。由于添加化学解偶联剂后污水的COD去除率仍较高，因此大部分研究者认为化学解偶联剂对COD去除率的影响可以忽略。G. H. Chen等的研究表明：添加0.5mg/L、1.0mg/L的TCS后，COD的去除率分别从95.4%降低到95.3%、94.7%。化学解偶联剂降低COD去降率的可能原因是目前应用的化学解偶联剂为异体物质，对微生物有一定毒害作用，导致一部分微生物死亡，形成出水中的COD。

部分研究者研究了化学解偶联剂对氨氮和总氮去除的影响。例如，叶芬霞等发现TCS的添加会升高出水氨氮和总氮的浓度，从而降低氨氮和总氮的去除率，且随着TCS添加量增加，氨氮和总氮去除率呈下降趋势，但降低量较少。原因可能是化学解偶联剂减少的那部分剩余污泥中的氮会释放到出水中，从而会提高出水的氨氮和总氮水平、降低氨氮和总氮的去除率。研究表明选择合适的工艺可以降低这种影响，例如叶芬霞等采用连续曝气继而沉淀的SBR运行方式发现TCS的加入对出水的氨氮和总氮的去除没有影响。

由于生物除磷主要通过排除剩余污泥来实现，剩余污泥量的减少势必增加出水的TP，降低TP的去除效率。例如叶成全研究了4种化学解偶联剂（TCP、DNP、*m*-CP和TCS）对A^2/O工艺的影响，发现加入这些解偶联剂后出水磷酸盐和总磷的浓度均略微升高。王涛等比较不同化学解偶联剂对A^2/O工艺的影响，发现试验的4种化学解偶联剂（DNP、*m*-CP、TCP和TCS）均会导致出水磷浓度升高。但也有研究结果表明，TP的去除基本不受化学解偶联剂添加的影响。例如，Fenxia Ye等的研究表明，TCS添加量分别为0.05g、0.10g、0.15g时，好氧-沉淀-厌氧（OSA）系统出水TP的平均值分别为3.1mg/L、2.9mg/L、3.1mg/L，而作为对照的好氧-沉淀系统出水TP的平均值为3.5mg/L，这可能是因为试验系统与对照系统相比增加了厌氧部分所造成的。

化学解偶联剂的投加会影响污泥性质，这些性质包括沉降性能（SVI）、活性（SOUR）、絮体结构和微生物菌群结构等。G. H. Chen等研究结果表明，当向污水处理系统中添加 0.5mg/L、1.0mg/L TCS 时，污泥的 SOUR 从 62.3mg/(g·h) 分别提高到 78.8mg/(g·h)、94.6mg/(g·h)。而叶芬霞等研究 TCS 对活性污泥工艺中污泥活性的影响时，也发现 TCS 能使污泥 SOUR 从 2.29mg/(mg·d) 升高到 2.93mg/(mg·d)。化学解偶联剂的种类、投加量和投加方式等会影响其效果。例如，叶芬霞等的研究表明污泥 SOUR 随 TCS 投加量的增加而增加；叶成全比较了两种 TCP 投加方式（每天投加 120mg 和每两天投加 240mg）对污泥 SOUR 的影响，结果发现两者均能提高污泥的 SOUR。添加化学解偶联剂能够使氧化磷酸化过程脱偶联，抑制 ATP 的合成，促进污泥微生物的呼吸作用，使得其呼吸速率提高，从而提高污泥的 SOUR。但也有研究表明，化学解偶联剂的投加会导致污泥 SOUR 的降低，如 Y. Tian 等的研究表明，加入 2,6-DCP 后与对照组相比，呼吸作用明显受到抑制；并且受抑程度与投加浓度成正比，在投加质量浓度为 1g/L 时，呼吸抑制速率达到 83%。

目前，大部分化学解偶联剂污泥减量的研究都表明，解偶联剂会造成 SVI 升高。化学解偶联剂对污泥 SVI 的影响主要是通过改变其微生物菌群结构来实现的，添加化学解偶联剂后，污泥中丝状菌增加，从而导致其 SVI 升高。叶芬霞等的研究表明，TCS 的添加会使污泥的平均 SVI 从 82.81 升高到 95.22。不同化学解偶联剂对污泥 SVI 的影响是不一致的。例如 G. H. Zheng 等的研究表明，添加 2,4,6-trichlorophenol 仅会短期影响污泥的 SVI，很快（1～2 周）即可恢复，而另一种化学解偶联剂——丙二酸则会导致污泥 SVI 迅速急剧增加，最终导致系统崩溃。

通过显微镜观察、扫描电镜观察和变性梯度凝胶电泳（DGGE）分析等可以发现，化学解偶联剂的添加会使污泥的部分原有微生物消失、新的微生物出现、生物多样性降低、微生物菌落结构的相似性变大、优势种群发生改变、原生及后生物的种类和数量减少、丝状菌增多、污泥变松散等。G. H. Zheng 等运用 DGGE 分析发现，添加解偶联剂后的活性污泥 DNA 图谱中出现了新的条带，说明污泥中出现了新的微生物；还通过扫描电镜观察到，加入 TCP 后的污泥絮体结构发生变化，污泥絮体主要由球菌及短杆菌组成，结构松散、絮体较小、原生动物及后生动物种类和数量减少。叶芬霞等的研究也表明，TCS 的添加会使污泥原生及后生物的种类和数量均减少，且活性降低，污泥中丝状菌增加，污泥变松散。

另外，化学解偶联剂还可能会影响污泥的胞外聚合物（EPS）、醌和酶活等性质。例如 Y. Tian 等发现加入 2,6-DCP 后，污泥 EPS 含量及其蛋白质/多糖含量比均高于对照组，这说明添加 2,6-DCP 后污泥释放了更多的 EPS。Li 等研究投加不同浓度 TCS 对活性污泥溶解性微生物产物（SMP）的影响。结果表明 TCS 的投加能增加胞外聚合物（EPS）产生，促进细胞的隐形生长，从而提高 SMP 尤其是蛋白质的含量。Qiao 等在序批式活性污泥系统中研究 TCP 的迁移性和可持续性，并用 Vero 细胞评估出水中残余 TCP 的细胞毒性。结果表明，当进水 TCP 浓度分别为 2mg/L、4mg/L 和 6mg/L 时，出水中剩余 TCP 浓度分别为 0.5～1.0mg/L、0.9～1.4mg/L 和 1.3～2.4mg/L；固相中 TCP 含量远高于液相，且随着系统运行的周期延长，TCP 的降解率增加。由于 TCP 具有毒性，当其含量高于 4mg/L 时不适宜于处理市政污水。Tian 等在连续运行 90d 的反应器中研究 2,6-二氯苯酚（2,6-DCP）对污泥减量及抑制作用，发现当投加的 2,6-DCP 浓度为 20mg/L，系统运行 40d 后，污泥产量减少近 40%；90d 后，污泥减量效果降至 (9±2)%，这可能与 EPS 的保护机制相关。相比于异养微生物，2,6-DCP 对自养微生物具有更高毒性。Zhang 等发现反应器运行 60d 后，2,6-DCP 对活性污泥硝化作用存在抑制，试验亦表明，2,6-DCP 对自养微生物的毒性远高于异养微生物。此外，Feng 等研究在 SBR 反应器里投加两种解偶联剂（TCS 和 TCP）对污泥减量的影响，并运用响应曲面法寻找两种解偶联剂的最佳投加量。结果发现系统运行

60d，两种解偶联剂联合能有效实现52%的污泥减量，同时不影响底物的去除。采用三维荧光光谱分析投加不同解偶联剂的污泥EPS的变化，发现EPS中色氨酸、酪氨酸类蛋白等物质减少。还有一些学者利用数学模型模拟分析投加解偶联剂后的污泥产量。Liu提出一种基于能量解偶联污泥生长数学模型，并且用于验证试验和其他文献中的数据。结果发现污泥生长量随着初始解偶联剂浓度/初始底物浓度（C_u/X_o）的增大而减少。Chen等利用模型预测投加了DNP的活性污泥系统。结果表明最大污泥产率（Y_{max}）和比内源呼吸速率（K_d）分别为0.56g MLSS/g COD和0.056d^{-1}，在DNP浓度为5mg/L时，能量解偶联系数是0.29。Xie等同样用数学模型阐述了投加解偶联剂活性污泥中的能量效益。目前运用数学模型描述投加解偶联剂活性污泥系统的研究还不多，但这对探究复杂的活性污泥系统十分重要。因此，未来应关注运用数学模型。

尽管化学解偶联剂在污泥减量方面的效果明显，但是在实际应用上还存在一些不足。首先，随着污泥产率的下降，污水中的COD及N、P去除率也随之下降。其次，污泥沉降性能发生变化，活性污泥中优势种群发生变化，原生、后生动物减少，沉降性降低。再次，需氧量增加，系统曝气量增加，使得运行成本升高。最后，解偶联剂使用的主要问题仍然是毒性问题，因为解偶联剂是环境异体物质，通常为难降解物质，为了避免污泥产生抗性也会选择较难降解的物质，所以在水中一定会有残留，会在动、植物以及人类体内积累，危害人类健康。另一方面，在长期运行过程中，活性污泥可能会对解偶联剂产生抗性，从而影响减量效果。目前的研究大都致力于解偶联剂最佳投放浓度的研究；在保证减量效果同时，减小对出水水质的影响，或者通过其他物质与解偶联剂协同作用。由于解偶联剂的污泥减量机制以及降低出水基质去除率的原因都尚未明确，因此，探寻解偶联剂减量机理以及影响处理效果的原因，仍会是以后研究的难题和热点。针对现在使用的解偶联剂均是环境异体物质，对环境及人类健康都有一定危害的情况，目前有很多筛选低毒、高效解偶联剂的研究，但仅仅是在现存解偶联剂中选择毒性相对较低的几种，并不能百分百地确定其使用的安全性。因此研发及寻求高效、安全的解偶联剂是未来研究的一个重点方向。同时为了避免活性污泥对解偶联剂产生抗性，保证添加解偶联剂污水处理工艺具有长期的运行效果，研究解偶联剂在污水处理过程中的转移转化途径是解偶联污泥减量技术投入实际应用的关键之一。最后，由于目前化学解偶联剂减量污泥的研究工作均处于小试阶段，为了促进这种技术的实际应用，进行中试和现场试验研究也是未来的重要方向。

3.2.2.2 高S_0/X_0的剩余污泥减量化技术

在S_0/X_0（底物浓度/污泥浓度）条件下，微生物在分解代谢中产生ATP的速率要大于合成代谢中消耗的速率。ATP累积后，能量以热和功的形式散失到环境中，降低污泥产率，减少污泥产量。

对在高S_0/X_0条件下解偶联机理（途径）有两种解释；一是积累的能量通过粒子（如质子、钾离子）在细胞膜两侧的传递削弱跨膜电势，随后发生氧化磷酸化解偶联；二是减少了生物体内部分新陈代谢的途径（如甲基乙二酸途径）而回避了糖酵解这一步。对能量的中间传递过程，有文献报道解释为ATP合成酶在高浓度ATP条件下对ATP的分解造成无效质子循环。也有人认为，能量的散失主要是通过维持能量，细胞利用外部基质或体内肝糖、PHA所需能量的增加达到的。

通过研究基质充裕条件下能量消散的动力学模型，证明了在S_0/X_0增加时，微生物解偶联生长部分增多。

另有研究证明，当生物量较高时，一定浓度的解偶联剂的解偶联能力会降低。有研究者利用非离子氨与硝化细菌的浓度的比率来描述非离子氨对硝化细菌的抑制，结果发现：用

S_0/X_0比仅用非离子氨能够更好地反映非离子氨对硝化细菌的抑制程度。

高 S_0/X_0条件下解偶联还不能用于实际的污水处理，这是由于要求相对高的 S_0/X_0值（>8～10）远远大于实际活性污泥处理法处理污水时的值（F/M=0.05～0.1）。而且，在高 S_0/X_0条件下，微生物产生的不完全代谢产物还可能对整个处理过程产生影响。

3.2.2.3 OSA工艺污泥减量技术

OSA 工艺是传统活性污泥法的一种改进工艺。它是在污泥系统中插入一级厌氧生物反应池，见图 3-3。二沉池的污泥一部分进入后续的污泥处理系统；另一部分则经过厌氧池处理后，回流至曝气池。

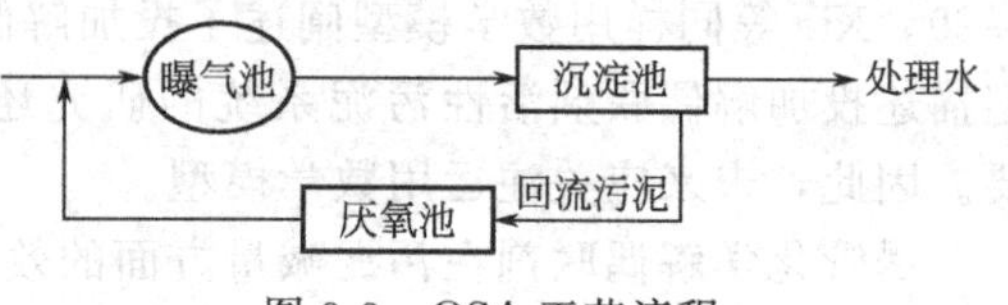

图 3-3 OSA 工艺流程

OSA 工艺的基本原理是通过给微生物提供一种交替厌氧、好氧的环境。对好氧微生物而言，ATP 形成所需的能量来源于外部有机质的氧化过程，当好氧微生物处于厌氧条件时，由于有机物质的降解情况与好氧降解的情况完全不同，释放的能量大幅度减少，污泥本身没有足够的能量用于自身的增长，而不得不利用其体内储存的 ATP 作为能源来供其正常的生理活动需要。因此，处于此阶段的微生物细胞内储存的 ATP 将被大量消耗，从而使污泥量呈减少的趋势。当他们进入到营养丰富的好氧池时，必须在生物合成之前进行必要的能量储存。如果细胞内没有足量的 ATP 储存，细胞自身的合成将不能够继续进行，此时微生物通过细胞的异化作用消耗基质来满足自身对能量的需求。似乎这种交替的厌氧好氧活性污泥法可增强这一异化作用，使异化作用与同化作用的进行程度差异增加，能量解偶联更大，污泥产量减少。交替的好氧厌氧处理引起的能量解偶联为 OSA 处理技术奠定了理论基础。

Westgarth 最早提出利用生物厌氧降解减少污泥产量，将厌氧生物反应器设在高效的活性污泥处理系统后，系统产泥量比传统的活性污泥处理工艺减少近一半。这种基于好氧厌氧循环的饥饿过量摄食的处理方法被认为是能够使过量污泥减量化的有效途径。

Chudoba 等发现，OSA 工艺的污泥量比传统活性污泥法减少约 20%～65%。同时，OSA 工艺处理污水过程中产生的活性污泥 SVI 值低，改善了活性污泥的沉淀性能。传统活性污泥法随着污泥负荷率的增加，污泥产量也随之增加，而 OSA 工艺处理过程中污泥产量却呈下降趋势。Saby 等通过试验发现 OSA 工艺中厌氧池的氧化还原电位（ORP）和污泥产量有关系，ORP 从+100mV 降低到−250mV 时，污泥量从 23%减少至 58%，而且 COD 的去除率和污泥的沉降性能都有所提高。随着污泥负荷的增加，OSA 工艺的污泥量呈现下降的趋势，OSA 工艺污泥减量效果比较明显，污泥龄为 5d 时，传统活性污泥法的污泥产率范围为 0.28～0.47gSS/gCOD，OSA 工艺为 0.13～0.29gSS/gCOD，污泥产率降低 50%左右。高浓度有机污染物能够采用 OSA 工艺处理，并且不会产生污泥问题。就工业规模的应用而言，OSA 处理工艺既能够有效减少污泥产量，同时又能够改善工艺运行稳定性，抑制污泥丝状膨胀的发生。由于 OSA 工艺流程与除磷流程相似，有利于除磷菌的生长，对磷的去除优于传统活性污泥法。

向 OSA 工艺添加物质或者联合其他工艺的研究逐渐兴起。Ye 向 OSA 工艺的曝气池中分别投加 0、0.05g、0.10g 和 0.15g TCS，形成四组 TCS 和 OSA 联合工艺。当缺氧池的停留时间为 6.75h 时，污泥产量减少 21%～56%。连续运行 60d 后，前两种 TCS 浓度对氨氮和总磷去除率都无影响，但投加 0.15g TCS 会影响总氮的去除效果，即 TCS 含量过高，生物可能面临死亡。唐悦恒等建立了一套基于 SBR 的 OSA 模型系统（SBR/OSA），并以普通 SBR 作为对照，对其污泥性质等进行研究。结果发现溶解性蛋白质、多糖和金属离子（包

括 K^+、Na^+、Ca^{2+}、Mg^{2+}、Fe^{3+} 和 Al^{3+}）在厌氧反应器中的含量均有所增加，与 Ca^{2+}、Mg^{2+}、Fe^{3+}、Al^{3+} 结合的一部分胞外聚合物解离，使得污泥主体结构解散，对污泥量的削减有一定贡献。今后应考虑OSA工艺与其他物质联合作用，并进一步研究其对污泥减量的机理。关于OSA工艺机制，一种理论认为其属于能量解偶联代谢即分解代谢与合成代谢发生解偶联，但是也有学者认为其属于细胞衰亡理论。Chen等的研究发现58%的污泥减量是由细胞衰亡引起的。Jin等也发现细胞衰亡会造成66.7%的污泥减量，而由解偶联代谢引起的污泥减量只有7.5%。因此，后期应研究OSA工艺污泥减量机理及其能量的转化。OSA工艺能使污泥产率低且沉降性能好，但OSA工艺的水力停留时间（HRT）较长，当进水有机物浓度较低时，系统对氮等营养物质的去除效果不好。未来应在缩短OSA工艺的HRT和提高其出水水质等方面进行深入研究。此外，OSA工艺减量效果与底物浓度，水力停留时间和反应温度相关，因此未来应通过活性污泥模型（ASMs）预测OSA工艺复杂的反应机制及最佳运行参数。进水中有机物浓度较高，采用OSA工艺污泥减量效果明显，但如果进水的有机物浓度较低。则OSA工艺的剩余污泥量与传统活性污泥法相差不大，优势体现不出。由于OSA工艺的水力停留时间较长（是传统活性污泥的2倍），使得在较低有机物浓度下的处理与传统活性污泥法相比在污泥减量方面没有优势。

3.2.2.4 其它解偶联技术

采用升高温度、提高盐浓度和供氧量等方法可使生物分解代谢和合成代谢解偶联。

改变温度能影响微生物的新陈代谢，获得较低的污泥产率。温度升高后，微生物首先提高分解有机物的能力，而在合成代谢方面却没有随之提高到相应水平，分解有机物增多而获得的能量没有完全用于自身合成，从这一点认为微生物发生了解偶联生长。研究表明：在23℃时污泥产率是0.35，而当温度升高到40.8℃时，污泥产率为0.01。升高温度引起能量解偶联，提高了微生物的选择性、原生动物等对细菌的捕食作用以及微生物自身氧化率等，导致污泥减量，这些都需要在研究中进行区分。

高盐浓度下（NaCl浓度为10～30g/L）微生物的呼吸速率将受到影响。提高细胞内外 Na^+ 浓度差，使得细胞必须提供额外能量用于维持体内 Na^+ 浓度水平以满足正常的生理活动的需要，这就需要消耗部分用于合成的ATP，从而降低污泥产率。但微生物一旦被驯化，污泥减量化就会变得不明显，可以考虑利用NaCl冲击负荷来防止微生物被驯化。

提高供氧量，可以使微生物氧化有机物的速度加快，使其产生的ATP量增加。由于ATP合成酶在ATP浓度较高对ATP进行水解，可能使细菌形成质子的无效循环，而发生解偶联。

3.2.2.5 解偶联剂与其他调控方法联合工艺

解偶联剂作用下的活性污泥系统，溶解氧消耗明显增大，这增加了污水的处理成本，高溶解氧的运行方式会加速物质氧化，影响污水的处理效果。因此，低溶解氧或缺氧条件下添加解偶联剂的活性污泥工艺是否具有污泥减量效果成为关注的焦点。研究表明在添加解偶联剂TCP的活性污泥工艺中保持缺氧或低溶解氧条件，污泥的减量效果依旧明显。胡学斌等研究表明，当投加TCP的活性污泥系统溶解氧浓度控制在2mg/L时，系统脱氮率可达53.2%。虽然这一耦合技术可以降低曝气成本，提高污水的脱氮除磷性能，但是其对活性污泥沉降性能以及活性污泥系统微生物种群结构的影响，还有待于进一步研究。

马宗凯等在SBR活性污泥系统中，研究2,6-DCP与 Cu^{2+} 协同作用下的污泥减量效果。当2,6-DCP投加量为20mg/L、Cu^{2+} 投加量为1mg/L时，系统连续运行30d后，污泥减量达75%，出水COD仅比空白组高7%，同时出水中2,6-DCP质量浓度仅为0.28mg/L，Cu^{2+} 的去除率高达90%以上。这表明 Cu^{2+} 和2,6-DCP对污泥减量有明显的协同作用。田禹及石先阳等的研究也表明重金属与解偶联剂具有协同作用，但二者的协同机理及是否适用所有的重金属目前还不清楚，有待进一步探究。

高丽英等在序批式活性污泥工艺中同时添加解偶联剂 TCP 和纳米磁粉，分析其协同作用对活性污泥性能产生的影响。研究发现 TCP 单独作用下污泥减量达 41%，但活性污泥基质降解性能及沉降性能降低，而纳米磁粉与 TCP 联合作用下污泥减量仍达 34%，对碳、氮和磷的去除效果和污泥沉降性能均无明显影响。系统运行 31d 后，脱氢酶活性提高 10%～18%，具有一定的时间累积效应；在光学显微镜下观察可发现污泥絮体结构紧实，原生动物和后生动物种类和数量增多，但二者的联合作用机理尚不清楚，需后期探讨。

3.2.2.6 代谢解偶联技术的应用限制

投加解偶联剂具有污泥减量效果明显、不改变原有工艺、占地面积小等优点，OSA 工艺具有只需在原有工艺基础上添加厌氧池，不需要再添加其他设备等优势，但代谢解偶联技术也存在一定的应用限制。

对于投加化学解偶联剂的活性污泥系统可能存在：系统的基质去除率（COD 和 NH_4^+-N）有所下降；污泥的性能发生改变，沉降、絮凝性变差，长期运行会导致丝状菌增加，发生污泥膨胀；系统需氧量增加；生物毒性，大多数解偶联剂是有毒物质，对环境具有潜在毒害。OSA 工艺存在水力停留时间太长，厌氧段时间与好氧段时间划分有待进一步研究（若厌氧段时间过长，外加基质不足，系统进入内源呼吸阶段，导致微生物死亡与细胞分解，从而污泥产率降低）等问题。高 S_0/X_0 工艺目前还不能用于实际污水厂，因为其负荷比远高于实际污水处理厂的要求。

3.2.3 维持能量代谢的污泥减量技术

Prit 在 1965 年，把微生物用于维持其生理功能的这部分能量称维持能，主要用于细胞物质周转、活性运输和运动等。与维持能有关的这部分基质消耗不用来合成新的细胞物质，微生物只有满足维持能需要后才能将剩余的能量用于生物合成。维持能的需求可通过内源代谢来提供，部分细胞和基质最终被氧化成二氧化碳和水，导致生物产量下降，因此可通过增加污泥停留时间和降低污泥负荷率，使能量的供给理论上等于维持能需要，从而达到污泥减量的目的。在膜生物反应器 MBR 中，由于膜组件的截留作用，微生物被完全截留在反应器内，实现了污泥停留时间和水力停留时间的完全分离，生物反应器中的污泥浓度高出常规活性污泥法 10 倍以上，污泥有机负荷很低，剩余污泥产生量随着污泥负荷的降低而降低，因此 MBR 可在高容积负荷、低污泥负荷、长污泥停留时间下运行，从而降低污泥产量，实现无剩余污泥排放。膜分离活性污泥法减少剩余污泥量的基本原理与全氧化活性污泥法和延时曝气活性污泥法相似，但具有许多明显的优点。膜生物反应器中的污泥龄长，处理水的水质好，理论上可以达到生物法处理的极限浓度。尽管延时曝气活性污泥法也可以大大减少剩余污泥产量，但由于受二沉池水利条件影响，二沉池污泥浓度一般不超过 5000mg/L，所有曝气池中污泥浓度不高，要达到很低的污泥负荷，则需要大大增加曝气池容积，设备投资大。而膜分离活性污泥法的设备小，投资省。值得注意的是膜分离活性污泥处理法处理生活污水和含有生物难降解有毒有害物质较少的废水时，可以人为控制剩余污泥的排放量，甚至达到零排放，但当处理含较多生物难降解有毒有害物质的废水时，这些物质可能会在污泥中积累，影响污泥活性，剩余污泥的排放要控制适当。同时 MBR 在长污泥停留时间下运行，能耗高，膜易结垢，需频繁清洗和更换膜组件，大大增加了操作成本，因此无污泥排放在 MBR 的实际应用中是不甚可行的。

3.2.4 基于微型动物捕食的污泥减量化技术

自20世纪90年代起，研究者们开始探索利用微型动物对污泥的捕食以减少剩余污泥的产量。污水处理过程可以看作是一个微生物生态系统，由底物（污染物）到污泥细胞组成了一个由低到高的食物链。当人为地在活性污泥系统中添加具有捕食污泥性能的微型动物时，食物链得到了延长。根据食物链理论，污泥和能量自低向高流动和传递，在传递过程中发生一定的物质和能量损失。通过在活性污泥系统中延长食物链，这种物质和能量的损失得到放大，从而有效降低污泥量。Lee等通过研究证实，原生动物和后生动物均可对剩余污泥进行有效的捕食。与传统的填埋、焚烧、农用和新兴的解偶联等污泥减量技术相比，基于生物捕食的污泥减量技术具有环境污染低、所需的运行耗费少、基建费用省的技术优势，因此逐渐被国内外的研究者关注。

20世纪90年代，Ratsak等证实仙女虫和红斑瓢体虫的爆发式生长可以导致污泥浓度的显著降低。Rensink等发现仙女虫、红斑瓢体虫和颤蚓等微型动物可以在污泥丰富的滤料上自然生长，并且导致污泥浓度的大幅下降。随后，以微型动物的捕食作用实现污泥减量的技术逐渐得到国外污泥处理研究者的广泛关注。

3.2.4.1 微型动物捕食作用机理

生态学研究表明，物质和能量在食物链各营养级之间由下至上传递，逐级递减，能量沿食物链传递的平均效率仅为10%～20%。随着食物链由低到高，生态系统中的生物量越来越少，呈金字塔状分布。在活性污泥生态系统中添加较高营养级的捕食者（微型动物）来延长食物链，能够使能量在食物链传递过程中的损失得到进一步放大，用来合成生物体的能量越少，污泥细胞这一中间营养级的生物量得到削减，从而达到污泥减量的技术目标。利用微型动物对污泥进行减量的出发点是保持污水处理这一人工生态系统的平衡，使能量流动和物质循环能保持稳定。在污水生物处理中建立相对稳定的生态平衡系统，有利于物质和能量的正常转化。充分利用微型动物在污水处理生态系统中对细菌的捕食，防止物质在整个食物链中的某一部分过度累积，从而达到减少剩余污泥产量的目的。如果在食物金字塔中每一级生物对物质的利用率是60%，则通过三次捕食活动，物质只为最初的1/5左右。

在传统的活性污泥法处理污水过程中，存在较为复杂的食物链关系。细菌在利用有机物以后，将通过食物金字塔不同等级的微型动物进行捕食消化，从而降低剩余污泥的产量。从生态学角度看，当系统中食物链越长，能量损失越多，可用于合成生物体的能量就越少，最终形成的总的生物量就越少。在原有的污水处理系统中引入微型动物并强化其对细菌的捕食作用，延长了食物链，由于微型动物的捕食，增加了系统总体上的呼吸过程，因此可以降低剩余污泥的产量。传统活性污泥法和生物膜法的对比可以证明利用食物链原理对污泥进行减量的有效性。利用生物膜法处理污水比用传统活性污泥法处理污水产生的污泥量要少得多，其中最主要的原因就是生物膜法中更容易生长微型动物，甚至苍蝇一类的昆虫，由于食物链较长而且较为复杂，使得生物膜处理系统内产生的污泥量要比活性污泥法低1/4。单就纤毛虫而言，早在1943年就有人观察到生物膜法中的纤毛虫有35中，而活性污泥法中纤毛虫则只有13种。

微型动物对悬浮性固体、游离细菌、絮状活性污泥和生物膜的吞食，可以实现一定程度的生物溶胞作用。这些物质进入微型动物的消化系统后，通过蛋白酶等水解酶等，细菌的细胞壁得以溶解、消化、以少量粪便的形式排出体外；同时，微型动物对污泥絮体的撕扯也会导致一部分未被捕食的污泥细胞破裂、形成污泥碎片，这部分破损的污泥细胞易于在污泥系统中自溶、分解为可溶性有机物。微型动物对污泥的生物溶胞作用可以促进污泥的降解以及可溶性有机物的生成，从而降低污泥浓度。

3.2.4.2 微型动物类型

微型生物的概念是一个模糊的界定，并不像分类生物学中的严密定义和科学考证的概念。在水生生物学中，主要指原生动物和部分在显微镜下才能看到的后生生物。通常微型动物是指在水处理过程中能够摄食细菌、有机颗粒物的原生动物和部分体型较小的后生动物（如轮虫、线虫、大型无脊椎动物如环节纲的蚯蚓和软体动物等）。国内外用于捕食污泥的微型动物主要为在污水处理系统中常见的原生动物和后生动物。

（1）原生动物　原生动物是最原始最简单最低等的真核单细胞动物。活性污泥是一种絮状结构，絮状体的中央为菌胶团，在其周围有着生或爬行的原生动物。和其他的后生动物相比，原生动物最大的优势就是数量大，生长速度快，是在活性污泥中最多、最为常见的一类微型动物。活性污泥系统中可观测的原生动物约有 230 种，常见的原生动物有纤毛虫、鞭毛虫和肉足虫。其中，纤毛虫约占污泥中原生动物总量的 70%。在活性污泥中纤毛虫的种群数量主要和游离细菌有关，而与絮状污泥的数量并不直接相关，在传统的污泥曝气池中，纤毛虫的数量可达 5×10^4 个/mL，其干重约占污泥干重的 5%。而在生物膜法中，纤毛虫则达 12%～19%，纤毛虫密度和生物膜量成正比。Madoni 等发现在活性污泥法中的纤毛虫占可挥发性固体的 9%。依习性纤毛虫可分为游动型、匍匐型和固着型三类。相对而言，游动型的纤毛虫繁殖速率较高，而固着型的捕食细菌能力较强。然而，由于纤毛虫等原生动物的摄食是吞咽式的，受到其自身口器尺寸的限制，它们仅能捕食大小为 0.4～2.4μm 的食物颗粒，当食物颗粒大于或小于这一尺寸，原生动物都无法有效地对其进行捕食，因此纤毛虫只能吃相对较小的细菌和有机颗粒物，对体积较大的污泥絮体，没有特定的器官去啃嚼、刮食，其索食活动和生长速度受到了污泥絮体的限制。从这个角度来讲原生动物更适宜于捕食游离的细菌，不善于捕食污泥絮体以及絮体中的细菌。此外，污泥中细菌的其它生理特性，例如是否具有运动能力、形态和表面特征的不同等都会影响原生动物的捕食。同时，由于原生动物个体微小，只能通过控制污泥系统的外部环境参数间接地促进和保障系统中这类生物的生长，很难准确地定向扩大系统中某种原生动物的数量，因此限制了以此类微型动物的实际应用。固着型纤毛虫类主要指钟虫类原生动物。它们能够分泌黏液，使之附着在絮凝体上生长，从而有利于絮凝体的形成。在活性污泥培养初期，一旦在系统中发生固着型钟虫，随后即可看到污泥絮体已开始形成并逐渐增多。因此在活性污泥中原生动物能够指示污水厂的运转效能，它们能够分泌生长因子、降解胞外聚合物同时起到捕食作用。对细菌捕食作用是曝气池中的原生动物促进污水净化的主要机制。原生动物的生物捕食减少了 12%～43%的细菌生物量，从而减少了污泥生成量。

（2）后生动物　能够用于污泥减量的后生动物包括个体较小的游离型和个体较大的附着型两类。与原生动物类似，游离型后生动物主要以游离细菌为食；而附着型后生动物能够以污泥絮体、菌胶团为食。污泥系统中主要的后生动物包括轮虫纲、甲壳纲（蚤类）和寡毛纲的相关种类，如轮虫、线虫、红斑瓢体虫等。在常规活性污泥中和生物滤池中，常见的后生动物多为轮虫和线虫，其他的如寡毛纲的环节动物则相对较少，但生物滤池的生物量则要多于常规活性污泥法。在膜生物反应器中，经过接种，寡毛纲环节动物是可以大量繁殖的。

① 轮虫。轮虫是担轮动物门轮虫纲的微小动物，因它有初生体腔，新的分类把轮虫归入原腔动物门。轮虫包括自由游泳型（个体大小为 40～200μm）和附着型两种（个体大小为 200～900μm）。相对而言，附着型轮虫具有更高的捕食污泥碎片的能力。在污水处理中报道的主要是蛭态目和单巢目，单巢类昆虫主要是腔轮虫。与原生动物纤毛虫相比，在污水处理中的数量不多，但由于体形相对较大，构造相对复杂，特别是具有肌肉质发达的咽喉，

高度硬化了的咀嚼器以及具有消化腺的胃，可以较为灵活的移动，从污泥减量化角度更有主动性。而且，在显微镜下经常能看到部分轮虫还能撕扯污泥絮体的碎片。轮虫个体消耗大量的细菌和固体颗粒物可以补偿由于其数量不足的劣势。在活性污泥中的轮虫数量，据报道可达4500个/mL。同时轮虫还可以作为鱼类等高等水生生物的饵料，在水产研究中具有经济价值。轮虫在系统正常运行时期、有机物含量较低、出水水质良好时才会出现，故轮虫的存在说明处理效果较好。然而有时处理系统因污泥龄较长、负荷较低、污泥因缺乏营养而老化解絮，这时轮虫可因污泥碎屑增多而大量增殖，数量可多至1mL中近万个。污泥中常见的有玫瑰旋轮虫和猪吻轮虫。由于个体较小，污泥系统中的轮虫只能依靠自发生长，然而，与纤毛虫相比，轮虫在污水处理中的数量较低，无法实现大批量的规模化生长和污泥减量。

② 线虫。线虫也属于原腔动物门，喜欢在各种水体的碎屑中钻洞挖掘，前端口器发达。线虫身体圆形，似打足气的轮胎，可吞噬细小的污泥絮粒，在膜生长较厚的生物膜处理系统中常会大量出现。Woombs等在研究了生物滤池中线虫的饲养、能量摄食、生长繁殖和呼吸后，发现线虫的需氧量仅占活性污泥中总生物需氧量的0.03%～2.7%，对活性污泥的直接影响较小。Woombs在研究氧化沟中的线虫的能量贡献后发现线虫对细菌的捕食和分解是可以忽略不计的。线虫的卵能抵抗常规处理，如延时曝气、污泥消化、堆肥。线虫在活性污泥中不常见的原因有两点：悬浮并搅动高的污泥絮体使得线虫的雌体和雄体的结合不容易；线虫的生长周期是污水中常见后生动物的两倍。这就使得线虫的培养需要在有载体的条件下进行。蚤类动物是污水中常见的甲壳纲浮游动物，利用大型蚤捕食污泥目前仅限于实验研究，且其捕食污泥效果远低于寡毛纲动物。

③ 寡毛纲环节动物。寡毛纲环节动物是具有体腔和体节的蠕虫，属环节动物门，在环境工程领域称为蠕虫，分为附着型和游离型两大类。附着型蠕虫包括颤蚓科（Tubificidae）、带丝蚓科（Lumbsriculida）和陆生蚯蚓（Earthworm）等，以及游离型蠕虫包括瓢体虫科（Aeolosomatidae）、仙女虫科（Naididae）等相关种类的污泥减量效能得到了学者的验证。蠕虫每天的食量是自身重量的几倍。在对蠕虫的数量、大小与污泥减量的关系进行研究中发现，每毫升污泥中蠕虫的数量高于20～30条时，污泥发生明显减量。当污泥减量达50%时并不对水处理效果产生明显的负面影响。在重力淹没式膜生物反应器中引入蠕虫，发现当蠕虫数量在100条/mL时，污泥产率为0.1kgTSS/kgCOD，为常规污泥产率的1/4。生物反应器可截流部分对蠕虫产生不良影响的代谢产物，反而引起蠕虫的减少。

瓢体虫是污泥系统中体型较大的后生动物，瓢体虫身体分节，节间有刚毛伸出，以污泥碎屑颗粒和游离细菌食料为食，往往出现于污水处理厂出水水质良好时。其中，红斑瓢体虫属（*Aeolosoma hemprichi*）是污泥中存在的瓢体虫科优势属，红斑瓢体虫体长不超过3mm，多数在1～2mm，皮下含有红色、黄色、绿色等油滴。在体节上的背腹各有2对刚毛，以无性横分裂增殖，体表的红色是其主要特征。生态上食物来源以摄食细菌类微小动物为主，已有资料说明，红斑瓢体虫主要生长在长时间曝气的活性污泥或生物膜中，其单寄生培养的比生长速率常数在适当条件下是0.3～0.4d，最适当温度是33℃，能在pH值6～8的范围内增殖。生物处理设备中的细菌左右着瓢体虫的出现。在红斑瓢体虫与细菌的单寄生培养下，上清液呈白浊状，若与其他微小动物共存可以获得良好水质。

以颤蚓、夹杂带丝蚓为代表的附着型蠕虫由于体形大（是活性污泥系统最大的微型动物），具有复杂的酶系统，较强的食量，能吞食相当于其体重1～2倍甚至10倍的食物，而引起了生物捕食研究者的强烈关注。颤蚓科中颤蚓属、水丝蚓属的相关种类在我国分布广泛，这些蠕虫身体细长，表观为红色，有体节和刚毛，雌雄同体，利用皮肤下的微血管进行有氧呼吸，并通过皮肤表面积的伸缩和身体摆动的速度来调节呼吸程度。分布于淡水河湖的底泥中，头部藏在所挖掘的泥沙洞穴中，尾部暴露于水中摇曳，从而增大身体与水中溶解氧的接触，汲取氧分，它们在缺氧的环境中能够生存，水中氧气越少，蠕虫尾部摆动越快，在水底犹如一片“红毯”；以水底以有机沉积物和底泥为食，是自然水体底泥污染的重要指示生物，能够耐受微污染的环境，并能在微厌氧的条件下生存。

带丝蚓科蠕虫的表观与颤蚓科水丝蚓类似，其中的代表种类夹杂带丝蚓（*Lumbriculus variegatus*）通常体长4～6cm（最长能够达到17cm），主要通过自割方式进行繁殖，其世代时间为14～40d，以水底的有机沉积物、底泥等为食。夹杂带丝蚓也是水体污染的重要指示生物之一，但其对污染的耐受能力不高，此物种大量出现往往与水体底泥环境的污染程度和营养水平呈负相关，因此在实际的污水处理工程中很少出现。夹杂带丝蚓广泛存在于欧洲和北美淡水与海水底泥或底沙之中，在我国，这种蠕虫多见于黑龙江、江苏、江西、湖南、广西和西藏等省份的野外。由于夹杂带丝蚓在我国仅在野外能够少量捕获，不是土著优势种，缺乏获取的渠道，因此无法用于国内的生物捕食工艺。颤蚓科蠕虫是我国分布最广的土著优势种，已形成经济性养殖，常用于观赏鱼的活体饲料，因此是国内生物捕食研究的更佳选择。研究者考察了多种游动型微型动物对污水处理工艺中产泥率的控制。Ratsak等对瓢体虫科（Aeolsomatidae）和仙女虫科（Naididae）的蠕虫等进行了研究，确定了蠕虫数量、大小与污泥减量的对应关系。发现当污泥中寡毛纲蠕虫的数量高于20～30条/mL时，污泥浓度明显降低。张绍园等利用寡毛纲蠕虫处理两段式MBR的污泥降解段的污泥发现，当淹没式MBR中的寡毛纲蠕虫数量为100条/mL时，系统污泥产率为0.1kgTSS/kgCOD，仅为CAS系统污泥产率的1/4。梁鹏等研究了合建式曝气池中红斑瓢体虫的污泥减量效能，结果表明，不同污泥龄（15～34d）时，红斑瓢体虫对污泥浓度的削减为39%以上。魏源送等比较了MBR和CAS两种工艺中接种红斑瓢体虫的效果，认为红斑瓢体虫在CAS表现了更好的生长和污泥减量效能，产泥率为0.17kgMLSS/kgCOD。翟小蔚等在半连续式CAS系统中接种原生动物，污泥沉降性得到明显的改善，污泥产率下降至0.47kg/kgCOD。apinski等考察了玫瑰旋轮虫（*Philodina roseola*）的捕食污泥效能，发现这种轮虫善于捕食尺寸介于0.2～3mm的颗粒。

相比于利用污水处理工艺中的游动型微生物捕食污泥，更多的研究关注于附着型蠕虫的捕食污泥效能。Rensink等在滴流生物滤器中培养颤蚓，控制污泥产率由0.40gMLSS/gCOD下降至0.15gMLSS/gCOD。梁鹏等发现将正颤蚓接种到生物捕食反应器后也取得了显著的污泥处理效能，蠕虫在反应器中的最佳浓度是2500mg/L。梁鹏等的另一研究中比较了包括红斑瓢体虫（*Aeolosoma hemprichi*）、正颤蚓（*Tubifex tubifex*）、大型溞（*Daphnia magna*）和囊螺（*Physa acuta*）在内的四种微型动物的污泥减量效果，证实了正颤蚓和红斑瓢体虫的良好污泥减量潜能。郭雪松等利用颤蚓处理回流污泥表明，颤蚓的捕食可使系统污泥产率降至6.19×10^{-5}kgSS/kgCOD。荷兰Wetsus中心的Elissen等选用了夹杂带丝蚓科蠕虫作为污泥的捕食者，并围绕这种蠕虫开展了一系列的捕食工艺研究。魏源送等研究表明，通过延长污泥的停留时间，可以使寡毛纲蠕虫反应器中游离型的蠕虫（如红斑瓢体虫、叉形管盘虫和仙女虫）的数量大幅增加。Liang研究了红斑瓢体虫，蚤状蚤、颤蚓和卷贝4种微型动物对污泥的减量作用，其污泥减量速率分别达到0.8g/(mg·d)、0.54g/(mg·d)和0.1g/(mg·d)。不同微型动物对污泥减量的比例与微型动物种类和体型有关，较小体型的微型动物减量速率相对较高，同时寡毛纲环节动物的减量速率相对节肢动物和软体动物对污泥的减量比例要高。当附着型蠕虫和游离型蠕虫各自单独作用于污泥时，污泥减量效果明显高于它们的共同作用。比较而言，在污泥系统中人工投加大型的附着蠕虫能够达到比污泥中自发生长多种游离型微型动物更好的污泥减量效果。其原因一方面是由于大型的附着型蠕虫对食物颗粒的尺寸大小没有严格的选择性，另一方面也由于自发出现的游离型蠕虫数量的扩增需要一定的时间和过程，并且容易受到种间竞争的影响，对溶氧等要求较高，而大型的附着型蠕虫是人工接种进入污泥系统的，其数量和密度相对稳定而且可控。

3.2.4.3 微型动物捕食工艺

为了实现微型动物的稳定生长，研究者或将蠕虫直接投加于污水处理工艺，或在污水处理工艺中设置特殊的结构单元，或设计特殊的附着反应器，以期构建微型动物生长和捕食的生境。生物捕食污泥减量化采用的方法主要有两段式生物反应器、直接投加微型动物和生物相分离反应器。

(1) 两段式生物反应器 在传统的连续流工艺（CAS）中，原生动物和后生动物以捕食分散细菌为食，这有利于絮状或膜状形成菌的生长，促进菌胶团的形成，而菌胶团对细菌有保护作用，使得大部分细菌不能被捕食，两段式系统正是为克服这一缺点而发展起来的。两段法利用反应器运行参数将细菌对有机物的降解和原生动物对细菌的捕食分开。第一段为分散细菌阶段，采用完全混合式反应器，水力停留时间与污泥停留时间相等，没有生物量停留，使得分散菌大量生长。在第一阶段使细菌能够在分散状态下能够更有效地降解有机物，而不会由于有原生动物的捕食而聚集成菌胶团；第二段为捕食段，具有较长的污泥停留时间，以确保微型动物的大量生长。在第二阶段刚进入反应器的细菌还是游离态的，有利于原生动物的捕食，使原生动物能维持在较高水平，对污泥减量更有利。第一段的水力停留时间或污泥停留时间是这一系统最关键的设计参数，它必须足够长以避免分散菌的流失，同时又要足够短以避免微型动物的生长。

荷兰人 Ratsak 首先应用两段式反应器减少剩余污泥量，他发现由于有第二阶段的微型动物对细菌的捕食作用，进入捕食反应器中的碳有 22%～44%经矿化作用生成 CO_2，剩余污泥的产量比单段反应器要少 12%～43%而且微型动物生长的越好，剩余污泥的产量就越少。

Lee 等用生物膜作为第二阶段的捕食器，处理人工合成污水，获得的剩余污泥产量为 0.05～0.17gSS/gCOD，比用传统方法减少约 30%～50%的剩余污泥量。同时他发现用甲醇作碳源，细菌为游离生长，易于被原生动物和后生动物所捕食；而用乙酸作碳源，则形成了黏性的并分泌有胞外多聚物的菌胶团，不利于微型动物的捕食作用。由于缺乏营养，形成了菌胶团。因此，Lee 认为碳源的不同可显著影响第一阶段分散培养反应器中的组成和数量，进而影响第二阶段捕食反应器中形成的剩余污泥量。Lee 认为相对原生动物而言，轮虫在削减剩余污泥量的过程中可能起着更大的作用，因为他发现当昆虫的数量占优势时，剩余污泥的产量最小。Lee 还总结了两段式反应器处理污水的不足之处，首先是在捕食反应器中由于微型动物的新陈代谢作用，大量硝酸盐（7～13mg/L）和磷酸盐（2.5～3.7mgP/L）被释放出来；其次是系统的运行需要较高的溶解氧（6～7mg/L）。Lee 等接着又做了用类似装置处理造纸厂污水的研究，捕食反应器为生物膜或活性污泥系统，剩余污泥产量为 0.01～0.23gSS/gCOD，而用传统的活性污泥处理这些的剩余污泥产能量为 0.2～0.4gSS/gCOD。但是 Lee 同样发现，由于捕食者活动引起的矿化作用使得硝酸盐和磷酸盐被大量释放出来。

Ghyoot 等对不同组合的两段式系统（第二段为 CAS 或淹没式 MBR）进行了比较，结果表明由于 MBR 中微型动物含量比 CAS 多，在相同的污泥停留时间和 F/M 条件下，MBR 两段式系统的污泥产量比 CAS 两段式系统少 20%～30%，同时在 MBR 两段式系统中，由于大量微型动物对硝化细菌的过度捕食使得出水氮、磷的含量高。Ghyoot 还发现，由于丝状菌和鞭毛虫的过量生长，两段式 CAS 系统有时会发生污泥膨胀，导致出水水质下降。

Ghyoot 在第二段用膜作为保持微型动物的手段，研究整个系统对污泥的减量和对污水的处理效果时发现，污水中 80%以上的 COD_{Cr}是在第一阶段降低的，虽然在第一阶段的污泥产率系数和普通活性污泥法相当，但从整个系统看，污泥的产率系数大大降低。翟小蔚等利用两段式 MBR 作为原生动物的扩增系统，将富含原生动物的污泥接种于半连续式的活性污泥系统中控制污泥产率。霍小薇采用两段式生物反应器作为原生动物捕育系统，通过接种的方式来削减普通活性污泥系统的剩余污泥产量，通过对比实验，发现接种原生动物以后，污泥的产率系数降低，同时污泥絮凝沉降性能得到改善，系统的 COD 去除率、消化率得到提高，出水悬浮物的浓度得以降低。Rensink 则在第二阶段采用塑料制成的填料来保持蠕虫等微型动物，在对比试验中，没有蠕虫的反应器污泥产率系数是 0.4，而接种蠕虫的反应器污泥产率系数是 0.16。可见，减量效果明显。

由于两段式系统的第一段要求较长的水力停留时间，不仅增加了反应器容积，而且大大增加了投资和处理成本，因此目前两段式系统还不能应用于实际的废水处理。

(2) 直接投放微型动物　直接向曝气池中投加微型动物可以削减剩余污泥量。Rensink 等首先做了向曝气池中直接投入微型动物以减少剩余污泥量的工作，他向加有塑料载体的活性污泥系统中投入颠蚓，发现剩余污泥产量从 0.4gMLSS/gCOD 降至 0.15gMLSS/gCOD，污泥体积系数从 90 降至 45，同时，菌胶团的大小更加均匀，使得剩余污泥的脱水能力提高了约 27%。

Rensink 等以颤蚓 （*Tubificidae*）为捕食者，置入以炉渣和塑料为填料的滴滤池的污泥处理工艺处理污水厂的回流污泥。梁鹏等在合建式曝气池中培养红斑瓢体虫。魏源送等在 CAS 和 MBR 污水处理系统中接种红斑瓢体虫，均取得了良好的污泥控制效果。Wang 等也考察了红斑瓢体虫在 MBR 中的生长繁殖和污泥减量效能。

然而，将蠕虫直接投加或自发生长于污水处理工段虽然在工艺上更加简便，但基于目前对微型动物生理特性的认识，这些微型动物往往不能完全适应污水处理工艺的环境条件，在污水处理反应器中的生长存在随机性，其密度难以维持稳定。

(3) 生物相分离反应器　许多研究者认为微型动物捕食单元和污水处理单元应该存在相的分离，因此设计了与污水处理工艺相连的捕食反应器，从而构建更适宜的生境。Lee 等用富含原生和后生动物的生物膜作为污泥减量工段，获得较传统方法减少 30%以上的污泥产量效果。魏源送等在同一寡毛纲蠕虫反应器中利用不同区域，承载游离性和附着性蠕虫。郭雪松等研发了将一体化立体循环氧化沟和寡毛纲蠕虫反应器耦合的工艺来实现污泥减量。张绍园等和梁鹏等也设计了将污水处理和蠕虫捕食分置于不同相的反应器。Elissen 等提出了新的生物捕食装置概念，将夹杂带丝蚓（*Lumbriculus variegatus*）接种于特制的填料上，在同一反应器中实现了蠕虫相和污泥相的分离，以及蠕虫的摄食和排泄两个生理过程的分离。虽然研究者针对微型动物所研发的反应器均以实现蠕虫稳定生长为出发目标，然而，受反应器结构复杂，频繁取样影响其运行等因素的影响，当以反应器为研究体系考察污泥减量效能时，很难深入的考察蠕虫具体的生长规律，因此无法确定其能够稳定生长，难以准确地指导反应器地运行和控制。

3.2.4.4 生物捕食污泥减量化技术的影响因素

在污水处理中原生动物和细菌的关系有：掠食关系、絮凝作用和共生关系三种。

(1) 掠食关系　原生动物在食物链中处于捕食细菌的地位。原生动物通过对细菌的捕食，能促进细菌的生长，使细菌的生长维持在对数生长期，防止种群的衰老，提高细菌的活力。

(2) 絮凝作用　细菌生长到一定程度后就凝结成絮状物。这种絮状物为原生动物提供了着生的环境，反过来由于絮状物上的原生动物能够分泌黏液等物质，可以加速絮凝过程。

(3) 共生关系 微型动物与微生物的关系还包括共生，细菌的分泌物能刺激原生动物的生长，原生动物活动产生溶解性有机物质可被细菌再利用，促进细菌的生长。

影响微型动物繁殖的条件较多，最主要的是温度和食物。原生动物生长的温度范围是很宽的，但其最适温度却很窄，偏离了最适温度其繁殖速率就会明显下降、停止甚至死亡。相对而言，后生动物在对温度的适应上要强于原生动物，食物的影响则表现在当食物浓度较低时，摄取速度与食物浓度成正比，但当食物浓度到了一定程度后，食物浓度在提高，摄食速度也不再增加。

影响微型动物繁殖的其他条件还有盐度、pH、E_h、O_2、CO_2、NH_3、NH_4^+、H_2S 等。在污水处理中，BOD_5负荷量是决定原生动物种群数量变化的重要因子。

微型动物导致的污泥减量化还与降解的基质有关。在其他参数相同的情况下，在比较了分别以甲醇和乙酸作为碳源的两阶段系统后发现，甲醇作为碳源的表观污泥系数为0.05gTSS/gCOD，而乙酸作为碳源的污泥系数为0.17gTSS/gCOD。主要原因是以甲醇作为碳源时，在第二阶段的分散细菌更容易为微型动物所捕食，而以乙酸作为碳源时，细菌更容易形成菌胶团，不利于微型动物的捕食。

蚯蚓首先在处理城市垃圾方面得到应用，在处理生活污水方面，近年来在法国和智利发展起来的一项针对生活污水的处理技术——生活污水的蚯蚓过滤处理，这项技术是根据蚯蚓具有提高土壤通气透水性能和促进有机物质的分解转化等生态学功能设计的。由于蚯蚓体内具有丰富的酶系统，使得被吞食的物质经过2～3h体内酶的作用就形成了高度融合的有机无机复合肥——蚓粪。蚯蚓食量较强，每天至少吞食和排泄相当于体重1～2倍甚至高达10倍的物质。国内利用蚯蚓处理生活污水方面的研究主要集中在蚯蚓生态滤池的研究上。近年来，该工艺在上海成功地进行了中型实验和生产性规模的应用。蚯蚓养殖污水土地处理还能显著提高土壤对铵根离子的吸附能力，蚯蚓负荷越大，吸附能力就越强，达到了在提高污水脱氮效果的同时，增加了土壤肥效。

3.2.4.5 微型动物捕食带来的影响

蠕虫能够引起自然水体底泥的有机无机成分比例变化，因此，研究者对于微型动物捕食污泥所带来的泥水影响进行了探索。Ratsak等报道，当将瓢体虫和仙女虫用于污泥减量时，不会对水质处理效果产生明显的负面影响。Lapinski等发现玫瑰旋轮虫能够促进污泥的凝聚，提高出水的水质。梁鹏等研究证实红斑瓢体虫有利于改善污泥的沉降性能，且对COD、氨氮、TP的去除效果影响不大，污泥的高蛋白质含量，污泥絮体颗粒的小粒径是红斑瓢体虫摄食和生长的有利条件，氨氮的浓度、pH值、盐度、温度则对红斑瓢体虫生长存在不同程度的影响。同时认为，颤蚓作用后对系统出水COD、氨氮去除没有明显影响，总磷去除率略微降低。Hendrickx、Tamis和魏源送等则在相应的研究中检测到了污泥上清液的碳、氮、磷将被不同程度的释放。Rensink等认为颤蚓捕食污泥的过程可使污泥特性显著改变。魏源送等发现红斑瓢体虫的捕食能够使污泥SVI下降至60mL/g左右。郭雪松等的研究结果表明捕食过程中污泥的黏度、电阻率和污泥颗粒粒径变化不大。Wang等则认为蠕虫的出现和高强度曝气可以导致MBR中溶解性微生物的增加，从而恶化污泥的沉降和脱水性能。由于研究者使用的生物物种和污泥类型不同，构建的生物捕食过程存在不同，得到的实验结果往往不能一致。同时，缺少对胞外聚合物、微生物群落结构等污泥重要性质变化的研究。

研究者也围绕微型动物的生长进行了初步的研究。Finogenova等比较了不同营养水平的底物对正颤蚓生长繁殖的影响，发现活性污泥为底物时正颤蚓的生长速率更快。黄霞等测定了在活性污泥中铜和盐对颤蚓的半致死浓度，分别为 2.5mg/L 和 5100mg/L。Elissen 等针对夹杂捕食污泥时进行了一系列研究，也关注了蠕虫的生长问题，通过衡算发现进入消化系统的污泥的 75%可被这种蠕虫消化，其中 2%用于合成体重，余下的 73%被代谢消耗。Elissen 等进一步同时分析了以污泥为食的蠕虫的身体组成成分，该项研究关注了捕食污泥过程中夹杂带丝蚓体内的有机和无机组分的比例，发现这种蠕虫具有较高的蛋白含量和较低的金属污染物含量，具有作为一种资源加以回收利用的潜能。Hendrickx 等认为氨浓度增加对蠕虫的生长存在负面影响，捕食污泥过程必须维持较低的氨氮浓度。Buys 等与 Hendrickx 等还针对夹杂带丝蚓捕食污泥时蠕虫的存在对于污泥中氧气传输的影响、最佳的蠕虫投加比例、蠕虫的生长和密度等进行了研究。夹杂带丝蚓是以自割形式繁殖的物种，颤蚓科的绝大部分种类是依靠卵繁殖的物种，繁殖方式的根本区别意味着生理特性、生态特征的一系列不同。相比之下，针对颤蚓科蠕虫的生长、捕食污泥过程以及影响的系统研究相对较少，尤其是颤蚓科蠕虫长期捕食的生长、污泥中重金属等成分的变化以及随之而来的对捕食过程的影响尚不明确。

3.2.4.6 当前的研究趋势与存在的问题

近年来，对于微型动物的选择有从原生动物到后生动物、由富集培养多种群动物到定向投加单一种群动物、由游离型动物到附着型动物的发展趋势。早期的研究中往往使用游离型的原生动物和后生动物捕食污泥，这些动物具有可以在曝气池环境中生存、自发形成，这种自发形成的过程存在不确定性，微型动物的优势种类、爆发生长和消失无规律可循，并且游离型动物对水质和 DO 要求较高。自发生长的微型动物通常是多个种群同时出现，但处于同一个生境的这些种群的生物生态位存在重叠，因此可能存在种间竞争，而又由于自发形成的小型游离动物尺寸过小，甚至肉眼都无法观察到，难以通过外界干预的手段控制污泥内部的种群数量，因此应用这些微型动物实现捕食在实际应用上存在不足。人工投加单一种类的大型蠕虫能够弥补这样的问题。这些蠕虫相对容易获得，所摄食的范围较广，能够附着生长，可以通过人工投加的方式控制种群数量。因此，通过在污泥系统中人工投加单一物种的大型后生动物——附着型寡毛纲蠕虫以实现污泥减量是当前生物捕食技术的研究热点。但是蠕虫的稳定生长是生物捕食技术的最关键问题。由于研究周期长，蠕虫自身生理特性复杂，目前缺少围绕捕食污泥过程的蠕虫生长特性的系统研究；捕食污泥过程中蠕虫个体发育和种群特征并不明确，难以估计这些蠕虫在污泥中的生长稳定性；同时蠕虫捕食过程中存在复杂的物质变化，如重金属的迁移、营养物质的释放、污泥理化、生物性质的改变等，这些变化的产生和对蠕虫生长、捕食污泥过程和环境的影响也都缺乏研究。因此基于生物捕食的污泥减量技术还有待发展和完善。

3.2.5 增强隐性生长的污泥减量化技术

3.2.5.1 污泥的隐性生长

污泥中含有各种各样相互作用的微生物种类，其中的细胞或单独存在，或聚集在一起形成絮体或生物膜。这些不同种类的微生物细胞各自进行生命活动和繁殖，不同细胞之间可能是共生、协同、对抗或竞争关系，因此微生物种群是动态的、演变的。好氧、厌氧和兼氧环境将决定还原当量的量，从而影响代谢效率。细胞聚集体中的微环境也可能产生层化，从而促进或抑制不同种类微生物的生长。细胞同化基质进行生物合成的能力也将受其所处的生命循环中的状态影响，见表 3-5。其中部分污泥是由非活性的静态细胞组成，这部分细胞的维持需求也将是基质代谢的重要组成部分。

表 3-5 细胞在生命循环各阶段对基质的分配情况

细胞状态	基质利用		
	产生能源		同化
	维持	合成代谢	生物合成
活性,生长,呼吸	√	√	√
无活性,呼吸	√	×	×
死亡	×	×	×

微生物代谢将有机基质中的一部分碳源以 CO_2 释放，而将一部分同化为生物质（污泥），降低污泥产量，污水处理必须将生物合成的基质同化作用转化为放出热量的非生长的活动。

活细菌和死细菌都能在营养反应中作为食物被高等食细菌生物利用，如原生动物、后生动物等。细胞溶解时释放细胞内含物，使有机负荷增加，这部分细菌溶解的有机物可以被微生物代谢再利用。其中一部分碳以 CO_2 释放，从而使污泥产量下降。基于这部分有机物的生长无法和基于原始有机基质的生长相区别，因此把它称为隐性生长。有机碳代谢同时产生污泥和 CO_2，而同化为污泥的碳可以作为基质再加以利用。这样，碳的重复代谢将使污泥产量降低。在隐性生长时细胞溶解产物作为唯一碳源的利用情况，已在肺炎克雷伯菌的恒化器培养物中进行了研究。

3.2.5.2 污泥溶胞技术

整个隐性生长过程包括细胞溶解和二次基质被微生物利用两步。微生物细胞壁为半刚性结构，由缩氨酸链交联的多糖构成，起到保护胞内物质作用，这使得微生物细胞本身的生物降解变得非常困难，因此细胞溶解是微生物隐性生长过程的控制步骤。采取溶胞手段使剩余污泥溶解从而强化活性污泥微生物隐性生长技术，由溶胞系统＋生物处理系统耦合而成，由于所采用的溶胞技术和生物处理系统不同而呈现多种工艺形式。常用的溶胞技术包括各种物理、化学和生物手段，如加热、酸碱处理、超声波、碾磨器、高速搅拌器、冰冻和熔化、添加酶制剂等。表 3-6 对目前常用的以促进污泥隐性生长为基础的污泥减量技术进行了归纳。

表 3-6 常用的污泥隐性生长污泥减量技术

项目	方法	污泥减量/%	优 点	缺 点
物理法	加热 超声波 机械破碎	90%以上	可加速细胞溶解	能耗较高,对设备要求高
	臭氧氧化	50%～100%	污泥可完全减量	臭氧成本高
化学法	氯氧化	65%	氯气比臭氧便宜	生成三卤甲烷等致癌物质,出水水质较差
	Fenton 试剂	25%～50%	无毒无害,不产生二次污染	处理成本高,操作复杂
	ClO_2氧化	35.5%	成本低廉,不产生致癌物质三卤甲烷	污泥减量效率不高
生物法	微生物制剂	80%～90%	操作简单,污泥减量效果好	微生物菌种筛选困难,减量机理有待进一步研究
	水解酸化	1 年不排泥	污泥减量效果好,提升系统可生化性和脱氮效率	

（1）物理溶胞　常用的物理溶胞技术有加热、超声波、机械溶胞等。

① 热处理。热处理是一种高效的污泥处理技术。热处理用于污泥处理大概经历了以下几个阶段：20 世纪 70 年代以前，加热主要用于改善污泥的脱水性能；70 年代末开始用于提高污泥的厌氧消化性能；90 年代后用于获取反硝化碳源和基于隐性生长的污泥减量研究。

通过加热，实现了污泥的细胞溶解，污泥加热后形成的中间产物更适合作为微生物生长的基质。

加热可以加速细胞溶解，不同温度下细胞被破坏的部位不同。在45～65℃时，细胞膜破裂，rRNA被破坏；50～70℃时DNA被破坏；在65～90℃时细胞壁被破坏；70～95℃时蛋白质变性。不同的温度使细胞释放的物质也不同，在温度从80℃上升到100℃时，TOC和多糖释放的量增加，而蛋白质减少。细胞在加热条件下释放的物质可分为两类，即低分子量的C_2～C_5羧酸碎片和其他溶解性有机碳，前者可以被生物迅速利用，而后者的生物降解性则要低得多。Rocher等的研究表明：污泥在pH值为10和加热温度为60℃的条件下，处理20min时细胞溶解和生物降解最稳定，污泥产率是常规活性污泥法的38%～43%。

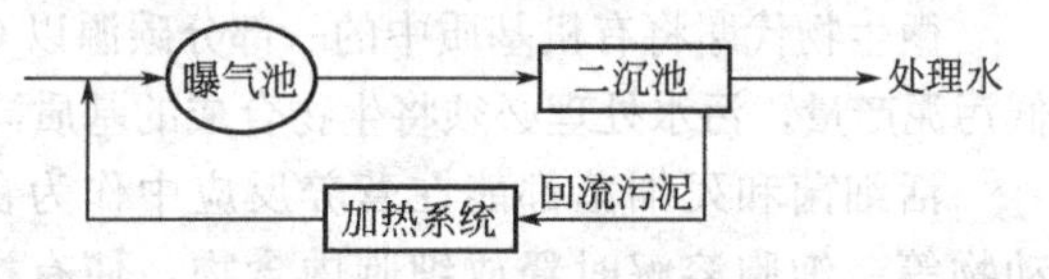

图3-4 加热法剩余污泥减量技术工艺流程

加热法污泥减量技术的基本工艺流程如图3-4所示。在传统活性污泥的回流污泥系统设置热交换器，污泥加热后，回流至反应池。经加热处理后，污泥中几乎所有细胞均被杀死并导致部分细菌溶解，该状态污泥回流至污水处理系统后，产生了基于自产底物的隐增长。这种有机碳的进一步代谢过程使污泥总产量减少了60%。

Canales等在膜生物反应器（MBR）处理生活污水的小试研究中加入了一个加热处理装置。研究表明，当污泥经过热处理（温度为90℃，停留时间为3h）后大部分细菌被杀死并溶解，从而促进了微生物的隐性生长，污泥产量减少了60%，污泥产率为0.17kgMLSS/kgCOD。

日本在利用加热来溶解微生物细胞时，采用高温高压加热法或低温水解法均取得了理想效果。在奥田友章所研究的活性污泥处理系统中，曝气池的MLVSS浓度为3000mg/L、有机负荷为0.6kg/(m^3·d)、水力停留时间为8h，二沉淀池排出的部分污泥在150℃、0.38MPa的条件下加热60min后返回曝气池中。整个系统没有剩余活性污泥排出，和传统的活性污泥法对照系统相比，沉淀池出水的SS升高了5%，但BOD_5降低了19%。

中国台湾千风环保公司新近推出ES型螺旋电热式污泥烘干减量机，采用间接加热处理，可去除高科技电子业污泥废弃物一半以上的含水量，大幅度降低污泥运输成本。该装置采用多管式间接加热，除省电、脱水效率高外，衍生的环保问题也不容小视。

② 超声波。超声波是物质介质（通常是空气和液体）中的一种弹性机械波。通常把频率为15kHz～10MHz，超出人耳听觉上线的声波叫做超声波。依据频率及用途不同，超声波可分为功率、高频和诊断超声。功率超声波一般作为一种能量输入形式，常用于清洗、塑料熔接、溶液混合及强化化学化工过程以及剩余污泥减量处理；高频和诊断超声波作为一种波动形式，常用于医学扫描、化学分析及松弛现象研究。

一定强度的超声波作用于液体时，会产生大量的空化气泡，这些气泡随着声波变化而改变大小并瞬间破灭，形成瞬间热点，产生高温（5000K）、高压（5.0×10^4kPa）及高剪切力（射流，时速达400km），这使得超声波能够完成某些需要极端条件的化学反应，因此可迅速破坏微生物细胞壁，释放细胞内含物。

目前对声化学现象的解释主要有两种理论：一是热点理论；二是放电理论。超声波辐射液体时会产生空化现象，即液体中的微小泡核在超声波作用下被激活，它表现为泡核的震荡、生长、收缩及崩溃等一系列动力学过程。附着在固体杂质、微尘或容器表面上及细缝中的微气泡或气泡，或因结构不均匀造成液体中抗张强度减弱的区域中析出的溶解气体等都可以构成这样的微小泡核。热点理论认为超声空化现象使这些泡核被绝热压缩而具有高温、高压、寿命短的特征。这些泡核可被看成具有极端物化环境的微反应器，其利于反应的进行。根据资料显示，泡核内温度高达5200K，压力高达5.05×10^{7}Pa，泡核周围极小的空间范围内（泡核液相层厚度为200～300nm）的温度也可高达1900K。由于这种局部高温、高压条件存在的时间极短，故温度变化率可高达10^{9}K/S，并伴有强烈的冲击波和时速高达400km/h的微射流，这就为一般条件下难以实现或不可能实现的化学反应提供了一种极端的物理化学条件。放电理论是20世纪30年代提出的，该理论认为，超声空化现象使液体中空化气泡内产生一定量的电荷，这些电荷在一定条件下可通过微放电而发光，同时产生HO·等自由基，这些自由基有利于化学反应的进行。尽管放电理论能够很好地解释声致发光现象但其本身仍存在着一定的局限性，随着人们认识的提高，该理论已经逐渐被热点理论所取代。

超声波对化学反应的影响可以分为物理效应与化学效应两方面。物理效应表现为，由于高压导致的冲击波和微射流现象可用于增大催化剂的表面积以提高其活性、加强反应物间的混合程度以加强传质使不相溶的液-液界面发生乳化分散等，所有这一切都能够加快反应速率。化学效应表现为，超声空化所产生的能量足以断裂物质的化学键，当发生空化时，空化气泡内的气体或物系的蒸汽可产生高活性的自由基，如水分子在超声波作用下可发生反应，生成H·、HO·等自由基，这些自由基性质活泼，容易进一步反应变成稳定分子，它们是反应的有力中介，可以加速化学反应速率。

将超声波引入化学反应的系统，必须采用相关的设备——声化学反应器，其关键核心是超声发生器，通过超声换能器将电能转化为声能。常见的超声发生器主要有连续式与脉冲式两大类，其中脉冲式包括槽式、探头式等类型，连续式包括平行板近场式、管道式等类型。在污泥处理中常用的声化学反应器有以下几种。

a. 槽式声化学反应器。槽式声化学反应器主要包括超声波清洗槽式和高频声化学反应器两类。超声波清洗槽式声化学反应器主要由一不锈钢水槽和若干固定在水槽底部的超声波换能器所组成，该反应器所用频率多为几万赫兹，清洗槽内声强较小，一般不超过$5W/cm^{2}$，该反应器降解有机物的效果较差。高频槽式声化学反应器是由一浴槽和一固定在浴槽底部的超声换能器构成。

b. 探头式声化学反应器。探头式声化学反应器（或称声变幅杆浸入式声化学反应器）将发射声波的探头直接浸入反应液体中，将超声能量有效地传递到反应溶液，工作频率20～1000kHz，可获得声强达每平方厘米数百瓦，存在着辐射面积小、探头易被腐蚀等缺陷。

c. 平行板近场式声处理器（简称NAP）。美国Lewis公司开发的平行板近场式声处理器见图3-5，该系统由一个矩形空间构成，矩形空间上下为两块平行的金属板，相距几厘米，两板上均镶嵌有磁致伸缩换能器，分别由两个不同的超声发射源提供能量，产生频率为16kHz和20kHz的超声。被处理物从矩形空间的一端流入，另一端流出，当液体流经上下两块金属板构成的区域时，即会受到超声波的辐射，矩形空间内的超声声强是单一金属板发射的超声声强的两倍以上。这样，该矩形空间便构成了一个超声混响场。该反应器具有高声强、处理能力大、能量效率高、声波衰减小等特点。

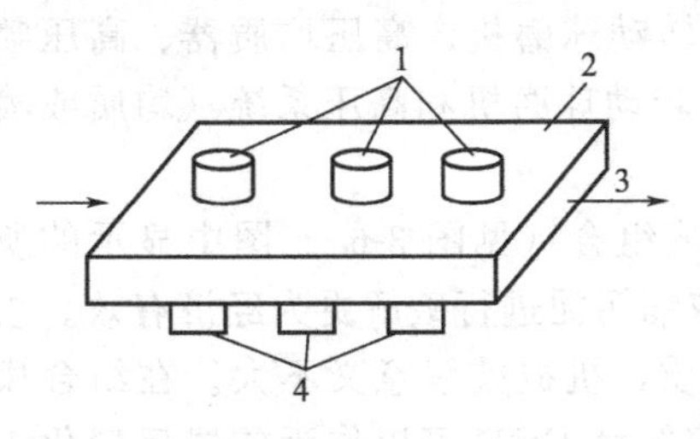

图3-5 平行板近场式声处理器
1—16kHz换能器；2—金属板；3—反应介质；4—20kHz换能器

Chui等研究发现，在$0.12W/m^{3}$的声能密度作用下，超声波处理污泥4h，污泥中溶解性COD与总COD比值从36%提高到89%。曹秀芹等则发现当声能密度为0.25W/mL时，经超声波处理30min后，污泥中溶解性 COD 提高了 19 倍。但是经超声波破碎后污泥的生物水解性能却不理想。

德国弗朗豁达陶瓷技术与烧结材料研究所利用超声波将污水污泥的体积和质量减少约 20%，同时增加沼气产率 20%～25%。一套实验装置已在德国代特莫尔德处理 35000 人的生活污水和工业废水的污水处理厂运行一年多。污泥连续送入一超声波反应器，反应器有 7 个超声发射极（sonotrate），每一发射极产生 20～12kHz 频率的超声波。超声波使污泥中的细菌和其他固体以团块分解，从而使污泥较易脱水和释放出酶，分解有机物，增加沼气的产率。因此，为降低污泥的水分含量所需的絮凝剂减少 25%。

总体来讲，超声波作用受到液体温度、黏度、表面张力等参数的影响，并与超声波发生设备密切相关，在理论和技术上还存在许多问题，短时期内不能投入使用。

③ 机械溶胞。机械也可以使细胞溶解，其原理类似于超声波，主要作用是细菌的细胞壁在机械压力的作用下破碎，从而使细胞内含物溶于水中。自 20 世纪 90 年代中期，机械破解技术开始应用处理污水处理厂产生的剩余污泥。该技术旨在破坏污泥絮体、破解细菌细胞、提高污泥的可生物降解性及降低污泥产量。机械破解使得污泥特性发生如下变化。

(a) 微生物细胞损伤：损伤的微生物经过快速溶解，胞内物质释放，然后水解。根据细胞溶解与隐形生长机制，这种现象有利于污泥减量。较大的微生物体较易被破坏；革兰阳性细菌由于其坚实的细胞壁通常较难被破坏。

(b) 絮状体尺寸减少：这将有利于细菌、基质与酶之间的相互接触与作用。

(c) 污泥溶解性：机械破解导致溶解性有机物释放到液相中。

(d) 污泥沉淀与脱水性能的改善（恶化）：较高的破解强度提高污泥脱水效率，与未经处理污泥相比，污泥具有更高的含固率。较低的破解强度由于其致使一部分的絮状体解体，从而导致污泥沉淀与脱水效率降低。然而对于丝状菌含量较高的污泥（污泥膨胀），机械破解作用通过破坏丝状体之间的联结，改善污泥的沉淀性。

(e) 泡沫问题得到改善：在一些实例中，由于采用机械预处理，厌氧消化池中的泡沫有所减少。

(f) 絮凝剂用量增加：颗粒尺寸的减小与增大的表面积都将导致颗粒表面的电荷量增加，导致需要使用更多的化学试剂去中和这些电荷。结果污泥脱水需要大量的絮凝剂。

(g) 黏性降低：机械破解使得污泥黏性降低，有利于污泥混合及泵的传输。

在机械破解过程中，通常不会发生生物及热化学反应。

a. 机械破解设备的类型。机械破解可以通过使用各种类型的设备实现。破解效率和能量要求取决于所使用的设备和污泥性质，如颗粒尺寸、含固率等。

选择一套适合的机械破解工艺，需要综合权衡效率、投资、管理和能耗之间的关系。此外，设备的损耗问题也是一个重要的考虑因素。目前，无论是在实验室还是已经大规模现场应用的污泥破解设备和技术主要有：溶胞-浓缩离心机、转动球磨机、高压均质器、高压喷射碰撞技术、转子-定子破解技术等。溶胞-浓缩离心机、转动球磨机和高压系统（均质或喷射碰撞技术）都是在连续流条件下操作的。

机械破解工艺可以与污水处理工艺或者污泥处理工艺组合（见图 3-6）。图中显示的所有组合模式都可以采用，但是考虑到破解的能量需求，浓缩污泥进行破解更为经济有效。组合模式 A 应用的很少，因为初沉污泥富含易生物降解物质，机械破解意义不大。在组合模式 B 和 C_1 中（与污水处理单元整合），机械处理过程中溶解性 COD 可以作为前置反硝化工艺的外加碳源。组合模式 C_2 和 D 与污泥处理单元和厌氧消化工艺整合中，机械破解有助于提高沼气产量。机械破解应用的经济上的可行性已经得到证明，尤其是提高厌氧消化工艺的产气量。当污泥处置成本较高时，应用这一技术具有经济可持续性。

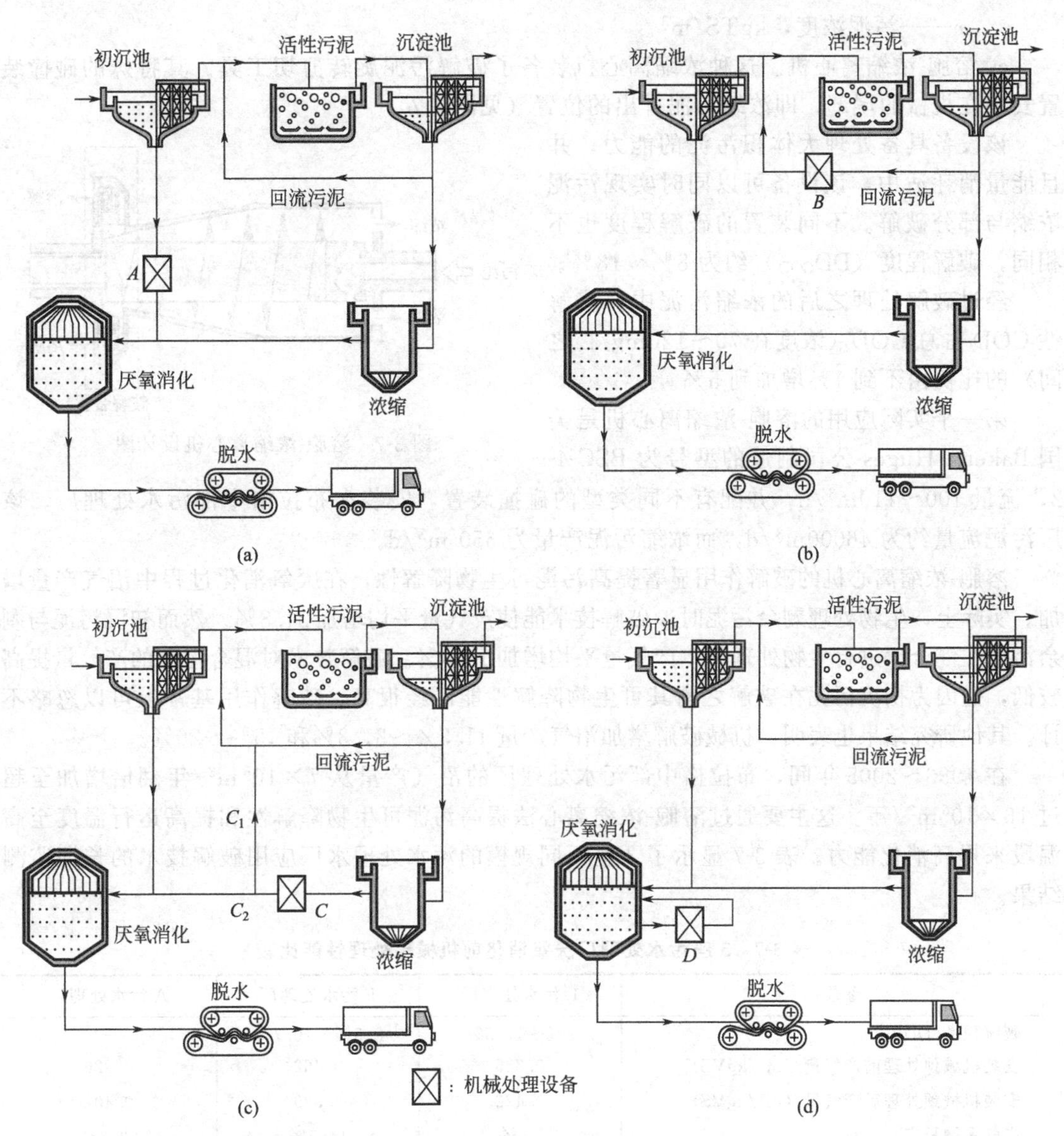

图 3-6 机械破解工艺与污水处理单元（B、C_1）与污泥处理单元（A、C_2、D）组合模式

b. 污泥破解所需的能量强度。联结微生物体之间的能量要比破坏细菌细胞壁所要求的能量低。因此，低能量强度的机械破解会引起微生物体、生物聚合物分离以及生物絮体的破裂；而高能量强度的机械破解将永久地破坏细胞结构。微生物类型和细胞壁组成不同，机械作用破坏细胞壁所需的能量也不同。通常来说，较大微生物体的细胞更容易被破坏，而较小的微生物体的细胞更坚固，当能量较高时才会被破坏。输入能量 E_s，是描述机械破解效果的广泛使用的参数。E_s计算公式如式（3-2）所示：

$$E_s=\frac{Pt}{Vx\times 1000} \tag{3-2}$$

式中 E_s——输入能量，kJ/kgTS。

P——输入功率，W；

t——处理时间，s；

V——处理体积，m^3；

x——污泥浓度，kgTS/m³。

c. 溶胞-浓缩离心机。这种浓缩离心机装备了破解污泥旋转剪切工具。其特殊的碰撞装置安装在机械的尾部，即浓缩污泥排出的位置（见图 3-7）。

该设备具备处理大体积污泥的能力，并且能量消耗适中，该设备可以同时实现污泥浓缩与部分破解。不同装置的破解程度也不相同，破解程度（DD_{COD}）约为 8%～18%。

经过破解处理之后的浓缩污泥中，溶解性 COD 占总 COD（浓度在 70～120mg/L 之间）的比例由不到 1%增加到 5%。

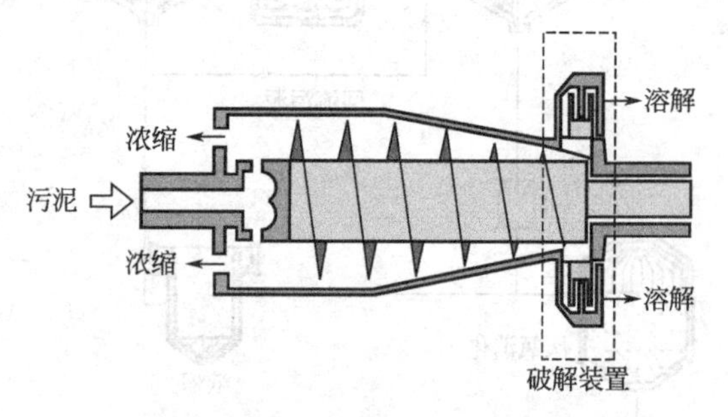

图 3-7 溶胞-浓缩离心机设计图

第一个实际应用的溶胞-浓缩离心机是美国 Baker Huges 公司制造的型号为 BSC-4-2，流量 100～110m³/h，并配有不同类型的碰撞装置，安装在布拉格中部污水处理厂。该厂污泥流量约为 46000m³/d，而浓缩污泥产量为 650 m³/d。

溶胞-浓缩离心机的破解作用显著提高污泥可生物降解性，在厌氧消化过程中沼气产量增加。实际上，生物处理剩余污泥时，破解技术能使产气量平均增加 31.8%。然而初沉污泥与剩余污泥在混合后进行生物处理时，产气量平均增加 13.6%。破解技术对混合污泥的产气量提高较低，是因为初沉污泥在破解之前其可生物降解性能已经很高，破解作用基本上可以忽略不计。其他研究结果也表明，机械破解增加沼气产量 11.5%～31.3%和 15%～26%。

在 1993～2005 年间，布拉格中部污水处理厂的沼气产量从 7×10^6 m³/年翻倍增加至超过 16×10^6 m³/年。这主要通过溶胞-浓缩离心法提高污泥可生物降解性和提高运行温度至高温段来提高消化能力。表 3-7 显示了 3 座不同规模的污水处理水厂应用破解技术的长期监测结果。

表 3-7 3 座污水处理厂厌氧消化前机械预处理性能比较

参数	L 污水处理厂	F 污水处理厂	A 污水处理厂
破解程度(DD_{COD})	9%～17.5%	8.5%～10.7%	—
安装机械预处理前产气量/(m³/kgVS)	0.335	0.462	0.326
安装机械预处理后产气量/(m³/kgVS)	0.422	0.529	0.402
产气量增长率	26%	14.5%	23.3%
安装机械预处理前 VS 减量	24%～42%	58.5%	—
安装机械预处理后 VS 减量	45%～63%	62%	—

L 污水处理厂（捷克共和国）：该厂装备了 3 台中温厌氧消化池，每台体积 4400m³，停留时间为 40d。污泥破解装置安装在一台浓缩离心机（型号 BSC 3054 SDC-1），其污泥进口流量为 39m³/h，转速为 3140r/min。DD_{COD}值介于 9%～17.5%之间，其值取决于离心参数（浓缩效率）、进样污泥性质和转动部位的磨损程度。平均气体产生量从 0.335m³/kgVS 增加到 0.422m³/kgVS，增加了 26%。污水处理厂每年沼气产量从 837828m³ 增加到 1055413m³，净增 217585m³。

F 污水处理厂（德国）：该厂拥有两个中温厌氧消化池，单池体积 1800m³，停留时间 35d。浓缩离心机型号为 BSC3-01，单台进流量 12m³/h，转速 2250r/min。DD_{COD} 介于 8.5%～10.7%范围之间。安装破解设备之前，沼气产量为 0.462m³/kgVS，安装之后达到 0.529m³/kgVS，增加了 14.5%。破解设备安装之后，厌氧消化的 VS 降解率从 58.5%增加到62%。

A污水处理厂（德国）：该厂建有4个总体积为20000m^3的中温厌氧消化池。污水处理厂原安装两台浓缩离心机，每台流量200m^3/h，额外安装了破解设备。沼气产生量从0.326m^3/kgVS增加到0.402m^3/kgVS。沼气产量的增加使能源生产量提高880000kW·h/a。

使用溶胞-浓缩离心机破解污泥的另一优点是显著降低污泥的黏性。污泥的高含固率将导致管道堵塞，特别是当用泵长距输送污泥时。污泥破解后，可将浓缩污泥含固率提高至9%～11%。污泥浓缩程度高可以减小厌氧消化池体积（或较长的停留时间），从而减少加热的能源需求。

d. 转动球磨机。转动球磨机是由一个安装的中央转动轴，相当于容积1m^3的圆柱形的研磨室（垂直的或水平的）构成。研磨室内除了中央转动轴之外几乎完全是由研磨球所填充。装备有各种形状叶片的转轮驱动研磨球体做旋转运动，这些由钢铁或陶瓷材料制作而成的研磨球在旋转的过程中相互碰撞。通过球体之间的剪切或压力使污泥破解。对于连续流模式运行，当悬浮液通过研磨室时，研磨球会被筛子截留并得以分离。连续工作的转动球磨机的简易装置见图3-8。

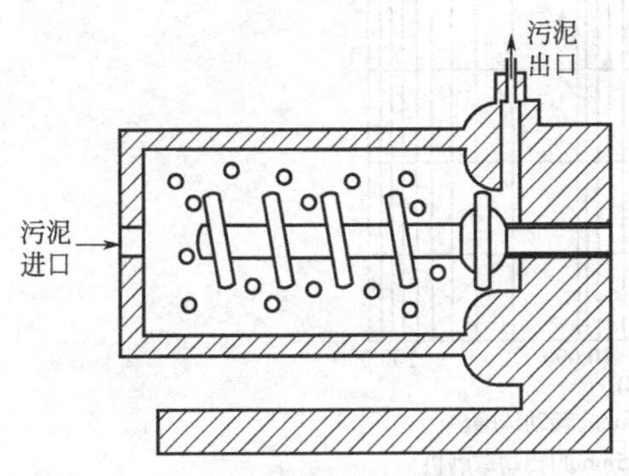

图3-8　转动球磨机简易装置

在球体接触区域间的压实或剪切作用使污泥微生物细胞破坏，但是目前其破坏机制还不清楚。

由于高速转动输入大量的能量，在磨碎过程中温度升高，同时一些热量损失。能量输入与搅拌速度和搅拌直径有关。能量输入随旋转速度成比例增加。

转动球磨机主要的运行参数如下：研磨球尺寸；研磨球材料；研磨室中研磨球的填充比例；研磨时间；电机的转速；污泥浓度。

研究表明，研磨球尺寸减小，效率得到提高。0.10～0.15mm的研磨球可用于破解生物絮体和微生物细胞。但是较大尺寸（0.4～0.6mm）的研磨球更适于实际应用，因为研磨球容易通过筛子从污泥当中分离出来。

通常使用玻璃球和锆球作为研磨球材料，但是效果并没有明显区别，玻璃球性能略稍好一些。转速和研磨球尺寸的影响往往会掩盖研磨球材料的影响，因此，研磨球材料并没有显著影响破解效率，它只是在耐磨性方面起到重要的作用。

研磨室中研磨球填充比例的增加提供更多的碰撞机会，因此破解的程度更高；同时，温度升高，机械部件出现磨损。最优的填充比例是80%～85%，90%的填充比例对破解效率微小的提高不足以弥补它所带来的不利。

污泥在球磨机中的研磨时间仅为几分钟。污泥溶解性随转速增加（大约2000～4000r/min，切线速度>10m/s），但并不是呈直线关系，研究推荐大于10m/s的切线速度适于微生物细胞的破解。低含固率的浓缩污泥较高含固率的浓缩污泥更适于球磨机破解。

该项技术的早期研究可以追溯到20世纪90年代中期，Baier和Schmidheiny在实验室测试了两种不同材料研磨球（玻璃和锆）、球体尺寸（细粒径和粗粒径）和转速的球磨机。由于球磨机在60℃的条件下工作不仅仅影响研磨效果，可能有助于增加污泥溶解性。然而研究者也指出，高剪切力（球磨机）和中低黏度（提高的温度）的联合作用在以一定程度上有效增加污泥溶解性，未经处理的剩余活性污泥溶解性COD占总COD中的1.0%～5.5%，当分别用粗球体（1～1.5mm）和细球体（0.2～0.25mm）的球磨机处理后，溶解性COD

平均达9.7%和14%。能耗估算显示球磨机每天污泥处理净能量需求为0～1.25kW/m³，但是该值未经现场试验验证。Kopp等描述了实验室应用转动球磨机作为污泥厌氧消化预处理的结果。图3-9表明球磨机破解过的污泥（破解程度DD_{COD}达到25%）在厌氧消化过程中VSS减量的情况。

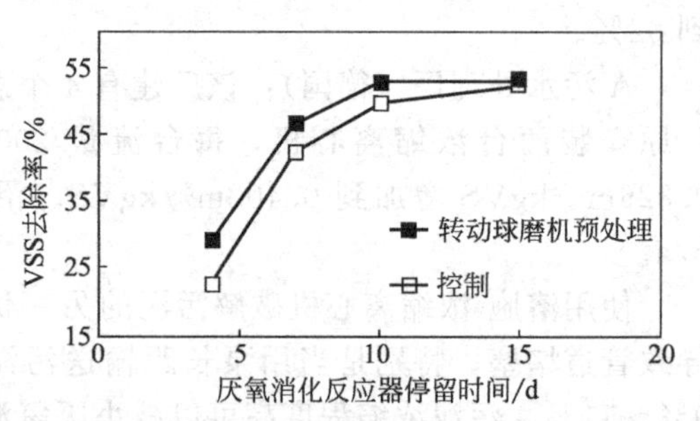

图3-9 球磨机预处理的污泥（DD_{COD}为25%）在厌氧消化过程中VSS的减量

从图中可以看到，消化停留时间较短，经过预处理的污泥要比未处理的污泥VSS减量程度高，但是经过14d消化以后，两者的VSS减量程度相近。

Winter现场测试了两种不同类型的转动球磨机作为厌氧消化预处理的试验效果。破解程度DD_{COD}与能量输入E_s的函数关系如图3-10所示。

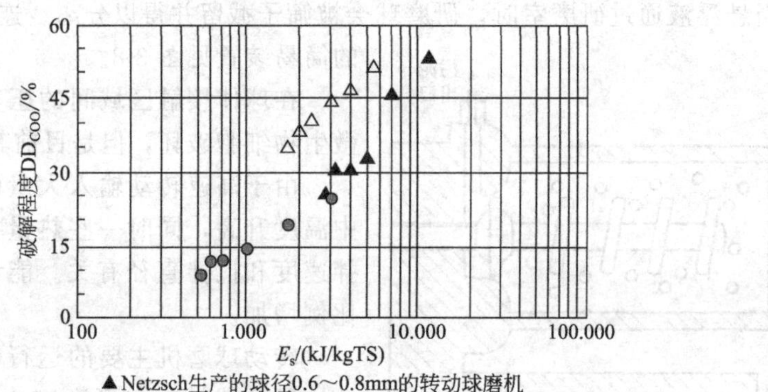

图3-10 两种不同磨机破解程度（DD_{COD}）与E_s的函数关系

转动球磨机预处理能使产气量提高21%，转动球磨机预处理提高了污泥的脱水性能，但是由于污泥颗粒表面积增大，因此需要更多的化学药剂中和增加的表面电荷。厌氧消化之前转动球磨机预处理使回流液中总凯氏氮（TKN）浓度比未预处理的浓度提高20%～30%。另外，预处理并没有显著影响回流液中磷酸盐（PO_4^{3+}）的浓度，浓度相对稳定。

e. 高压均质器。这项技术最初应用于食品、化妆品及制药工业，因为在这些行业中，通常产品需均质化。在制药业中，高压均质器曾用于酶活性的恢复，证明了这种机械处理在细胞破解之后能够保证酶的完整性，而且其有机质不会发生明显的化学变化。20世纪90年代中期，这一技术首次应用于污泥减量作为污水处理装置，高压均质器包括：(a)高压泵，其能将污泥压缩至几十兆帕（MPa）；(b)可调均质化阀门，污泥减压至一个大气压（图3-11）。

通过均质化阀门之后，受到强烈的挤压作用，污泥速度增加到原来的50倍（达到300m/s）。速度的增加导致压力快速下降至水汽压（空穴作用）以下，并引发污泥颗粒之间的碰撞。所有这些反应引起污泥絮体解体和细胞破裂。另外，由于是隔热压缩，温度随着压力每增加10MPa而增加2℃。

高压均质器的主要运行参数有压力、通过均质化阀门通道数量、阀门的产品规格、污泥温度。

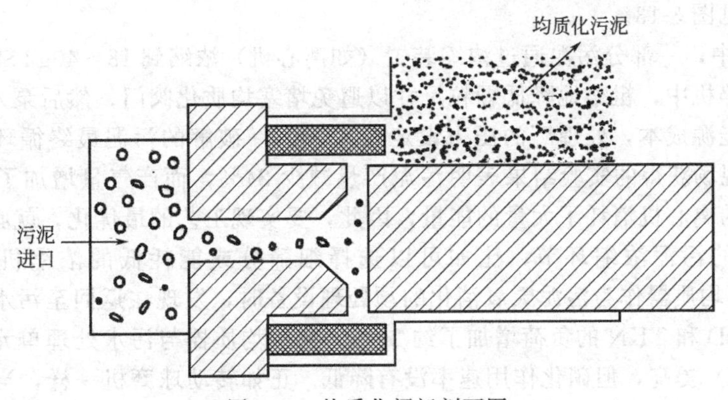

图 3-11 均质化阀门剖面图

使用小试规模高压均质器可以评估不同压力、处理效率条件下的破解程度（DD_{COD}）。DD_{COD}随 E_s值呈线性增加。具体结果见图 3-12。

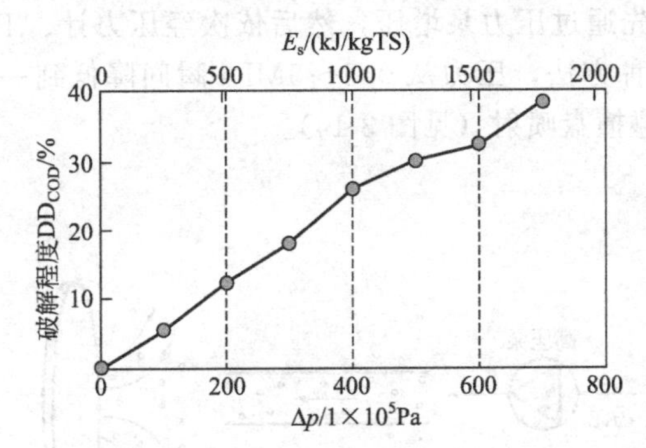

图 3-12 破解程度（DD_{COD}）与压力（Δp）和 E_s之间的函数关系

通过中试研究了高压均质器在工作压力分别为 30MPa、50MPa 和 70MPa、通道数从 1～10 时污泥细胞破解效果。结果表明，当压力 50MPa 以内，溶解性 COD 随压力成比例增加，但是通道数在 5～10，其作用效果有限。当通道数为最大值 10 时，溶解性 COD 量趋于稳定，最大为 60%左右（压力＞50MPa）。未经处理与经过均质处理的污泥产量变化情况也略有不同。当压力低于 30MPa 时，污泥减量可以忽略不计或者适度；当压力从 30MPa 增加到 70MPa 时，污泥减量显著。污泥总固体与 COD 去除量之比为 0.29$gTSS_{产生}/gCOD_{去除}$，未经预处理污泥比值为 0.36，污泥减量 20%。

均质化处理增加液相中蛋白质和碳水化合物的浓度，但当压力在约 20MPa 以上时，蛋白质和碳水化合物的浓度趋于稳定。在不同的压力和能量条件下，溶解的蛋白质和碳水化合物浓度都保持在一个相对恒定的比例，表明破解处理对这些化合物的作用效果相似。

高压均质化的作用机制取决于输入的能量水平（压力），特别是较低的能量水平导致污泥网状结构的改变和物理结构性的破坏。它可能会影响细胞结合，但不会导致细胞破裂。实际上，高压均质器降低了污泥聚合体的尺寸至 0.5～3μm，与活性污泥中微生物细胞的尺寸相近；较高的能量水平会形成较高的剪切力，导致细胞破解。假设输入的能量首先用于断裂细胞（嵌入在絮体之中）间非共价键作用力，然后破坏细胞壁。

因此，通过细胞破解来提高胞内化合物的释放与降解，将更加有利于污泥的减量，但这可能也是相当困难的，因为微生物细胞可以承受甚至高达 100MPa 的压力。

许多研究者认为，在机械处理过程中，如高压均质化，活性污泥的丝状结构会被破坏，有利于控制生物反应器和消化器污泥膨胀的问题。然而，在 60MPa 高压均质化试验中观察到气泡仅有一定程度的减少。自 2003 年以来，高压均质器已在德国作为中温厌氧消化预处理技术实际应用。为了提高产气量，在中等压力条件下，该系统用于处理浓缩或非浓缩污泥、初沉污泥和剩余污泥。在最常见的工艺中，污泥从消化器回流管路中被取出，经过高压均质化，然后和进料污泥一起返回到消化器中。Onyeche 提出了将高压均质器与厌氧消化组合的工艺流程见图 3-13。

在图 3-13 中，一部分污泥通过浓缩装置（如离心机）浓缩到 18～40gTSS/L。这些污泥首先进入到粉碎机中，粗略地降低颗粒尺寸以避免堵塞均质化阀门，然后泵入到高压均质器中。为了降低能源成本，处理厂的压力设定在 15MPa。破解的污泥最终循环至厌氧消化器中。Onyeche 现场获得的实验结果表明污泥产量减少 24%，而产气量增加了 25%。由于在均质器前安装的离心机消耗了大量的能量，因此，要实现工艺的最优化，就必须要考虑到与离心处理相关的污泥浓缩环节，比如可以选择细筛分或能耗低的浓缩机。当利用高达 100MPa 的高压均质器作为污泥厌氧消化的预处理设备时，发现在返回至污水处理单元的污泥消化液中 COD 和 TKN 的负荷增加了约 20%。高压均质器与污水处理单元组合后，污泥容积指数（SVI）提高，但硝化作用速率没有降低。正如转动球磨机一样，当高压均质器与污泥处理单元整合时，污泥破解提高污泥的脱水性能，但同时也需要更多的化学药剂中和增多的表面电荷。

f. 高压喷射碰撞系统。在实验室小试和中试规模的试验中，高压喷射碰撞处理系统作为厌氧消化的预处理技术。在该系统中，污泥首先通过压力泵增压，然后依次经压力计、T 形阀门和高压喷嘴后被喷射到碰撞盘上。通过这种方法，压力从 0.5～5MPa 瞬间降低到一个大气压，污泥将以 30～100m/s 的理论速度向碰撞盘喷射（见图 3-14）。

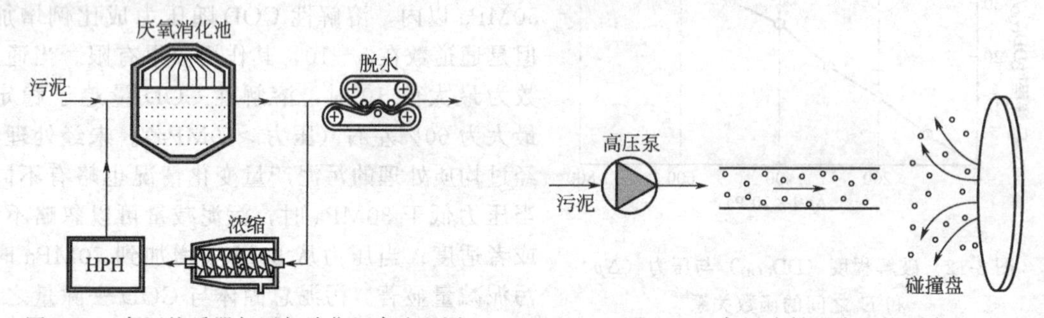

图 3-13 高压均质器与厌氧消化组合流程图

图 3-14 高压喷射碰撞系统示意

溶解性蛋白质的释放表明污泥发生溶解，并且污泥的溶解性随着压力增加而提高，但是压力超过约 3MPa 后且通过系统两个通道后，溶解性趋于平稳。Nah 等证实了这些发现，他观察到经预处理之后溶解性 COD 占 TSS 处理的比例增加了 3.4%。而且随着压力的增加，颗粒尺寸降低，这就表明污泥的消化性得到了改善。与预处理之前相比，蛋白质、氨氮和总磷增加。此外，由于不可沉淀胶体和溶解性固体的存在，处理之后的上清液会变得更加浑浊。当高压喷射碰撞作为厌氧消化预处理技术时，未处理污泥的 VS 减量 2%～35%，预处理后污泥减量 13%～50%（3MPa，1 通道）。在小型试验中，为了分离有可能会堵塞喷嘴的大颗粒固体必须要对污泥进行筛分。这种机械处理的技术方面主要集中在高压泵（3MPa）上，它影响着预处理设备的构造、运行成本和耐久性。高压喷射预处理的一个优点是使污泥在消化池中的停留时间从 13d 缩短到 6d，并不会影响到 VS 的减量（保持在 30%），并有利于缩小消化池的体积。

g. 转子-定子破解系统。这种高频破解系统最初是用于造纸行业中纸浆加工技术。用于污泥破解时，污泥进入高速转动的叶片（转子）和一个具孔的固定终端（定子）之间。污泥进入机器中，然后通过定子上的小孔被挤压出来（见图 3-15），而叶片的高速转动（约 3000r/min）导致污泥聚合体破解成更小的颗粒，同时发生涡流空穴作用及剪切作用。

Kampas 等应用配备 30kW 发动机的 1000PilaoDTD Spider 型高频疏解机作为污泥破解

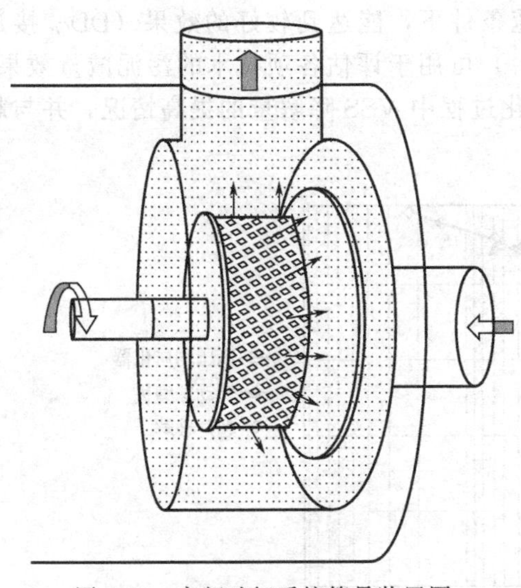

图 3-15 高频破解系统简易装置图

设备。设备的定子与转子之间有 0.6～0.9mm 距离，转速介于 3000～3600r/min 之间。在实验中，对浓缩污泥进行持续 2～15min 的破解(总含固量 4%～7%)。破解使絮体尺寸降低到 10μm，这种现象甚至发生在 E_s 小于 2500kJ/kgTS 时。随着 E_s 的提高，污泥颗粒尺寸并没有进一步降低，但是 COD 的溶解性逐步增加。

普遍认为当 E_s 小于 2500kJ/kgTS 时，絮体破裂，部分 COD 溶解；当 E_s 位于 2500～9000kJ/kgTS 之间时，由于絮体的破裂导致 COD 进行一步溶解，当 E_s 大于 9000kJ/kgTS 时，细胞破裂，溶胞作用发生。目前还没有应用该系统考察在污泥减量方面的研究成果，由于可以显著提高污泥溶解性，因此该系统对污泥的减量化作用可能是相当可观的。

h. 机械破解技术综合比较。机械破解技术的效率可以通过其各自的 DD_{COD} 或 DD_{O_2} 与 E_s 的函数关系来比较。图 3-16 比较了溶胞-浓缩离心机、高压均质器、转动球磨机、转子-定子破解系统和超声破解技术的 DD_{COD}。

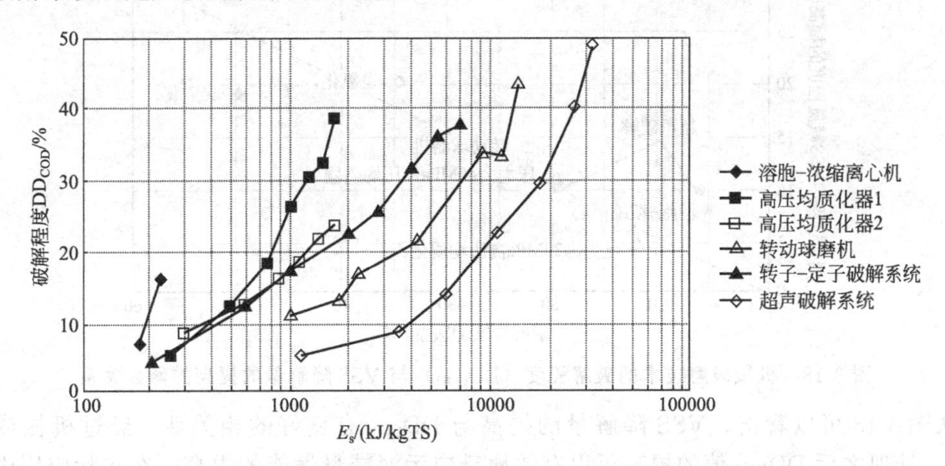

图 3-16 机械破解技术的破解程度（DD_{COD}）与 E_s 的函数关系

当处理剩余污泥固体物质浓度在 31～44gTS/kg、相应的含固率约为 3%～4%时，只有转子-定子破解系统处理含固率在 6.2%～7.2%之间的污泥。为了保证图表的完整性，也与较超声破解技术进行比较，其处理效果与效能将在后续进行详细讨论。

溶胞-浓缩离心机破解技术最多只能够使 DD_{COD} 增加到 18%，其较低的耗能可抵消不足。转子-定子破解系统在污泥破解方面与高压均质器一样有效，但耗能较高。超声处理是唯一能使 DD_{COD} 达到约 50%的技术，但它消耗的能量也最多。

另一个评估污泥破解效率的方法是通过 DD_{O_2} 参数，该参数取决于污泥处理后耗氧量的消耗。在图 3-17 中，比较了高压均质器（压力 10～90MPa）、转动球磨机（ϕsphere＝0.35mm，Vc＝6m/s，处理时间 1～60min）和超声破解情况。使用高压均质器破解污泥是最经济的方式，应用能量 8500kJ/kgTS，DD_{O_2} 达到较高的水平（约 95%）。而要达到相同的 DD_{O_2} 值，超声破解所需要的能量明显更高（100000kJ/kgTS）。搅拌磨球机处理在较长的破解时间（达到 60min）、小直径研磨球和高转速条件下，能达到较好的效果（DD_{O_2} 接近 90%，E_s 超过 20000kJ/kgTS）。DD_{COD}（或 DD_{O_2}）可用于评估各项技术的污泥减量效果。图 3-17 评估了各种机械破解预处理对污泥厌氧消化过程中 VSS 降解量的提高情况，并与超声破解和臭氧效果作用的结果进行比较。

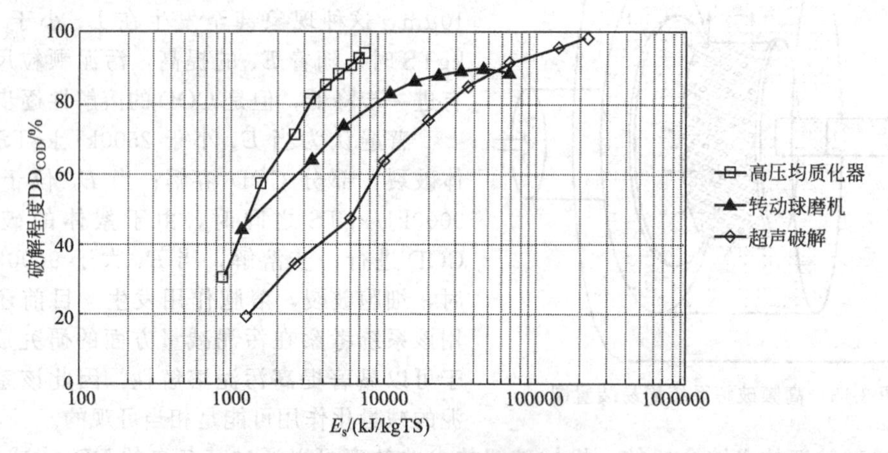

图 3-17 机械破解技术的破解程度（DD_{COD}）与 E_s 的函数关系

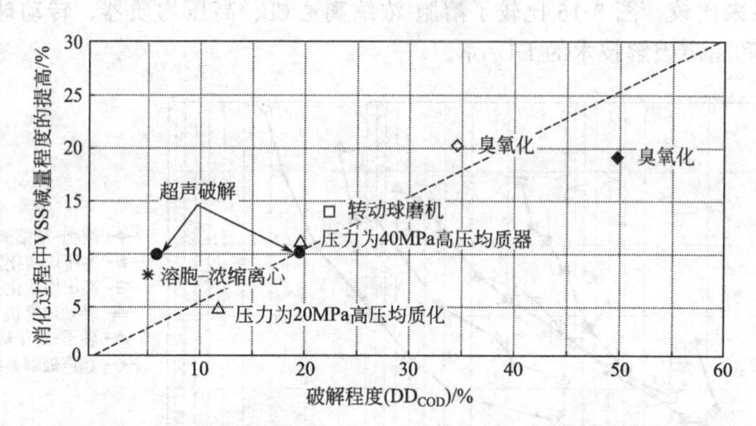

图 3-18 机械破解技术的破解程度（DD_{COD}）与 VSS 降解量的提高的函数关系

从图 3-18 可以看出，VSS 降解量的提高与 DD_{COD} 有良好的相关性。经过机械或化学（臭氧）处理之后 DD_{COD} 值的提高可以有效地反应污泥减量潜能的提高。在实际应用中选择的破解技术时，除了要比较各项技术的性能、处理效率和能耗之外，还要考虑以下因素：(a) 投资成本；(b) 实际应用中技术的可行性；(c) 操作运行问题，如在高压均质器中由于污泥中纤维性物质的存在而导致的设备关键位置的堵塞，或者是转动球磨机中研磨球的分离筛（均质化阀门或类似的装置）。(d) 机械部件的磨损，例如转动磨球机中研磨球的磨损；高压均质器中均质化阀门的腐蚀和高压泵密封垫的磨损；超声破解中，超声探头可能会被磨损；溶胞-浓缩离心机中剪切叶片的磨损，这些问题都会影响污泥破解的管理和维护费用。

机械破解处理可以实现时间程序化控制，确保破解所产生的溶解液能够恰好在负荷较低时投加到活性污泥中，并开发出典型的白天/夜间、高/低负荷的循环工艺，以及能够在低能需求期间节约能源，但这方面应用并不多，处于探索之中。

(2) 生物溶胞 生物酶，作为一种高效、无毒的催化剂在微生物的生命活动中起着十分重要的作用。生物溶胞作用正是利用高活性的生物酶，破坏污泥胶团结构，使之解聚，并溶解微生物细胞膜和细胞壁，使污泥溶解并释放有机物，具有简单、高效、安全等优点。常见生物溶胞技术既可以投加能分泌胞外酶的细菌，也可以直接投加酶制剂或抗菌素对细菌进行溶胞，如分布在温泉、堆肥、厩肥等高温环境中的某些嗜热菌，可以在高温条件下分泌胞外酶，溶解污泥微生物细胞壁和细胞膜，使溶胞后释放的有机物质水解，促进污泥减量。

S-TE技术就是利用嗜热菌这一特点强化污泥隐性生长并实现污泥减量。但微生物产酶是一个时变、随机的动态过程，受培养环境中诸多不确定性因素的影响，培养条件的差异与不稳定性会导致产酶行为大幅波动，如污泥的性质、温度、氧环境和金属离子等方面的变化均直接或间接影响嗜热菌胞外酶的活性和溶解效率，因此该技术难于控制。

与之相比，直接投加酶更简单、方便。酶一方面能够溶解细菌的细胞，同时还可以使不容易生物降解的大分子有机物分解为小分子物质，有利于细菌利用二次基质。由于该工艺简单，对原有处理设施和处理构筑物无需改动，因此某污水处理厂率先在这方面进行了研究。该厂采用奥贝尔氧化沟生物处理工艺，日处理水量1.0×10^4t/d，在夏季投加MCMP-11多功能复合微生物制剂后，氧化沟内污泥浓度降低，开始出现池内污泥负增长，20d后污泥浓度趋于稳定，沟内平均污泥浓度由添加前2081mg/L降到1711mg/L，半年内没有剩余污泥排放，排放废水水质稳定达到一级B标准，污泥减少2.7t。另一污水处理厂，采用奥贝尔氧化沟工艺处理工业园区污水，生活污水和生产废水比例也为6∶4，日处理量8×10^4t/d，在冬季添加MCMP-11多功能复合微生物制剂，处理后的出水达国家《城镇污水处理厂污染物排放标准》一级（B）标准。在试验观测的31d内，污泥没有出现负增长，沟内污泥浓度由8150mg/L增加到8842mg/L，污泥总量增加了27t干基，排放脱水污泥42t干基，与未投加复合微生物制剂时相比，污泥减排71%左右。

虽然直接投加酶更简单、方便，但在污水处理中投加酶制剂或抗菌素在经济上难以承受。

（3）化学溶胞　常用的化学溶胞剂有酸、碱、臭氧、氯气等。Rocher等发现酸或碱可以抑制细胞活性，使细胞壁溶解并释放细胞内物质，相同pH值条件下，H_2SO_4的溶胞效果优于HCl，NaOH的效果优于KOH；由于碱对细胞磷脂双分子层的溶解性优于酸，因此增加或者减少相同pH值，碱的溶胞效果好于酸；将加热和碱处理相结合（pH＝10，60℃，20min），可以收到良好的溶胞效果，接种活性污泥48h和350h后，污泥溶解液的可生物降解性分别达到75%和90%，37%污泥减少。但在操作过程中需要维持一定的pH值和温度，对设备有腐蚀，投资大，限制了该工艺的大规模实现。

臭氧具有强氧化性，是良好的细胞溶解剂，常在消毒、污泥膨胀控制中被广泛应用。Yasui等在1990年前后，率先将臭氧应用到污泥处理中，并将臭氧与传统的活性污泥系统结合，结果发现当曝气池中日臭氧投量为10mg/gMLSS时，剩余污泥的产量减少50%。Kamiya等研究表明，日臭氧投量增加到20mg/g MLSS以上时，没有剩余污泥产生。

与臭氧相比，氯气价格低廉，并同样具有强氧化性。因此Saby等研究了氯气替代臭氧的可行性，结果表明，当氯气量为133mg/(gMLSS·d)时，污泥产量减少65%，但污泥的沉降性能差，出水中溶解的COD_{Cr}显著增加，并有三氯甲烷产生，因此氯气处理污泥还不能应用于实际污水处理工程。

一些高级氧化技术也开始进入污泥破解领域，如湿式氧化、超临界水氧化、光-Fenton等。Quitain等以下水道污泥、鱼内脏等含高蛋白的污泥及纤维素含量高的造纸污泥为研究对象，考察了623K、16.5MPa条件下反应30min后污泥的分解状况。结果表明，有70%以上的污泥被去除，18%的COD以非活性形式存在，75%的COD被氧化，7%的COD转化为可溶性有机物，主要为乙酸、甲酸、丙酸、丁二酸和乳酸等小分子有机酸，其中乙酸占到90%。昝元峰等则采用间歇式反应器研究了超临界水氧化法对污泥的破解情况。结果表明，应用超临界水氧化法（SCWO）能快速实现污泥的减量减容和无害化处理，污泥去除率为92%。在400℃、26MPa条件下，污泥中有机物质含量超过30%时，SCWO反应能实现能量的平衡-自热。Tokumura等则利用光-Fenton试剂破解剩余污泥，初始阶段由于污泥中微生物细胞壁的氧化分解，有机物释放使SCOD升高，当COD达到最大值后开始下降，此时光-Fenton试剂矿化有机物起主导作用。当初始MLSS增加后矿化作用减弱，H_2O_2和Fe^{2+}的投量的增加均会增强污泥的破解程度，两者的最佳投加比为100。但是大多数高级氧化反应需要高温、高压，反应条件苛刻，投资大，设备易腐蚀，目前仅处在实验室研究阶段。

3.3 臭氧氧化污泥减量技术

综合比较各类污泥减量技术发现，臭氧氧化污泥减量技术以其简单、高效、易行、无二次污染而备受青睐，是一项最有希望实现工业化的污泥减量技术。表3-8为不同污泥减量技术及其代表工艺的比较。

表3-8 不同污泥减量技术及其典型工艺比较

污泥减量技术	典型工艺		优点	缺点
解偶联技术	投加解偶联剂		对现有工艺改动少，操作简单	污泥减量效果不稳定，耗氧量增加，微生物驯化作用可降低解偶联剂效率，环境安全性不确定
	提高基质/微生物比值		不改变现有工艺流程	成本高，出水水质较差，对生活污水不适用
	提高供氧量		不改变现有工艺流程，操作简单	能耗极高
	好氧-沉淀-厌氧(OSA)工艺		对现有工艺改动较少，利于除磷菌生长，具有实用性	进水有机物浓度低时减量效果不明显，水力停留时间长，低碳源污水脱氮效果差，能耗偏高
	投加限制性基质		不改变现有工艺条件，操作简单	适用范围窄，成本高，减量效果不确定
维持代谢技术	膜生物反应器、氧化沟、生物膜反应器等长污泥龄污水处理工艺		泥龄长，负荷低，属污水处理新技术，与传统活性污泥法相比，污泥产量少	对现有工艺完全用不上，不适合旧厂改造，长污泥龄维持技术缺乏
微型动物捕食技术	接种微型动物		成本低、无污染	易受环境影响，微型动物的培养与维持难于控制，对氮、磷没有去除作用
	生物相分离			
促进隐性生长技术	物理溶胞	超声波	对原有工艺改动少，操作简单，易于管理，环境安全性好，效果突出	成本高，难以规模化
		微波		
		碾磨器、高速搅拌器加热、冰冻和熔化等		
	化学溶胞	臭氧	简单、高效、无二次污染	成本高
		过氧化氢	成本较臭氧低廉	效果不如臭氧，残留过氧化氢需处理
		酸、碱	对原有工艺改动少，操作简单，易于管理	对设备要求有防腐措施，成本高，对残留物需后续处理
	生物溶胞	添加酶制剂	无需改动原有工艺，操作简单，易于管理，环境安全性好	需多次投加，成本奇高

3.3.1 臭氧氧化的基本原理

臭氧分子式为O_3，由一个氧分子携带一个氧原子组成，是氧的三原子同素异形体。在常温常压下，较低浓度臭氧为无色气体。当臭氧浓度达到15%时呈浅蓝色，有类似鱼腥的臭味；臭氧其三个原子呈三角形排列，具有如图3-19所示的四种结构，均有共振现象，尤以前二者最多。

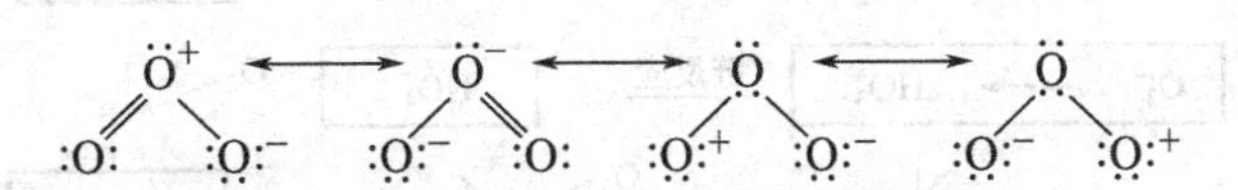

图3-19 臭氧共振杂化分子的四种典型形式

臭氧与氧气的主要性质比较见表3-9，臭氧的主要物理性质见表3-10。

表3-9 臭氧与氧气的性质比较

分子式	相对分子量	气味	颜色	稳定性
O_2	32	无	无	稳定
O_3	48	鱼腥味	淡蓝色	易分解

表3-10 臭氧的主要物理性质

项　目	数　值	项　目	数　值
相对分子量	47.99828	黏度(液态)(90.2K)/(MPa·s)	1.56
熔点/℃	-192.7 ± 0.2	表面张力(77.2K)/(N/m)	43.8
沸点/℃	-111.9 ± 0.3	表面张力(90.2K)/(N/m)	38.4
临界状态(温度)/℃	-12.1 ± 0.1	等张比容(90.2K)	75.7
临界状态(压力)/MPa	5.46	介电常数(液态,90.2K)/(F/m)	4.79
临界状态(体积)/(cm^3/mol)	147.1	偶极矩/C·m(D)	$1.84\times10^{0.55}$
临界状态(密度)/(kg/m^3)	437	比热容(液态,90～150K)/(kg·K)	$1.778+0.0059(T-90)$
密度(气态)(0℃,0.1MPa)/(kg/m^3)	2.114	摩尔气化热(161K)/(kJ/mol)	14277
密度(液态)(90K)/(kg/m^3)	1.571×10^3	摩尔气化热(90K)/(kJ/mol)	15282
密度(固态)(77.4K)/(kg/m^3)	1.728×10^3	摩尔生成热/(kJ/mol)	−144
黏度(液态)(77.6K)/(MPa·s)	4.17		

臭氧可溶于水，常温常压下臭氧在水中的溶解度比氧高13倍，比空气高25倍，其在水中的溶解度主要取决于温度和气相分压，同时受气相总压的影响，在标准压力下20℃时臭氧在水中的溶解度为9.2mLO_3/L水。在标准压力下，臭氧在水中的溶解度见表3-11。

表3-11 臭氧在水中的溶解度

温度/℃	0	10	20	30	50	60
溶解度/(mLO_3/L水)	17.4	14.6	9.2	4.7	0.4	0

臭氧极不稳定，常压下可自行分解为氧气，在常温大气中半衰期为16min，具有很强的氧化性，是目前已知的最强的氧化剂之一。臭氧极不稳定，容易分解为氧气，具有很强的氧化性，是目前已知的最强的氧化剂之一，臭氧氧化的反应机理可以分为直接和间接两种，见图3-20。

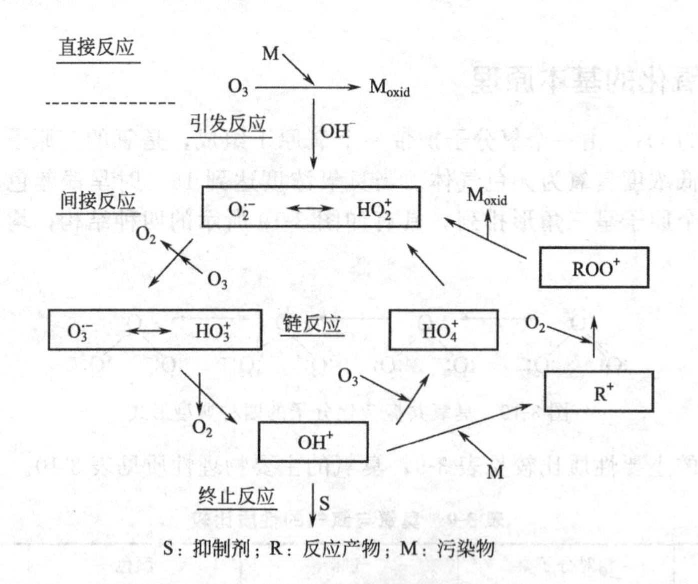

图 3-20 臭氧氧化的直接和间接反应机理

3.3.1.1 间接反应

间接反应是自由基型反应（·OH），臭氧首先分解形成羟基自由基为主的一系列次生氧化剂，而后羟基自由基无选择地与污染物发生快速反应［$k=10^8\sim10^{10}$ L/(mol·s)］。生成的羟基自由基可以通过电子转移反应、抽氢反应和·OH 加成反应使溶解态无机物和有机物氧化。

电子转移反应：夺取有机物上的电子，自身还原为 OH^-。

抽氢反应：从有机物的不同取代基上抽取 H，使有机物变为有机物自由基，自身转化为水。

OH·加成反应，OH·加成到烯烃或芳香族烃类化合物的双键上，形成 OH^-。

3.3.1.2 臭氧直接氧化

臭氧分子具有偶极性、亲核性和亲电性，这三种性质使臭氧可以直接氧化有机物，决定了臭氧直接氧化有机物的反应机理。

臭氧的偶极性常导致偶极加成到不饱和键上，形成初级臭氧化物，在质子化溶剂中（如水溶液）初级臭氧化物分解成为羰基化合物（如醛、酮等）和两性离子，两性离子又可快速转化为羟基-过氧基态，并最终分解为羰基化合物及过氧化氢；亲电反应常发生在一些芳香化合物电子云密度较高的位置，给电子基（如—OH，—NH_2等）的芳香取代物的邻位及对位碳原子上有很高的电子云密度，与臭氧反应速率比较快，而带吸电子基（如—COOH，—NO_2）的芳香取代物与臭氧反应速率较慢；亲核反应发生在缺电子位上，尤其是在带吸电子基的碳位上更容易发生。亲核反应也可以通过氧原子的转移来实现。分子臭氧的反应有选择性，主要局限于不饱和芳香化合物、不饱和脂肪族化合物及一些特殊的官能团上。

不同的有机物与臭氧反应速率也不相同。臭氧氧化不饱和、未被取代的芳香族化合物时，反应速率大小顺序为，简单烯烃＞蒽＞菲＞萘＞苯。氧化苯系物的反应速率大小顺序为，六甲基苯＞1,2,3-三甲基苯＞二甲苯＞甲苯＞苯＞卤代苯＞基苯＞苯亚甲＞氯＞三氯甲苯。

在自由基反应被抑制的情况下，如水中没有自由基引发剂，或者存在很高浓度的自由度抑制剂时，臭氧直接反应成为主要氧化途径。

臭氧可以氧化许多无机物和有机物，大多为二级反应，各物质的反应速率差别很大。部分有机物与臭氧在水中的反应速率常数见表 3-12。

表 3-12 部分有机物与臭氧在水中的反应速率常数

有机物	浓度/(mmol/L)	pH 值	K/[L/(mol·s)]
甲醇	600	2～6	0.024
乙醇	660	2	0.37
苯酚	0.004～0.04	2	1.3×10^3
马来酸	0.1～0.7	2	约 10^3
硝基苯	5～10	2	0.09
甲苯	0.4～4	1.7	14
乙酸	1000	2.5	$<3\times10^{-5}$
甲酸	1～20	3.75	0～10
4-氯苯酚	0.1～0.5	1	600
萘	0.002～0.14	2	3000±600
叔丁醇	600	2.6	约 0.03
正丙醇	6～60	2	0.37±0.04

3.3.2 臭氧氧化污泥减量系统的基本组成

臭氧氧化污泥减量系统由两个子系统组成：污泥臭氧氧化系统和污水生物处理系统。常规的污水生物处理过程中，进水中的污染物作为生物系统中微生物的营养来源，通过微生物的新陈代谢作用将其转化为二氧化碳、水和生物物质，新增的生物物质构成了生物处理系统的剩余污泥。将污泥臭氧氧化破解系统与活性污泥系统结合后，部分污泥进入污泥臭氧破解系统。在臭氧化过程中，污泥部分被无机化，部分固相中的有机物溶解进入液相。臭氧氧化污泥被转化成为可以在一定程度上被微生物利用的自底基质，将自底基质回流至曝气池等生物氧化系统，自底基质中的可生化部分在活性污泥的作用下被矿化，虽然在此过程中也有新增的生物物质生成但从整个污水处理系统来看，生物处理系统向外排放的生物固体量可减少，甚至没有。具体工艺过程见图 3-21。

由图 3-21 可知，沉淀池沉淀下来的回流污泥，一部分直接进入曝气池，另一部分则通过臭氧处理后再返回到曝气池。通过臭氧氧化，污泥中部分被无机化。部分固相中有机物溶

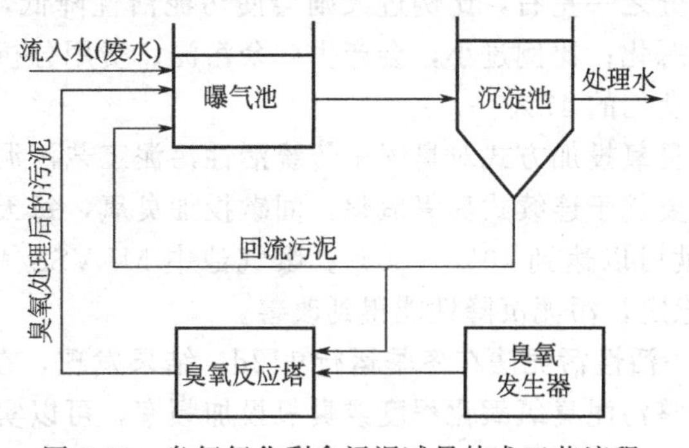

图 3-21 臭氧氧化剩余污泥减量技术工艺流程

解进入液相，提高了生物的可降解性。臭氧氧化后污泥被转化成为可以在一定程度上被微生物利用的自底基质，将自底基质回流至曝气池，在活性污泥的作用下自底基质中可生化部分被矿化，新增了生物物质，该新增物质就构成了生化处理产生的剩余污泥。在操作过程中，只有污水微生物处理过程中产生的净增污泥量和无机化污泥相等，才能确保无剩余污泥产生。

3.3.3 臭氧氧化对污泥性质的影响

Scheminski 等对厌氧消化后的污泥进行臭氧氧化处理，臭氧投量为 0.5gO_3/gDS（DS 为干污泥）时，污泥中 60%的固体有机物溶解，其中蛋白质含量减少 90%，多糖减少 60%，脂类减少 30%。臭氧投量较低时，污泥中含有大量羧酸，约有 90%的羧酸不挥发；臭氧投量较高时，污泥中有碳酸生成，pH 值降低，而挥发性有机酸并不升高。

Weemaes 等则考察了臭氧投量从 0 到 0.2gO_3/gCOD 对污泥性质的影响。臭氧投量为 0.2gO_3/g COD 时，污泥上清液中溶解性 COD（SCOD）从初始的（0.06±0.05)g/L 上升到（2.3±0.1)g/L，总有机碳（TOC）下降了 28.1%，污泥溶液的 pH 值由初始的 7.8 降到 4.9。在显微镜下观察，污泥絮体小且细碎。SVI 值由最初的 100～120mL/g 下降到 25～30mL/g，污泥上清液浊度增大，脱水性能急剧下降，即使臭氧投量为 0.05g O_3/g COD，污泥毛细吸水时间（CST 值）也增加很快。

Rong 等考察了臭氧投量从 100mgO_3/g VS 到 2000mgO_3/gVS 时，臭氧对污泥氧化情况和微生物细胞内物质释放情况。结果表明，当臭氧投量超过 1000mgO_3/gVS 时，细胞溶解率不会显著升高。当臭氧投量为 1200mgO_3/gVS 时，污泥中有 12.7%的 COD 消失，污泥中 63.2%的 VS 溶解，细胞内物质泄漏，污泥上清液中的 TOC、多糖和蛋白质浓度升高。

Kwon 等考察了臭氧对污泥絮体尺寸的影响，认为当臭氧量超过某一限值时，破碎的污泥颗粒会发生二次凝聚，因此污泥经臭氧氧化后，污泥的平均粒径会随着臭氧投量的增加而增大。Song 等在膜生物反应器中也发现了这一现象，即臭氧氧化污泥回流系统中的污泥絮体尺寸要比无臭氧氧化污泥回流系统中的污泥絮体尺寸大，这与人们预期的推测刚好相反。Neyens 等认为臭氧可能使污泥颗粒表面电性发生改变，产生污泥颗粒的再凝聚，从而污泥絮体尺寸增大。臭氧对污泥絮体大小的影响目前还没有定论，需要进一步的研究。

3.3.4 臭氧氧化污泥减量工艺研究

Yasui 等采用臭氧＋传统活性污泥工艺对制药废水进行为期 10 个月的试验。结果表明，整个系统基本无剩余污泥排放，惰性物质几乎无积累，但出水中的 TOC 比对照系统稍高。Yasui 指出污泥减量效果与臭氧浓度及臭氧与污泥的接触时间有很大关系，臭氧氧化污泥量应占总回流污泥量的三分之一左右，比例过大则会使污泥活性降低，污泥中无机物质积累，导致生物系统运行效果恶化；比例过小，会产生剩余污泥。费用分析表明，采用该法污泥处理费用为常规污泥处理费用的 47%。

Lim 等比较了不同臭氧投加方式对臭氧＋传统活性污泥工艺污泥减量效果的影响，结果表明，间歇式臭氧氧化要优于连续式臭氧氧化，间歇投加臭氧，每天臭氧与污泥接触时间平均 3h 左右，污泥减量就可以达到 40%～60%。曝气池中 MLVSS/MLSS 由初始的 0.85 下降为 0.75 并能够保持稳定，污泥沉降性能得到改善。

Lee 等则采用臭氧＋活性污泥法在冬季运行 112d，结果发现，在进水 COD 负荷和温度变化的情况下，动态调整污泥臭氧氧化程度或臭氧投加频率，可以实现节能和稳定运行之目的。当臭氧与传统的活性污泥法结合时，污泥溶解液中大部分碳系物质可以在臭氧和生物双重氧化作用下成为CO_2从体系中去除，但氮系和磷系物质除少部分用于微生物合成外，大部分滞留在生物系统中，导致出水中氮、磷升高。为此，Rong等在实验室中模拟AO工艺，进行连续流试验。当臭氧投量为1200mgO_3/gVS时，溶解性COD与总氮的比值为10.78。在好氧条件下，臭氧氧化污泥的上清液易发生硝化反应，而系统中氨氮无明显积累；在缺氧条件下，污泥溶解液可以提供电子供体使得反硝化反应得以进行，硝酸盐被转化为氮气。Rong等对此系统中的氮平衡进行了分析，指出臭氧化后的污泥溶解液一方面作为反硝化的碳源，另一方面细胞内含氮物质释放到污泥上清液中，增加了系统中氮的含量，这部分氮可能造成系统的碳氮比较低，阻碍反硝化过程的进行。在四个月的连续运行试验中，臭氧化污泥回流对COD和BOD的去除无显著影响。

Dytcza等则采用臭氧+SBR工艺，比较好氧和缺氧/好氧运行条件下的运行效果。结果表明，缺氧/好氧反应器中污泥较好氧反应器中污泥易氧化，污泥溶解产生的SCOD是后者的2倍，反硝化率可达60%。

Song等将臭氧氧化技术与膜生物反应器（MBR）组合，考察了臭氧+膜生物反应器中营养物质的去除情况及污泥产率。结果表明，在无臭氧氧化污泥回流的膜生物反应器中，污泥产率大约为1.04g/d，而当臭氧投量为100mg O_3/gTS时臭氧+膜生物反应器工艺中污泥产率几乎为零，污泥中挥发性部分占75%。在营养物质去除方面，有臭氧氧化污泥回流的反应器效果要好于无臭氧氧化污泥回流的反应器，二者对总氮的去除率分别为70.4%和68.7%，总磷的去除率分别为54.4%和46.2%。Song等认为臭氧氧化的污泥作为碳源在反应器中被彻底降解，这一点同时也间接验证了Ann关于臭氧化污泥作为反硝化碳源的想法。在整个操作过程中，尽管污泥经受了臭氧氧化，但在膜通量为0.36m/d时，膜压力始终低于10kPa。在MBR系统中应用臭氧氧化回流污泥可显著减少剩余污泥的量，并可保证良好的出水水质。He则采用三个臭氧+MBR系统平行运行120d，结果表明，臭氧氧化没有抑制水中有机物的矿化及硝化作用，臭氧投量为0.16kgO_3/kgTS时，每处理1.0 m^3污水费用仅为0.096元。

在国内，臭氧多用于水处理之中，而用于污泥处理的研究还刚刚起步，仅有哈尔滨工业大学、上海交通大学、浙江大学、西安建筑科技大学、华东理工大学、中国海洋大学等少数高校在这方面展开实验室研究。金洪瑞等首先考察了臭氧对污泥浓度、污泥活性、污泥中的有机物及活性污泥微生物数量的影响。当臭氧投加量达到100mgO_3/gTS以后，污泥浓度才开始显著下降，而臭氧投加量低于100mgO_3/gTS时，污泥活性就已经受到抑制。金洪瑞等选用污泥产量少的序批式反应器（SBR），与臭氧氧化回流污泥组成完整的污泥减量系统，探讨了臭氧对SBR系统中污泥性能、污泥产量的影响。结果表明，臭氧氧化促进了反应器中生物量的减少，并有一定量的生物污泥被无机化。在臭氧投量接近200mgO_3/gTS且污泥回流量为0.3L/(L·d)时，污泥观测产率近似为零。另外，当臭氧投加量为0.05gO_3/gSS，污泥回流量0.4L/(L·d)时，也可得到相似结果。实验期间，SBR系统对COD去除率在95%以上。

王宝贞和王琳等，采用臭氧+淹没式生物膜好氧工艺，在臭氧投量为50mgO_3/gTS时，考察了臭氧化污泥量对污泥产率的影响。运行2个月的试验结果表明，最佳臭氧化污泥体积流量为进水体积流量的5%，污泥产率比无臭氧化的对比工艺减少78.4%。蒋铁锋等则采用臭氧+MBR工艺实现污泥减量。结果表明，当臭氧投量为16mg/mgVS时，臭氧化污泥体积流量分别为进水体积流量的0.5%和1%时，污泥产率分别是对照系统的71%和50%。

孙德栋等采用AO工艺，考察了在污泥减量过程中臭氧氧化对生物系统硝化和反硝化能力的影响。结果表明，臭氧投量为50mg/gTS时，氧化后污泥中的COD_{Cr}由37.5mg/L增至700mg/L，TN由4.86mg/L增至36.6mg/L，NH_4^+-N由0.353mg/L增至7.49mg/L，NO_3^--N由2.19mg/L增至5.15mg/L。虽然氧化系统出水NH_4^+-N浓度略高于对照系统，但NH_4^+-N氧化系统的去除率大于98%，硝化能力基本没有受到O_3氧化的影响。O_3氧化污泥后增加的有机物作为附加的碳源循环至缺氧段，提高了反硝化的效果，当污泥氧化比例分别为10%、20%、30%时，进入缺氧段的COD_{Cr}/TN分别平均增至11.21、11.56、11.88，氧化系统的反硝化效果也随之分别提高5%、25%、37%，污泥表观产率系数分别减少24%、46%、73%。

赵庆良等则将臭氧直接通入曝气池中，省去臭氧氧化槽，当臭氧投量为22.04mg/L时可实现污泥原位减量。与普通的SBR工艺比较，污泥产率降低27.1%，出水水质良好，碱性条件有利于提高臭氧的氧化能力。但在肖本益、杨艳等的研究中则观察到不同的试验结果。将污泥调至11.24后，$MLSS_{减少率}$＝38.3%%，$MLVSS_{减少率}$＝45.1%，而后通入臭氧18min，$MLSS_{减少率}$＝18.3%，$MLVSS_{减少率}$＝27.2%。由此认为，在碱性环境中臭氧破解污泥效果下降。这说明污泥臭氧氧化破解效果受外界条件影响显著。

目前，臭氧化污泥减量技术在韩国和日本已经进入中试生产阶段。在韩国Gwangju污水处理厂，Ann等采用SBR工艺，日处理水量15m^3/d，日处理污泥0.2m^3，臭氧投量为0.2gO_3/gTS，整个运行周期由30min缺氧段、30min厌氧段、60min好氧段组成，水力停留时间16.5h。运行结果表明，由于增加了臭氧氧化段，系统的总有机氮去除率提高了10%，污泥的沉淀性能和脱水性能也明显提高。

日本中部的Shima污水处理厂在原有的活性污泥处理工艺基础上，在污泥回流系统内增设臭氧接触反应器，处理不含工业废水的城市生活污水，处理水量为450m^3/d，臭氧投加量为0.034kg O_3/kgTS，需要处理的回流污泥量为常规污水处理厂剩余污泥量的4倍，该厂已成功地运行了9个月而没有剩余污泥的产生，处理效果稳定。

3.3.5 污泥臭氧氧化影响因素

臭氧投量是污泥破解中实际消耗的臭氧量，是影响污泥破解效果的决定性因素之一。当微生物受到氧化剂攻击时，微生物能释放抗氧化酶或抗氧化剂以保护自身，因此存在临界阈值，氧化剂投量必须高于此值污泥才能发生破解。不同氧化剂具有不同阈值。不同投量臭氧处理后的污泥活性变化可用来判断臭氧临界投量，结果见图3-22。

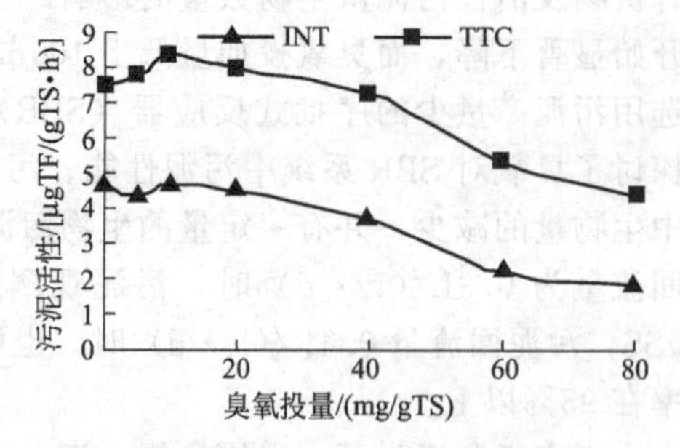

图3-22 不同投量臭氧处理后的泥活性变化

从图3-22可以看出，当臭氧投量小于40mg/gTS时，以两种受氢体所表示的污泥活性均略有增高，而当臭氧投量超过40mg/gTS时，污泥活性迅速下降。这是因为臭氧具有不稳定性，可自行分解成氧气，少量臭氧与污泥絮体接触后，不足以抑制微生物活性，而臭氧分解产生的氧气恰好为深藏在污泥内部的微生物所利用，从而使微生物活性短暂提高；当臭氧投量为40mg/gTS时，污泥体系中的臭氧含量足以影响微生物生命活动，表现为污泥活性下降，当臭氧投量大于60mg/gTS时，微生物活性已经完全受到抑制，因而下降趋势趋缓。

污泥破解不仅是污泥絮体结构的破坏，污泥中微生物细胞也会溶解，胞内物质（如蛋白质、核酸、多糖和脂肪等）会释放到污泥上清液中。污泥上清液中STOC和单位污泥释放的 PCOD 的变化可间接反映污泥破解情况。如图 3-23 所示，随着臭氧投量的增加，单位污泥释放的 PCOD 也不断增加，但 STOC 出现峰值。这表明，随着臭氧投量的增加，污泥固体物质一直在减少，污泥不断地从固相向液相转化，释放到污泥液相中的有机质也在不断增多。与此同时，这些液相中的有机物仍被臭氧氧化。在污泥原位减量工艺中，污泥微生物细胞破碎后所释放出来的胞内物质可以作为二次基质被后续的微生物再利用，因此污泥的破解不应一味追求污泥固体物质的减少，还应充分发挥微生物对污泥减量的贡献，这样才能降低处理成本。

污泥臭氧氧化破解强烈依靠于臭氧的强氧化能力，而 pH 值对这一过程影响显著，不同污染物与臭氧反应的最佳 pH 值也不相同。不同 pH 值条件下，臭氧作用前后污泥 PCOD 和污泥上清液中 STOC 变化情况见图 3-24。

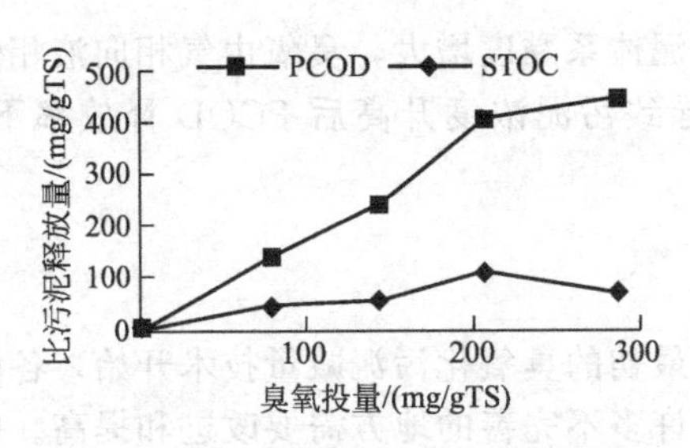

图 3-23　不同臭氧投量下的 PCOD 和 STOC 比污泥释放量

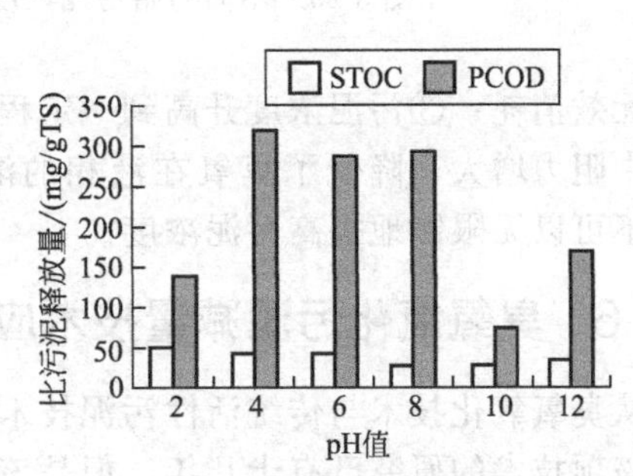

图 3-24　不同 pH 值下的 PCOD 和 STOC 比污泥释放量

由图 3-24 可知，pH＝4～8 时单位污泥释放的 PCOD 远高于 pH＝2 和 pH＝12 时所释放的 PCOD，其中 pH＝4 时单位污泥释放的 PCOD 最多，其次为 pH＝8 和 pH＝6 时。在酸性条件下单位污泥释放的 STOC 多于中性和碱性条件下释放的 STOC。pH＝2 时，单位污泥分解释放出的 STOC 最多，而 pH＝4 和 pH＝6 时单位污泥释放的 STOC 紧随其后，pH＝8 和 pH＝10 条件下单位污泥释放的 STOC 最少。STOC 的这种变化与 PCOD 明显不一致，这与臭氧的强氧化能力有关。

臭氧的强氧化能力可以将长链带环的难生物降解物质转化为短链的易降解的物质，进而被进一步氧化成水和二氧化碳，逸出反应体系，因此当臭氧氧化造成的有机物减少大于污泥破碎释放出来的有机物就表现为上清液中的 STOC 的降低，这就解释了 pH＝4 和 pH＝6 时 PCOD 比污泥释放量较 pH＝2 时多，而上清液中所含的 STOC 却比 pH＝2 时少。

即使在臭氧投量充足的条件下，污染物的去除效率也会随着污染物初始浓度的不同而变化，适宜的污染物浓度对提高臭氧氧化效率来说是非常重要的。图 3-25 反映了不同污泥浓度下 PCOD 和 STOC 的释放情况。

从图 3-25 可以看出，当污泥浓度由 6517mg/L 增加至 9931mg/L 时 PCOD 比污泥释放量增幅达 1.73～1.76 倍。当污泥浓度继续升高到 19629mg/L 时，PCOD 比污泥释放量下降，但降幅不大。STOC 与 PCOD 具有相同的变化趋势。由此判断，高污泥浓度有利于污泥的分解。这可以从以下几方面来解释：①污泥浓度的升高增多了污泥中可被臭氧氧化的物质与臭氧的接触机会，从而臭氧有效利用率提高，加速了污泥固相向液相的转化，导致 PCOD 释放量增加，STOC 也随之增加；②污泥浓度提高后，污泥液相中阻碍臭氧氧化的物质（如某些还原性物质、CO_3^{2-} 等）在整个体系中所占的比例也会随之减少，这样减少了臭

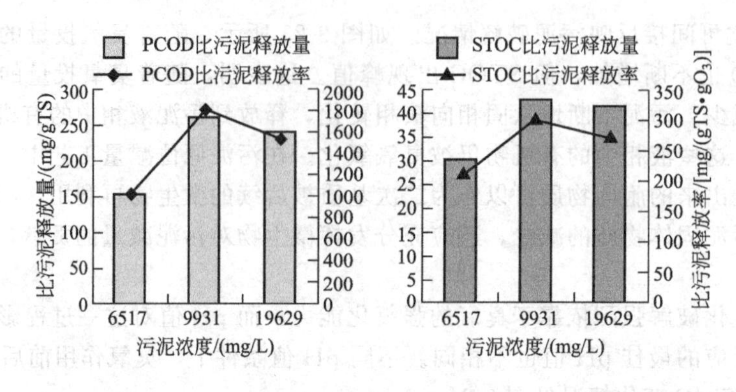

图 3-25 不同初始污泥浓度下污泥的 PCOD 和 STOC 的释放情况

氧的无效消耗；③污泥浓度升高到一定程度后，污泥体系黏度增大，臭氧由气相向液相传递过程中阻力增大，降低了臭氧在液相的溶解度，导致污泥浓度升高后 PCOD 释放率下降，因此不可以无限制地提高污泥浓度。

3.3.6 臭氧氧化污泥减量技术应用限制

从臭氧氧化技术与传统活性污泥技术结合形成最初的臭氧化污泥减量技术开始，各国学者对该项技术的研究已有十几年，但是该技术还有许多不完善的地方需要改进和提高。归纳起来主要有以下三方面。

(1) 处理成本居高不下　臭氧的发生及污泥溶解液作为二次反应基质被微生物利用都需要增加动力消耗，相应的动力成本也增加，因此降低处理成本，提高臭氧和污泥的反应效率是整个技术的关键问题。

(2) 出水水质还需要提高　污泥经臭氧氧化后，污泥菌体发生破碎，会使细胞壁等难生物降解的物质进入到系统中，引起出水中有机碳和浊度升高，而且整个系统对营养物质（如氮、磷）的去除效果也不很理想。

(3) 操作条件需要优化　目前对臭氧氧化污泥减量技术中涉及的各项操作条件（如臭氧的最佳投量、臭氧化污泥与回流污泥的最佳回流比、pH 等），还没有达成统一共识，因此如何进一步优化并规范系统的操作条件尚需深入研究。

3.4 污泥辐射技术

20 世纪 70 年代后，污泥辐照装置在德国、美国等很多国家都相继建造，运行比较成功，充分证明了污泥辐射技术安全可靠，操作方便，处理后的污泥可作为农田肥料和土壤改良剂，又能作为家畜的辅助饲料。用于污泥辐射处理的辐射源通常有$^{60}C_o$、$^{137}S_e$和高速电子束等。

3.4.1 污泥辐射杀菌效果及对污泥稳定性影响

表 3-13 总结了污泥中 7 种微生物在进行不同辐射剂量、剂量率等辐射条件下的灭菌结果。

从表 3-13 中数据可以看出，虽然不同强度的辐射剂量、有机物含量和氧气含量等条件都对生存在一个生态环境中的各类菌群产生不同程度的影响，但是起主要作用的是照射剂量。杀菌效果随照射计量的增加而增加，只要达到一定的照射剂量，就能杀死各种微生物，在达到农业应用卫生学标准时，污泥杀菌的最佳计量在3kGy左右。辐射消毒与化学法消毒相比，不但可以避免化学累积效应，同时还能提高污泥的稳定性，并且可以有效地防止病原菌的传播。

表 3-13 污泥在不同辐射条件下的灭菌效果

细菌名称	单位	样品含菌量	不同辐射剂量下的含菌量				
			照射 1kGy	照射 2kGy	照射 3kGy	照射 4kGy	照射 5kGy
大肠杆菌	个/L	1.6×10^6	0	79	0	0	0
沙门氏菌	个/mL	3.2×10^4	0	0	0	0	0
志贺氏菌	个/mL	5.2×10^3	0	0	0	0	0
粪性链球菌	个/mL	2.1×10^4	6.1×10^2	70	31	0	0
真菌孢子	个/mL	很多	很多	6	4	0	0
放线孢子	个/mL	9.2×10^2	8	5	0	0	0
细菌总数	个/mL	1.6×10^5	7.8×10^2	2.2×10^2	56	7	0

未处理的污泥很不稳定，在放置过程中会产生物理和化学方面的变化，出现细菌和藻类繁殖，污泥上浮、变黑等现象，而污泥经过辐射处理之后就可以改变这种情况。

3.4.1.1 辐射对厌氧菌的影响

未照射的污泥和照射过的污泥在静置放置一段时间后，已经沉淀在底部的污泥开始有规律地上浮，从上浮时间看，未照射的污泥首先上浮，然后是辐射后的污泥由受低剂量照射的开始，每隔几天或十几天陆续上浮，当照射4kGy或6kGy的污泥开始上浮时，未照射的污泥又一次下沉。这种情况受温度影响很大，温度越高，污泥上浮的时间越快。在低温环境中基本不发生这种现象。产生这种现象的主要原因是厌氧菌在污泥底部不断繁殖所造成的。污泥本身含有大量的厌氧菌，在放置过程中，沉下来的污泥隔断了与大气的复氧传递条件，而污泥上浮的澄清水中的好氧菌在繁殖和分解有机物的过程中又耗掉了水中的溶解氧，为污泥底部的厌氧菌创造了良好的繁殖环境。它们在分解有机物时所产生的气体有很难穿过污泥层进入大气，当不断积累起来的气体达到一定程度后，就将污泥慢慢顶向水面，而经过照射的污泥，由于射线杀死厌氧菌的程度不同，导致厌氧菌恢复和繁殖起来的时间不同。照射剂量越高，杀死厌氧菌的效果越好，超过6kGy剂量照射后的污泥几乎不发生上浮现象，说明辐射杀死厌氧菌是有效的。采用高剂量照射可彻底杀死污泥中的全部厌氧菌。

3.4.1.2 辐射对好氧菌和兼氧菌的影响

在污泥放置过程中，当环境温度较低时，污泥澄清后的上清液变色是放置过程中出现的主导性转化现象，这时几乎不发生污泥上浮现象，但上清液由浅色变成黑色，并且发臭。变色首先是从未照射的污泥开始，然后从低剂量到高剂量照射的污泥逐次发生变化。当照射6kGy剂量的污泥澄清水变成黑色时，前面的未照射和低剂量照射的污泥澄清水又开始由黑色逐渐变成黄色。这一过程一般需要1～3个月。温度越低，这一过程越长。造成这一现象的原因主要是好氧菌和兼氧菌在繁殖和分解有机物时消耗了上清液中的溶解氧使其变成黑色（但当上清液中的有机物被充分分解后，由于上清液表层复氧速率超过了微生物利用溶解氧的速率，上清液中溶解氧缓慢升高，使其中黑色的硫化物等再次转化为硫酸、亚硫酸盐的浅色物质）。因此，经过照射的污泥上清液变黑的时间能随着照射剂量的增大而延长，这就说明了辐射能有效地杀死水中的好氧菌和兼氧菌，并且照射剂量越大，杀菌越彻底。

3.4.1.3 辐射对藻类的影响

辐射可以杀死污水厂污泥中的藻类，防止其繁殖生长。例如，在长期放置的污泥上清液中，未照射的污泥首先开始生长绿色的藻类，经过镜检，发现大部分是小球藻，又经过一段时间后，照射 1kGy 和 2kGy 剂量的污泥也相继开始长藻类，镜检后发现大部分也是小球藻，而照射剂量超过 3kGy 的污泥始终没有发现藻类生长。这说明辐射对藻类是有影响的，只要达到一定的照射剂量，就可以沉底杀死污水污泥中的所有藻类。

以上三种情况说明，辐射不但对病原体杀死效果好，而对杀死好氧菌、厌氧菌以及藻类也是有效的，因此辐射能提高污泥长期放置的稳定性，减少污泥在放置或排放过程中给环境带来的污染。

3.4.2 污泥辐射除臭效果

城市污水处理厂排放的污泥本身就带有一定的臭味，如不经任何处理排入干化场后，在微生物的作用下，会产生更加强烈的臭味，严重污染周围的环境。然而像巴士消毒法等热处理工艺在处理污泥的过程中不但去除不了臭味，相反还会产生令人厌恶的臭味直接影响操作环境和工人的健康，并且对设备腐蚀严重。相比之下，辐射技术除臭效果明显，对周围环境影响很小。当污泥照射 4kGy 以上的计量时，可使污泥从有强烈臭味到仅可以察觉的程度，基本上可以降低 1 个臭气强度的等级。在低于 4kGy 以下的剂量时，除臭效果不明显。杀死污泥中各种细菌和藻类，从而消除了产生臭味的根源。因此，在较长时间的放置过程中，污泥也很稳定。另外，由于污泥采用辐射技术处理是在常温常压下进行的，所以对设备腐蚀性很小。

3.4.3 辐射对污泥中速效性氮、磷含量的影响

污泥中速效性氮、磷含量的增加，说明辐射能够促进污泥中含氮磷有机物的分解，提高污泥养分的速效性。因此，污泥中营养物质的可利用性也增加了，营养物质容易被作物吸收，起到增产效果。国外的辐照污泥盆栽试验和大田实际应用都证明辐射后的污泥确实有提高作物产量的作用。城市污水厂排放的污泥经过照射后，在 1～4kGy 范围内，污泥中的速效性氮和磷的含量是随着照射剂量的增加而增加的。在照射剂量达到 4kGy 时，速效氮可增加 3 倍，速效性磷可增加 6.5 倍。超过 4kGy 时，速效性氮、磷含量趋于稳定。辐射处理污泥的这一特点是其他很多方法所不具备的。如普遍采用的热处理方法在杀菌的同时会破坏污泥中的氮、磷等营养物质，降低污泥再利用的价值和效益。

3.4.4 辐射对污泥物理性能的影响

辐射能够提高污泥的沉降性和过滤性的特点也是其他很多处理方法所不具有的。通过对多组未照射污泥与经不同剂量照射后的污泥沉降速度所进行的比较发现：污泥经辐射后，其沉降速度比未照射的均有提高，并且沉降速度的增加与照射剂量几乎呈线性关系，基本上随照射剂量增加而提高。温度在 10～25℃，污泥含水率在 96.7%～99.5%，照射剂量在 1～6kGy 范围内，可使污泥沉降速度平均提高 9%～12%。

污泥经过辐射后，过滤速度比未辐射污泥有一定提高，但在过滤的最初时间里，过滤速度提高不明显，出现这种现象的主要原因是由于随着污泥含水率的降低，污泥的黏滞性（源于污泥固体的胶状絮体结构）成为影响过滤的主要因素，而辐射可使污泥的黏滞性发生变化，破坏了污泥的胶状絮体结构。

辐射破坏污泥泥浆絮体结构的机制能够改变污泥颗粒的带电状况，破坏污泥胶体的稳定

性，从而增强污泥颗粒之间的凝聚性，降低污泥体系的黏度，使污泥容易脱水，并表现为加快了污泥沉降速度和过滤速度，减少了污泥最终体积以及处置和运输系统的容量规模，同时还使其便于储存和运输，可降低处理费用，有利于污泥的再利用。

3.4.5 微波辐射技术

微波是一种非电离的电磁能，以每秒 3×10^5km 的光速传播，其频率范围是：3×10^2～3×10^5MHz，其中 2450MHz 是家用微波炉最常用的频率。用微波辐射能实现加热，部分取决于反应物料的消耗系数，消耗系数是反应物料的损失系数与其介电常数之比。介电常数可衡量反应物料阻止微波穿透它的能力，而损失系数则反映物料耗散微波的能力。在一定频率作用下，试样的耗散系数越大，微波辐射能穿透它的机会越小，即试样吸收微波能量的能力越强。描述微波穿透特性的有效参数是半功率深度，即微波功率密度减少到初始入射功率一半时离样品表面的距离。在一定频率下的半功率深度随反应物料的介电性质变化。对同一种电介质，半功率深度大约与频率的平方根成反比。在微波辐射作用下，微波能量在试样物料中的耗散是通过偶极分子旋转和离子传导两种机制来实现的。通过离子迁移和极性分子的旋转微波能使分子运动，但不引起分子内部结构变化。被作用物质的分子从相对静态，瞬间转变成动态，即极性分子接受微波辐射能量后，通过分子偶极以每秒数十亿次的高速旋转而产生热效应。由于此瞬间变态是在被作用物质内部进行的，故常称为内加热（传统靠热传导和热对流过程的加热称为外加热），内加热具有热速度快，反应灵敏，受热体系均匀等特点。其能量转化率的大小与分子的特征有关。由于加热的速度非常快，故可能出现局部过热。水是典型的极性分子，对微波的耗散和吸收作用强，在电磁场中温度上升很快，因此，可以在微波辐照下，使污泥中的水分迅速升温后蒸发脱除。

微波加热是污泥脱水和干燥的过程，从本质上说也是水吸收热量后蒸发的过程。与传统加热法相比，微波加热不是表面热传递过程，而是一种容积加热过程，因此没有热传递过程的热损失。从理论上说，微波加热的热效率比传统加热法高。由于污泥是典型的混合物，除了主要成分——水以外，还有氧化物、无机盐和有机物。在微波场中，无机颗粒物提供了共沸中心，会出现局部过热现象，使污泥在达到水的沸点以前就开始沸腾，水从污泥混合物中进入气相，因此，微波加热过程中，污泥中的水开始蒸发的温度不是100℃，而是低于100℃。微波干燥污泥能高效地脱去水分，减少污泥含水率和体积，有利于污泥的最终处置，用这种方法脱水的工艺简单，操作时间短，耗能低，设备构造简单，具有很好的应用前景。关于污泥微波脱水干化过程中是否伴随有机物的挥发和分解等相关问题仍在进一步研究之中。

3.5 污泥热化学处理技术

污泥热化学处理的主要目的有三个方面：a. 稳定化和无害化，通过加热使污泥中的有机物质发生化学反应，氧化有毒有害污染物（如 PAHs、PCBs 等），杀灭致病菌等微生物；b. 减量化（主要针对污水厂污泥），通过加热破坏细胞结构，使污泥中的内部水释放出来而被脱除（这部分在前面已经介绍，在这里就不详细介绍了；c. 资源化，一方面通过热化学处理后的城市污泥，由于已经稳定化，可以进行相关的资源化利用，另一方面热化学处理可以将污泥中的大量有机物转化为可燃的油、气等燃料。城市污泥的热化学处理具有处理迅速，占地面积小，无害化、减量化和资源化效果明显等优点，被认为是很有前途的城市污泥处理方法，日益受到人们的重视。

3.5.1 热化学处理的基本原理

目前发展的污泥热化学处理工艺，其原形大部分来自煤和生物质燃料的加工工艺，尤其是后者的物料特性与污泥（有机部分也主要为生物源物质）相当接近，因此生物质热化学转化技术的发展，往往是污泥热化学转化技术的前驱。

3.5.1.1 生物质热化学转化过程

生物质是生物源有机物质的总称。生物质曾是人类社会的主要能源，但工业革命后，由于化石燃料的大量开发，生物质作为能源的地位大大下降了。20 世纪 70 年代“石油危机”以后，生物质（biomass）能源，以其可再生性和“绿色”（其消费时产生的 CO_2，基本等于其生长过程中的吸收量），再次引起人们的重视。但这一次他所面临的是现代工业社会的能源消费结构，以传统的燃料法转化生物质能源已不再是一种可以普遍接受的方法。

生物质热化学转化是利用生物质在加热条件下，发生一系列由温度驱动的反应，使生物质的化学结构和物理状态发生变化，生成（并通过分离得到）气、液、固三相的产物。产物中的一股或多股具有可与传统化石燃料相比较的燃料价值，从而实现市场化的销售、经营。

生物质热化学转化过程发展中的主要问题是反应环境的选择，其次是反应设备的发展和产物利用过程的实现。目前，生物质热化学反应环境的相态有：气-固、液-固和气-液-固；反应温度 200～1000℃；压力为常压～高压（>40MPa）；还包括各种均相与非均相催化剂；反应气氛既有惰性的也有活性的。应用的反应器既有常见的固定床、搅拌床、流化床，也有专门发展的，如用于“闪蒸”（flash）热解的 Vortex 反应器等。由于生物质转化燃料与传统的化石燃料制品相比，其燃料性质比较独特，因此，现在常把生物质转化燃料的利用过程也作专门的考虑，如瑞典发展的林业废弃物发电流程中，废弃物先在流化床中气化，生成的可燃气体在燃气轮机中燃烧做功（发电），燃气轮机的尾气经废热锅炉产生的蒸汽，还可去蒸汽轮机做功（发电）。由此达到了对生物质能的梯次利用，使过程的经济性有明显的改观。表 3-14 显示了不同的生物质热化学转化过程。

表 3-14 生物质热化学转化过程

序号	过程名	反应环境特征	产物	能量形式
1	燃烧	气-固相，常压，富氧	尾气，灰渣	热能
2	气化	气-固相，常压，缺氧	可燃气，灰渣	燃料
3	高温热解	气-固相，常压，无氧	可燃气，灰渣	燃料
4	低温热化学转化	气-固相，常压，无氧	燃气，油，焦，废水	燃料
5	直接液化（水相）	气-水-固三相，高压，无氧	燃气，油，焦，废水	燃料
6	直接液化（有机相）	溶剂-气-固三相，高压，无氧	油，焦，尾气	燃料
7	常压液化	溶剂-固-气三相，常压，无氧	油，焦，尾气	燃料
8	液相气化	气-水-固三相，高压，无氧	可燃气，废水，渣	燃料

以上各种过程按反应过程的介质可分为气相过程和液相过程。液相过程中又可分为有机溶剂和水溶剂相两种，其分类如图 3-26 所示。

如果按介质参与热化学过程的活性不同，介质又可分为活性的与惰性的。对气相热化学转化来说，有氧和缺氧是活性气氛，无氧是惰性气氛，燃烧和气化属前者，热解和热（化学）转化属后者。液相热化学转化过程是在气-液两相介质中进行的，气-液两相均可担当活性介质的任务，活性气相一般是氢气。当水为液相时一氧化碳也是有效的活性气氛，液相活性介质则主要是四氢化萘一类的供氢溶剂。

近年来，一种较为极端的相介质也已被引入到生物质转化过程中，即超临界环境。常用超临界介质有苯、甲苯、二氧化碳和水等。生物质在超临界环境中，既因一定温度与压力保持着化学反应的活性，也受超临界介质强烈的传递作用影响，有加速向超临界溶剂相中释放的趋向，因此生物质的超临界转化是物理与化学过程的复合。

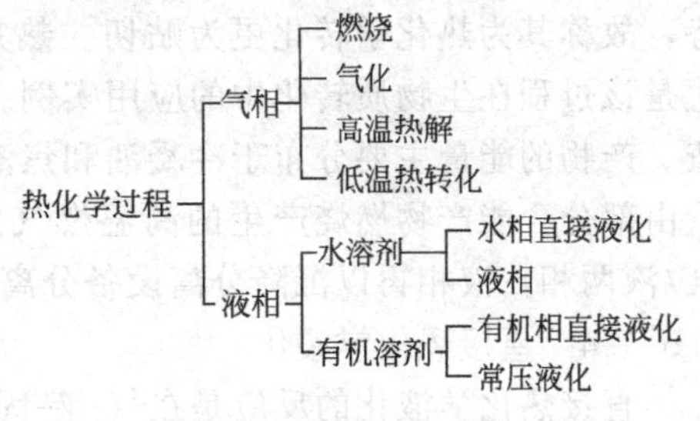

图 3-26 热化学过程分类

生物质热化学转化过程的反应温度环境可分为两个域，一般可以600℃为界，大于600℃的是高温环境，小于600℃的是低（中）温环境。表3-15中，燃烧、气化、高温热解，属高温过程；其余均为低温过程。这两个操作温度域对转化结果的显著影响是固相的有机物转化率，高温过程的有机物转化率一般大于90%～95%，固相产物不再有燃料价值，而低温过程的固相有机物转化率多小于90%，固相产物仍有一定的燃料价值，其后续过程应考虑固相的利用与处理。

生物质热化学转化过程的压力环境与相环境关系密切，气-固相反应系统一般均在常压环境中操作，而三相系统多在高压下操作。其中一个重要原因是三相系统溶剂在操作温度下的自发压力，如系统中存在水，则操作压力一般接近或略超过水在此温度下的饱和蒸汽压。降低压力操作的另一个原因（或条件）是预充入活性气氛（如CO、H_2），充入活性气氛的压力一般在1.0～4.0MPa。目前国际上已经建立了一些典型的生物质热化学转化系统。

3.5.1.2 气化与高温热解

根据有机质热化学转化的理论，热解与气化的区分在于是否加入气化剂。生物质气化类似于煤化工中的水煤气生产工艺，一般以水蒸气为气化剂，蒸汽可以外加，也可以利用生物质中水的蒸发来产生。气化过程中的生物质在反应器内形成填充床，进入床内的贫氧空气在床中形成一定高度的燃烧带。来自燃烧带含水蒸气的高温气流与生物质接触，通过热解，蒸汽重整，水气变换等反应使生物质气化，产生燃气，同时气流的温度因气化反应吸热而渐渐降低，发生气化反应的区域称为气化带，离开气化带的气流再经过干燥带，降温并干燥生物质后离开反应器。以此方法转化生物质，反应器内的能量是自持的（部分燃烧放热供部分气化吸热），但燃气的热值偏低，宜即时使用。一般产生的燃气在配套的锅炉或燃气轮机中做功发电，形成生物质气化发电系统，目前已在林业加工废弃物的能量回收中广泛应用。

生物质高温热解的热源是外加的，一种类似于带加热夹套的回转窑的热解设备曾被应用于生物质热解研究，但夹套中以天然气供热的方式显然是不经济的。实用的生物质热解设备是双塔循环流化床。其中一个塔是燃烧塔，燃烧从热解塔来的部分燃气和剩余炭焦，燃烧后的部分残渣作为载热体，循环至热解塔，加入生物质使之热解产生可燃气体。燃气分流，部分回燃烧塔，剩余为产品。此燃气产物比气化过程的热值高，可作为城市民用燃气使用。以燃气为主要产物时热解塔的操作温度大于800℃。如控制其在600℃左右，则产生的可燃气相中含大量可冷凝焦油，经冷凝后以焦油为主要燃烧产物。焦油既可作为石化工业的替代原料，也可经催化重整后成为一般的燃料油制品。

3.5.1.3 低温热化学转化

低温热化学转化过程除操作温度低外，与高温热解有许多相似之处，因此也被称为低温热解。但从过程原理的角度看，在500℃以下操作的该过程中，主要发生的是生物质基团转移、支链断裂、脱水等化学反应。作为热解反应特征的主链断裂、缩聚、环化等过程不占优势，故称其为热化学转化更为贴切。熟知的木柴干馏和矿化度较高的生物质-泥炭的低温焦化是该过程在生物质转化中的应用实例。过程产物是不凝性气体、冷凝油及反应生成水和焦渣。产物的能量主要分布于冷凝油和焦渣中。该过程可在间壁换热式反应器中完成，加热能量由部分含能产物燃烧产生的高温燃气提供。产生的热化学转化蒸汽流在冷凝器中分离为气/液两相，液相再以沉降分离设备分离为油/水两相，各股产品分别收集利用。

3.5.1.4 直接热化学液化

直接热化学液化的反应是在气-液-固三相中发生，但由于作为主体原料的生物质固体是悬浮在液相中参与反应的，故也被称为是液相过程，其操作过程为：与溶剂混合后的生物质，进入反应器内，反应器中充一定压力的活性或惰性气氛，升温反应后，反应混合物经降压、降温、分离后成为溶剂相，气相、油相和固相（焦），其中，油和焦是主要的含能产物，由于过程涉及液化溶剂和反应气氛选择等多个环节，生物质直接液化的工艺类型颇多，有有机与无机溶剂，加氢与不加氢，高压与常压，加催化剂与否等区别。但作为一个温度驱动的化学过程其操作温度域为250～450℃，其中采用水溶剂的过程为250～350℃，基本属低温热化学转化的范围。其与气相热化学转化过程的明显区别在于溶剂能改变过程的传递条件，从固相裂解的物质在溶液的包围下被稳定化，不致重新与固相接触分解；同时，具有加氢活性的反应气氛，能强化生物质的脱氧过程，并阻止缩聚与炭化的发生，二者均有利于获得更高的固相有机物转化率。这也是液相热化学转化比气相过程在相同温度下能转化更多的生物质的主要原因。液相生物质转化的另一个衍生工艺是液相气化，该过程的主要操作过程与直接液化相同，但采用的镍系非均相催化剂，其能使一些聚合物溶液和溶解性生物质转化为 CH_4 和 CO_2 为主的气体，但目前该过程在转化不溶性的大分子聚合物（包括生物质）时，气化率明显低下，其应用前景仍待探索。

3.5.1.5 生物质热化学转化过程在污泥处理中的应用

污水厂污泥中的有机质也可看成是一种生物质，因此上节中介绍的几种典型的生物质热化学转化过程均已被研究用于污泥的处理。但污泥与大部分生物质资源相比是一种能量密度更低的原料，两者的能量相关指标比较见表3-15。

表3-15 污泥与生物资源的能量相关指标比较 单位：%

生物质名	工业分类		元素分析			
	挥发性固体	灰分	C	N	O	N
葡萄渣	92	8.1	52	6.1	40	1.7
橄榄渣	98	2.1	53	6.1	40	1.1
混合污泥	74	26	53	7.7	33	6.2

维持过程所需的能量支出较大的高温热化学转化过程（气化与高温热解）尽管已在含能量较高的生物质（木材加工残余）的能量利用上取得了商业性的成功，但其在污泥处理中的应用，由于污泥含能量低，所得转化产物的含能量不足以平衡用于维持过程高温的能量需求，在经历了20世纪70～80年代前期的发展与评估后，国际上目前已基本放弃了将高温（>700℃）热转化工艺作为污泥处理实用技术的发展努力。

生物质低温热化学转化工艺的特点是维持过程温度的能量需求较低，从能量平衡的角度看是较适合在污泥处理中应用的。事实上20世纪80年代中期以来，两种在热化学反应的低温域内操作的污泥热化学转化处理技术——直接热化学液化和低温热化学液化在国际上得到了持续发展。

3.5.2 热化学处理的物性依据

与污泥热化学处理有关的污泥物性，可按其对化学处理过程的影响分为四类：a. 污泥的基本热化学特性；b. 对污泥热化学处理设备有影响的物质含量；c. 与污泥热化学处理的环境特征有关的物质含量；d. 污泥热化学转化的特征温度。

3.5.2.1 污泥的基本热化学特性

污泥的基本热化学特性是污泥的工业分析和元素分析组成及其热值（发热量）。污泥工业分析的指标，主要是挥发分、固定碳和灰分的含量，一般按干基质量分数（%）的单位给出。其中挥发分和固定碳合计为可燃分，基本代表了污泥固体中可能参与热化学反应的物质的比例；挥发分与可燃分的比例，则可反映污泥的热化学反应活性，此比例高者活性强；由于污泥中几乎不含固定碳成分，其挥发分与可燃分的比值为1，因此其热化学反应活性较强，这一点与其他生物质是十分相似的。几种类型的污水厂污泥的工业分析参数如表3-16所示。

表3-16 污水厂污泥工业分析与热值

污泥类型	脱水调理剂	挥发分/%	灰分/%	干基热值/(MJ/kg)
混合污泥	聚合物	60～80	20～40	16～20
消化污泥	聚合物	35～65		10～14
混合生污泥	铁盐＋石灰	40～80	20～60	9～12
消化污泥	铁盐＋石灰	25～40	60～75	7～10

污泥元素分析是对污泥可燃分中的元素组成比例关系的描述，基本的元素分析项目为：碳（C）、氢（H）、氧（O）、氮（N）、硫（S），有时也会包括氯（Cl）。污泥的元素分析组成既是污泥燃烧尾气组成的决定性因素，同时也对污泥各种热化学转化过程的产物分布有显著的影响。如污泥的H/C比高者，一定温度条件下的气、液相转化产物得率较高。不同类型污水厂污泥的元素分析组成变化如表3-17所示。

表3-17 不同类型污水厂污泥的可燃分元素分析组成 单位：%

元素组成	初沉池污泥	二沉池污泥	混合污泥	消化污泥
C	60	53	57	67
H	7.5	7.0	7.0	5.0
O	28	30.5	30	25
N	3.0	9.0	5.0	2.2
S	1.5	0.5	1.0	0.8
合计	100	100	100	100

污泥热值（或称发热量）是对污泥在完全燃烧反应的条件下，单位污泥量中所释放的化学能量的度量。按选择的污泥量核算基准（湿基、干基、可燃基）和释放能量的核算范围不同（是否考虑污泥中水分在燃烧过程中汽化吸收的热量），污泥值有不同的表示方式，其中常用的是低位热值、高位热值和干基热值。低位热值与高位热值的差异，在于前者不计入燃烧过程中水分汽化所吸收的一部分热量，是实际污泥物料在燃烧过程中产生的可利用热量的度量，后者则是污泥在燃烧过程中释放的总热量；污泥干基热值则反映了污泥进行各种热化学处理时所能转化利用的最大能量限值。

3.5.2.2 影响污泥热化学处理设备的物质

污泥中与热化学处理设备损坏有关的物质主要有：碱金属、碱土金属、卤素化合物和磷。碱金属、碱土金属和磷的含量与污泥焚烧和高温热处理过程中出现的低温熔渣（灰熔点低于650℃）有关，低温熔渣易在热处理设备的内壁面与炉内机械构件（如炉排）上沉积，可能导致内壁面（多为耐火材料砌筑）的破坏和机械机构的损坏。污泥中的碱金属和碱土金属的含量与当地水源本底条件、污泥调理方法等有关；污泥中的磷含量与污水处理是否有除磷要求关系较大，有除磷环节的污水厂污泥，其焚烧灰渣中磷的含量（以 P_2O_5 计）可高达15%。

污泥中碱金属的含量还与污泥焚烧尾气中的可吸入颗粒（微细颗粒）的形成有关，焚烧尾气中一些无法在布袋除尘器中去除的微细颗粒，已证实含有高比例的钠、钾等。

污泥中的卤素，在各种热化学处理过程中均可能转化为相应的氢化物（如 HCl），这些氢化物在污泥热化学处理气相中存在，是对处理设备形成气相腐蚀损害的主要因素，尤其是气相高温腐蚀，其主要的物质依据是气相中含有的 HCl。气相腐蚀对污泥焚烧炉膛和烟气余热回收设备的稳定运行均有很大的威胁。

3.5.2.3 与污泥热化学处理的环境特征有关的物质

污泥热化学处理（焚烧）产生的烟气中的常规污染物（SO_2、NO_x 和 HCl）的含量与污泥中硫、氮和氯的含量有关。污泥焚烧尾气中 SO_2 均来自污泥中硫的转化，其转化率几乎是100%；污泥中的氮，在热化学处理过程中，可能转化为氮气（N_2）或氮氧化物（NO_x），高温和处理设备中的氧化性气氛有利于氮向氮氧化物转化；污泥中的 Cl 含量在千分之几和百分之几之间，主要是存在于污泥的无机物中（如来自铁盐调理剂），有机物中氯的含量一般为数十兆分之一，一般而言，污泥中有机氯的气相转化率高于无机氯。

污泥热化学处理生成物中的毒害性物质与污泥中含有的重金属和耐热分解有机物有关。污泥在焚烧过程中，Hg、Cd 和 Zn 会再沉积于焚烧烟气处理产生的颗粒物（飞灰）中，是造成焚烧飞灰浸出毒性的主要因素。对采用干式和半干式烟气处理的焚烧过程，大部分的 Hg 会随尾气排入大气，但采用湿式烟气处理时，Hg 会被截留于烟气处理装置排水中。其他污泥中的重金属多会以较稳定的形态沉积于焚烧产生的底灰渣中。

污泥中可能含有耐热分解有机物有：苯、甲苯、卤代苯、多环芳烃、卤代烃等，这些有机物在常规的污泥焚烧温度与气相停留时间条件下，一般仅部分分解，是污泥焚烧烟气中有机毒害物质的主要来源。未完全分解的此类有机物，在气相适宜温度（300～600℃）下，与氯自由基（Cl）接触引发的合成反应是焚烧烟气中含有极高浓度的二噁英（dioxin）类物质的主要机制。污泥中耐热分解有机物的主要来源是工业源污水，分流处理工业污水是避免污泥焚烧烟气中含有毒害性有机物的主要途径。

3.5.2.4 污泥热化学转化的特征温度

污泥热化学特征温度主要指的是污泥好氧燃烧的闪火点和燃点温度，以及污泥无氧热转化的转化起始温度和（速率）峰值温度。污泥的闪点和燃点一般可采用等速升温的热重分析（TGA）方法测试。以上海市城市污水厂混合污泥为对象，测试的污泥闪点为60～80℃，燃点为180～210℃；污泥的污泥热转化起始温度和峰值与升温速率的关系见式（3-3）和式（3-4）。

$$T_p = 15.45\ln\beta + 141.7 \quad (3\text{-}3)$$

$$T_i = 0.4308\beta + 321.3 \quad (3\text{-}4)$$

式中 T_i——转化起始温度，℃；

T_p——转化峰值温度，℃；

β——TGA 升温速率（实验范围：3～180℃/min），℃/min。

上述相关测定的样品是干燥污泥，但热化学处理过程（焚烧、热解等）反应的起始条件事实上也是充分干燥的污泥，因此有关结果适用于对热化学过程的分析。

3.5.3 热化学处理工艺

污泥热化学处理的转化反应对象是污泥中的可燃分，前已述及，污泥中可燃分（有机质）的来源几乎全部是生物源的，因此污泥，特别是可燃分含量高的污水厂污泥也是一种生物质燃料，各种生物质的热化学处理（转化）工艺基本均可使用于污泥的处理。尽管如此，污泥作为污染物还是具有与其他生物质不同的特征，含有毒害性成分、灰分含量高、含水率高等，因此污泥热化学处理工艺也有自身的特点。

污泥热化学处理工艺的分类因素包括：a. 反应环境的氧化还原性；b. 反应相介质；c. 反应环境的压力；d. 反应的温度域；e. 污泥的预处理要求；f. 转化处理过程中污泥的运动状态。

污泥热化学处理工艺的氧化还原环境可分为三种，即有氧（包括氧过剩）、缺氧（低于完全氧化的化学计量值）、无氧。污泥焚烧、湿式氧化（液相燃烧）为有氧热化学处理，气化为缺氧热化学处理，污泥热化学转化（热解、直接液化等）为无氧热化学处理。

污泥热化学处理的反应相介质有：气相、液相和超临界溶剂三类，其中液相又可分为水和有机溶剂两种。污泥的气相热化学处理工艺有：焚烧、热解和气化，液相热化学处理工艺有：湿式氧化和直接热化学液化（包括水和有机溶剂两种），超临界溶剂相工艺主要是超临界湿式氧化污泥处理工艺。

污泥热化学处理的反应压力分常压（<0.7MPa）与有压（>0.7MPa）两类。常压的热化学处理工艺包括：焚烧、热解、气化和某些有机溶剂直接液化工艺；有压的处理工艺有：湿式氧化、水相直接热化学液化和超临界湿式氧化。一般地，气相热化学处理多为常压，液相热化学处理以有压（高压）为多。

污泥热化学处理的温度域有高温和低温之分，一般可以600℃为界进行概念性的区分。污泥高温热化学处理工艺有：焚烧和高温热解。低温处理工艺包括：低温热解（热化学转化）、湿式氧化（含超临界溶剂）和直接热化学液化。

污泥热化学处理的预处理要求，事实上反映了热化学处理工艺对原料污泥组成的要求，热化学处理的预处理要求具体体现为对原料污泥含水率的要求，根据含水率与相应污泥脱水预处理单元技术的对应关系，可按预处理技术做出分类。具体为：湿式氧化（含超临界湿式氧化）可处理浓缩后的污泥，相应含水率为92%～96%；水相直接热化学液化可处理机械脱水污泥，相应的含水率为75%～85%；焚烧、气化在使用辅助燃料时，也可处理机械脱水污泥，但使用部分干燥污泥时才能达到过程能量自持的要求，部分干燥污泥的含水率为40%～60%；污泥热解和有机溶剂直接热化学液化则要求对污泥进行完全干燥预处理，相应的含水率应<10%。

污泥在热化学处理过程中的运动状态有三种形式，即堆积态移动、流态化悬浮和流态化流动。各种污泥液相热化学处理过程中污泥基本以颗粒态在相应的液相溶剂中悬浮；污泥气化处理中，污泥多呈堆积态移动，而污泥焚烧和热解处理时，可能处于各种运动状态，如多膛炉焚烧时，污泥为堆积态；沸腾床焚烧，污泥为悬浮态；循环流化床焚烧，污泥则为流态化流动态；污泥低温热解（热化学转化），污泥为堆积态，并在搅拌与反应器筒体转动作用下移动，污泥高温热解多采用流化床反应器，污泥为悬浮或流动态。

几种典型的污泥热化学处理工艺及其分类特征如表3-18所列。

表 3-18 污泥热化学处理工艺的分类特征

工艺名称	分类特征
多膛炉污泥焚烧	充分氧化、气相、常压、高温、脱水污泥饼进料、堆积态移动
流化床污泥焚烧	充分氧化、气相、常压、高温、部分干燥污泥进料、悬浮或流动态
污泥湿式氧化(含超临界)	氧化环境、液相、高压、低温、浓缩污泥进料、悬浮态
污泥低温热化学转化	无氧环境、气相、常压、低温、干燥污泥进料、堆积态
污泥直接热化学液化	无氧环境、液相、高压、低温、脱水泥饼进料、悬浮态
污泥气化	缺氧环境、气相、常压、高温、脱水泥饼或部分干燥污泥进料、堆积态

3.5.3.1 污泥焚烧

污泥焚烧开始于1934年美国密歇根州安装的第一台多膛炉，至20世纪80年代逐渐由流化床焚烧炉代替，后来还出现了湿式氧化等污泥焚烧工艺。目前新建的污泥焚烧处理设施多采用流化床焚烧工艺。

(1) 污泥焚烧的工艺系统特征

① 污泥焚烧的原理和影响因素。污泥焚烧的原理是在一定温度、气相充分有氧的条件下，使污泥中的有机质发生燃烧反应，反应结果使有机质转化为 CO_2、H_2O、N_2 等相应的气相物质，反应过程释放的热量则维持反应的温度条件，使处理过程能持续地进行。焚烧处理的产物是炉渣（灰）和烟气。炉渣主要由污泥中不参与燃烧反应的无机矿物质组成，同时也会含一些未燃尽的残余有机物（可燃物），炉渣对生物代谢是惰性的，因此无腐败、发臭、含致病菌等产生卫生学危害的因素（即已无害化）；污泥中在焚烧时不挥发重金属是炉渣环境影响的主要来源。污泥焚烧的另一部分固相产物是在焚烧过程中，被气流挟带存在于出炉的烟气中，通过烟气除尘设备（如旋风分离器、静电除尘器或袋式过滤器）被分离的固体颗粒，为与一般从焚烧器底部排出的炉渣相区别，此固相产物称为飞灰。飞灰中的无机物，除了污泥中的矿物质外，还可能包括烟气处理的药剂（如干式、半干式除酸气净化工艺中使用的石灰粉、石灰乳等），其中的无机污染物以挥发性重金属 Hg、Cd、Zn 为主，这些挥发再沉积的重金属一般比炉渣中的重金属有更强的迁移性，使飞灰成为浸出毒性超标（固体废物浸出毒性鉴别标准）的有毒废物；飞灰中的有机物多为耐热化学降解的毒害性物质（见前述），气相再合成产生的二噁英类高毒性物质也可吸附于飞灰之上，因此飞灰安全处置是污泥焚烧环境安全性的重要组成环节。

污泥焚烧的烟气，以对环境无害的 N_2、O_2、CO_2、H_2O 等为主要组成，所含常规污染物为：悬浮颗粒物（TSP）、NO_x。HCl、SO_2、CO 等，其中 CO 与烟气中 CO_2 的比值可用于检定污泥焚烧气相可燃物的燃尽率，以燃烧效率（η_g）定义，计算如下

$$\eta_g=\frac{[CO_2]-[CO]}{[CO_2]}\times 100\% \tag{3-5}$$

式中 η_g——燃烧效率，%；

$[CO_2]$——烟气中二氧化碳的体积分数，%；

$[CO]$——烟气中一氧化碳的体积分数，%。

烟气中的微量毒害性污染物包括：重金属（Hg、Cd、Zn 及其化合物）和有机物（前述耐热降解有机物和二噁英等），因此焚烧烟气净化是污泥焚烧工艺的必要组成部分。

污泥焚烧处理的工艺目标由三个方面组成：a. 热量自持；b. 可燃物的充分分解；c. 衍生产物（炉渣、飞灰、尾气）对环境无害。

污泥焚烧的热量自持（自持燃烧），即焚烧过程无需辅助燃料的加入，污泥能否自持燃烧取决于其低位热值。污泥的低位热值与其可燃分（挥发分）的含量、含水率和可燃分的热值有关，可以式（3-6）表示为

$$LCV=\left(1-\frac{P}{100}\right)\times\frac{VS}{100}\times CV-2.5\times\frac{P}{100} \tag{3-6}$$

式中 LCV——污泥的低位热值，MJ/kg；

P——污泥的含水率，%；

VS——污泥的干基挥发分含量，%；

CV——污泥挥发分的热值，MJ/kg。

污泥自持燃烧的LCV限值约为3.5MJ/kg，一般污水厂污泥（混合生污泥）的挥发分含量为70%，挥发分热值为23MJ/kg，因此自持燃烧的决定因素是含水率，据式（3-6）计算的自持燃烧最高限含水率为67.7%，这超出了一般污泥机械脱水设备的水平，因此直接以脱水污泥为燃烧处理对象的焚烧炉，大多需使用辅助燃料（如含水率81%的泥饼焚烧的轻柴油耗比为0.1～0.3L/kg），使污泥焚烧的经济性很差。使污泥焚烧更易达到能量自持的方法是采用预干燥焚烧工艺，即利用焚烧烟气热量（直接或间接）对污泥进行干燥预处理，使污泥含水率下降至50%～60%后再入炉燃烧。由于此工艺避免了相当部分污泥中的水分在燃烧炉内升温的显热损失，因此可使自持燃烧的含水率升高至80%左右（其他条件同上述），基本能与现有的污泥脱水水平相衔接。

污泥焚烧的可燃物充分分解目标与污泥焚烧衍生物的环境安全性有较大的关系，可燃物分解达到一定的水平，可使大部分耐热降解的有机物基本分解，同时控制了二噁英类物质再合成的物质条件（气相未分解有机物），是主动改进污泥烟气排放条件的主要方向；同时可燃物充分分解意味着污泥的热值得到充分利用，对污泥自持燃烧目标的达成也有帮助。

污泥可燃物充分分解的指标除了式（3-5）已定义的燃烧效率（η_g）外，尚有燃尽率指标（η_s）。

$$\eta_s=(1-O_{rgR})\times100\% \tag{3-7}$$

式中 η_s——污泥焚烧燃尽率，%；

O_{rgR}——焚烧灰渣中的可燃物含量，%。

目前污泥焚烧先进的可燃物分解水平为：燃尽率≥98%；燃烧效率≥99%。影响污泥可燃物分解水平的工艺因素，主要是污泥焚烧的温度、时间和焚烧传递条件。焚烧的温度和时间形成了污泥中特定的有机物能否被分解的化学平衡条件；焚烧炉中的传递条件则决定了焚烧结果与平衡条件的接近程度。

污泥焚烧的气相温度达到800～850℃，高温区的气相停留时间达到2s，可分解绝大部分的污泥中的有机物，但污泥中一些工业源的耐热分解有机物需在温度为1100℃时，停留时间2s的条件下才能完全分解。

污泥固相中有机物充分分解的温度和停留时间则与其焚烧时由堆积体或颗粒度决定的传递条件有极大的关系。一般堆积燃烧时固体停留时间应在0.5～1.5h；当污泥粒径缩小至数毫米时（如在流化床中），则其停留时间在0.5～2min即已足够。以上均考虑气相温度≥800℃的条件。

污泥焚烧的传递条件除了污泥颗粒度（堆积厚度）外，还包括气相的湍流混合程度，湍流越充分传递条件越有利。

污泥衍生产物的环境安全性除了由烟气处理、灰渣处置系统的技术发展与优化控制解决

外，源控制和燃烧过程的控制也十分重要。鉴于焚烧烟气控制在净化烟气中的微量毒害性有机物、某些重金属（如 Hg）和 NO_x时的相对低效性，污泥重金属的焚烧过程迁移与气相排放控制，应注重于工业源污水的分流控制，这也适用于一些耐热分解有机物的源控制。污泥燃烧控制主要对部分耐热分解有机物和 NO_x 的控制有效，但两者却给出不同的控制要求。充分的有机物分解要求将燃烧温度提升至 1100℃左右，过剩空气比应在 50%以上，而这恰是易由热诱导使空气中的 N_2 转化为 NO_x 的有利反应条件，会使尾气中的 NO_x 浓度升高，小于 850℃，过剩空气比控制在 50%以下，则有利于 NO_x 浓度的降低。平衡两类污染物的燃烧控制要求的有效途径是强化燃烧过程的传递条件，如采用循环流化床燃烧工艺等，同时应更重视源控制的作用。

② 污泥焚烧工艺系统的发展。污泥结构十分致密（脱水泥饼），未充分干燥时的黏附性很强，因此污泥焚烧的核心设备：焚烧炉，其结构与其他废弃物焚烧（如城市生活垃圾）有相当大的不同。最早的污泥焚烧炉是多膛炉，由在垂直方向重叠的多层炉膛构成，污泥由上至下依次在机械的输送作用下通过各层炉膛，燃烧空气从最底部的炉膛进入，向上依次穿越各层炉膛，最上部的炉膛利用焚烧尾气对污泥进行干燥，中间炉膛中污泥被点燃焚烧，最下层炉膛中高温污泥（灰渣）对入炉空气进行预热，自身得到冷却，它虽然是一个设备但却能组合完成一个系统的功能。

从多膛炉的实例可以发现污泥焚烧工艺系统由三个子系统组成，分别为：a. 预处理；b. 燃烧；c. 烟气处理与余热利用。随着对污泥焚烧处理目标和影响因素认识的深入，污泥焚烧工艺系统有了相当大的发展。

在预处理方面，主要表现为对前置处理过程的要求和预干燥技术的应用。污泥焚烧系统的原料一般以脱水污泥饼为主，前置处理过程包括浓缩、调理、消化和机械脱水等。考虑到焚烧对污泥热值的要求，一般拟焚烧的污泥不应再进行消化处理；污泥脱水的调理剂选用既要考虑其对污泥热值的影响，也要考虑其对燃烧设备安全性和燃烧传递条件的影响，因此腐蚀性强的氯化铁类调理剂应慎用，石灰有改善污泥焚烧传递性的作用，适量（量过大会使可燃分太低）使用是有利的。预干燥对污泥焚烧自持燃烧条件的达到有很大的帮助（见前述），1990 年以后的新建大型污泥焚烧设施，均已应用了预干燥单元技术。

污泥燃烧子系统的发展，主要是围绕改善污泥燃烧的热化学平衡和传递条件而进行的，主要体现在焚烧炉技术的发展。传统的多膛炉由于污泥为堆积燃烧，燃烧的固相传递条件较差，污泥燃尽率通常低于 95%，现已基本不用或改造成仅保留上面 2～3 层干燥炉膛，下层改为沸腾流化床焚烧炉的流化床焚烧＋直接热烟气预干燥设备。目前应用较多的污泥焚烧炉形式主要是流化床和卧式回转窑两类，前者包括沸腾流化床和循环流化床两种，其共同特点是气、固相的传递条件均十分优越：气相湍流充分，固相颗粒小，受热均匀，已成为城市污水厂污泥焚烧的主流炉型。大流化床内的气流速度较高，为维持床内颗粒物的粒度均匀性，也不宜将焚烧温度提升过高（一般为 900℃左右），因此对于有特定的耐热性有机物分解要求的工业源污水厂污泥（或工业与城市污水混合处理厂污泥）而言，在满足其温度、气相与固相停留时间要求方面，会有一些困难。因此，对此类污泥的焚烧，卧式回转窑成为较适宜的选择。污泥卧式回转窑焚烧炉，结构上与水平水泥窑十分相似，污泥在窑内因窑体转动和窑壁抄板的作用而翻动、抛落，动态地完成干燥、点燃、燃尽的焚烧过程；回转窑焚烧的污泥固相停留时间长（一般≥1h），且很少会出现“短流”现象；气相停留时间易于控制，设备在高温下操作的稳定性较好（一般水泥窑烧制最高温度＞1300℃）。但逆流操作的卧式回转窑，尾气中含臭味物质多，另有部分挥发性毒害物质，需配置消耗辅助燃料的二次燃烧室（除臭炉）进行处理；顺流操作回转窑则很难利用窑内烟气热量实现污泥的干燥与点燃，需配置炉头燃烧器（耗用辅助燃料）来使燃烧空气迅速升温，达到污泥干燥与点燃的目的。因此，水平回转窑焚烧的成本一般较高。

污泥焚烧烟气污染的特征如前述，烟气污染的排放控制标准包含常规污染物、重金属和毒害性有机物三类物质的控制指标。目前，代表性的焚烧尾气排放控制限值如表 3-19 所示。

表 3-19　欧共体固定源尾气排放指令标准

项　目	单　位	限　值	备　注
TSP	mg/m^3	10	标准核算状态： 尾气中 O_2 体积含量 11%干气体 温度 273K 压强 101.3kPa
TOC	mg/m^3	10	
HCl 含量	mg/m^3	10	
HF 含量	mg/m^3	1	
SO_2 含量	mg/m^3	50	
$(NO+NO_2)$含量（按 NO_2 计）	mg/m^3	200	
Cd 含量	mg/m^3	0.05	
Ti 含量	mg/m^3	0.05	
Hg 含量	mg/m^3	0.05	
As 含量	mg/m^3	0.5	
Pb 含量	mg/m^3	0.5	
Cr 含量	mg/m^3	0.5	
Co 含量	mg/m^3	0.5	
Cu 含量	mg/m^3	0.5	
Mn 含量	mg/m^3	0.5	
Ni 含量	mg/m^3	0.5	
V 含量	mg/m^3	0.5	
Sn 含量	mg/m^3	0.5	
PCDD+PCDF①(TE)	ng/m^3	0.1	

①二噁英类化合物。

污泥焚烧烟气处理子系统的技术单元组成在 20 世纪 90 年代主要包含酸性气体（SO_2、HCl、HF）和颗粒物净化两个单元。大型污泥焚烧厂酸性气体净化多采用炉内加石灰共燃（仅适用于流化床焚烧）、烟气中喷入干石灰粉（干式除酸）、喷入石灰乳浊浆（半干式除酸）三种方法之一。颗粒物净化采用高效电除尘器或布袋式过滤除尘器。小型焚烧装置则多用碱溶液洗涤和文丘里除尘方式进行酸性气体和颗粒物脱除操作。以后为了达到对重金属蒸汽、二噁英类物质和 NO_2 的有效控制的目的，逐步加入了水洗（降温冷凝洗涤重金属）、喷粉末活性炭（吸附二噁英类物质）和尿素还原脱氮等单元环节。这些烟气净化单元技术的联合应用可以在污泥充分燃烧的前提下，使尾气排放达到相应的排放标准。

污泥焚烧烟气的余热利用，主要方向是自身工艺过程（以预干燥污泥或预热燃烧空气）为主，很少有余热发电的实例。关键是与城市生活垃圾相比，当量服务人口的污水厂污泥的低位热值量仅为垃圾的 1/10 左右，余热发电缺乏必要的规模经济条件。

焚烧烟气余热用于污泥干燥等时，既可采用直接换热方式，也可通过余热锅炉转化为蒸汽或热油能量间接利用。

图 3-27 给出了 $10\times10^4\,m^3/d$ 城市污水厂配套污泥焚烧厂的工艺流程及相应的质、能衡算结果。如图 3-27 所示，污泥焚烧厂采用间接加热预干燥、沸腾流化床燃烧、石灰共燃、静电除尘的工艺路线。

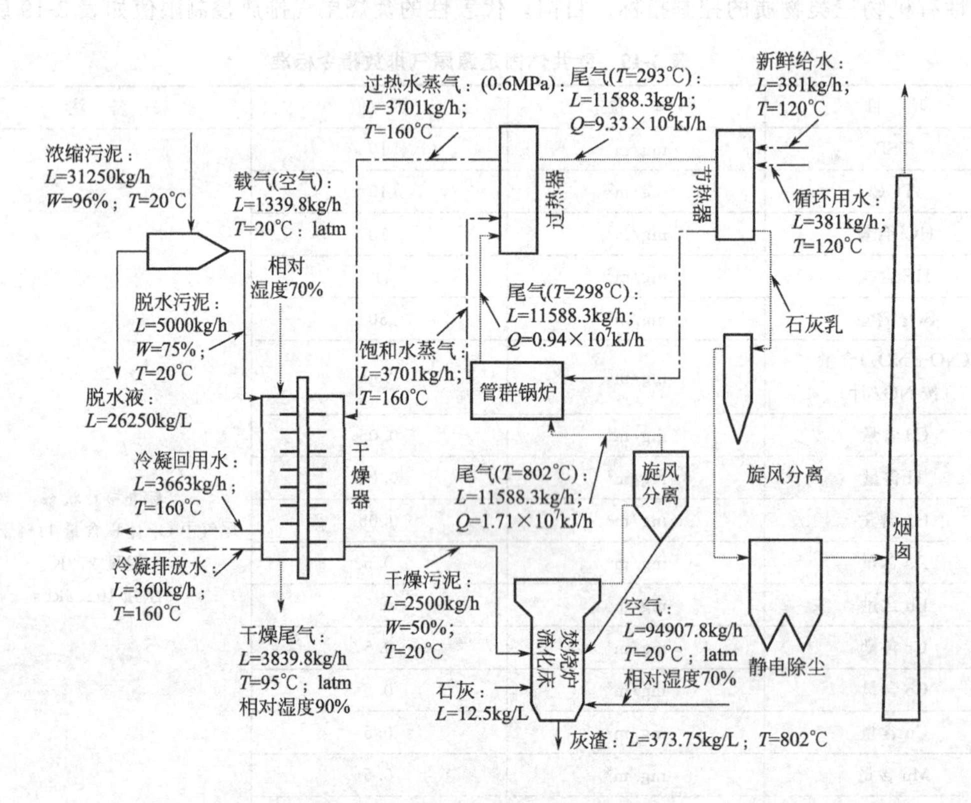

图 3-27　污泥焚烧工艺流程及质、能衡算

(2) 典型的污泥焚烧炉　污泥焚烧设备主要有立式多膛焚烧炉、流化床焚烧炉和电动红外焚烧炉等。

① 立式多段焚烧炉。立式多膛炉起源于 19 世纪的矿物的煅烧，19 世纪 30 年代开始用于焚烧污水厂污泥。立式多膛焚烧炉的横断面如图 3-28 所示。

立式多膛炉是一个内衬耐火材料的钢制圆筒，中间是一个中空的铸铁轴，在铸铁轴的周围是一系列耐火的水平炉膛，一般分 6～12 层。各层都有同轴的旋转齿耙，一般上层和下层的炉膛设有 4 个齿耙，中间层炉膛设有两个齿耙。经过脱水的泥饼从顶部炉膛的外侧进入炉内，依靠齿耙反动向中心运动并通过中心的孔进入下层，而进入下层的污泥向外侧运动并通过该层外侧的孔进入再下面的一层，如此反复，从而使得污泥呈螺旋形路线自上向下运动。铸铁轴内设套管，空气由轴心下端鼓入外套管，一方面使轴冷却；另一方面空气被预热，经过预热的部分或全部空气从上部回流至内套管进入到最底层炉膛，再作为燃烧空间向上与污泥逆向运动焚烧污泥。从整体上来说，立式多膛炉又可分为三段，顶部几层起污泥干燥作用，为干燥段，温度为 425～760℃，污泥的大部分水分在这一段被蒸发掉。中部几层主要起焚烧作用，称焚烧段，温度升高到约 925℃。下部几层主要起冷却灰渣并预热空气的作用，称冷却段，温度为 260～350℃。

多膛炉后有时会设有后燃室，以降低臭气和未燃烧的烃类化合物浓度。在后燃室内，多膛炉的废气与外加的燃料和空气充分混合，完全燃烧。有些多膛炉在设计上，将脱水污泥从

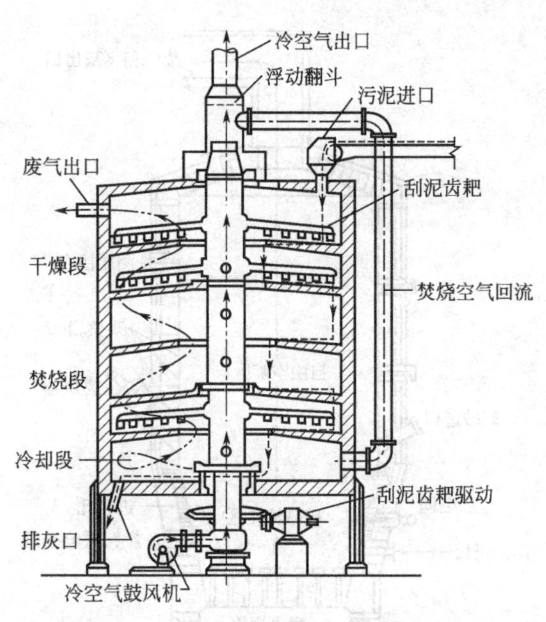

图 3-28 立式多膛焚烧炉的横断面图

中间炉膛进入，而将上部的炉膛作为后燃室使用。

为了使污泥充分燃烧，同时由于进料的污泥中有机物含量及污泥的进料量会有变化，因而通常通入多膛炉的空气应比理论需气量多50%～100%。若通入的空气量不足，污泥没有被充分燃烧，就会导致排放的废气中含有大量的一氧化碳和碳水化合物；反之，若通入的空气量太多，则会导致部分未燃烧的污泥颗粒被带入到废气中排放掉，同时也需要消耗更多的燃料。

多膛炉排放的废气可以通过文丘里洗涤器、吸收塔、湿式或干式旋风喷射洗涤器进行净化处理。当排放废气中颗粒物和重金属的浓度限制严格时，可使用湿式静电除尘器对废气进行处理。

② 流化床焚烧炉。流化床技术最早用于石油工业中催化剂的再生。沸腾式流化床焚烧炉的断面如图 3-29 所示。

高压空气（20～30kPa）从炉底部的装在耐火栅格中的鼓风口喷射而上，使耐火栅格上的约 0.75m 厚硅砂层与加入的污泥呈悬浮状态。干燥破碎的污泥从炉下端加入炉中，与灼热硅砂激烈混合而焚烧，流化床的温度控制在 725～950℃，污泥在流化床焚烧炉中的停留时间大约为数秒（循环流化床）至数十秒（沸腾流化床）。焚烧灰与气体一起从炉顶部经旋风分离器进行气固分离，热气体用于预热空气，热焚烧灰用于预热干燥污泥，以便回收热量。流化床中的硅砂也会随着气体流失一部分，因而每运行 300h，就应补充流化床中硅砂量的 5%作为补偿，以保证流化床中的硅砂有足够的量。

污泥在流化床焚烧炉中的焚烧在两个区完成。第一个区为硅砂硫化区，在这一区中，污泥中水分的蒸发和污泥中有机物的分解几乎同时发生；第二区为硅砂层上部的自由空旷区，在这一区，污泥中的碳和可燃气体继续燃烧，相当于一个后燃室。

流化床焚烧炉排放的废气可以通过文丘里洗涤器和（或）吸收塔进行净化处理。

流化床的优点是以硅砂作为载热体，处于流化态的硅砂与进入的污泥及空气充分混合，将热传递给污泥，传热效率高，焚烧时间短，炉体小。由于流化床的这一特点，流化床焚烧炉所需的过量空气仅需占理论需气量的 20%～50%，相当于多炉膛的过量空气量的一半，

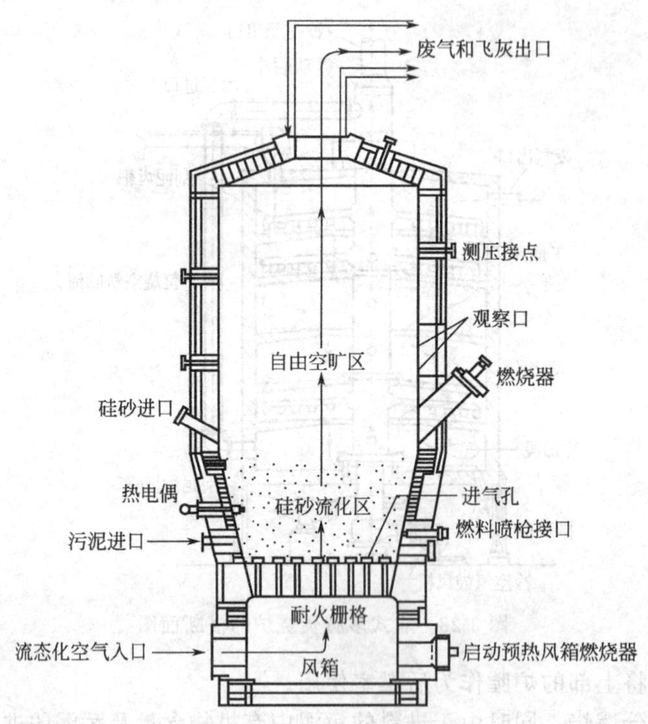

图 3-29 沸腾式流化床焚烧炉断面

因而流化床焚烧炉所需的燃烧量要远小于多膛炉，节约能源。此外，流化床焚烧炉结构简单，接触高温的金属部件少，故障也少；干燥与焚烧集成在一起，可除臭；由于炉子的热容量大，停止运行后，每小时降温不到5℃，因此在2d内重新运行，可不必设余热载热体，故可连续或间歇运行；操作可用自动仪表控制并实现自动化。缺点是操作较复杂；运行效果不及其他焚烧炉稳定；动力消耗较大。

③ 电动红外焚烧炉。1975 年，第一台电动红外焚烧炉被引入到污泥焚烧处理过程，但迄今为止并未得到普遍推广。电动红外焚烧炉是一种水平放置的隔热的焚烧炉，其横断面示意如图 3-30 所示。

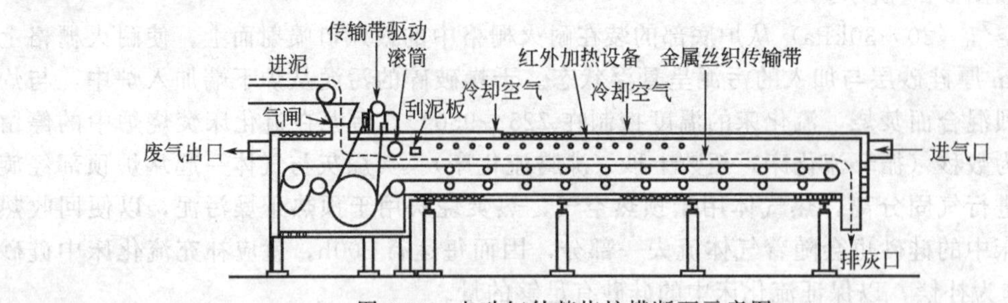

图 3-30 电动红外焚烧炉横断面示意图

电动红外焚烧炉的主体是一条由耐热金属丝编织而成的传输带，在传输带上部的外壳中装有红外加热装置。电动红外焚烧炉组件一般预先加工成模块，运输到焚烧场所后再组装起来达到足够的长度。

脱水污泥饼从一端进入焚烧炉后，被一内置的滚筒压制成厚约 0.0254m 与传输带等宽的薄层，污泥层先被干化，然后在红外加热段焚烧。焚烧灰排入到设在另一端的灰斗中，空气从灰斗上方经过焚烧灰层的预热后从后端进入焚烧炉，与污泥逆行而行。废气从污泥的进料端排出。电动红外焚烧炉的空气过量率为20%～70%。

与多膛焚烧炉和流化床焚烧炉相比，电动红外焚烧炉的投资小，适用于小型的污泥焚烧系统，但运行耗电量大，能耗高，而且金属传输带的寿命短，每隔3～5年就要更换一次。电动红外焚烧炉排放的废气可以通过文丘里洗涤器和（或）吸收塔等湿式净化器进行净化处理。

3.5.3.2 湿式氧化

污泥湿式氧化是利用水相的有机质热化学氧化反应进行污泥处理的工艺方法，由于与焚烧在技术机制上的相似性，也被冠以湿式燃烧、部分焚烧（液相）等名称。湿式氧化法在高温（下临界温度为150～370℃）和一定压力下处理高浓度有机废水和生物处理效果不佳的废水是十分有效的。由于剩余污泥在物质结构上与高浓度有机废水十分相似，因此湿式氧化法也可用于处理污泥。

湿式氧化处理污泥是将污泥置于封闭反应器中，在高温、高压条件下通入空气或氧气当氧化剂，按浸没燃烧原理使污泥中有机物氧化分解，将有机物转化为无机物的过程。湿式氧化过程包括水解、裂解和氧化等过程。在污泥湿式氧化过程中污水厂污泥结构与成分被改变，脱水性能大大提高。湿式氧化可使80%～90%的污泥中有机物被氧化，故又称为部分或湿式焚烧。

(1) 湿式氧化的处理指标——氧化度　湿式氧化对污泥中所含有机物及还原性无机物的去除效果，用氧化度表示：

$$氧化度=\frac{湿式氧化前COD值-湿式氧化后COD值}{湿式氧化前的COD}\times 100\%$$

(2) 湿式氧化的反应温度、压力与时间　在1个大气压下，水的沸点是100℃，要氧化有机物是不可能的。湿式氧化必须在高温、高压下进行，所用的氧化剂为空气中的氧气或纯氧、富氧空气。

湿式氧化是在高温、高压下，以压缩空气作为氧化剂，氧化污泥中的有机物及还原性物质。由于必须保证在液相中进行，温度高则氧化速度快，氧化度也高，但若压力不随之增加，使大量氧化反应热被消耗于蒸发水蒸气，造成液相固化（即水分被全部蒸发）无法保持“湿式”。因此反应温度高，压力也相应要高。反应温度与相应的压力如表3-20所示。

表3-20　湿式氧化的反应温度与反应压力关系

反应温度/℃	反应压力/MPa	反应温度/℃	反应压力/MPa
230	4.5～6.0	300	14～16
250	7.0～8.5	320	20～21
280	10～12		

反应温度低于200℃时，反应速率缓慢，反应时间再长，氧化度也不会提高。反应温度为230～374℃时，反应时间约1h即可达到氧化平衡，继续延长反应时间，氧化度几乎不再增加。

(3) 湿式氧化工艺的分类　根据湿式氧化所要求的氧化度、反应温度及压力的不同，湿式氧化可分为以下三种。

① 高温、高压氧化法　反应温度为280℃，压力为10.5～12MPa，氧化度为70%～80%，氧化后的残渣量很少，氧化分离液的BOD_5为4000～5500mg/L，COD为8000～9500mg/L，氨氮为1400～2000mg/L，氧化放热量大，可以由反应器夹套回收热量（蒸汽）发电，但设备费用高。

② 中温、中压氧化法 反应温度为230～250℃，压力为4.5～8.5MPa，氧化度为30%～40%，不需要辅助燃料，设备费用较低，但氧化分离液的浓度高，BOD_5 为 7000～8000mg/L。

③ 低温、低压氧化法 反应温度为200～220℃，反应压力为1.5～3MPa，氧化度低于30%，设备费更低，需要辅助燃料，残渣量多，氧化分离液 BOD_5 高。

(4) 湿式氧化的应用特性 湿式氧化优点主要有：

① 适应性强，难生物降解有机物可被氧化。

② 达到完全杀菌。

③ 反应在密闭的容器内进行，无臭，管理自动化。

④ 反应时间短，仅约1h，好氧与厌氧微生物难以在短时间内降解的物质如吡啶、苯类、纤维、乙烯类、橡胶制品等都可被炭化。

⑤ 残渣量少，仅为原污泥的1%以下，脱水性能好；分离液中氨氮含量高，有利于生物处理。

湿式氧化缺点主要有：

① 设备需用耐压不锈钢制造，造价昂贵，需要专门的高压作业人员管理。

② 高压泵与空压机电耗大，噪声大（一套湿式氧化设备的噪声总强度相当于70～90个高音喇叭)；

③ 热交换器、反应塔必须经常除垢，前者每个月用5%硝酸清洗1次，后者每年清洗1次；

④ 反应物料在高压氧化过程中，产生的有机酸与无机酸，对反应器壁有腐蚀作用；

⑤ 需要有一套气体的脱臭装置。

(5) 湿式氧化工艺的发展 湿式氧化工艺有向两个不同方向发展的趋势：一是应用极端反应条件，即超（近）临界湿式氧化；二是应用催化剂，使达到一定氧化度水平的操作温度和压力降低。

超临界湿式氧化的操作温度和压力达到或接近水的超临界状态条件（温度＞370℃、压力＞40MPa)，利用有利的热化学转化（氧化）平衡条件和传递条件（超临界水的强烈溶剂作用)，使污泥有机质完全被氧化，可基本免除处理产物的后续处理需要，达到简化技术体系的作用。代价是更高的设备投入与操作技术要求。

催化湿式氧化，主要利用过渡系金属氧化物和盐对有机物氧化可能存在的催化作用，使一定温度和压力条件下的氧化反应速率提高，活化能降低，以提高相应氧化条件下的污泥氧化度，达到既简化后续处理要求，又不致过分增加投入的目的。从已有的发展情况看，催化剂的可回收性与耐用性将是其实用化发展中应主要解决的关键问题。

3.5.3.3 热解

污泥热解是一种新兴的污泥热处理工艺，在无氧或低于理论氧气量的条件下，将污泥加热到一定温度（高温：600℃～1000℃，低温：＜600℃），利用温度驱动污泥有机质热裂解和热化学转化反应，使固体物质分解为油、不凝性气体和炭三种可燃物。部分产物作为前置干燥与热解的能源，其余当能源回收。由于高温热解耗能大，目前研究重点放在低温热解（热化学转化)。污泥低温热分解工艺流程如图3-31所示。

此热解工艺由德国哥廷根大学根据一项法国专利进行再发展后首先提出。其基本工艺条件是：干燥污泥加热至300～500℃，停留时间30min。加拿大的研究人员对此工艺作了进一步的研究。他们对英国、加拿大、澳大利亚3国的18种不同污水厂污泥进行了连续反应试验检测后得出了如表3-21所示数据。

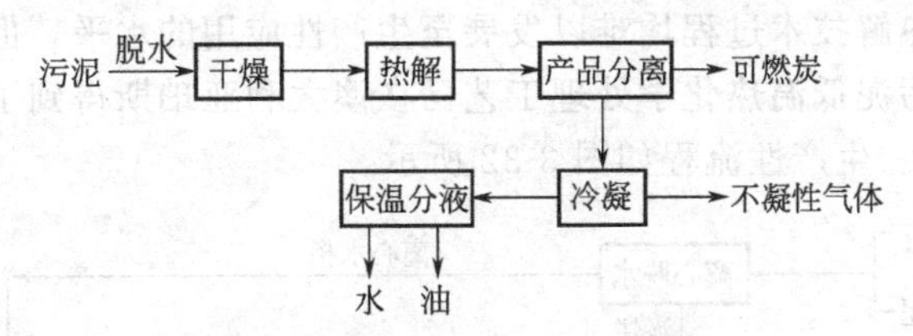

图 3-31 污泥低温热分解工艺流程图

表 3-21 污泥热分解数据表

物 料	参 数	生污泥	消化污泥
污泥	处理流量/(g/h)	750	750
	温度/℃	450	450
	污泥停留时间/min	20	20
油	产率/%	24～46	13～29
	热值/(MJ/kg)	33～38	32～42
炭焦	产率/%	40～66	41～73
	热值/(MJ/kg)	7～23	6～17
不凝性气体	产率/%	3～10	4～12
	热值/(MJ/kg)	2～5	4～5
热解水	产率/%	3～10	7～16

从表 3-21 中可看出，相同条件下，不同性质污泥经热解后，产物产率分布是不相同的，生污泥油产率明显高于消化污泥。在热解产物中，不凝性气体热值很低，产率也不高，但带有很强烈的臭味，其中，含有一氧化碳、硫化氢、甲烷、甲硫醇、二甲硫醚、二甲二硫醚和氨等，这类气体属可燃性气体，可通过燃烧脱臭。所产生热能可作为补充能源用，但要增加相关设备；转化产生的油热值高，是过程的主要产能产物，收集起来后可作为可储存能源利用（与轻柴油混合后可达到加热用燃料油的品质）；转化生产的固体，通过流化床燃烧，燃尽率>99%，其热能可满足前置干燥的需求，使其衍生油可能成为净回收产品。该工艺的环境安全性较好，污泥中的含氯有机物和多环芳烃在热解过程中可有 90%和 80%的分解率，余者少量存在于油中；污泥中重金属在热解过程中不挥发，且全部存在于固相产物中，固相产物中不含氯和多环有机物，使炭焦焚烧尾气可处理性好。

我国同济大学也对该工艺作了实验研究，发现污泥在 450℃以下时，温度上升，产油率上升，而且经微生物处理程度越低的污泥，有机物含量越高，其产油率也越高；炭焦的热值与反应温度基本呈反比；污泥热解制成的炭为无光泽多孔状黑色块（粒）。炭体积约为原有污泥体积的 1/3，污泥炭产率随温度上升而下降，为取得较高产炭率，可将热解温度控制在 300℃以下，可得到燃烧性能较好的污泥炭，且此时全系统的能量回收效率最高。此过程的生产性规模设备尚处于发展之中。澳大利亚、加拿大正在研制的该过程反应器的特点是带加热夹套的卧式搅拌装置，反应器分成蒸汽挥发和气固接触两个区域，两区域间以一个蒸汽内循环系统相连接，从而满足了反应机制对反应器的要求。

另一种较有应用前景的污泥热解工艺，可视为对污泥焚烧的一种改进，即污泥的一次燃烧炉，由供给低于化学计量要求的空气，而转化为部分燃烧、部分热解炉，使离开一次燃烧炉的烟气含有较多的可燃气体；该烟气在二次燃烧室进行升温燃烧，既可提高对耐热分解有机物［已在一次燃烧（热解）炉中充分挥发］的热破坏率，也可节省二次燃烧的辅助燃料用量。一般其一次燃烧（热解）温度为 900℃，二次燃烧温度为 1200℃，停留时间为 1s。

尽管大部分污泥热解技术过程均难以发展至生产性应用的水平，但由前述污泥低温热解工艺发展而来的一种污泥低温热化学处理工艺已在澳大利亚珀斯得到了生产性应用，其专利工艺名为 Ener Sludge。生产性流程如图 3-32 所示。

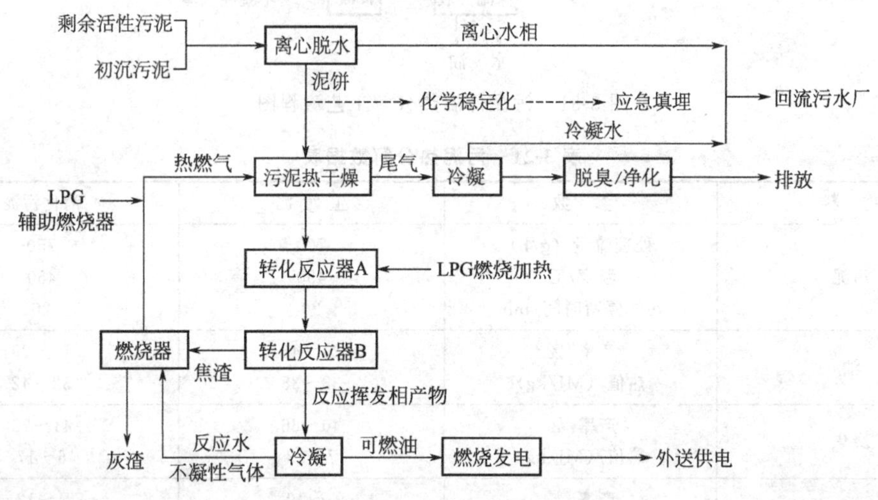

图 3-32 生产性流程图

污泥低温热化学处理工艺采用热解与挥发相催化改性两段转化反应器，使可燃油质量提高，达到商品重油的水平（热值 35MJ/L）；污泥干燥过程主要由转化的其他含能产物供能，全过程可由燃油发电回收能量［1200（kW·h）/t］；焦渣等以流化床燃烧，尾气处理工艺简单，排放气体达到德国 TALuft 的要求（全球最严格的废物焚烧尾气控制标准）。实测尾气排放参数如表 3-22 所示。

表 3-22 Ener Sludge 过程尾气排放状况（以标准立方米计） 单位：mg/m^3

项目	TSP	SO_2	CO	HF	HCl	Cd	Cu	Cr	Hg	Ni	Pb	Ti	Zn
测定值	12	<36	45	NO	19	0.01	0.36	<0.007	0.008	0.11	0.08	0.0001	0.1
TALuft 限值	30	200	50	4	30	0.05	0.5	0.5	0.05	0.5	0.5	0.5	—

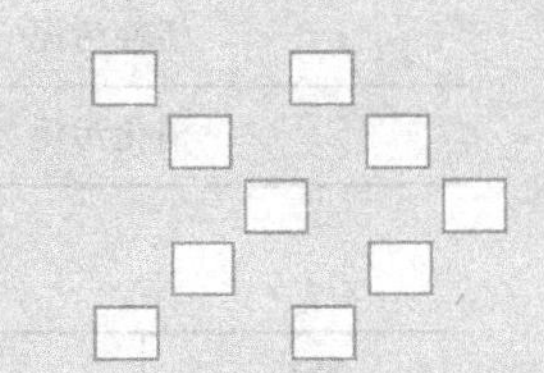

第4章 污泥资源化利用技术

4.1 污泥的土地利用

污泥施用于土地，可以利用土壤的自净能力使污泥进一步地稳定，同时也能为植物提供营养元素，改良土壤结构，提高土壤肥力，是污泥处置较好的方式之一。

4.1.1 污泥的肥料价值

4.1.1.1 提供植物生长所需营养元素

植物生长需要17种元素，其中3种元素碳、氢、氧来自于空气和水，其余的14种矿物元素［氮、磷、钾、硫、钙、镁、氯、铁、硼、锰、锌、铜、钼、钴（仅为豆荚科植物固氮所需）］需来自于土壤和肥料。各种植物生长所需的营养元素在植物体中的含量差异很大，碳、氢、氧、氮、磷、钾、硫、钙、镁9种元素占整个植物体干重的99.5%，称为宏量元素（常量元素），其余的元素植物需求量极少，称为微量元素。污泥中含有所有上述植物生长需要的元素，能够为植物的生长提供大量的营养物质，从而改善土壤的肥度（表4-1）。

表4-1 污泥中的营养物浓度

营养物	变化范围/%	含量(以干泥计)/(kg/t)	营养物	变化范围	含量(以干泥计)/(kg/t)
全N	3～8	30～70	Ca	1～4	9～36
全P	1.5～3	15～30	Mg	0.4～0.8	4～8
S	0.6～1.3	5～12	K	0.1～0.6	1～5

4.1.1.2 污泥中有机物对土壤性质的改善

污泥中含有丰富的有机质、腐殖质，是一种有价值的有机肥料（见表4-2）。污泥中有机物的稳定程度不同，但不论是易降解或难降解的有机物都对土壤中发生物理、化学和生物过程产生影响（见表4-3）。易降解的有机物释放出植物所有营养物质、土壤微生物需要能量和改善土壤结构的物质，难降解的有机物构成了土壤中有机物的浓度。

表 4-2 污泥的有机质和灰分组成

污泥种类	灰分含量/%	有机质含量/%
初沉污泥	20.0～40.0	60.0～80.0
活性污泥	25.0～39.0	61.0～75.0
消化污泥	40.0～70.0	30.0～60.0

表 4-3 有机物对土壤性质的改善

<table>
<tr><th>特征</th><th>描述</th><th>特性</th><th>描述</th></tr>
<tr><td rowspan="9">物理特性</td><td>改善土壤团聚特性</td><td rowspan="4">化学特性</td><td>增加土壤阳离子交换容量</td></tr>
<tr><td>改善土壤结构</td><td>减少营养物渗漏</td></tr>
<tr><td>提高供氧能力</td><td>增加对污染物的吸附能力</td></tr>
<tr><td>提高持水能力</td><td>保持更多的氮素</td></tr>
<tr><td>增加渗透作用</td><td rowspan="5">生物特性</td><td>增加生物量</td></tr>
<tr><td>减少风蚀</td><td>加速污染物的降解</td></tr>
<tr><td>减少土壤容重</td><td>减少某些植物疾病</td></tr>
<tr><td>利于植物根部吸收土壤中的养分</td><td></td></tr>
<tr><td>利于耕作</td><td></td></tr>
</table>

(1) 土壤物理性质的改善　有机物可以通过多种形式改善土壤的物理特性，以利于耕作。土壤物理性质的改善包括以下五个方面。

① 增强持水能力。有机物可持有 2 倍或 3 倍于其质量的水分，可给予植物更多的可利用的水分，也可提高表土对降雨和灌溉水分的利用率。

② 改善供氧条件。随着土壤团聚体结构的改善、数量的增加，土壤中的供氧条件也得到了改善，这有利于植物根部的生长、减少氮损失（反消化作用）和植物根系疾病的发生。

③ 减少风蚀。土壤团聚体很难分解成小颗粒，从而减少了土壤的流失和风蚀的可能性。

④ 减小容重。容重为土壤密度的表示形式，容重的减小表示土壤中具有更多的空隙储存水分和空气，有利于植物吸收水分和养分。

⑤ 抗压。有机物可改善土壤的抗压能力，便于机械化操作。

此外，对于黏土和沙土（土壤的两种极端质地）地而言，加入有机物便可带来诸多的好处，有机物能明显改善沙土的团聚特性和持水能力，减少黏土的容积密度，有利于植物根部的生长。

(2) 土壤化学特性的改善　污泥中的有机物增加了土壤的阳离子交换容量（CEC），从而提高土壤的保肥能力，土壤的阳离子交换容量越大，越可保持住大量的阳离子营养物质，减少营养物质的渗漏。污泥中的有机物和无机物还可与土壤中的痕量金属结合，包括镉、铅等污染物。

(3) 土壤生物特性的改善　有机物为土壤微生物提供碳源，由于碳源为土壤生物活性的限制因素，因而加入有机物可提高为生物活性，从而有利于植物的生长。生物活性的提高也有利于土壤中有害污染物的降解，食用有机物的土壤动物（如蚯蚓）的代谢产物也可增加土壤中的营养物质。

4.1.2 污泥土地利用的风险

污泥中除含有植物所需的营养元素外，还含有许多有害物质（盐分、重金属、有毒有机物等），这些物质随污泥的土地施用进入到土壤中，可能会对土壤—植物系统、地表水、地下水系统产生影响，造成环境与人类健康风险。一般认为，污泥当土地施用可引起如下五中风险：

（1）重金属 污泥中含有的大量重金属，由于迁移性较差，大部分在土壤表层累积。其中一部分重金属只有在较高浓度的条件下才对植物有毒（如 Zn、Cu），其他金属，如 Hg、Cd、Pb，甚至在很低的浓度条件下也会表现出毒害影响；另有极少的重金属随雨水淋溶或自行迁移到土壤深层，对表层地下水系统产生影响。污泥重金属对人体健康的危害主要来自其进入土壤植物生态体系后，被植物吸收，体内富集，通过食物链进入体内的过程。其中对人体健康危害大的 Hg、Cd、Pb、Cr 等风险度最大。

（2）N、P 污泥中含有的大量 N、P 营养元素如不能被植物及时吸收，会随雨水径流进入地表水造成水体的富营养化，进入地下水引起地下水的硝酸盐污染。

（3）盐分 部分含盐量高的污泥会明显提高土壤的电导率，过高的盐分会破坏养分之间的平衡，抑制植物对养分的吸收，甚至会对植物根系造成直接的伤害。

（4）病原菌 未经处理的污泥中含有较多的病原微生物和寄生虫卵，在污泥的土地施用过程中，他们可通过各种途径传播，污染空气、土壤、水源，也可能在一定程度上加速植物病害的传播。

（5）有机污染物 某些工业废水中可能含有的聚氯二酚、多环芳烃等有毒有机物，在污水和污泥的处理过程中，这些物质会得到一定程度的降解，但一般难以完全去除，污泥施用时需考虑其可能产生的危害。

在上述各风险中，污泥土地利用有机污染物（包括病原菌）可能对周围环境和人类食物链安全造成的危害是一个引起争议的问题，20 世纪 80 年代以来欧洲的许多调查资料及美国 NSSS（National Sewage Sludge Survey）调查报告均显示：城市污水厂污泥中的有机物浓度很低，加之，没有充分的实测数据表明土壤中的有毒有机物会被植物根系吸收进入生物体内，因此，可认为污泥土地施用不会因有毒有机物而有显著的环境风险；病原菌也可以通过前处理工艺及有效的土地施用方法得到控制，即使是部分残留病原菌，在土壤中经过数周也几乎被消灭，不会对环境造成风险；一般地，堆肥化会明显地降低污泥的盐分，提高污泥的适应性，研究资料表明，污泥的连续施用率不超过 50t/（$hm^2 \cdot a$），污泥中的盐分不会对周围环境造成危害。对于这些争议，应采取客观慎重的态度。首先毒害性有机物在土壤中累积并最终影响土壤及水体环境的可能无法排除，发展中国家的工业和城市污水分流及工业污水预处理水平较低，污泥中的有机毒性物质含量可能较高，因此，仍应将控制土地利用污泥的有机毒性物质含量作为基本的污泥利用控制要求；污泥土地利用病原菌和盐分的有效控制主要来源于对污泥的严格预处理，有关研究结果提示了这些预处理的效果，指出了污泥土地利用前进行有效预处理的必要性。

因此，在污泥的土地利用过程中，需严格控制污泥中的重金属浓度，氮、磷营养物质的平衡和污泥的施用量；同时，应采用工业排水预处理和使之与城市排水分流，以及对土地利用污泥进行有效预处理的措施，积极控制污泥的毒害有机物、病原菌和盐分含量，避免对周围环境和人类食物链安全造成负面影响。

4.1.3 污泥肥料

4.1.3.1 污泥肥料的分类

用于土地利用的肥料可分为四种类型：浓缩污泥肥料、脱水污泥肥料、堆肥化污泥肥料和干燥污泥肥料。

（1）浓缩污泥肥料　将排出的消化污泥经过浓缩，或者浓缩生污泥经过低温灭菌后直接撒布于土地，这是浓缩污泥肥料土地利用的一种方式。这是一种最简单而又较经济的污泥利用方法，此方法的好处是不仅污泥固体能被均匀撒布，而且污泥中溶解状态的养分也得到了利用。

撒布时的施肥量取决于植物的种类、土壤性质、地下水深度、雨量等因素 。全年施用对绿地（公园等）的污泥量为120～250m^3/hm^2，旱地为200～500m^3/hm^2。

（2）脱水污泥肥料　脱水污泥肥料在土地利用中使用得较为广泛，如连续施肥数年，土壤中养分含量增加的速度是使用家畜粪肥时的2倍。如果在沙性土壤中长期使用经过好氧发酵的脱水污泥，则这种土地将能逐渐改造成农作物产量高、壤性好的高产农田。

（3）堆肥化污泥肥料　污泥经堆肥化处理后，其物理性状改善、质地疏松、易分散、粒度均匀细致、含水率小于40%，且其植物可利用形态养分增加，重金属的生物有效性减小，是一种很好的土壤改良剂和肥料。

（4）干燥污泥肥料　将脱水污泥干燥成含水率为30%～40%时，作为肥料，其土地利用效果最佳。干燥污泥如保持适当的粒度和含水率，可防止使用时被风吹散，但其费用比前几种污泥肥料高。如果在干燥污泥中掺入其他的无机肥料做成复合肥料可以适合各种不同植物的需要，加之干燥污泥存储稳定性好，便于长距离运输，可扩大销售和使用范围，具有前几种污泥肥料不可比拟的优势。

以上述各种肥料物态形式作为污泥土地利用时，基本的前提是需对污泥进行稳定化预处理，主要方法是堆肥化或消化。各种肥料形式的前处理成本依次升高但运输和储存成本则依次下降；一般小型污水厂污泥采用浓缩肥料形式土地利用，而大型污水厂污泥土地利用时，运输距离远、储存（季节性）量大，易进行脱水、堆肥化、干化等预处理。

4.1.3.2 污泥肥料的施用方法

污泥肥料的施用方法分为地表施用和地面下施用两种，主要应保证污泥以机械方式或自然方式与土壤结合。按污泥肥料物态不同，污泥施用也有不同的具体方法。

液态污泥施用相对简单，可选择的方法有以下三种。

（1）地表施用　地表施用相比于其他的施用方法可明显地减少地表雨水径流引起的营养物和土壤的损失（具体施用方法见表4-4）。

表4-4　液态污泥的地表施用和地面下施用方法

方　法	描　述	限制条件
地表施用		适用于可耕土地，潮湿土壤禁用
罐车	容积常为2～8m^3，最好配有气浮轮胎，可与灌溉设备相连，若同时配有泵可保证施用均匀	适用于可耕土地，潮湿土壤禁用
农用罐车	容积常为2～12m^3，最好配有气浮轮胎，可与灌溉设备相连，若同时配有泵可保证施用均匀	适用于可耕土地，潮湿土壤禁用

续表

方 法	描 述	限制条件
地面下施用		
犁地施用	犁地后使用管道或罐车加压施用	适用于可耕土地，潮湿或冰冻土壤禁用
罐车施用	犁地后罐车施用（容积为 $2m^3$）	适用于可耕土地，潮湿或冰冻土壤禁用
农用罐车施用	可犁地后用农用罐车施用[施用量（以湿污泥计）为170～225t/acre①]或地表施用后立即犁入土壤[施用量（以湿污泥计）为50～120t/acre①]	适用于可耕土地，潮湿或冰冻土壤禁用
地面下注入	污泥注入由罐车上备有的凿子凿开的沟渠中，施用量（以湿污泥计）为25～50t/acre①，使用后数天内不得负载	适用于可耕土地，潮湿或冰冻土壤禁用

① 1acre＝4046.9m^2。

(2) 地面下施用　地面下施用包括注入、沟施或使用圆盘犁犁地（具体施用方法见表4-4）。污泥地面下施用有效地减少了氨气的挥发量，阻止了蚊蝇滋生，并且污泥中的水分能够迅速地被土壤吸收，减少了污泥的生物不稳定性，但是其增加了投资费用，污泥施用的均匀性也很难保证。

(3) 灌溉　灌溉包括喷灌和自流灌溉，前者较适用于开阔地带及林地施用，污泥由泵加压后经管道输送至喷洒器喷灌，可实现均匀地施用，但存在投资大、喷嘴易阻塞等局限性，更关键的是有引起气溶胶污染的危险，因此一般应慎用；后者则依靠重力作用自流到土地上，由于其很难保证施用量的均匀分布，以及易发臭等，因此较少使用。

施用脱水污泥可减少大量的运输费用，施用机械的选择面较大，但其操作和维修费用比浓缩（液态）污泥高。其通常的施用方法和机械如表4-5所示。其中施用时的撒布机械大致与农用机械相同，如带斗推土机、撒播机、卡车、平土机等均使用得较为广泛，撒布后可由拖拉机或推土机牵引的圆盘推土机、圆盘耕土机和圆盘犁将污泥混入土壤。

表4-5　脱水污泥的施用方法和机械

方 法	描 述
撒 播	卡车或拖拉机均匀地撒播在施用土地上后，再进行犁地使污泥与土壤混合
堆 置	卡车将污泥卸至施用土地边缘上，推土机将污泥在土地上摊平，并再犁地混合

堆肥、干燥后污泥的可施用性好，单位土地面积的污泥肥料体积用量小，一般无需采用专门的土地撒布机械；污泥肥料撒布后，可根据作物生长的需求选择是否进行翻耕。

4.1.4 污泥土地利用的用途

污泥肥料的用途很广，可作为农田、绿地、果园、葡萄园、菜园、苗圃、畜牧场、庭院绿化等的种植肥料。

农田对肥料的需求量很大，过去，农田主要依靠厩肥、绿肥、植物根茎和收获物残渣来维护土壤的腐殖质运输，但是污泥肥料可以给作物供应更充足的养料，其效果已经从种植蔬菜和各种农作物的实践中得到证实。污泥农田施用适用于各种物态的污泥肥料。

污泥在果园、葡萄园、菜园和苗圃中施用时，应尽量以干燥污泥或堆肥化污泥形态应用；应用于放牧草场时，则主要应采用液态浓缩污泥地下注入的方式施用。

绿地主要靠植物残留物来进行有机物质的自然供输，但是也需要追加有机肥料，绿地适于施用污水厂污泥加工的细颗粒新鲜堆肥、成品堆肥或专用堆肥。污泥绿地利用的形式是在新建城市绿地时，利用适宜形态的城市污泥代替绿地营建时的基土（通常需从城市外购买）。其中主要的适宜对象是脱水后的水体疏浚淤泥和排水沟道清捞污泥及与适量泥土混合的脱水污水厂污泥。这种污泥土地利用形式的特点是单位面积用量较大，如对脱水疏浚污泥和沟道污泥的用量（以湿泥计）可以达到 $4500t/hm^2$，对污水厂脱水污泥（以湿泥计）可达1000～$2000t/hm^2$。主要的限制因素是：①污泥层上另需覆上约 0.3m 厚的耕土，以保证植被生长的短期稳定性；②需考虑污泥中污染物质对浅层地下水水质的可能影响；③只能在绿地兴建时一次性应用。

4.2 污泥建材利用技术

污泥建材利用是污泥资源化利用的一种，其内容包含了利用污泥及其焚烧产物制造砖块、水泥、陶粒、玻璃、生化纤维板等。目前，污泥的建材利用已经被看作一种可持续发展的污泥处置方式，在日本和欧美等国都有许多成功实例。污泥建材利用最终产物是在各种类型建筑工程中使用的材料制品，无需依赖土地作为其最终消纳的载体，同时它还可替代一部分用于制造建筑材料的原料，因此具有资源保护的意义。

在德国、日本等国家，由于污泥处理的主要工艺为焚烧，因此对于污水污泥焚烧灰渣的利用，首先考虑的就是污泥焚烧灰作为建筑的材料或附加材料。经过长期的研究与技术积累，技术上已经走向成熟并已开始应用于生产实际。

日本是世界上对污泥建材利用最重视、最积极的国家，从 1991 年至今，已有八家城市污水厂先后引进了污泥焚烧灰制砖技术，并已经建造了一座 11 万吨/年的生态水泥厂。不仅如此，日本还不断投入大量资金对利用污泥进行玻璃化、熔融化以及制造纤维板等技术进行研究和开发。在欧洲和北美，对污泥的建材利用技术也相当的重视。如德国早在 1995 年就对 16 个污泥焚烧工程的污泥灰进行制作建材的可行性分析研究，据 2003 年的数据，德国目前已有 10%的污泥用于建造业；在西班牙和加拿大，利用特定型号的水泥或再加入一定量的粉煤灰对湿污泥直接固化、制成型材，该技术已经获得有关机构的认可，并正通过一些环保公司进行推广。美国在利用污泥制造“生物砖”、水泥，瓦片等方面进行了大量的研究，并专门成立了一些公司，将此作为污泥处置的一种“先进技术”加以推广。

我国的一些地方，如浙江嘉兴、广东广州等地，也有一些污泥干化到一定程度后运往砖厂或陶瓷厂作为添加料的应用。上海市在废弃物建材利用方面进行了许多的研究，同济大学曾经与江苏省陶瓷研究所一起，与 1997～1998 年间进行了许多的研究，研究过程包括小试和中试，建材产品为陶粒和烧结多孔砖。上海新型建材研究开发中心在 1999 年对利用水泥窑处理污水污泥的技术进行了研究开发，对污泥掺入水泥后其物理形态的变化、重金属元素的消减情况、恶臭的消减情况、水泥烧成的影响等进行了一系列的研究，取得了一定的成果。另外，广州华穗轻质陶粒制品厂已有利用污泥制轻质陶粒的工程实例。

4.2.1 污泥建材利用的基本形式和工艺

目前污泥建材利用的几种基本形式，包括污泥制砖、水泥、陶粒、活性炭和生化纤维板等。

4.2.1.1 污泥制砖

(1) 制砖原理和工艺 制砖工业中砖块的主要原料为黏土。Bernd Wiebusch 曾对生活污泥与黏土的化学成分进行了比较，结果如表 4-6 所示。

表 4-6 活污泥与黏土的成分比较

主要成分质量/%	污泥灰				黏土			
	灰 1	灰 2	灰 3	灰 4	黏土 1	黏土 2	黏土 3	黏土 4
SiO_2	36.2	36.5	30.3	35.2	67.1	55.9	66.6	64.8
Al_2O_3	14.2	12.3	16.2	16.9	13.4	15.2	18.0	20.7
Fe_2O_3	17.9	15.1	2.8	5.6	5.6	6.1	7.6	6.7
CaO	10.0	13.2	20.8	16.9	9.4	12.2	1.1	0.5
P_2O_5	1.5	13.2	18.4	13.8	0.1	0.2	0.1	0.2
Na_2O	0.7	0.6	0.6	0.7	0.3	0.5	0.2	0.2
MgO	1.5	1.5	2.5	2.8	0.9	6.0	1.6	1.0

由表 4-6 可知，污泥灰和黏土中的主要成分均为 SiO_2，这一特性成为污泥可作为制砖材料的基础。另外，污泥灰中除了 Fe_2O_3 和 P_2O_5 含量远高于黏土，且重金属含量明显高于黏土，其他成分都较为接近，这说明使用污泥制砖是可行的。同时由于污泥中富含有机质，具有较高的燃烧热值，上海市城镇污泥的热值研究，发现绝大部分干污泥的燃烧热值可高达 10kJ/g 以上，因此也可用干污泥直接制砖，充分利用污泥热值，节省能源。

污泥制砖材料可采用焚烧灰或者干污泥，两种方法制砖的工艺流程基本相同，分别如图 4-1 和图 4-2 所示。

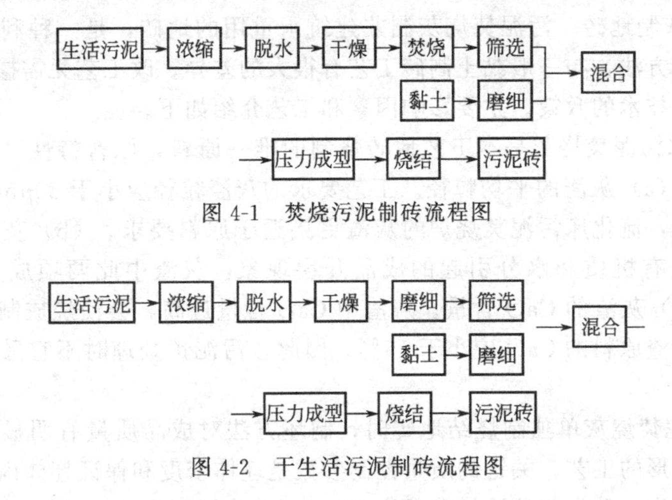

图 4-1 焚烧污泥制砖流程图

图 4-2 干生活污泥制砖流程图

由图 4-1 和图 4-2 可知，两种制砖的工艺流程基本相同。用干污泥直接制砖时，应对污泥的成分进行适当的调整，使其成分与制砖黏土的化学成分相当。当污泥与黏土按重量比 1∶10配料时，污泥砖可达普通红砖的强度。此种污泥砖制造方式，由于受坯体有机挥发分含量的限制，当有机挥发物达到一定限度会导致烧结开裂，影响砖块质量，污泥掺合比甚低，因此，从黏土砖限制要求来看，生污泥较难成为一种适宜的污泥制建材方法。

使用污泥灰作为添加剂或者完全替代黏土的技术可行性已被证实。在美国、新加坡、英国、德国和其他国家都有应用实例。下面是试验中观察到污泥灰对制砖过程中成型、干化和烧制及对最终产品的影响：a. 当添加量＜20％时，焚烧灰对工作过程没有什么影响；b. 高的吸水性或者钙含量较高的焚烧灰在原混合料中要进行水分的测量；c. 焚烧灰会使砖产生孔隙，这个作用可通过测量体积密度的减少和吸水性的增加来表征。焚烧灰中钙含量是一个主要影响因素。但焚烧灰内在的多孔性也影响瓷砖的孔隙性。因为，当焚烧灰作为熔融剂时，它能降低混合物的熔渣温度。焚烧灰中的 P_2O_5 得含量越高，SiO_2 的含量越低，降低熔渣温度的能力就越大。此外，焚烧灰中铁盐和钙盐的含量会改变砖的压缩张力。含铁的焚烧灰使砖变得更坚硬，含钙的焚烧灰使之变得更软。

使用污泥焚烧灰制砖有两种形式：其一为与黏土等掺合料混合烧砖；其二为不加掺合剂单独烧砖。

① 污泥焚烧灰和黏土混合砖。污泥焚烧灰的 SiO_2 含量较低，因此在利用污泥焚烧灰制砖时，只需制坯时添加适量黏土和硅砂，提高 SiO_2 的含量，即可烧结制砖。一般合适的配比为焚烧灰∶黏土∶硅砂＝1∶1∶（0.3～0.4）（质量比）。制成的污泥砖物理性能如表 4-7 所示。

表 4-7 污泥砖的一般物理性能

焚烧灰∶黏土	平均抗压强度/(kgf/cm²)	平均抗折强度/(kgf/cm²)	成品率/%	鉴定标号
2∶1	82	21	83	75
1∶1	106	45	90	75

注：1kgf/cm² ＝98066.5Pa。

污泥焚烧灰和黏土混合砖的制坯、烧成、养护等制造工艺均与黏土砖相近，烧制成品既可用于非承重结构，也可按标号用于承重结构，其制造过程可利用现有黏土砖制造厂。但与干化污泥制砖相似，它也要用黏土当原料，对于禁用黏土制砖地区，仍是不适用的。

② 污泥焚烧灰制地砖。污泥焚烧灰制非建筑承重用的地砖，是一种利用焚烧灰单一原料的污泥建材利用方法，与一般黏土制砖工艺有很大的差异。改工艺无需掺合大量黏土，因此更符合相关建材技术的政策。主要影响因素和工艺介绍如下。

a. 原料。污水污泥焚烧灰是本工艺地砖烧制的唯一原料，原料特性对烧制质量的主要影响因素有三种。(a) 灰渣的平均粒径。工艺要求的灰渣粒径应小于 30μm，以避免成品出现丝状裂痕，因此，流化床污泥焚烧炉的灰渣更接近于原料要求。(b) 灰渣残余有机质和水分含量。为避免有机质和水分引起的成品开裂现象，灰渣中此两项成分的含量控制在10%以下为宜。(c) 灰渣的 CaO 含量。灰渣中 CaO 含量过高，会使烧成制品易出现丝状裂痕，影响质量，灰渣原料的 CaO 应小于 15%，因此。污泥预处理时不宜采用石灰为脱水调理剂。

b. 制坯。污泥焚烧灰单独制烧结地砖时，制坯方法对成品质量有明显影响。制坯采用细灰注模，冲压成形的工艺。关键的质量控制参数是坯体密度和保证坯体内无空气。为此采用的适宜控制方法为：焚烧灰的平均粒径为 20μm；冲头压强为 100MPa，坯体密度≥1.6g/cm³；模具内应施加 26kPa 的真空度，以保证坯体内空气可顺利释放。

c. 烧结。烧结时可以采用辊道炉膛烧结进行砖坯烧制。成品坯从辊道的一端进炉，烧结后再有辊道输出。由于污泥焚烧灰砖坯几乎不含水，因此本地砖的烧结升温速率可大于一般黏土砖。在烧结的时候，先在 1200K 的温度下烧约 1h，其目的是为了使坯体内的残余有机质充分氧化，避免“黑核”问题；然后在 1300K 温度下继续烧结，使坯体整体能达到均匀烧结的目的；相对缓慢而均匀的降温速率控制，可以避免因砖体的热应力释放过快而使其破裂。

(2) 污泥砖的性能分析　反应污泥砖性能的主要指标有砖的吸水率、烧成尺寸收缩率、烧成质量减少分数、烧成密度以及砖的强度。

① 砖的吸水率。吸水率是影响砖耐久性的一个关键因素。砖的吸水率越低，其耐久性对环境的抗蚀能力越强，因而砖的内部结构应尽可能致密以避免水的渗入。随着污泥含量的增加和烧成温度的降低，砖的吸水率会逐步升高。而在制砖中，污泥灰起着造孔剂的作用，所以污泥灰砖的吸水率比黏土砖高。在用干污泥制砖中，污泥降低了混合样的塑性以及混合样颗粒间的黏结性能。当混合样中污泥含量较高时，混合样的黏结性能下降，但砖内部微孔尺寸增加，其结果导致吸水率的升高。由于干污泥砖的有机杂质多，烧结后的微孔也多，所以其吸水率比污泥灰砖高。

② 砖的烧成尺寸收缩率。通常，质量优良砖的烧成收缩率低于8%，污泥灰砖的烧成收缩率基本上低于8%。在干污泥砖中，烧成收缩率随污泥含量的增加而相应增加，形成进线形关系。由于干污泥的有机质含量远高于黏土，污泥的加入提高了烧成收缩率，导致砖的性能降低。烧成温度也是影响烧成收缩率的重要参数。通常，提高烧成温度，烧成收缩率上升；同时烧结温度不能过高，以免把砖烧成玻璃体。因而，污泥含量与烧成温度是控制烧成收缩率的两个关键因素。有资料表明在干污泥中，污泥含量低于10%，烧成温度低于1000℃时，其烧成收缩率符合优质砖标准。

③ 砖的烧成质量减少分数。增加污泥含量与提高烧成温度结果导致烧成质量减少分数的增加。1999年国家发布的砖烧成质量减少百分数标准是15%。研究表明，干污泥含量少于10%时。所有的砖都符合标准。对于普通黏土砖而言，在800℃时烧成后的质量损失主要由黏土中有机质燃烧引起的。然而，当混合样中加入干污泥后，烧成质量损失率明显增加，因为污泥中含有的有机质量大。另外，砖的烧成质量损失率也依赖于污泥黏土中的无机质在烧成过程中的烧尽程度。

④ 砖的烧成密度。干污泥砖的密度与污泥含量成近似线形关系。因污泥中有机质含量较高，在烧结时有机质挥发必然留下孔洞，粒径较粗，烧结体致密性差。烧成温度同样也影响颗粒的密度，结果显示提高烧成温度会提高颗粒密度。在污泥灰砖中，污泥灰作为造孔剂，这个效果可由吸水率的增高与密度的降低来衡量。

⑤ 砖的强度。抗压强度是衡量砖性能最为重要的指标之一。抗压强度极大地依赖于污泥的含量与烧成温度。干污泥砖的抗压强度随干污泥含量的增加而降低，随烧成温度的升高而升高。10%含量的干污泥砖在1000℃烧成时其抗压强度为二级品。污泥灰砖中，P_2O_5含量越高，SiO_2含量越低，其软化性越强；污泥灰抗压强度还依赖于污泥灰中含铁和钙的含量，铁含量的增加使得砖体抗压强度提高，钙则使其降低。污泥灰含量低于10%制砖时，其抗压性能比干污泥砖和黏土砖都好。研究表明，当污泥灰含量为10%、烧结温度为1020℃时，其砖抗压性能最好，可达138MPa。

4.2.1.2 污泥制水泥

(1) 工艺及原理　众所周知，水泥窑炉具有燃烧炉温高和处理物料大等特点，且水泥厂均配备有大量的环保设施，是环境自净能力强的装备。而城市生活垃圾、污泥的化学特性与水泥生产所用的原料基本相似。利用污泥和污泥焚烧灰制造出的水泥，与普通硅酸盐水泥相比，在颗粒度、相对密度等方面基本相似，而在稳固性、膨胀密度、固化时间方面较好。利用水泥回转窑处理城市垃圾和污泥，不仅具有焚烧法的减容、减量化特征，且燃烧后的残渣成为水泥熟料的一部分，不需要对焚烧灰进行填埋处置，是一种两全其美的水泥生产途径。

利用污泥做生产水泥原料有三种方式：一是直接用脱水污泥；二是干燥污泥；三是污泥焚烧灰。不管是采用哪种方式，关键是污泥中所含的无机成分必须符合生产水泥的要求。表

4-8 中列出了将污泥焚烧灰渣的矿物质成分与波特兰水泥成分的比较结果。从表中数据可知，除 CaO 含量较低、SiO_3 含量较高外，污泥焚烧灰其他成分含量与波特兰水泥含量相当。因此，污泥焚烧灰加入一定量的石灰或石灰石，经煅烧即可制成波特兰水泥。

表 4-8 污泥焚烧灰水泥与波特兰水泥的矿物组成（质量分数） 单位：%

组分	波特兰水泥	污泥焚烧灰	污泥水泥	质量要求限制
SiO_2	20.9	20.3	24.6	18～24
CaO	63.3	1.8	52.1	60～69
Al_2O_3	5.7	14.6	6.6	4～8
Fe_2O_3	4.1	20.6	6.3	1～8
K_2O	1.2	1.8	1.0	<2.0
MgO	1.0	2.1	2.1	<5.0
Na_2O	0.2	0.5	0.2	<2.0
SO_3	2.1	7.8	4.9	<3.0
LOI	1.9	10.4	0.3	<4.0

制成的污泥水泥性质与污泥的比例，煅烧温度、煅烧时间和养护条件相关。污泥水泥的物理性质的测定结果见表 4-9。

表 4-9 污泥水泥物理性质

性质	污泥水泥	波特兰水泥	性质	污泥水泥	波特兰水泥
水泥细度/(m^2/kg)	110	120	硬凝活性指数/%	67	100
水泥体积固定性/mm	1.9	0.9	凝结时间/min		
容积密度/(kg/m^2)	690	870	初始	40	180
相对密度	3.3	3.2	终止	80	270
紧密度/%	82	27			

波特兰水泥制造厂可以部分地接受污泥焚烧灰、干化污泥或脱水污泥，作为生产原料，具体的污泥形态要求决定于该厂的预处理工艺。污泥的 P_2O_5 含量决定了其是否适宜作波特兰水泥原料的关键因素。虽然尚未建立标准值，但水泥中的 P_2O_5 最大允许含量应为 0.4%；由于污泥焚烧灰中 P_2O_5 含量约为 15%，因此，污泥焚烧灰混入水泥原料中的最大体积比应为 2%。

水泥入窑生料的控制指标是水分，应小于 35%，流动度大于 75mm。未脱水污泥和脱水污泥均可以作原料，但考虑到运输成本，水泥厂较适宜用脱水污泥。加入污泥后相同水分下的生料浆流动会降低，生料流动度越小，沉降率越大，对生产设备和生产过程会带来不利影响，因此需要适当增加水分，使生料达到流动度要求。

利用污泥作原料生产水泥时，主要解决污泥的贮存、生料的调配以及恶臭的防治，确保生产出符合国家标准的水泥熟料。上海早在 20 世纪 90 年代就开始了“利用水泥窑处理污水污泥的技术研究应用”的课题，取得了一定的成果。为防止污泥堆放过程中产生恶臭，首先在污泥中掺入生石灰，然后采用水调料，再用泵输送到泥浆库，整个过程基本处于封闭状态，直至进入水泥窑。现已确认，以污泥为原料生产水泥时，水泥窑排出的气体中 NO_x 含量减少约 40%。

(2) 污泥制水泥的预处理

① 焚烧灰。波特兰水泥厂可直接接受污泥焚烧灰作为其生产原料。

② 脱水污泥饼。波特兰水泥厂应用污水污泥的替代方法是接受脱水污泥饼，脱水污泥在水泥厂可直接放入烧结制造熟料。日本有一些城市采用此方式消纳污泥，同时需要支付一定的成本，包括污泥运输费以及给水泥厂的补贴。

③ 石灰混合。石灰混合是另一种无需焚烧的污泥制水泥预处理工艺。脱水污泥与等量的石灰混合，利用石灰与水的反应释热使污泥充分干化。此过程只需很少的加热。混合后的产物为干化粉体，可被水泥厂接受。

④ 干燥泥饼。干化的污泥可作为水泥厂的原料，并代替一部分燃料，目前有多种污泥干化装置可使脱水泥饼干化至水分更低。但对小型污水厂进行污泥干化，有一定的困难，新发展的一种称为“深度烤制”的技术对解决污泥干化有帮助。深度烤制污泥干化工艺分为五个过程：调理、深度烤制、油回收、水分冷凝、脱臭。其中深度烤制单元最为关键，该单元中，含水率约为80%的污泥脱水泥饼在85℃的废油中进行约70min的烤制，其环境为负压。烤制使污泥中的水分迅速蒸发，蒸发的水分回流至污水管道进行冷凝与处理；剩余的污泥和废油混合物用离心机进行油固分离，并回收废油再用。深度烤制最终产物——干化污泥饼的含水率约为3%。此干化污泥饼有机物稳定性好，并且无臭，因此利用条件较好。

⑤ 造粒/干化。污泥造粒/干化作为脱水污泥制波特兰水泥的预处理方法，在欧洲和南非有多个应用实例。其气流封闭化的工艺特征较好地解决了污泥干化过程中臭气污染问题。其颗粒干化污泥的含水率为10%，达到巴氏灭菌的卫生水平；颗粒粒径均匀，为2～10mm；堆积密度为700～800kg/m^3；颗粒值为10.46～14.65MJ/kg。干化颗粒耐贮存，运输方便，但能源费用较高。

(3) 污泥制水泥的优越性　利用水泥回转窑处理城镇污泥，具有独到的优势。

① 有机物分解彻底。在回转窑中内温度一般在1350～1650℃之间，甚至更高，燃烧气体在1600℃时停留时间在6～10s，燃烧气体的总停留时间为20s左右，且窑内物料呈湍流化状态，因此窑内的污泥中有害有机物可充分燃烧，焚烧率可达99.999%，即使是稳定的有机物如二噁英等也能被完全分解。

② 回转窑热容量大，工作状态稳定，处理量大。

③ 回转窑内的耐火砖、原料、窑皮及熟料均为碱性，可吸收SiO_2，从而抑制其排放。在水泥烧成过程中，污泥灰渣中的重金属能够被固定在水泥熟料的结构中，从而达到被固化的作用。我国目前对于水泥或混凝土中重金属的浸出量尚未有具体的规定，上海水泥厂曾对由城市污水污泥为原料制成的水泥进行了鉴定。结果显示，尽管污泥中重金属含量较高，但经过水泥烧成过程的稳定、固化后，其重金属浸出浓度基本符合环保要求，具体结果见表4-10和表4-11。

表4-10　上海某污水污泥中重金属元素测试值　　单位：mg/L

Cu	Pb	Zn	Cd	Cr	Ni	Hg	As
2	8.5	1900	1.44	20.0	84.3	5.13	4.64

表4-11　重金属浸出毒性试验结果比较　　单位：mg/L

项目	Cu	Pb	Zn	Cd	Cr	Ni	Hg	As
GB 5085—2007	50	3.0	50	0.3	1.5	25	0.05	1.5
污泥制水泥熟料	0.090	0.545	0.024	0.056	0.466	0.245	0.003	1.49

4.2.1.3 污泥制陶粒等轻质材料

(1) 工艺和原理　轻质陶粒是陶粒中的一个品种，我国行业标准《超轻陶粒和陶砂》(JC 487—92) 将它定义为“堆积密度不大于 500kg/m³ 的陶粒”。轻质陶粒采用优质黏土、页岩或粉煤为主要原料，经过回转窑高温焙烧，经膨化而成。污水污泥的无机成分以 SiO_2、Al_2O_3 和 Fe_2O_3 为主，类似黏土的主要成分，在污泥中投加一定的辅料和外加剂，污泥便可制成轻质陶粒。

上海的研究人员对苏州河底泥的化学成分、矿物成分等性能成分进行了分析，探索了以底泥为主要原料烧制黏土陶粒的工艺参数，分析了底泥原料和陶粒制品中有害成分的来源，并对其进行了定量测试。结果表明，经适当的成分调整，利用苏州河底泥能烧制出 700# 的黏土陶粒产品。经高温焙烧后，苏州河底泥中的重金属大部分被固熔于陶粒中，不会对环境造成二次污染。

污泥制轻质陶粒工艺流程见图 4-3。制备的轻质陶粒产品性能可依据国家标准《轻骨料实验方法》和建材行业标准《超轻陶粒和陶砂》来检验。

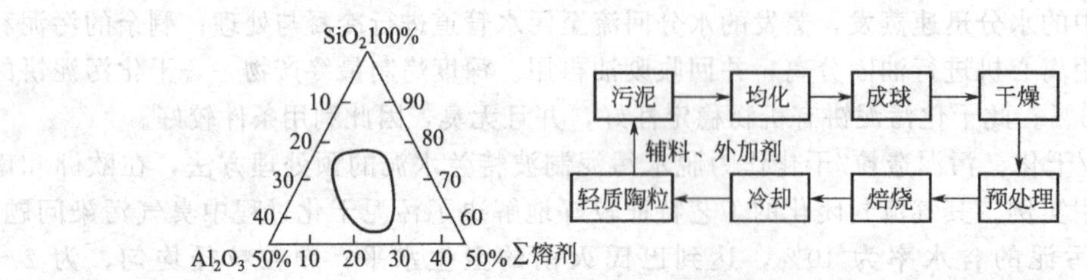

图 4-3　污泥制轻质陶粒工艺流程

主要工艺流程说明如下。

① 均化。湿污泥与预先干化好的干污泥一起进入污泥混合机，经混合、均化后形成颗粒。送至干化器干化。

② 干化。污泥干化装置多种多样，主要分为直接加热和间接加热。为了防止污泥在干化过程中结成大块，干化一般采用旋转干化器。热风进口温度为 800～850℃，排气温度为 200～250℃。污泥经干化后从含水率 80%左右下降到 5%左右。干化器的排气进入脱臭炉，炉温控制在 650℃左右，使排气中恶臭成分全部分解，以防止产生二次污染。

③ 部分燃烧。部分燃烧是在理论空气比约 0.25 以下燃烧，使污泥中的有机成分分解，大部分成为气体排出，另一部分以固定碳的形式残留。部分燃烧炉内的温度控制在 700～750℃。燃烧的排气中含有许多未燃成分，送到排气燃烧炉再燃烧，产生的热风可作为污泥干化热源利用。部分燃烧后的污泥中含固定碳为 10%～20%，热值为 1256～7536kJ/kg。

④ 烧结。烧结陶粒的强度和相对密度与烧结温度、烧结时间以及产品中残留碳含量有关。残留碳的含量与陶粒的强度成反比，残留碳的含量越多，强度越低。烧结温度在1000～1100℃之间为宜，超出此温度范围陶粒强度会降低。陶粒的相对密度随烧结温度升高而减小，在上述温度范围内，其相对密度为 1.6～1.9，烧结时间一般为 2～3min。

(2) 轻质陶粒的组成和性能　轻质陶粒的组成如表 4-12 所示。酸性和碱性条件下的浸出实验结果如表 4-13 所示。实验结果表明，轻质陶粒符合作为建材的要求。

表 4-12　轻质陶粒的组成　　单位：%

样品	SiO_2	Al_2O_3	Fe_2O_3	CuO	SO_2	C	燃烧减量
1	41.9	15.7	10.6	8.8	0.18	0.79	1.08
2	43.5	14.3	10.4	10.8	0.17	0.31	0.55

表 4-13 轻质陶粒浸出试验结果 单位：mg/L

试验条件	Cr^{6+}	Cd	Pb	Zn	As
HCl	0.00	0.51	0.3	16.2	0.18
NaOH(pH=13)	0.00	0.00	0.0	0.04	0.06
水	0.00	0.00	0.0	0.01	0.04

(3) 轻质陶粒的应用　轻质陶粒一般可作路基材料、混凝土骨料或花卉覆盖材料等使用，但由于成本和商品流通上的问题，还没有得到广泛应用。近年来日本将其作为污水厂快速滤池的滤料，代替目前常用的硅砂和无烟煤，取得了良好的效果。轻质陶粒作快速滤池填料时，空隙率大，不易堵塞，反冲洗次数少。其相对密度大，反冲洗时流失量少，滤料补充量和更换次数也比普通滤料少。

由于陶粒市场需求量大，因此开发新的陶粒原料、开发新的轻质陶粒有重要意义。

4.2.1.4 污泥制生化纤维板

污泥制生化纤维板，主要是利用活性污泥中所含粗蛋白（有机物）与球蛋白（酶）能溶解于水及稀酸、稀碱、中性盐的水溶液这一性质，在碱性条件下加热、干化、加压后，发生蛋白质的变性作用，从而制成活性污泥树脂（又称蛋白胶），使之与漂白、脱脂处理的废纤维一起压制成板材，其品质优于国家三级硬质纤维板的标准。活性污泥中加入苛性钠，与蛋白质产生反应，如式（4-1）所示：

$$H_2N—R—COOH+NaOH \longrightarrow H_2N—R—COONa+H_2O \qquad (4\text{-}1)$$

生产的水溶性蛋白质钠盐，并使细胞腔内的核酸溶于水，去除核酸引起的臭味和油脂。然后投加氢氧化钙，生产不溶性易凝胶的蛋白质钙盐，增加活性污泥树脂的耐水性、胶着力与脱水性能，如式（4-2）所示：

$$2H_2N—R—COOH+Ca(OH)_2 \longrightarrow Ca(H_2NR—COO)_2+2H_2O \qquad (4\text{-}2)$$

为了进一步脱臭并提高活性污泥树脂的耐水性能与固化速度，可加少量甲醛(HCHO)。活性污泥树脂的配方如表 4-14 所示。

表 4-14 活性污泥树脂配方

配方	活性污泥（干重）	苛性钠（工业级）	石灰 CaO（70%～80%）	混凝剂			水玻璃/Be	甲醛（浓度 40%）
				$FeCl_3$（工业级）	聚合氧化铝	$FeSO_4$（工业级）		
1	100	8	36	15		4	10.8	5.2
2	100	8	36		43	4	10.8	5.2
3	100	8	36			23	10.8	5.2

可采用表 4-14 中的任一配方，先加苛性钠在反应器搅拌均匀，然后通蒸汽加热至 90℃，反应 20min，再加石灰维持 90℃反应 40min。只要技术指标为：干物质含量约 22%，蛋白质含量 19%～24%，pH 值 11 左右，等电点为 10.55（等电点为蛋白质正、负电荷相等时的 pH 值）。

4.2.1.5 污泥作混凝土混料的细填料

污泥焚烧灰可以作混凝土混料的细填料，研究表明污泥灰可替代高达 30%（按质量计）混凝土细填料，具有很高的商业价值。

作为混凝土填料用的污泥焚烧灰，应进行筛分和粉磨等预处理，达到一定的粒径配比要求；焚烧灰的有机质含量也应进行必要的控制，以保证混凝土结构的质量。

4.2.2 污泥建材利用存在的问题

由于污泥建材利用具有可持续发展的应用前景，目前在发达国家对污泥建材利用技术非常重视。尤其近年来，随着我国经济和城市建设的加快发展，建材的市场需求量以每年 8% 以上的速度增加。由于砖块等建材的主要制造原料都是黏土，而黏土的大量开采造成了我国耕地资源的破坏。为限制黏土的开采，保护耕地资源，国家开始限制实心砖块的生产，而鼓励空心黏土砖的开发生产，同时国家鼓励有关企业利用废渣、污泥进行制砖。

然而污泥制成的砖块、水泥在销售上存在着一定的劣势，其原因主要有两个方面。第一，公众心理上较难接受。污泥制成的砖块、水泥、陶瓷等，由于其原料的来源问题，总会让公众联想到污泥的不洁和危险性，因此会对污泥建材的销售产生影响。第二，污泥制成的砖块、水泥等由于 P_2O_5、CaO 含量较黏土而言比例偏高，当污泥在建材制作原料中添加量偏高时，会对砖块、水泥的抗压强度等物理性能产生影响。因此，污泥建材利用能否推广应用，与能否获得政府的支持有很大关系。

(1) 资金与税收政策　以污泥为原料或者是添加料进行建材生产，有两种途径选择。一是将污泥焚烧灰、干污泥运送到现有的砖块生产厂和水泥厂，通过给予一定的费用补贴和政府政策支持来促使生产商接纳污泥灰和干污泥。政府可以通过减免部分税收、提供部分银行信贷等途径支持。二是排水部门自建污泥建材厂。

(2) 市场扶持　以污泥为原料、添加料制成的砖块和水泥，比较理想的去向是用于街道，公园等路面公共设施的建设，但这需要政府相关政策的鼓励和协调。砖块销售是决定污泥砖块、水泥等建材生产是否可行的一个重要因素。比如在日本，污泥制成的建材在道路修建等公共设施中被优先采用，我国目前尚未有类似的相关政策。

污泥建材利用是一种符合废弃物循环利用理念的可持续发展的处置方法，但是我们必须注意到日本等国外国家利用污泥制成的建材，其实际售价要比普通砖块市场价格低一些，而制成的水泥也明显低于同类水泥的市场价。很显然，从价格因素可以看出，污泥制成的建材在市场上受欢迎的程度，要低于相应的普通建材市场。因此，利用污泥制建材时，不仅要考虑技术上的可行性，而且必要考虑到公众的感觉因素，必须对产品的市场前景进行深入的调研，以确定产品的销售渠道，产品的使用范围以及产品的利润，并充分估计到需要投入的资金补贴，以及政府给予的政策支持。

4.2.3 污泥制作建材应用实例

(1) 制水泥　日本政府新能源及产业技术综合开发机构和太平洋水泥公司联合发明的用城市垃圾灰烬和下水道污泥为原料生产“生态水泥”其生产工艺与普通水泥相近，城市垃圾焚烧灰分、下水道污泥与天然石灰石混合，在窑中烧制成固体再与石膏一同粉碎，有所差别的是其烧制温度为 1350℃，略低于普通水泥的 1500℃，并且灰分中含有 10%～50%的氯元素，使水泥的凝固速度加快，若加入缓凝剂则和普通水泥一样使用。生态水泥避开了像普通水泥那样对所含成分的严格筛选，含有相当多量的氯元素。因此生态水泥的主要矿物与普通水泥的矿物不同，应将生成的亚氯酸盐矿物作为组成元素来考虑。

(2) 制成砖　污泥制砖主要有两种方法：一种使用干化污泥直接制砖；另一种是用污泥焚烧灰制砖。日本政府和某公司合作研制利用焚烧后的污泥灰制砖。工厂是于 1991 年南部一个污泥处理厂开始的，现在已经有另外 7 家工厂。整个工艺流程如图 4-4 所示。

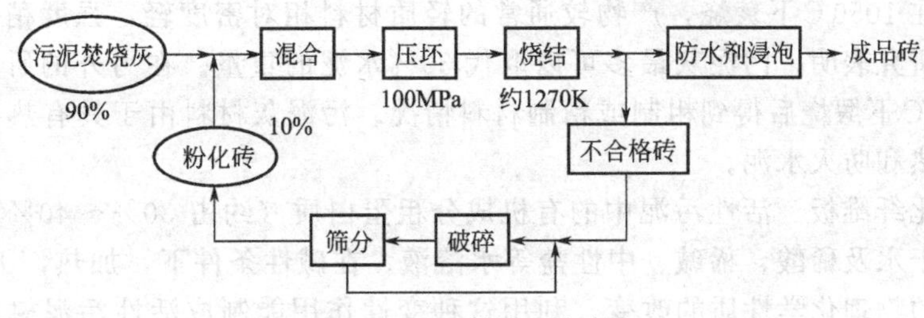

图 4-4 污泥制砖工艺流程

焚烧后的污泥是唯一的原料，不需要其他添加剂。所以污泥灰的组成成分对于砖的质量有很大的影响。一些比较重要的因素如下。

① 污泥灰的平均颗粒粒径应小于 30μm；

② 如果有机物质仍留存在焚烧灰中，则利用这一污泥灰在烧制砖的时候会产生裂缝，因此，灰中所含的水分应小于 1%；

③ 氧化钙的浓度应小于 15%，灰中氧化钙的含量越多，则终产品的表面裂缝就越多。

烧制过程主要是在一个用天然气作为燃料的带滚动传动轴的热炉中进行。炉中的温度直接影响产品的品质。采用滚动传动轴是一个准确控制温度的方法。当温度达到 900℃时，控制此温度并保持 1h 防止砖中产生黑心。产生黑心说明有机物质没有被完全氧化。然后，温度渐渐升高到大约 1000℃并保持一段时间直至所有的成形砖都被加热。最高温度取决于污泥灰的组成。然后，进行冷却循环。缓慢冷却对于避免热张力所引起的断裂非常重要。所以要大约 4h 才能将温度从 1000℃降到室温。

生产出的合格成品砖大约成功率为 90%。日本工业标准为最大允许的尺寸差异为 3mm，根据此标准将有 10%为不合格产品。这些不合格产品打碎成粒径为 1mm 的颗粒。制成的砖表面比较粗糙，有较大的摩擦力，适合用于铺道路，同时，这样的砖会产生特别的图案。如果打碎的颗粒的比例达到 60%或者当粒径大于 2mm，在成品砖表面会有细小的裂纹状的图案产生。

能耗分析：整个生产过程在大型工厂中是连续操作的，在小型工厂是批式操作。每个单元所需要的能量不同，如表 4-15 所示。

表 4-15 每吨焚烧灰和每块砖所需能量

项目	所需能量(每吨焚烧灰)	所需能量(每块砖)	项目	所需能量(每吨焚烧灰)	所需能量(每块砖)
燃料 电能	135～575m^3 270～440kW·h	0.37～1.57m^3 0.74～1.20kW·h	润滑油	2.6L	0.007L

美国马里兰大学也对污泥应用于制砖进行了研究，将污泥中掺入一定量的黏土，然后做成砖，这样制成的污泥砖头比通常的黏土砖有更多的气孔，因而它的绝缘性能也较后者更为优异。

(3) 制玻璃　日本东京建成了用下水道污泥焚烧灰连续制造类似黑色花岗岩的微晶玻璃的实验装置。该玻璃的制造方法是调整焚烧灰和垃圾等易析出灰长石晶体的成分，配合料在 1400～1450℃的高温下加热 1～2h 熔融后，经成形和冷却制成玻璃。然后用熔融时的废热将该玻璃再加热到 800～1100℃。该技术无需添加昂贵的钛和锆等成核试剂，而是利用下水道污泥焚烧灰中含的铁和硫生成的硫化铁。该微晶玻璃的抗折强度是大理石的 4.5 倍、花岗岩的 3 倍以上，耐酸性是大理石的 100 倍、花岗岩的 10 倍。

(4) 制轻质材料　污泥灰可用来制轻质材料。焚烧污泥灰粉碎后与水及酿酒厂的废液混合，制成球状在1050℃下焚烧，产物较通常的轻质材料相对密度轻，强度稍低。污泥灰用作轻质材料的研究表明，污泥灰最多可以取代30%水泥的重量。在另外的研究中，脱水消化污泥在1050℃下煅烧后得到粗制或精制材料情况。污泥灰材料由于具有热导性和高耐火性适合于做绝热和防火水泥。

(5) 制生化纤维板　活性污泥中的有机成分粗蛋白质（约占30%～40%）与酶等属于球蛋白，能溶于水及稀酸、稀碱、中性盐等水溶液。在碱性条件下，加热，干化，加压后，会发生一系列的物理化学性质的改变。利用这种变性作用能制成活性污泥树脂（又称胶蛋白）使纤维胶合起来，压制成板材。据测定，20%浓度的活性污泥树脂溶液的等电点为10.55。在制生化纤维板的过程中，正确掌握活性污泥树脂的等电点，是一个关键。制造工艺可分为脱水，活性污泥树脂调制，填料处理，搅拌，预压成型，热压，裁边7道工序。

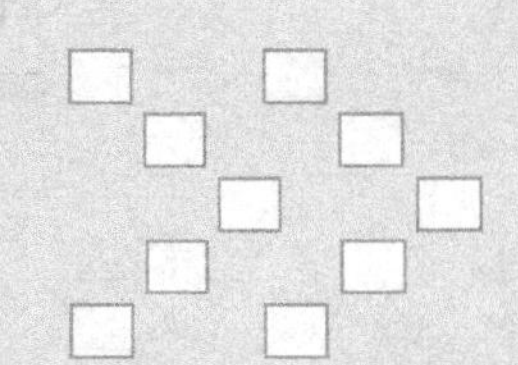

第5章 城市污泥处理工程设计与实例

污泥无害化、减量化、资源化处理的发明专利技术已在多个污泥处理工程中得到应用，现以不同类型的污泥处理工程为例，介绍已经实施和正在设计的污泥处理工程的工艺特点、工段设计等。

5.1 独立热源污泥处理工程

5.1.1 江苏盛泽污泥处理工程

江苏盛泽印染业发达，为了保证印染废水达标排放，盛泽镇2003年有污水处理厂8个，在承担全镇污水处理的同时，每天产生污泥约900t，这些污泥主要采用租地填埋的处理方法，随着污泥量的不断积累，周围20km内已难以找到合适的污泥填埋空间。2004年初，盛泽水务集团利用浙江大学的发明专利技术建成了我国第一个专业污泥处理厂，从而使当地因污泥填埋而产生的一系列环境和社会问题得到解决。

5.1.1.1 工艺流程

江苏盛泽污泥处理厂与污水处理厂一墙之隔，根据当地的地理条件，污泥处理的工艺流程如图5-1所示。

从图中可以看出，来自污水处理厂的污泥经过机械脱水后，含水率从98%降至93%，通过污泥泵送入污泥储存池，再由污泥泵将泥浆送入板框压滤机，经过压滤后，污泥呈饼状，含水率降至76%左右，从污泥中压出的污水回流至污水处理厂处理。皮带输送机将污泥饼送入污泥堆放场，再通过螺旋输送机将污泥饼送入第一污泥干化成粒装置进行第一段干化，经过第一段干化成粒后的污泥通过皮带输送机送入第二污泥干化成粒装置进行第二段干化，经过第二段干化成粒后的污泥成为粒径为1～8mm的污泥颗粒。提供第一段污泥干化的热源来自流态床高温烟气沸腾炉，提供第二段污泥干化的热源来自普通燃煤供热炉，流态床高温烟气沸腾炉和普通燃煤供热炉产生的烟气分别进入第一和第二污泥干化成粒装置，与污泥直接进行热交换后，进入麻石水膜除尘器进行除尘除气，然后由引风机送入烟囱，达标排放。

经过干化后的污泥颗粒一部分送入流态床高温烟气沸腾炉和普通供热炉，与煤掺烧为污

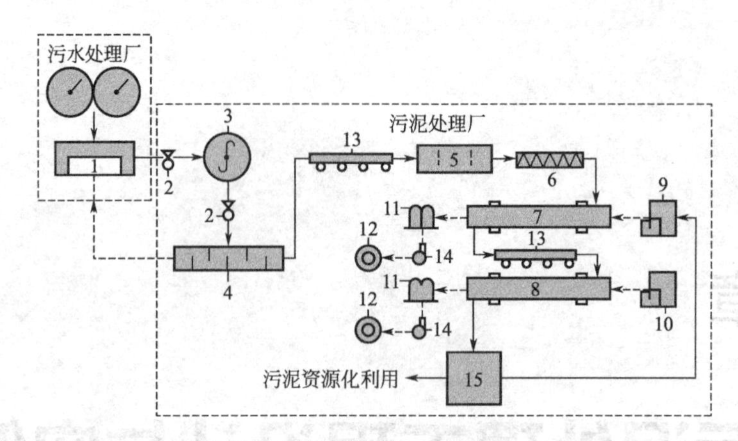

图 5-1 江苏盛泽污泥处理厂污泥干化工艺流程图

1—污泥机械脱水机房；2—污泥泵；3—污泥储存池；4—板框压滤机；5—污泥堆放场；6—螺旋输送机；7—第一污泥干化成粒装置；8—第二污泥干化成粒装置；9—流态床高温烟气沸腾炉；10—普通燃煤供热炉；11—麻石水膜除尘器；12—烟囱；13—皮带输送机；14—引风机；15—污泥成品库

泥干化提供部分能源，另一部分外运作为燃煤的辅助燃料，或烧制轻质砖等资源化利用。图 5-2 是江苏盛泽污泥处理厂污泥干化车间的一角。

图 5-2 江苏盛泽污泥处理厂污泥干化车间的一角

5.1.1.2 主要设备及其相关参数

① 第一污泥干化成粒装置，规格 Φ2.2m×26m，转速 2.8～6r/min，安装斜度 2°，减速器型号 ZL65-22.4-I，电机型号 YCT315-4B 电磁调速电机，拖动电机功率 45kW。

② 第二污泥干化成粒装置，规格 Φ2.0m×24m，转速 2.8～6r/min，安装斜度 1.5°，减速器型号 ZL65-22.4-I，电机型号 YCT280-4A 电磁调速电机，拖动电机功率 30kW。

③ 流态床高温烟气沸腾炉，供热能力 3×10^6 kcal/h。

④ 普通燃煤供热炉，供热能力 2×10^6 kcal/h。

⑤ 螺旋输送机，螺旋直径 320mm，输送长度 7m，最大输送能力 8t/h，电机功率 4kW。

⑥ 带式输送机两台，B=500mm。

⑦ 麻石水膜除尘器两台，筒体直径 3500mm。

⑧ 引风机两台，额定风量 25000m^3/h，额定风压 4700Pa，功率 55kW。

⑨ 300kV·A 变配电设施一套。

⑩ 第一烟囱 h=20m，烟囱出口直径 0.50m；第二烟囱 h=18m，烟囱出口直径 0.40m。

⑪ 板框压滤机 10 台，过滤面积 0.8m^2，压滤动力 25kgf/cm^2。

⑫ 污泥泵两台，额定流量 20t/h，扬程 15m。

5.1.1.3 工程运行参数

① 流态床高温烟气沸腾炉运行时，炉膛温度为 650～800℃，炉膛微压为−40～−20Pa，供热烟气温度为 300～350℃，供热量约为 2.5×10^6kcal/h。

② 普通燃煤供热炉运行时，炉膛温度为 600～700℃，炉膛微压为−40～−20Pa，供热烟气温度为 250～300℃，供热量约为 1.6×10^6kcal/h。

③ 第一污泥干化成粒装置烟气输入温度为 300～350℃，尾气排放温度为 110～130℃，干化成粒装置内烟气流速为 2.5m/s；第二污泥干化成粒装置烟气输入温度为 250～300℃，尾气排放温度为 100～120℃，干化成粒装置内烟气流速为 2.44m/s。

④ 进入麻石水膜除尘器的尾气温度为 100～130℃，尾气进口流速约为 10.2m/s。

⑤ 污泥进入干化装置的含水率约为 75%，初始污泥温度为室温，经过第一段干化后污泥的含水率为 58%～62%，泥温约为 55℃；经过第二段干化后污泥的含水率为 30%～40%，泥温约为 50℃，污泥的体积减少至原有体积的 1/3 以下。

⑥ 污泥在第一污泥干化成粒装置内停留时间为 35～45min，污泥在第二污泥干化成粒装置停留时间为 30～40min。

⑦ 生产线实际干化污泥（含水率 93%）能力为 400t/d。

5.1.2 浙江义乌污泥处理工程

该工程位于义乌市稠江街道工业区第四污水处理分厂内，设计的污泥处理能力为 200t/d（含水率 80%左右），与工艺相配套的机械设备全由我国自己生产制造。

5.1.2.1 工程平面布置

义乌污泥处理工程平面布置原则如下。

① 近远期结合：该工程总平面设计按日处理污泥能力 600t 规模一次设计，一期 200t，远期 400t，分期实施。

② 功能分区合理：根据污泥处理厂各功能区的划分，按照功能不同分区布置，用绿化带分隔。

③ 根据城市夏季主导风向和全年风频，合理布置各功能区。

④ 各相邻处理构筑物之间间距的确定应考虑各管渠施工维修方便。

⑤ 考虑人流、物流运输方便，布置主次道路，并需满足消防安全通道的要求。

⑥ 工艺流程顺畅，处理构筑物布置紧凑，节约用地，便于管理。

⑦ 污泥厂总平面布置需便于分期建设，减少首期投资。

⑧ 按照建成花园式处理厂需求进行绿化小区布置。

根据总平面布置原则，为了便于分期实施，污泥处理厂分成以下两部分：一部分为一期实施范围，占地面积约 18 亩[1]；另一部分为远期实施范围，占地面积约为 42 亩。义乌污泥处理工程总征地约 60 亩。

在工程一期实施范围内，根据污泥厂周围环境与主导风向，污泥处理构筑物分成五个区域：生产管理和辅助生活区、污泥堆放和预处理区、污泥处理区、污泥中间产品堆放区、污泥处理控制区。各分区由道路或绿化带分隔。

---

[1] 1 亩＝666.7 平方米，下同。

污泥处理厂内的公共设施包括道路、给水排水和绿化。

① 厂前区设计综合楼、门卫、停车场等辅助建筑物。

② 厂区内道路环通，满足运输和消防要求，主道路宽 8m，转弯半径最小为 7m，路面采用混凝土浇筑。

③ 厂内用水由城市管网提供。

④ 厂内污水直接进入义乌市第四污水处理分厂污水处理系统。

⑤ 厂内电信和电力接自城市网络系统。

⑥ 厂内绿化面积占全厂总面积的 40%以上。

⑦ 厂内消防用水系统和给水管网合建，水源来自城市管网。

5.1.2.2 主要工件设计

(1) 污泥预处理系统 该系统由封闭式污泥预干库和推泥设备组成。封闭式污泥预干库有以下两个功能：一是能够存放 3～5d 的污泥量；二是余热污泥，并使污泥蒸发掉部分水分。根据污泥处理能力 200t/d 的要求，污泥预干库的设计面积为 1200m²，为应急需要，另设计预备污泥预干库，使污泥的最大存放时间达到 15d 以上。

污泥干化时排放的尾气通过封闭式污泥预干库底部，用污泥干化排放尾气的余热使污泥预热，推泥设备将来自不同污水处理厂的污泥均匀化，从而有利于污泥预热，并为污泥干化创造良好的工况条件。

(2) 污泥进料系统 该系统由运输设备和分量式污泥进料机组成，通过分量式进料机，污泥被均匀地送入第一污泥干化成粒装置，为污泥在干化过程中自然成粒创造条件。分量式进料机的设计功率为 10t/h。

(3) 污泥干化成粒系统 该系统由供热炉、调温器、第一和第二污泥干化成粒装置组成。供热炉采用燃烧率较高、经过改进的流态床高温烟气沸腾炉，不仅具有较高的热能效率，而且可以燃烧部分干化污泥作为补充能源，从而实现再利用的目的。该项污泥处理工程采用低温干化工艺，调温器将来自供热炉的温度控制在 350～400℃后，送入第一和第二污泥干化成粒装置。为了充分利用能量，第一和第二污泥干化成粒装置以串联式相连接。

(4) 封闭式输送系统 该系统主要采用封闭式的螺旋输送设备，使污泥在输送过程中气体不外逸，保证了污泥在整个运行过程中释放的气体能够得到有效的控制。

(5) 除尘除气系统 为了保证污泥处理过程中伴生的所有气体达标排放，该系统根据污泥处理过程中不同阶段释放的气体性质不同，设计不同的除尘除气设备。在污泥预处理阶段，污泥释放的臭气或送入供热炉进行高温消除，或送入生物土壤滤床由土壤微生物消除；在污泥干化处理阶段产生的尾气，先通过余热利用后，经过多级喷淋麻石水膜除尘器除尘除气达标排放。麻石水膜除尘除气的用水来自第四污水处理分厂的回用水，同时将污水送入污水处理厂处理。

(6) 筛分系统 该系统将干化后的污泥通过筛分设备将粒径为 2～6mm 的污泥颗粒烧制成轻质节能砖或生产水泥压制品，大于和小于该粒径范围的污泥颗粒作为辅助燃料。

(7) 自动控制系统 污泥处理实行自动化全程控制。采用可编程序控制器作为下位机，对污泥干化处理各个生产环节的技术参数进行实时采集监测；选用专用的工业控制计算机作为上位机，通过自主开发的控制软件系统，可以根据监测和设备的实际运行情况对整体运行进行调整，从而实行全自动控制。

(8) 控制系统 污泥干化的热源由流态床高温烟气沸腾炉产生的热量提供，对于供热系统要严格控制二氧化硫的排放。

5.1.2.3 建筑设计

义乌污泥处理工程的具体位置紧靠义乌市污水处理厂第四分厂分东南面。建筑设计首先满足工艺流程、设备要求，结合污泥厂周围环境及城市建设要求，确定厂区总面积及各项单体设计。工程用房在首先满足工艺使用功能的条件下对建筑外形作适当的组织调整，打破工业建筑模式化格局，每个单体设计都体现自身的风格，将厂区建设成一个“花园式”的厂区。力求建筑新颖美观，布局合理，功能齐全，便于管理，造价适宜，社会效益、环境效益达到最佳统一。

根据工艺流程、厂区地形条件、当地气候特点及夏季主导风向，并服从城市总体规划布局与城市空间环境景观要求，从污泥厂的生态环境和微风气候出发，采用大片绿化用地以提高环境的质量。厂区中心为各个主体污泥构筑物，布置紧凑集中，各建筑物之间及周围配以大片绿地。建筑造型设计结合污泥厂的生产工艺特点，将建筑的造型设计与厂区环境、城市环境景观设计作整体构思，并注重建筑、构筑物在整体上的统一协调。

5.1.2.4 电气设计

义乌污水处理工程的电气设计按照工艺设计提交方案及其所需设备容量作为依据。设计内容包括以下几个方面：厂内所有动力设备的配电、控制及保护；全厂电缆铺设；车间照明、厂区道路照明；防雷接地。

污泥处理工程电负荷性质属二级负荷，经供电征询，供电部门向污泥处理厂提供二路10kV电源，进线电源以短段电缆进线方式敷设至高配间进线柜，二路电源的运行方式为二常用，当一路电源发生故障，另一路电源应能承担全厂100%的负荷，保证正常运行。污泥厂区内部电源均采用380V低压供电。

义乌污泥处理工程用电负荷包括工业动力负荷和辅助照明负荷两大类，工业动力负荷主要为引风机和传动类负荷。全厂负荷计算如下：工艺设备采用需用系数法，需用系数参照国家《给排水设计手册》和有关电气设计规范选取；构筑物的照明采用单位面积平均负荷密度法计算，计算结果为350kW。

该工程采用TN-S制接地系统，电气和仪表采用共同接地体，接地电阻≤1Ω。所有建筑物的电源进线设重复接地装置，接地电阻≤10Ω，尽可能利用基础钢筋网作为自然接地体。

防雷保护考虑防直击雷和防雷电波侵入两种措施。防直击雷保护，污泥厂一般建筑物按三类防雷保护。接闪器采用避雷带，并充分利用建筑物的钢筋混凝土柱内主钢筋作为引下线，利用基础钢筋作为自然接地体，工作接地与防雷接地合一，接地电阻≤1Ω。防感应雷保护，在0.4kV进线处安装防雷电浪涌保护器，以减少雷电波的侵入危害。

5.1.2.5 仪表控制设计

污泥处理项目工程的监控仪表主要为流态床高温烟气沸腾炉炉膛和烟气温度指示，污泥干化成粒设备进烟温度、排烟温度、微压指示，以及流态床高温烟气沸腾炉进风量的电动控制调节和设备状态等。检测仪表配量满足工艺流程检测、工艺设备控制和安全生产要求。一起选型立足于可靠性、先进性，并确保工艺精度要求和实时要求，同时考虑维护方便，运行稳定。

控制系统由检测执行级、现场控制级、中央监控管理级三级组成。主要机械设备控制系统为三层控制模式，即就地控制、现场站控制、中央监控站控制，其他设备采用就地控制和现场站控制二层控制模式。义乌污泥处理工程控制系统由一个中央控制监控站和一个现场控制站及光纤环网组成，各被控设备和监测仪表常规信号、状态信号的传送方式采用放射型电缆传输到PLC（可编程逻辑控制器）进行相关处理。

现场分控站位于污泥干化成粒车间，承担工艺过程中各状态信号的采集和传输任务，负责全部设备的运行控制；中央监控室位于办公室综合楼，配有冗余的数据服务器、工作站、打印服务器和打印机，计算机完成各类数据的运算、整理和储存，并通过打印机完成各类工艺参数和报表的记录，由工程技术人员监控全部设备的运行及变配电网络的运行状况。

为了便于管理和控制，中央控制室应设置大型显示装置，采用大型镶嵌式模拟屏，显示污泥处理工艺流程和设备的运行工况。在污泥处理中心厂区设置闭路电视系统，监视生产过程。

5.1.2.6 机械设计

① 各标件设备的选用力求先进实用、经济合理，确保工艺的需要，并配合土建构筑物形式的要求。

② 新的机械设计均按成套装置考虑。

③ 所有标件设备的供货将实行招标采购。

5.1.2.7 通风设计

为了保护车间内空气新鲜，保护生产人员的安全，设置通风设施。

在污泥干化车间，采用自然进风、机械排风的通风方式，通过轴流风机将室内污染空气排出，改善室内空气环境。换气次数 8～10 次/h。

5.1.2.8 绿化设计

该污泥处理工程厂区绿化面积设计占总面积的 40％以上。在厂区沿厂外道路一侧，设计富有变化的花坛及立体绿化，透过镂空的围墙给厂外的行人以美感；厂区内花草、花坛、小径有机地结合起来，为职工提供一个良好的工作环境。

5.1.2.9 水汽平衡与控制

(1) 水汽生产量 污泥干化时蒸发的水汽量按下列情况计算：

进入污泥预干库污泥的含水率为 80％，经过预处理后，含水率降到 75％，这时污泥的重量为

$$200\times(1-80\%)\div(1-75\%)=160(t)$$

以每天连续生产 24h 计，每小时处理的污泥量为

$$160\div24=6.7(t/h)$$

如果污泥的含水率经过干化后降到 30％，每小时需蒸发的水量为

$$6.7-6.7\times(1-75\%)\div(1-30\%)=4.31(t/h)$$

该工程两台流态床高温烟气沸腾炉总的进风量为 $32962m^3/h$，在控制污泥干化温度时，需要混入的风量为 $24780m^3/h$，总风量为 $57742m^3/h$，上述计算结果表明，日处理 200t 污泥，从含水率 75％降至 30％，每小时将有 4.31t 水以气态形式随 $57742m^3$ 的烟气排出污泥干化成粒系统，这时每立方米烟气中含 74.6g 水。

(2) 尾气达标排放 尾气从污泥干化成粒装置排出后，通入污泥预干库底部烟道，由于尾气的余热被利用来加热污泥，从而使尾气的温度明显下降。从污泥预干库底部烟道排出的尾气，进入麻石水膜除尘除气装置，经过除尘除气以后，大约有 20％的烟气量在此过程中随废水排走，因此，约有 $46000m^3/h$ 的尾气达标后从烟囱排出。烟囱设计高 40m，烟囱的出口直径为 1200mm，完全满足日处理 200t 污泥所产生的尾气排放要求。

(3) 生物土壤滤床效果 污泥预干库采用封闭式，释放的气体通过引风设备引入生物土壤滤床进行生物净化处理，是否能够达到预期效果，与气体通过生物土壤滤床的时间有关。

根据工艺要求，污泥释放气体通过生物土壤滤床的时间必须≥60s。该项工程设计的生物土壤滤床地表面积为 $1300m^2$，上覆土壤滤层的厚度为 600mm。一般松散土壤滤层的有效

过滤面积为地表面积的35%，那么实际有效过滤面积为

$$1300\times35\%=455(m^2)$$

该工程污泥预干库的设计容积为

$$60\times20\times6=7200(m^3)$$

在正常生产的情况下，将污泥预干库的通风管与燃煤沸腾炉的进风管连通，抽风量为32962m³/h，每小时换气次数为

$$32962\div7200=4.58(次)$$

通常这类库房的换气频率为1.5次/h，因此，完全能够满足换气要求。通风设备将这些释放的气体送入燃煤沸腾炉，在炉膛内850～900℃的高温下，所有有害气体被彻底消除。由于污泥释放的气体中含有烃类物质，因此还有助于燃烧。

当遇到设备检修或其他特殊情况污泥干化停止生产时，污泥预干库释放的气体，通过11000m³/h的引风机送入生物土壤滤床进行生物净化，每小时换气次数为

$$11000\div7200=1.53(次)$$

能满足换气要求。

将生物土壤滤床有效过滤面积除以每小时引入生物土壤滤床的风量，就可以得到释放气体通过生物土壤滤床的时间，即

$$(455\times0.6\times3600)\div11000=89.34(s)$$

大于60s，因此，能够满足过滤时间的要求。污泥干化成粒车间和成品库的换气同样满足要求。

5.1.2.10 用水

该工程用水主要包括两部分，即麻石水膜除尘除气用水和职工生活用水。麻石水膜除尘除气用水量根据设计要求每天约为120t。麻石水膜除尘除气装置的用水可以利用污水处理厂第四分厂的中水回用，根据第四污水处理分厂采用的A²/O工艺，其排放的尾水水质($COD_{Cr}\leqslant60mg/L$)满足该工程水膜除尘用水水质的要求。水膜除尘所生产的废水，可以直接排入第四污水处理分厂处理。

职工生活用水计算如下：根据该工程所需生产管理人员45人，人均耗水量为120L/(人·d)计，则日用水量为5.4m³/d，生活污水量约4.5m³/d，可以直接排入第四污水处理分厂处理。该工程建成投产后总的用水平衡如图5-3所示。

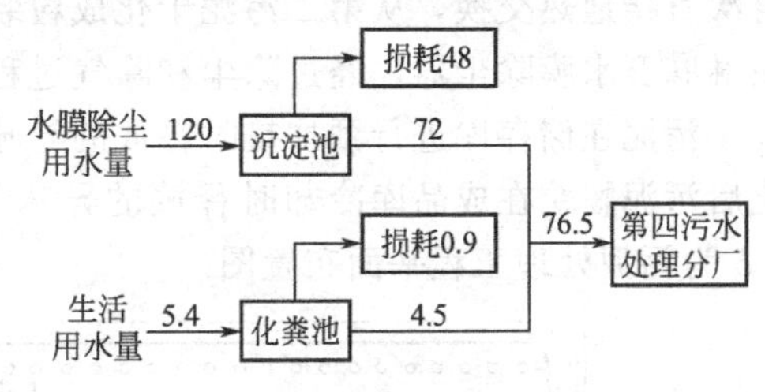

图5-3 本工程建成投产后总的用水平衡（单位：m³）

5.1.2.11 工艺流程

该工程的污泥干化工艺采用串联式二段低温干化成粒专利技术，图5-4给出了该工程的工艺流程图。

从图5-4可以看出，污泥处理工程由两条生产线构成，单条生产线的处理能力为100t/d，主要由污泥预处理系统、供热系统、污泥干化成粒系统、除尘除气系统和输送系统组成。污泥预处理系统包括污泥预干库、推泥机、污泥预干库下面的烟道；供热系统包括流态床高温烟气沸腾炉、管道、引风机；污泥干化成粒系统包括第一和第二污泥干化成粒装置；除尘除气系统包括喷淋麻石水膜除尘器、生物土壤滤床、引风机；输送系统包括螺旋输送机、封闭式皮带输送机。污泥首先进入污泥预干库进行预处理，由于污泥预干库下面设有烟道，污泥干化排放的烟气在经过烟道时，将余热通过不锈钢板传给上部的污泥，使污泥加热，从而为

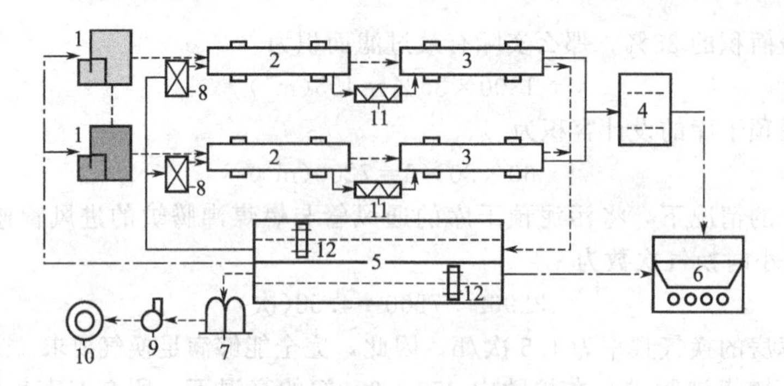

图 5-4 污泥干化工艺

1—流态床高温烟气沸腾炉；2—第一污泥干化成粒装置；3—第二污泥干化成粒装置；4—污泥成品库；
5—污泥预干库；6—生物土壤滤床；7—喷淋麻石水膜除尘器；8—分量式污泥进料机；9—引风机；
10—烟囱；11—螺旋输送机；12—推泥机

污泥干化缩短了加热的时间。加热后的污泥由推泥机送入螺旋输送机，螺旋输送机将污泥送入分量式污泥进料机，通过分量式污泥进料机，污泥被均匀地送入第一污泥干化成粒装置进行第一段干化成粒过程，经过第一段干化成粒后的污泥，通过螺旋输送机进入第二污泥干化成粒装置进行第二段干化成粒过程，经过第二段干化成粒后，污泥呈粒径为 1～8mm 的颗粒状，该污泥颗粒通过封闭式皮带输送机被送入污泥成品库，在成品库通过滚动筛，粒径 2～6mm 的污泥颗粒作为烧制轻质节能砖的原料，其他粒径的污泥颗粒作为燃烧的辅助燃料。

污泥干化需要的热源由流态床高温烟气沸腾炉提供，沸腾炉产生的热烟气通过混风调温器，经过管道进入第一污泥干化成粒装置，为污泥第一段干化成粒过程提供热源，通过与污泥进行直接的热交换后，从第一污泥干化成粒装置排出的烟气进入第二污泥干化成粒装置，与来自流态床高温烟气沸腾炉的热烟气混合，成为第二段干化成粒过程的热源，通过与污泥再次直接地热交换，从第二污泥干化成粒装置排出的烟气通过污泥预干库下面的烟道，进入喷淋麻石水膜除尘器，经过除尘和除气过程，通过引风机送入烟囱达标排放

污泥在储存库进行预加热时释放的异味气体通过引风机送入沸腾炉高温消除，或者和干化后污泥颗粒在成品库冷却时释放的异味气体一起被送入生物土壤滤床由微生物消除。图 5-5 为污泥处理工程平面布置图。

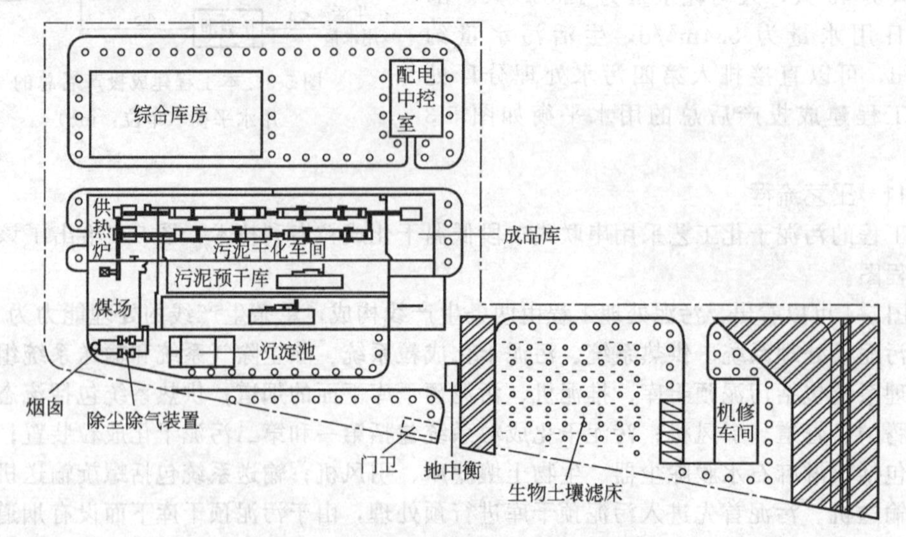

图 5-5 义乌污泥处理工程平面布置图

5.1.2.12 工程主要设备及相关参数

① 第一污泥干化成粒装置 2 台，规格 Φ2.2m×26m，转速 2.8～6r/min，安装斜度 2°，减速器型号 ZL65-22.4-I，电机型号 YCT315-4B 电磁调速电机，拖动电机功率 45kW。

② 第二污泥干化成粒装置 2 台，规格 Φ2.0m×24m，转速 22.8～6r/min，安装斜度 1.5°，减速器型号 ZL65-22.4-I，电机型号 YCT280-4A 电磁调速电机，拖动电机功率 30kW。

③ 流态床高温烟气沸腾炉 2 台，单台供热能力 4×10^6kcal/h。

④ 分量式污泥进料机 2 台，料斗容积 3m^3，最大挤出能力 8t/h，搅拌双螺旋直径 320mm，挤出螺旋直径 320mm，减速器型号 ZQ500-40.17-I，电机型号 YCT280-4A 电磁调速电机，拖动电机功率 30kW。

⑤ 无轴螺旋输送机 4 台，旋转直径 320mm，输送长度 7m，最大输送能力 8t/h，电机功率 4kW。

⑥ 带式输送机 2 台，B=500mm。

⑦ 喷淋麻石水膜除尘器 2 台，筒体直径 3500mm，引风机额定风量 3100m^3/h，额定风压 4700Pa，功率 75kW。

⑧ 烟囱，h=40m，烟囱出口直径 1.2m。

⑨ 生物土壤滤床，面积 1300m^2。

5.1.2.13 运行与管理

该工程项目下设五个职能部门。

(1) 行政管理 负责日常行政工作及项目履行单位的接待、联络等工作。

(2) 计划财务 负责项目的财务计划、实施计划安排、与项目履行单位办理合同协作与手续，以及资金使用安排和收支手续。

(3) 技术管理 负责项目的技术文件、技术档案的管理工作，主持设计图纸的会审，处理有关技术问题，组织技术交流和技术考核等工作。污泥处理工程进入运行后，技术管理的日常工作包括以下五个方面。

① 与市政环保部门一同监测污泥处理过程中产生的废气排放质量，污泥处理厂废气排放要求按《大气污染物综合排放标准》(GB 16297) 和《恶臭污染物排放标准》(GB 14554) 执行。

② 根据进厂污泥性质和含水率等条件的变化，调整运行状况，做好日常化验分析工作，保存记录完整的各项技术资料。

③ 及时整理汇总、分析运行记录，建立运行技术档案。

④ 建立设备维护保养工作和维护记录的存档。

⑤ 建立信息系统，定期总结运行经验。

(4) 施工管理 负责项目的土建施工安装的协调与指挥、施工进度与计划的安排、施工质量与施工安全的监督检查及工程的验收工作。

(5) 设备材料管理 责任项目设备材料的订货、采购、保管、调拨等验收工作。图 5-6 为污泥处理工程项目运行管理机构设置。

为了做好该项工程的建设和运行管理工作，在工程执行和运行过程中，由技术管理负责对有关建设和管理人员进行有计划的培训，以保证工程顺利进行和运行管理。人员培训的重点如下：

① 提高该工程项目执行管理人员的业务水平，充分了解国家相关要求和规定，以保证项目顺利执行。

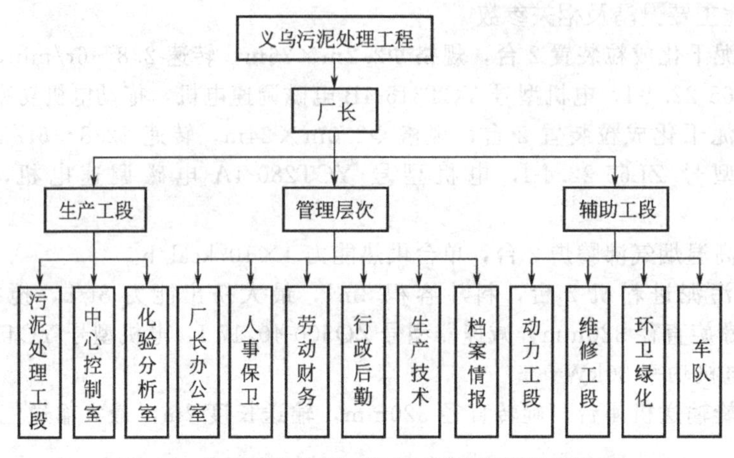

图 5-6 义乌污泥处理工程项目运行管理机构设置

② 对生产管理和操作人员进行上岗前的专业培训，提高管理和操作水平，保证工程的正常运行。

5.1.2.14 工程特点

(1) 该项工程的污泥干化成粒过程在原有工艺上进行了新的改进，即采用了串联式二段低温干化成粒的方法，这种方法是将经过第一段干化后的烟气余热再次用于第二段污泥干化，并且将完成污泥干化后排放的尾气通过污泥预干库的底部，使尾气余热进一步被利用来预热污泥，在提高热效率的同时，为提高污泥的干化成粒效果创造了有利条件。由于使能量在循环工程中得到了充分利用，因此最终达到了节能减排的效果。

(2) 由于在整个工艺过程中实行了封闭式运行，并对污泥干化后排放的混合气体采用多级处理，对于污泥储存时释放的气体采取了送入供热炉高温处理或送入特别设计的生物土壤滤床微生物消除的双重措施，以及对干化后污泥冷却时释放气体进行生物土壤滤床生物处理，从而使污泥在完成全部干化过程所释放的气体均能得到全面有效的控制与处理，因此为该工程实现清洁生产提供了保证。

5.1.3 江苏常州新环污泥处理工程

常州新环污泥处理工程是常州雕庄区政府的一项环保工程，主要承担处理区内印染废水处理后产生的污泥，一期污泥（含水率 80%左右）处理设计能力为 200t/d。该项工程占地约 13 亩，于 2007 年 7 月正式破土动工，2008 年 6 月所有设备安装完毕并开始投入试运行。

5.1.3.1 工艺流程

常州新环污泥处理工程采用并联的二段式污泥低温干化成粒工艺，图 5-7 为该工程的工艺流程图。

从图 5-7 可以看出，为了满足日处理 200t 污泥（含水率为 80%左右）的要求，整个污泥处理工程由两条生产线构成。来自污水处理厂的印染污泥首先被送入污泥储存库进行预处理，通过堆放和翻混，使污泥中的一部分水分自然蒸发，并使来自不同地点的污泥均匀化，经过预处理的污泥由铲车送入分量式污泥进料机，并被均匀地送人第一污泥干化成粒装置进行第一段干化成粒过程，经过第一段干化后的污泥通过螺旋输送机送入第二污泥干化成粒装置，进行第二段干化成粒过程，被送入污泥成品库后，部分干化后的污泥颗粒与煤掺烧作为提供污泥干化的部分能源，其余污泥颗粒送附近热电厂作为燃煤的辅助燃料资源化利用。提供污泥干化的能源来自流态床高温烟气沸腾炉，煤和部分干化污泥颗粒燃烧产生的热烟气通

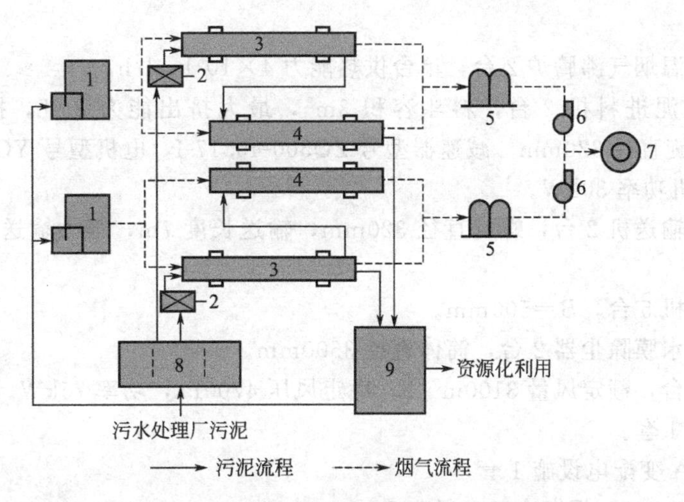

图 5-7 常州新环污泥处理工程工艺流程图

1—流态床高温烟气沸腾炉；2—分量式污泥进料机；3—第一污泥干化成粒装置；4—第二污泥干化成粒装置；5—湿式除尘器气装置；6—引风机；7—烟囱；8—污泥储存库；9—污泥成品库

过烟管分别进入第一和第二污泥干化成粒装置，热烟气与污泥直接接触，将热量传给污泥，使污泥迅速增温干化。从第一和第二污泥干化成粒装置排出的尾气进入湿式除尘除气装置，通过三级除尘除气后，被送入烟囱达标排放。图 5-8 为常州新环污泥处理工程平面布置图。

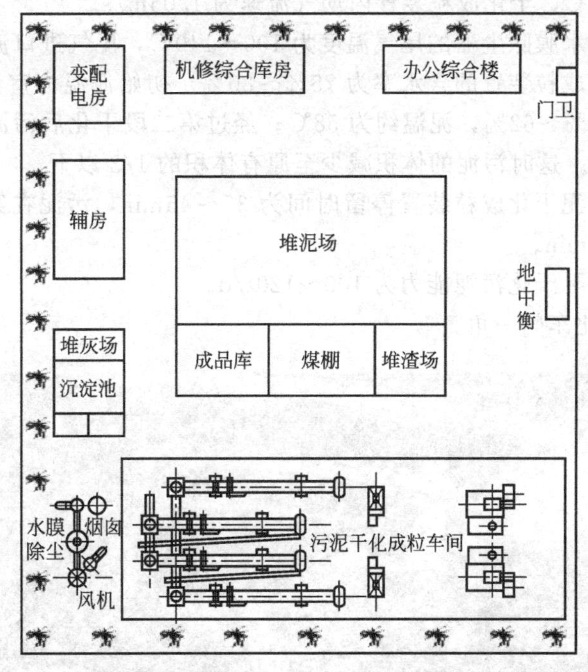

图 5-8 常州新环污泥处理工程平面布置图

5.1.3.2 主要设备及其相关参数

① 第一污泥干化成粒装置 2 台，规格 Φ2.2m×26m，转速 2.8～6r/min，安装斜度 2°，减速器型号 ZL65-22.4-I，电机型号 YCT315-4B 电磁调速电机，拖动电机功率 45kW。

② 第二污泥干化成粒装置 2 台，规格 Φ2.0m×24m，转速 2.8～6r/min，安装斜度 1.5°，减速器型号 ZL65-22.4-I，电机型号 YCT280-4A 电磁调速电机，拖动电机功

率 30kW。

③ 流态床高温烟气沸腾炉 2 台，单台供热能力 4×10^6kcal/h。

④ 分量式污泥进料机 2 台，料斗容积 $3m^3$，最大挤出能力 8t/h，搅拌双螺旋直径 320mm，挤出螺旋直径 320mm，减速器型号 ZQ500-40.17-I，电机型号 YCT280-4A 电磁调速电机，拖动电机功率 30kW。

⑤ 无轴螺旋输送机 2 台，螺旋直径 320mm，输送长度 7m，最大输送能力 8t/h，电机功率 4kW。

⑥ 皮带输送机 5 台，B＝500mm。

⑦ 喷淋麻石水膜除尘器 2 台，筒体直径 3500mm。

⑧ 引风机 2 台，额定风量 $3100m^3/h$，额定风压 4700Pa，功率 75kW。

⑨ 起灰装置 1 套。

⑩ 500kV·A 变配电设施 1 套。

⑪ 烟囱，h＝40m，烟囱出口直径 1.2m。

5.1.3.3 工程运行参数

① 流态床高温烟气沸腾炉作业时，炉膛温度为 850～900℃，炉膛微压为－40～－20Pa，烟气供热温度为 520～580℃，供热量约为 3×10^6kcal/h。

② 第一污泥干化成粒装置烟气输入温度约为 450℃，尾气排放温度为 120～140℃，干化成粒装置内烟气流速为 1.74m/s；第二污泥干化成粒装置烟气输入温度约为 350℃，尾气排放温度为 100～110℃，干化成粒装置内烟气流速为 1.06m/s。

③ 进入喷淋麻石水膜除尘器的尾气温度为 100～140℃，尾气进口流速约为 12.58m/s。

④ 污泥进入干化成粒装置的含水率为 75%～80%，初始泥温为室温，经过第一段干化后污泥的含水率为 58%～62%，泥温约为 58℃；经过第二段干化后污泥的含水率为 30%～40%，泥温约为 50℃，这时污泥的体积减少至原有体积的 1/3 以下。

⑤ 污泥在第一污泥干化成粒装置停留时间为 35～45min，污泥在第二污泥干化成粒装置停留时间为 30～35min。

⑥ 每条生产线实际干化污泥能力为 100～120t/d。

图 5-9 为污泥干化车间一角。

图 5-9 污泥干化车间一角

5.2 利用烟气余热污泥处理工程

5.2.1 江苏江阴利用热电厂烟气余热污泥处理工程

江苏江阴康源印染集团公司是一家集纺纱、织布、染色、印花及各类面料的后整理于一体的大型私营集团型企业，下设康源漂染分厂和康顺热电有限公司等十家骨干企业，被国家、省、市等有关部门评为先进企业。该集团公司拥有的污水处理厂每天生产污泥约100t(含水率90%左右)，2005年2月采用烟气余热干化污泥的发明专利技术，通过利用下属康顺热电厂排放的烟气余热，由杭州新源环境工程有限公司承建，建成了我国第一个利用烟气余热的污泥干化工程，在开辟污泥无害化、减量化、资源化处理新途径方面，迈出了以废治废、废弃物循环利用的第一步。

5.2.1.1 工艺流程

图5-10为江阴康顺利用热电厂烟气余热污泥处理工程的工艺流程图。从图5-10可以看出，来自康源集团污水处理厂的污泥，经过机械脱水后含水率在80%左右，由密闭污泥输送车运到康顺热电厂，经地中衡称量后卸到污泥储存库，经过3～4d预处理，由轮式装载车送入分量式污泥进料机，通过带式输送机将污泥均匀地送入第一污泥干化成粒装置进行第一段干化成粒，经过第一段初步干化造粒后，污泥呈粗颗粒半成品，再经带式输送机送入第二污泥干化成粒装置进行第二段干化成粒，经过第二段干化造粒后，污泥含水率降至40%以下，并形成直径8mm以下的成品颗粒。污泥干化的热源取自康顺热电厂75t循环流化床锅炉，经过静电除尘器净化后的烟气，由引风机将烟气分别送入第一和第二污泥干化成粒装置，经过污泥干化后排放的尾气，经除尘除气装置再次净化后，达到国家排放标准，最后经引风机通过烟囱排放大气。

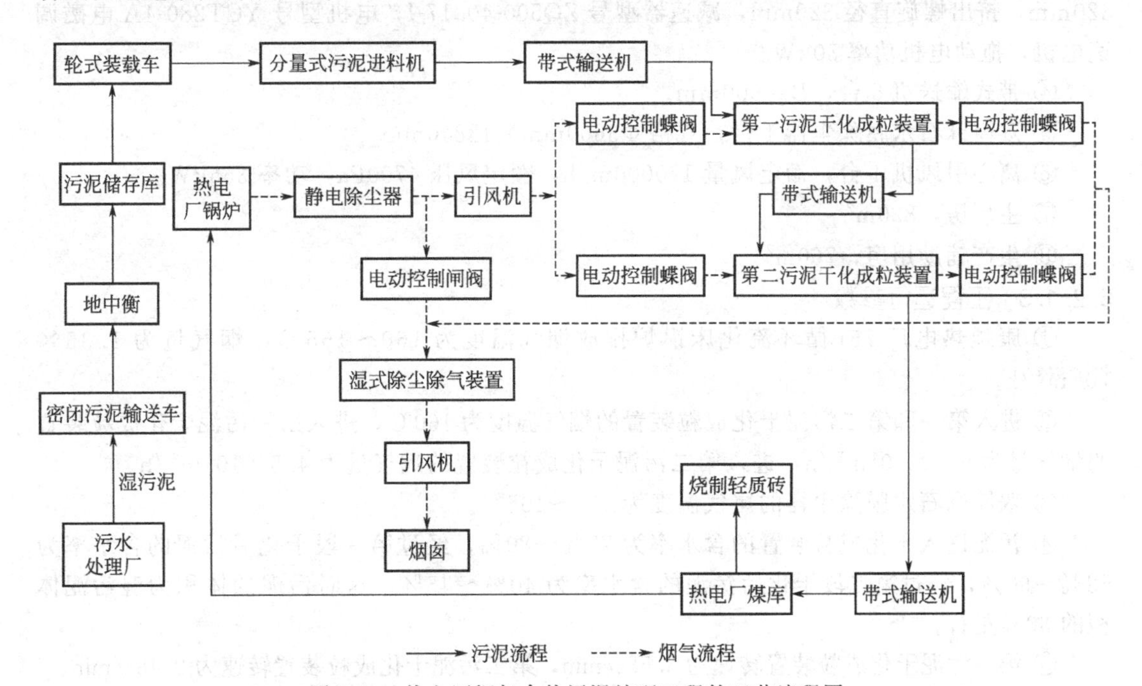

图5-10　热电厂烟气余热污泥处理工程的工艺流程图

用江阴康顺热电厂烟气余热，进过二段式干化成粒工艺处理后的污泥颗粒，保留了原始污泥90%以上的热值，一部分与煤掺烧，作为燃烧的辅助燃料，另一部分作为烧制轻质砖的原料。图5-11是康顺热电厂烟气与污泥干化成粒装置的连接情况。

图5-11　烟气与污泥干化成粒装置的连接情况

5.2.1.2　主要设备及其相关参数

① 第一污泥干化成粒装置1台，规格Φ2.2m×26m，转速2.8～6r/min，安装斜度2°，减速器型号ZL65-22.4-I，电机型号YCT315-4B电磁调速电机，拖动电机功率45kW。

② 第二污泥干化成粒装置1台，规格Φ2.0m×24m，转速2.8～6r/min，安装斜度1.5°，减速器型号ZL65-22.4-I，电机型号YCT280-4A电磁调速电机，拖动电机功率30kW。

③ 分量式污泥进料机1台，料斗容积3m^3，最大挤出能力8t/h，搅拌双螺旋直径320mm，挤出螺旋直径320mm，减速器型号ZQ500-40.17-I，电机型号YCT280-4A电磁调速电机，拖动电机功率30kW。

④ 带式输送机5台，B=500mm。

⑤ 双筒麻石水膜除尘器1台，规格Φ3600mm×18840mm

⑥ 离心引风机1台，额定风量170000m/h，额定风压4700Pa，功率355kW。

⑦ 主厂房，820m^2。

⑧ 生产辅助用房，760m^2。

5.2.1.3　工程运行参数

① 康顺热电厂75t循环流化床锅炉排放烟气温度为160～165℃，烟气量为1.35×10^{5}m^3/h。

② 进入第一和第二污泥干化成粒装置的烟气温度为160℃，进入第一污泥干化成粒装置的烟气量为9.0×10^{4}m^3/h，进入第二污泥干化成粒装置的烟气量为4.5×10^{4}m^3/h。

③ 双筒麻石水膜除尘器的尾气温度为100～105℃。

④ 污泥进入干化成粒装置的含水率为75%～80%，经过第一段干化后污泥的含水率为58%～60%，经过第二段干化后污泥的含水率为40%～45%，这时污泥的体积为湿污泥体积的30%左右。

⑤ 第一污泥干化成粒装置转速为3.58r/min，第二污泥干化成粒装置转速为2.48r/min。

⑥ 污泥在第一污泥干化成粒装置停留时间为30～35min，污泥在第二污泥干化成粒装置停留时间为25～30min。

⑦ 实际干化污泥能力为100～110t/d。

5.2.1.4 效益分析

① 该项工程实施后，一方面利用烟气余热降低了烟气的排放温度，从而减少了大气热污染，另一方面每年的污泥减排量为35000t，可节约土地资源7.14亩。

② 根据能量平衡计算，每天利用烟气余热5.34×10^7kcal，相当于热值5500kcal/kg的燃煤9.7t，以每吨燃煤价800元计，利用烟气余热所产生的经济效益为279.4万元/年。

③ 印染污泥低位发热量为2000kcal/kg，干化后的污泥颗粒作为燃煤的辅助燃料，全年生产的热量相当于热值为5500kcal/kg的燃煤2545.5t，以每吨燃煤价800元计，其经济价值为203.6万元/年。

5.2.2 浙江某造纸污泥干化项目设计

该造纸集团所属的污水处理厂处理能力为$1.5\times10^5 m^3/d$，其中生活污水量$0.17\times10^5 m^3/d$，其余均为工业造纸污水，生产的污泥经过离心脱水机脱水，日产生含水率60%的造纸污泥380t，该造纸污泥将用于焚烧发电，但是该污泥焚烧发电能够产生效益的最低含水率不大于50%，因此必须将污水含水率从60%进一步降至50%以下。

为此，富阳板桥纸业集团通过对比现有的污泥干化技术，在综合评价社会和经济效益的基础上，决定采用具有我国自主知识产权的利用烟气余热干化污泥的发明专利技术，利用该集团所属热电厂现有的2台75t循环流化床锅炉排放的烟气余热，将造纸污泥的含水率从60%干化至50%以下，并形成颗粒，然后与煤掺烧发电，从而使富阳市污泥焚烧资源综合利用真正能够产生显著的社会、环境和经济三重效益。该项目计划分二期实施，第一期结合一号炉脱硫除尘改造，先处理190t/d，在二号炉脱硫除尘改造后，再处理190t/d。这一污泥干化工程项目不但能够彻底解决污水处理厂浓缩污泥对环境的污染问题，而且作为一项新能源的开发工程具有深远的意义。

5.2.2.1 污泥成分与相关参数

如表5-1所示，某造纸污泥样品的化学组成和重金属含量可知，污泥中二氧化硅（SiO_2）的含量最高，占39.46%，其次是三氧化二铝（Al_2O_3），污泥中磷的含量也较高，达到3.14%；造纸污泥中重金属的含量分布与市政污泥不同，锌（Zn）的含量相对较低，而砷（As）的含量相对较高，这与造纸污水的性质和污水处理工艺有关。造纸污泥的pH值为7.32，中偏碱性。绝干污泥的低位热值达2143.5kcal/kg。

表5-1 某造纸污泥化学组成和重金属含量

化学组成/%							
SiO_2	MgO	CaO	Fe_2O_3	Al_2O_3	K_2O	Na_2O	磷
39.46	0.46	0.66	0.64	10.7	0.84	0.84	3.14

重金属含量/(mg/kg)								
Cu	Pb	Zn	Cr	Cd	Ni	As	Mn	Co
88.52	30.34	305.17	92.5	0.88	10.34	134.6	167.9	3.07

5.2.2.2 工艺流程

根据该纸业股份有限公司热电厂现有的实际条件进行了烟气余热污泥干化工程，工艺流程如图5-12所示。

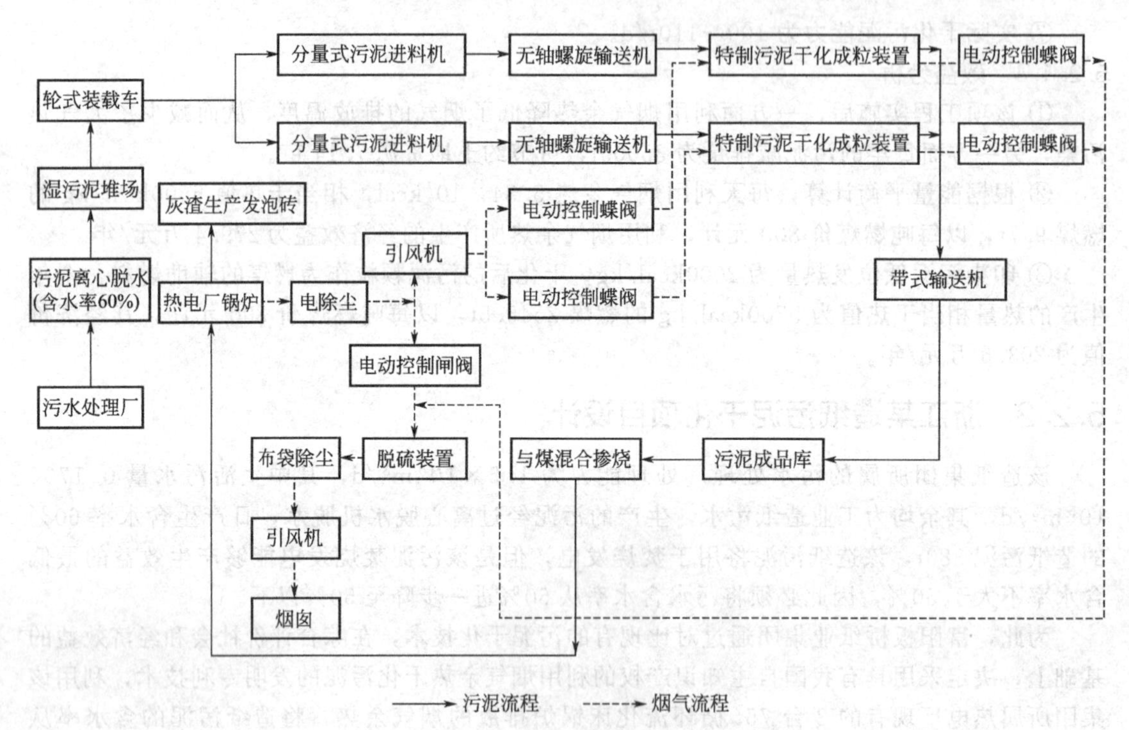

图 5-12 烟气余热污泥干化工艺流程

从流程图中可以看出，污水处理厂污泥经过离心脱水后，污泥的含水率降至 60%，然后送入湿污泥堆场，用轮式装载车将湿污泥送入分量式污泥进料机，无轴螺旋输送机将通过分量式污泥进料机的污泥送入特制污泥干化成粒装置进行污泥干化和成粒过程，干化后的污泥通过带式输送机送入污泥成品库，然后进入煤场，与煤混合后掺烧，灰渣生产发泡砖。提供污泥干化的热量来自经过改造的 75t 循环流化床锅炉烟气，先经过一级电除尘处理后，通过引风机，在电动控制闸阀的调节下，分别送入两个特制污泥干化成粒装置，完成污泥干化过程后，烟气进入脱硫装置，再通过布袋除尘后达标排放。

5.2.2.3 主要工段设计

(1) 污泥输送储存系统 由于该股份有限公司热电厂与城市综合污水处理厂相邻，污水处理厂含水率 60%左右的浓缩污泥可用轮式装载车送到湿污泥堆场，或采用输送机直接输送至湿污泥堆场暂存，湿污泥堆场设计可储存三天的污泥量。

(2) 进料系统 进料系统由分量式污泥进料机和无轴螺旋输送机组成。用轮式装载车将堆放后的污泥送入分量式污泥进料机的大料斗内，污泥在分量式污泥进料机的双螺旋室内经充分的挤压和均化，具备良好的成粒性能后，经挤出螺杆挤压成小团状送入无轴螺旋输送机料斗，最后由无轴螺旋输送机送入污泥干化成粒装置内进行干化造粒。分量式污泥进料机同时具有污泥给料量的调节功能，可根据污泥干化成粒过程的实际运行情况，在较大的范围内对污泥供料量灵活地调节。

(3) 供热系统 污泥干化系统的热源来自热电厂经过改造的混合燃料型 75t 循环流化床锅炉排放的烟气余热，通过管道将 180℃左右的烟气送入两台并列的干化成粒装置，烟气在干化成粒装置内与污泥进行充分的热交换，温度降到 130℃左右后，经管道送到半干法脱硫装置，经过脱硫后的烟气再进行布袋除尘，达标排放。进入两台并列干化成粒装置的烟气量，可通过控制干化成粒装置前后管道上电动控制蝶阀的开度进行灵活调节和分配。

(4) 干化成粒系统 该系统由两台特制污泥干化成粒装置并联排列组成。他们是污泥干化成粒的主体设备，污泥干化成粒装置内配有污泥粉碎装置、扬料装置和污泥造粒装置。污泥粉碎装置可使送入干化成粒装置的团块状污泥得以粉碎，使污泥与热烟气的接触面积提高几十倍，大大提高单位时间内污泥的吸热量，同时也提高了污泥中水分蒸发的面积，能成倍地提高污泥干化效率和热能利用率；污泥造粒装置可以使干化污泥形成较为均一、表面光滑的球粒状颗粒，这不仅克服了污泥干化和成品运输过程中的扬尘问题，而且改善了干化污泥作为资源利用的性能，特别是作为燃煤的辅助燃料，可方便均匀地掺到燃煤中，从而提高混合燃料的燃烧性能。

(5) 传输系统 传输系统由带式输送机和无轴螺旋输送机组成。污水处理厂的污泥通过带式输送机送入污泥堆场，由轮式装载车将污泥送入分量式污泥进料机，无轴螺旋输送机将污泥送入干化成粒装置，经过干化成粒后的污泥通过带式输送机进入煤场。

(6) 除尘除气系统 除尘除气系统除了利用现有的半干法脱硫装置、布袋除尘装置、离心引风机和烟囱系统外，在烟气被引入污泥干化成粒装置前，先经过一级电除尘，经过初步除尘的烟气在进行干化污泥时，由于烟气中的部分二氧化硫和烟尘可以被湿污泥吸附，因此，当完成污泥干化成粒过程的烟气送入半干法脱硫装置进行脱硫时，已具备了脱硫的最佳温度和减少了二氧化硫的负荷，从而为提高脱硫效果创造了条件，再经过布袋除尘装置除尘，烟气完全达标后，由离心引风机送入烟囱排放。

(7) 辅助设备和设施 辅助设备包括轮式装载车、离心引风机、烟道及烟气节流阀、烟量调节阀等。

辅助设施主要有干化成粒车间和湿污泥堆放场等构筑物。

5.2.2.4 电气设计

(1) 设计范围

① 工程范围内各动力设备的配电，控制及保护。

② 工程范围内各建筑及构筑物照明。

③ 工程范围内电缆的铺设。

④ 工程范围内的防雷接地。

(2) 供电电源 污泥处理工程用电负荷性质属三级负荷，工程内部电源均采用380V低压供电。供电电源引自热电厂变配电间。

(3) 用电负荷 该工程用电负荷为工业动力负荷和辅助照明负荷两大类，主要动力负荷为风机及污泥干化成粒装置类负荷，5kW以上电机启动均为空载启动，生产线正常后为连续运行，负荷运行平稳。工程装机容量为500.2kW，实际运行功率为320kW左右。各设备负荷见表5-2。

表5-2 各设备负荷表

序号	设备名称	安装地点	单位	数量	单机功率/kW	总功率/kW	实际总功率/kW	备注
1	污泥干化成粒装置	干化成粒车间	套	2	45	90	46	YCT315-4B电磁调速电机
2	分量式污泥进料机	干化成粒车间	台	2	18.5	37	16	YCT250-4A电磁调速电机
3	无轴螺旋输送机	干化成粒车间	台	2	4	8	6	

续表

序号	设备名称	安装地点	单位	数量	单机功率/kW	总功率/kW	实际总功率/kW	备注
4	带式输送机	干化成粒车间	台	1	2.2	—	—	
5	离心引风机	烟气引风管道	台	1	355	—	250	变频调速
6	电动控制闸阀	烟气管道	台	1	2	—		
7	电动控制蝶阀	烟气管道	台	8	0.75	6		
合计功率						500.2	320	

(4) 电气控制　污泥干化生产线的干化成粒装置和分量式污泥进料机采用电磁调速电机调速控制，离心引风机采用变频器调速控制，设备间运行均采用实地操作控制。

(5) 照明　车间及道路照明灯具选用 ZJD 节能系列金属卤化物灯。

(6) 工作接地保护　工程采用 TN-S 接地系统，设备、电气、控制箱（柜）采用共同接地体，接地电阻≤1Ω。所有构筑物的电源进线设重复接地装置，接地电阻≤10Ω。尽可能利用基础钢筋自然接地。

(7) 防雷保护　该工程构筑物为三类防雷，接闪器利用避雷带，并充分利用构筑物的钢筋混凝土柱内钢筋为引下线，利用基础钢筋网作为接地体，工作接地与防雷接地合一，接地电阻≤1Ω。

5.2.2.5　仪表

污泥干化生产线监控仪表主要为污泥干化成粒装置进烟温度和排烟温度指示，配置进烟温度和排烟温度显示（共 4 套），选用 WSS 型双金属温度计现场指示。

5.2.2.6　机械设计

① 各标件设备的选用力求先进实用、经济合理，确保工艺的需要，并配合土建构筑物形式的要求。

② 主要机械设备优先考虑成套产品。就地控制屏、控制屏及仪表均优先选用标准或成套产品，包括各电控、设备的连接电缆等，以保证设备安全、可靠、有效地运行。

③ 控制方式采用就地控制方式。

④ 充分考虑设备的耐腐蚀性能。

⑤ 保温材料均选用传热系数较小、耐温性好的轻质材料。

⑥ 除特殊非标设备外，所有设备的供货将实行招标采购。

污泥干化项目工程主要机械设备及辅助设备见表 5-3。

表 5-3　主要机械设备及辅助设备一览表

设备编号	设备名称	数量
1	特制污泥干化成粒装置	2 套
2	分量式污泥进料机	2 台
3	无轴螺旋输送机	2 台

续表

设备编号	设备名称	数量
4	带式输送机	1台
5	离心引风机	1台
6	烟气管道系统	1台
7	电动控制闸阀	1套
8	电动控制蝶阀	8台

5.2.2.7 通风

为保持车间及库房内空气新鲜，使生产操作人员有良好的工作环境，设置通风设施，在污泥干化车间和成品库采用自然进风与机械排风相结合的通风方式，通过轴流风机将室内混浊空气排出，以改善室内空气环境。

在封闭式湿污泥堆场，污泥的存放和翻混会产生一定的废气，采用自然进风、轴流风机强制通风的措施排除库房内废气。

5.2.2.8 消防

室内设置消火栓，消火栓间距不小于120m，消火栓的保护半径不大于150m。同时根据《建筑灭火器配置设计规范》配置满足消防要求的不同形式的移动式灭火器。消防用水量设计为室内25L/s，室外40L/s，消防用水量按全生产区域同一时间火灾发生次数为1次考虑，消防延续时间按2h考虑。

5.2.2.9 电耗

该工程日处理污泥190t，供热烟气输送、污泥干化成粒装置、输送装置和辅助设施用电合计实际耗电量约为320kW/h，每小时可以干化污泥7.92t，每吨污泥干化电量为29kW/h，热电厂自供电以0.45元/度计，每吨污泥干化所需的电费为18.18元。

5.2.2.10 水耗

生产用水主要为少量的场地冲洗用水和生活用水，日最大用水量为5m^{3}左右，水源来自于热电厂自来水管道。消防用水水源来自于热电厂消防水管网。

5.2.2.11 绿化

该工程区域范围内选择适宜生长的绿化乔木、绿花灌木和各种草皮花卉。树木、花草、花坛与建筑和道路有机地结合起来，力求创造新颖优雅的现代美感。

5.2.2.12 物料平衡计算

(1) 相关参数

污泥处理量W：190t/d。

处理前污泥含水率：60%。

处理后污泥含水率：50%。

(2) 干化处理后的污泥量W_a

$$W_a=\frac{W(1-60\%)}{1-50\%}=\frac{190\times(1-60\%)}{1-50\%}=152(t/d)$$

(3) 干化过程中的水分蒸发量H_a

$$H_a=W-W_a=190-152=38(t/d)$$

5.2.2.13 能量平衡计算

（1）相关参数的确定

① 进干化成粒装置的烟气温度 T_1 为 180℃，出干化成粒装置的烟气温度 T_2 为 130℃。

② 锅炉排放烟气量 $L_{180℃}$ 为 $1.4\times10^5\sim1.8\times10^5 m^3/h$。

③ 初始污泥含水率 M_1 为 60%。

④ 干化后污泥的含水率 M_2 为 50%。

（2）热平衡计算

① 污泥在干化成粒装置内蒸发的水分量 H

$$H=38(t/d)$$

② 每小时蒸发的水分量 H_m

$$H_m=H/24=38/24=1.583(t/h)=1583(kg/h)$$

③ 湿污泥中的水分在常压下蒸发时平均吸热量 h 为 2675.9kJ/kg，那么蒸发 1583kg 水需要的热量

$$Q_A=H_m h=1583\times2675.9=4.24\times10^6(kJ/h)$$

④ 烟气在污泥干化成粒装置内的热能耗 Q 主要有以下几个方面组成：

a. 加热和蒸发污泥中水分的热能耗 Q_A 占 Q 的 80%左右。

b. 加热污泥和剩余水分的热能耗 Q_B 占 Q 的 3%左右。

c. 设备运行中散热的能耗 Q_C 占 Q 的 12%左右。

d. 为防止污泥干化成粒装置内烟气外溢，污泥干化成粒装置必须在负压下运行，那么进、出料口等与外界连通的部位有部分常温空气吸入，加热这部分空气的热能耗 Q_D 占 Q 的 3%左右。

e. 污泥中有机物分解和打开分子水结合键的能耗 Q_E 占 Q 的 2%左右。

以上五项热能耗，只有 Q_A 在蒸发污泥中水分时为直接有效能耗。

$$Q=Q_A/80\%=4.24\times10^6/80\%=5.30\times10^6(kJ/h)$$

⑤ 要提供 Q 热量，需要的烟气量 $L'_{180℃}$ 计算如下［烟气在 180℃时的相对密度 $\rho_{180℃}=0.7884kg/m^3$，设定烟气从 180℃降到 130℃左右时的平均比热 $c_{p平均}=1.08395kJ/(kg\cdot K)$］：

$$Q=L'_{180℃}\rho_{180℃}c_{p平均}(T_1-T_2)$$

$$L'_{180℃}=\frac{Q}{\rho_{180℃}c_{p平均}(T_1-T_2)}$$

$$=\frac{5.30\times10^6}{0.7884\times1.08395\times(170-125)}$$

$$=1.38\times10^5(m^3/h)$$

热平衡计算表明，锅炉排放烟气量大于要提供 Q 热量需要的烟气量。因此，一台 75t 循环流化床锅炉排放的烟气热量能够满足 190t/d 的污泥干化生产线所需热量。

能量平衡和烟气水汽平衡如图 5-13 所示。

5.2.2.14 环境保护及安全生产

（1）粉尘 在污泥干化成粒过程中，污泥干化成粒装置如同一个吸附沉降式除尘器，如果被干化污泥的湿度较大，湿污泥在扬料过程中能吸收锅炉排放烟气中的烟尘；同时，由于干化成粒装置具有良好的造粒功能，湿污泥完成干化和成粒只产生微量泥尘，因此，从干化成粒装置出来的烟尘经脱硫、除尘装置净化后，完全可以达到国家的排放标准。

（2）废气 由于利用热电厂锅炉烟气余热污泥干化成粒工艺为低温干化工艺，在干化温度低于 200℃的工况条件下，只有少量的废气生成，同时污泥在烟气进行直接热交换的过程

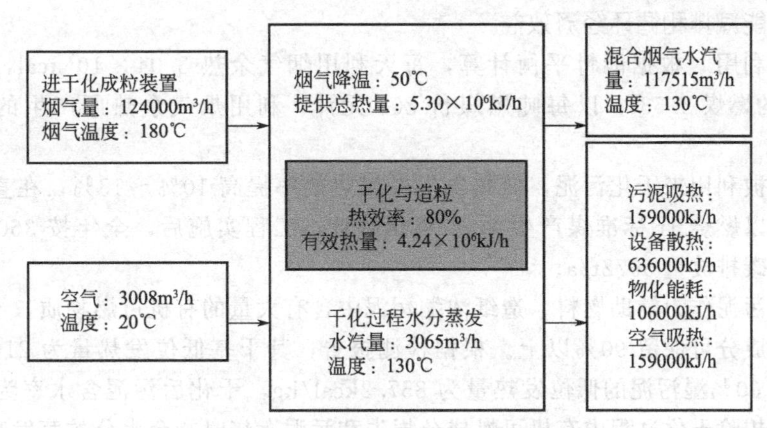

图 5-13　能量平衡和烟气水汽平衡

中，可以吸收烟气中部分二氧化硫，因此排放的尾气通过脱硫装置，经过与碱性物质的化学反应，所有废气在脱硫过程中被中和去除，不会对环境造成影响。

(3) 废水和废渣　干化过程中没有废水和废渣生成。

(4) 噪声　该项目将选用低噪声设备，在设备订货时，要求设备制造商提供符合国家噪声控制标准的产品。污泥处理工程的噪声主要来自引风机，引风机噪声水平约为 95dB (A)，远低于热电厂主厂房产生的噪声，污泥干化成粒装置、分量式污泥进料机、无轴螺旋输送机和带式输送机产生的噪声由于能量较小，在较短距离内衰减较快，所以，污泥干化产生的噪声对外界的影响较小。

(5) 生产的安全性　由于污泥在干化前已完成造粒，干化过程中的粉尘极少，绝对不会达到粉尘的起爆浓度；同时，烟气中的氧含量较低，且干化时污泥粉尘的实际温度相对较低，所以，利用烟气余热干化污泥的工艺具有绝对的安全性。

5.2.2.15　工程特点分析

该污泥处理项目与目前国内外的污泥干化和焚烧工艺相比，具有以下特点。

(1) 废弃能源的再利用　利用了热电厂排放烟气中的余热，根本性地解决了污泥干化的能耗问题。

(2) 改善热传导性能，提高污泥干化速率　由于污泥的热传导系数较小，要有效地干化污泥，必须使烟气与污泥有充分的接触面积和接触时间，最大限度地利用烟气的热能。该工艺的干化成粒装置有完善的造粒和扬料功能，湿污泥进入干化成粒装置后，能迅速地分散为小颗粒，由扬料装置均布到干化成粒装置内的任一空间，使烟气与污泥颗粒有充分的表面积直接接触，并均匀高效地换热。同时，由于干化成粒装置有足够的长度，烟气在干化装置内有充裕的时间与污泥进行热交换，使污泥中的水分能够有效地气化，并能快速地被烟气带走，使污泥干化过程中的干化动力始终处于最佳状态，从而提高了污泥的干化速率，这是目前国内外污泥干化工艺都无法媲美的。

(3) 低动力能耗　由于污泥干化成粒装置有较大的截面，热烟气的流通性极好，且整个污泥干化成粒装置内均匀无特别的风阻段，因此，单位污泥处理用电量能低，每吨污泥处理的运行成本为目前国内外同行业最低。

(4) 成品特性　由于污泥干化工艺有良好的成粒性，干化后污泥为大小均一质地坚硬的颗粒，同时，利用烟气余热干化污泥在低温下进行，因此保留了污泥中高热值有机可燃成分作为辅助燃料，具有较高的热值和燃烧安全性，不会对锅炉炉膛及其他部件造成损害而影响锅炉的使用寿命。

5.2.2.16 节能减排和循环经济效益

(1) 废热利用 根据能量平衡计算，每天利用烟气余热 3.04×10^{7}kcal，相当于热值 5500kcal/kg 的燃煤 5.53t，以每吨燃煤价 800 元计，利用烟气余热所产生的经济效益为 154.8 万元/a。

烟气余热被利用来干化污泥，使热电厂燃煤热效率提高 10%～15%，在直接产生经济效益的同时，以燃烧 1t 标准煤产生 3t 二氧化碳计，工程实施后，全年按 360d 工作日计，将减少二氧化碳排放量 5972t/a。

(2) 干化污泥作为辅助燃料 造纸浓缩污泥中含有大量的有机可燃物质，干化后的污泥颗粒有机可燃成分可保留 90%以上。根据检测报告，其干基低位发热量为 2143.5kcal/kg，折合成含水率 60%湿污泥的低位发热量为 857.2kcal/kg，干化后污泥含水率为 50%，可掺燃煤燃烧后，扣除干化过程中有机可燃成分损失和污泥燃烧时剩余水分的蒸发吸热，可利用热值为 525kcal/kg。以 5500kcal/kg 发热量的煤价 800 元/t 计，每吨湿污泥作为辅助燃料的经济效益为 76.36 元，扣除运行成本后，每处理 1 吨湿污泥可盈利 50.66 元，全年按 360 天计，可产生直接经济效益 277.2 万元。

(3) 减排所产生的社会效益 原先污水处理厂污泥采用临时填埋的方法处置，填埋的场地需要经过选址和必要的防护处理，不但要以昂贵的土地资源为成本，还要投入大量的运输和维护成本，而干化的污泥作为辅助燃料后，灰渣也可作为发泡砖建筑材料的原料，其废渣的排量为零。这样，该工程一年的污泥减排量为 68400t，根据相关资料估计，每年可节约土地 12.82 亩。

5.3 利用垃圾发电烟气余热污泥处理项目设计

福建石狮市生活垃圾焚烧综合处理厂于 2004 年 1 月建成开始调试运行，现已建成三炉两机，实现了热电联供，日处理垃圾量达到 1800t。在污泥焚烧发电供热的过程中，有大量的高温烟气产生，通过脱硫和除尘后，排放的烟气温度仍然高达 130℃以上，为了充分利用垃圾发电排放的烟气余热资源，石狮市生活垃圾焚烧综合处理厂拟建一条日处理 60t 的污泥(含水率 80%左右) 干化生产线，干化污泥的能源来自该垃圾发电厂排放的烟气余热。

5.3.1 工艺设计流程

含水率为 80%左右的湿污泥在污泥储存库堆放 2～5d 后，用轮式装载车将湿污泥送入分量式污泥进料机，分量式污泥进料机使污泥均匀分成等量的小泥团，经无轴螺旋输送机送入第一污泥干化成粒装置，小泥团在干化成粒装置内被破碎，使其有充分的表面积与烟气进行热交换，经过第一段干化后，污泥的含水率明显下降，并呈半颗粒状，通过无轴螺旋输送机被送入第二污泥干化成粒装置进行第二段干化，经过第二段干化后，污泥含水率降至 45%以下，同时形成粒径为 1～8mm 的污泥颗粒进入污泥成品库，该污泥颗粒与垃圾混合一起焚烧发电。污泥干化的热量一部分取自 75t 循环流化床垃圾焚烧锅炉经过脱硫的烟气，虽然这时烟气中烟尘量较大，但是，烟气的温度较高，一般在 160℃以上，少量烟尘有利于干化污泥，这部分烟气利用量的大小，决定于污泥吸附烟尘的最大限度；污泥干化的热量另一部分取自经过脱硫和布袋除尘的烟气，这时烟气的温度虽然较低，但是烟气中的烟尘量较低，从而使污泥在干化过程中不会因为吸附太多的烟尘而降低污泥的燃烧性能。图 5-14 为石狮市利用垃圾发电烟气余热干化污泥的工艺设计流程。

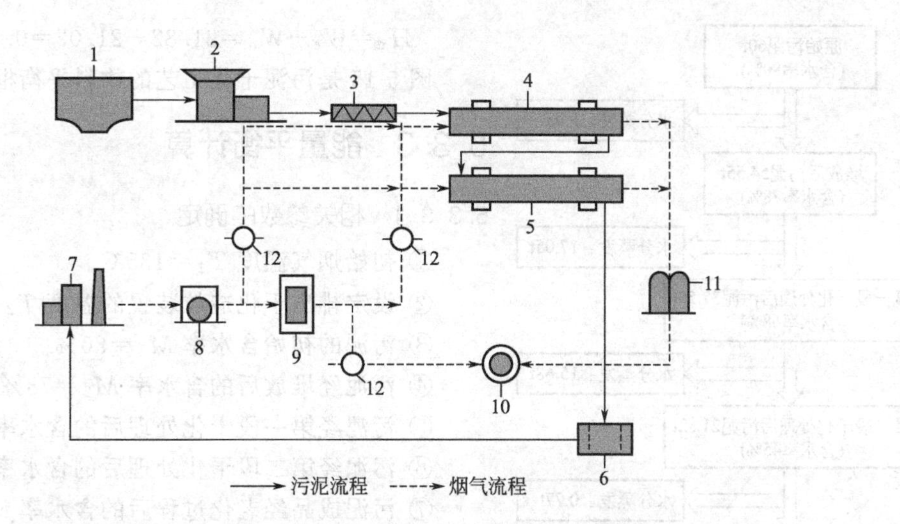

图 5-14 垃圾发电烟气余热干化污泥的工艺设计流程

1—污泥储存库；2—分量式污泥进料机；3—无轴螺旋输送机；4—第一污泥干化成粒装置；5—第二污泥干化成粒装置；6—污泥成品库；7—垃圾发电厂；8—脱硫装置；9—布袋除尘装置；10—烟囱；11—水膜除尘器；12—电动装置蝶阀

5.3.2 物料平衡计算

60t/d 污泥干化分四个过程完成。首先，含水量为 80%的湿污泥在污泥干化库堆放 2～5d，平均含水率可降到 78%左右，然后送到干化成粒装置内进行第一段干化，经过第一段干化后污泥的含水率可降到 68%左右，然后进行第二段干化，经过第二段干化后污泥颗粒的含水率可降到 45%左右，最后经老化过程后，含水率可降到 43%以下。

相关的物料平衡计算如下：

(1) 预处理后的污泥量 W_a（原始污泥量 $W=60t/d$）

$$W_a=\frac{W(1-80\%)}{1-78\%}=\frac{60(1-80\%)}{1-78\%}=54.55(t/d)$$

堆放过程中水分蒸发量 H_a

$$H_a=W-W_a=60-54.55=5.45(t/d)$$

(2) 第一段干化处理后污泥量 W_b

$$W_b=\frac{W_a(1-78\%)}{1-68\%}=\frac{54.55(1-78\%)}{1-68\%}=37.50(t/d)$$

第一段干化过程蒸发的水分量 H_b

$$H_b=W_a-W_b=54.55-37.50=17.05(t/d)$$

(3) 第二段干化处理后污泥量 W_c

$$W_c=\frac{W_b(1-68\%)}{1-45\%}=\frac{37.50(1-68\%)}{1-45\%}=21.82(t/d)$$

第二段干化过程蒸发的水分量 H_c

$$H_c=W_b-W_c=37.50-21.82=15.68(t/d)$$

(4) 颗粒污泥老化后的污泥量 W_d

$$W_d=\frac{W_c(1-45\%)}{1-43\%}=\frac{21.82(1-45\%)}{1-43\%}=21.05(t/d)$$

成品污泥颗粒老化过程蒸发的水分量 H_d

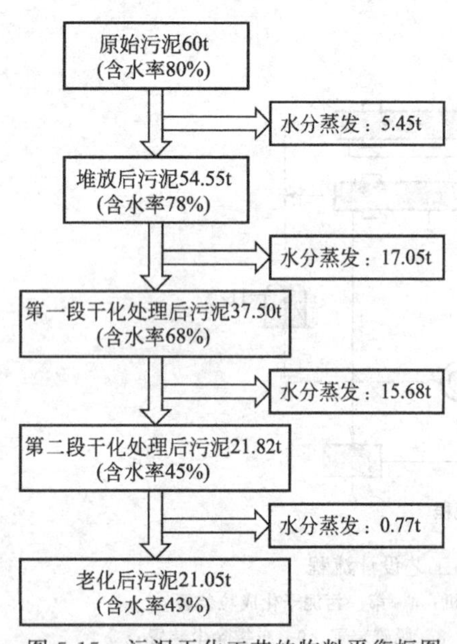

图 5-15 污泥干化工艺的物料平衡框图

$$H_d=W_c-W_d=21.82-21.05=0.77(t/d)$$

图 5-15 是污泥干化工艺的物料平衡框图。

5.3.3 能量平衡计算

5.3.3.1 相关参数的确定

① 初始烟气温度 $T_1=135℃$。

② 设定排出干化造粒装置的温度 $T_2=100℃$。

③ 污泥的初始含水率 $M_1=80\%$。

④ 污泥经堆放后的含水率 $M_2=78\%$。

⑤ 污泥经第一段干化处理后的含水率 $M_3=68\%$。

⑥ 污泥经第二段干化处理后的含水率 $M_4=45\%$。

⑦ 污泥成品经老化过程后的含水率 $M_5=43\%$。

5.3.3.2 热平衡计算

① 污泥在污泥干化成粒装置内蒸发的水分量 H

$$H=H_b+H_c=17.05+15.68=32.73(t/d)$$

② 每小时蒸发的水分量 H_m

$$H_m=\frac{H}{24}=\frac{32.73}{24}=1.364(t/h)=1364(kg/h)$$

③ 污泥中的水分在常压下蒸发的平均吸热量 h 为 2675.9kJ/kg，那么蒸发 1364kg 水需要的热量 Q_A 计算如下：

$$Q_A=H_m h=1364\times2675.9=3.65\times10^6(kJ/h)$$

④ 烟气在污泥干化成粒装置内的热能耗 Q 主要有以下几方面组成：

a. 加热和蒸发污泥中水分的能耗 Q_A 占 Q 的 80%左右。

b. 加热污泥和剩余水分的能耗 Q_B 占 Q 的 2%左右。

c. 设备散热的能耗 Q_C 占 Q 的 12%左右。

d. 为防止污泥干化装置内烟气外溢，污泥干化成粒装置必须在负压下运行，那么进、出料口等与外界连通的部分常温空气吸入，加热这部分空气的能耗 Q_D 占 Q 的 3%左右。

e. 污泥中有机物分解和打开分子水结合键的能耗 Q_E 占 Q 的 3%左右。

以上五项能耗，只有 Q_A 在蒸发污泥中水分时为直接有效能耗。

$$Q=\frac{Q_A}{80\%}=\frac{3.65\times10^6}{80\%}=4.56\times10^6(kJ/h)$$

⑤ 要提供 Q 热量，所需烟气量 L 如下［烟气在 135℃时的密度 $\rho_{135℃}=0.8793kg/m^3$，烟气从 135℃降到 100℃平均比热 $c_{p平均}=1.073075kJ/(kg\cdot K)$］：

$$L\rho_{135℃}c_{p平均}(T_1-T_2)=Q$$

$$L=\frac{Q}{\rho_{135℃}c_{p平均}(T_1-T_2)}$$

$$=\frac{4.56\times10^6}{0.8793\times1.073075\times(273+135-100-273)}$$

$$=13.8\times10^4(m^3)$$

5.3.4 烟气配气比计算

(1) 相关参数

① 布袋除尘前烟道取气口温度 $T_3=160℃$。

② 布袋除尘器后烟道取气口温度 $T_4=125℃$。

③ 160℃烟气密度 $\rho_{160℃}=0.8288kg/m^3$。

④ 160℃烟气混风后温度降到135℃过程中放热的平均比热 $c_{p160℃平均}=1.07845kJ/(kg·K)$。

⑤ 125℃烟气密度 $\rho_{125℃}=0.8995kg/m^3$。

⑥ 125℃混风后温度升到135℃的过程中吸热的平均比热 $c_{p125℃平均}=1.0767kJ/(kg·K)$。

⑦ 160℃烟气的取气量 $L_{160℃}$。

⑧ 125℃烟气的取气量 $L_{125℃}$。

(2) 量计算 混风过程中，高温烟气放热等于低温烟气吸热，即

$$L_{160℃}\rho_{160℃}c_{p160℃平均}(T_3-T_1)=L_{125℃}\rho_{125℃}c_{p125℃平均}(T_1-T_4)$$

$$L_{160℃}\times0.8288\times1.07845\times(160-135)=L_{125℃}\times0.8995\times1.0767\times(135-125)$$

$$L_{160℃}=0.43L_{125℃}$$

混风过程中，高温烟气的质量和低温烟气的质量之和等于混风后的烟气质量，即

$$L_{160℃}\rho_{160℃}+L_{125℃}\rho_{125℃}=L_{135℃}\rho_{135℃}$$

$$L_{160℃}\times0.8288+L_{125℃}\times0.8995=138000\times0.8793$$

$$L_{160℃}=41547(m^3/h)$$

$$L_{125℃}=966199(m^3/h)$$

5.3.5 减排和循环经济效益

(1) 废热利用 根据能量平衡计算，每天利用烟气余热 1.09×10^8 kcal，相当于热值5500kcal/kg 的燃烧 19.90t。以每吨燃煤价 800 元计，利用烟气余热所产生的经济效益为557.2万元/a（以一年生产天数 350 天计）。

(2) 干化污泥热值的经济价值 每吨含水率为80%的湿污泥低位发热量为 4.0×10^5 kcal，将这些污泥干化后用作辅助燃料，每年生产的热量相当于热值为5500kcal/kg 的燃煤 1527t，以每吨燃烧 800 元计，其经济价值为122.2万元/a。

(3) 产生的社会效益 城市污水处理厂污泥一般采用卫生填埋的方法处理，填埋的场地必须进行科学的选址和必要的防护处理，不但要以昂贵的土地资源为成本，还要投入大量的运输和维护成本，而干化后的污泥与垃圾一起焚烧发电，灰渣也可作为许多建筑材料的原料，其废渣的排放量为零。这样，该工程一年的污泥减排量为 21000t，每年可节约土地4.28 亩。

5.4 利用烟气余热与外供热源相结合的污泥干化项目设计

5.4.1 工程背景

桐乡屠甸污水处理有限公司承担屠甸工业开发区印染企业排放的污水处理，日处理印染废水能力为 $(0.8\sim1.5)\times10^4$ t，在印染废水经过生化处理达标排放的同时，产生含水率80%左右的印染污泥 60～100t/d。为了处理这些污泥，屠甸污泥处理有限公司不得不租用

农田，建立临时污泥填埋场，随着污泥的日积月累，一方面所占土地面积越来越大，使农业用地越来越紧张，另一方面由于污泥堆放量与日俱增而产生的环境问题也更加明显，由此而产生的社会矛盾也更加尖锐。

为了能够使印染污泥得到无害化、减量化、资源化处理，该公司决定采用利用烟气余热与外供热源相结合的能源干化污泥工艺，第一步使污泥实现减量化，将印染污泥的含水率从80%左右降至40%以下，同时使污泥体积降至原有体积的1/3以下；第二步将保存90%以上原始热值的污泥颗粒作为辅助燃煤资源化利用，一部分送热电厂与煤掺烧，另一部分为污泥干化提供热能。

5.4.2 印染污泥的热值

印染污泥由于富含纤维物质，因此往往具有较高的热值。根据对来自桐乡印染污泥4个含水率不同的样品测试结果，桐乡印染污泥呈碱性，所具有的热值很高，热值的变化范围在2503.7～4070.5kcal/kg，平均热值达3321.1kcal/kg，相当于与褐煤的热值，具有较高的热利用经济价值，具体见表5-4。

表5-4 桐乡印染污泥的热值

样品号	pH	含水率/%	低位热值/(kcal/kg)	备注
1	8.17	67.1	3889.5	污泥热值采用数显氧弹式热量计(XRY-1A型)测定
2	8.28	73.3	4070.5	
3	8.32	42.1	2503.7	
4	8.25	45.8	2820.9	

5.4.3 可供利用的烟气余热资源条件

屠甸污水处理有限公司所处理的污水有50%以上来自相邻的一家染整有限公司，这家染整有限公司除了印染业务外，还为工业开发区提供热蒸汽。该公司现有3台燃烧供热锅炉，1号、2号和3号炉的功率分别为15t/h、20t/h和10t/h，3台锅炉的排烟温度均为190℃，排烟量分别为31500m³/h、42000m³/h和21000m³/h。由于3号炉排烟量相对较小，因此可利用的余热资源也相对较小，并且如果3号锅炉的烟气余热同时用来干化污泥，污泥干化系统将会非常复杂。另外，即使将3台锅炉的烟气余热都利用起来，还是不能满足干化60～100t/d印染污泥（含水率80%左右）所需要的能量，仍然需要补充不足的外供热源。

根据上述可供利用的烟气余热资源条件及从保证污泥干化系统的安全运行出发，在设计污泥干化工艺时，只采用1号和2号锅炉的烟气余热，同时外加一个流态床高温烟气沸腾炉，提供利用1号和2号锅炉烟气余热干化60～100t/d不足的热源。通过建立烟气余热与外供热源复合的污泥干化系统，来实际干化60～100t/d印染污泥（含水率80%左右）的目标。

该染整有限公司原有的3台锅炉均配有水膜除尘装置，经过除尘处理后的锅炉排放的烟气，从共用的一个烟囱排出，烟囱高45m，出口直径1.2m。新建立的烟气余热与外供热源复合的污泥干化工艺，其尾气处理系统除了仍然使用原先的烟囱外，将原有除尘装置改造成多级湿式除尘除气装置，从而使尾气处理系统同时具有除尘和除气功能，这样不仅能够保证污泥干化过程产生的尾气达标排放，而且提升了原有锅炉烟气的排放标准。

5.4.4　烟气余热与外供热源结合的污泥干化工艺

桐乡屠甸印染污泥处理采用二段式污泥干化工艺技术，污泥干化所需要的热量来自锅炉烟气余热和独立热源复合的能源。桐乡屠甸烟气余热与外供热源相结合的污泥干化工艺流程如图5-16所示。从图中可以看出，1号和2号锅炉的烟气通过引风机送入污泥干化系统，考虑到烟气中较高的煤尘含量会对引风机的使用寿命和动平衡产生一定的影响，因此在引风机前配置了除尘器。

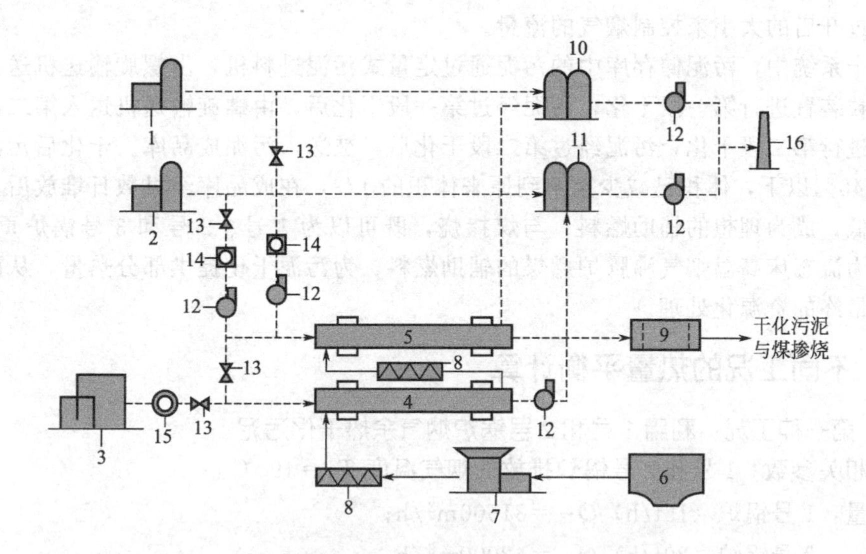

图5-16　桐乡屠甸烟气余热与外供热源相结合的污泥干化工艺流程

1—1号锅炉（15t/h）；2—2号锅炉（20t/h）；3—流态床高温烟气沸腾炉；4—第一污泥干化成粒装置；5—第二污泥干化成粒装置；6—污泥储存库；7—定量式污泥进料机；8—螺旋输送机；9—污泥成品库；10—第一湿式除尘除气装置；11—第二湿式除尘除气装置；12—引风机；13—风门；14—除尘器；15—调湿器；16—烟囱

当污泥处理量较小，1号和2号锅炉的烟气余热能够满足污泥干化所需的热量时，2号锅炉的烟气送入第一污泥干化成粒装置，对污泥进行第一段干化，经过第一段污泥干化过程所产生的尾气通过第二湿式除尘除气装置达标排放；1号锅炉的烟气送入第二污泥干化成粒装置，对污泥进行第二段干化，经过第二段污泥干化过程所产生的尾气通过第一湿式除尘除气装置达标排放。

当污泥处理量较大，1号和2号锅炉的烟气余热不能够满足污泥干化所需的热量时，由流态床高温烟气沸腾炉提供的热量通过调温后进入第一污泥干化成粒装置，对污泥进行第一段干化，经过第一段污泥干化过程所产生的尾气通过第二湿式除尘除气装置达标排放，由1号和2号锅炉提供的烟气余热大部分进入第二污泥干化成粒装置，对污泥进行第二段干化，经过第二段污泥干化过程所产生的尾气通过第一湿式除尘除气装置达标排放，其余部分的烟气作为调节来自流态床高温烟气沸腾炉热量的补充气体，进入第一污泥干化成粒装置。

如果1号和2号锅炉因故不能提供烟气余热，则由流态床高温烟气沸腾炉提供的热量同时进入第一和第二污泥干化成粒装置，对污泥进行第一段和第二段干化，经过第一段和第二段污泥干化过程所产生的尾气通过第一和第二湿式除尘除气装置达标排放；如果只能由1号锅炉或者只能由2号锅炉提供烟气余热，那么，流态床高温烟气沸腾炉在为污泥提供第一段干化所需要能量的同时，可以提供部分热量进入第二污泥干化成粒装置，来弥补污泥进行第二段污泥干化不足的热量。

当污泥干化暂时停止运行时，1号和2号锅炉排放的烟气分别直接经过第一和第二湿式除尘除气装置达标排放。

烟气余热与外供热源相结合的污泥干化系统进入正常运行后，因上述各种工况的改变，烟气流程根据工况变化的要求需要进行相应调整，烟气流程的切换均由在系统中设计的风门来控制。风门不仅可以通过开启与关闭来控制烟气的流向，也可以根据污泥处理过程能量的平衡，通过开启的大小来控制烟气的流量。

在这个系统中，污泥储存库中的污泥通过定量式污泥进料机，由螺旋输送机送入第一污泥干化成粒装置进行第一段干化，污泥经过第一段干化后，由螺旋输送机送入第二污泥干化成粒装置进行第二段干化，污泥经过第二段干化后，被送入污泥成品库。干化后污泥的含水率已降至40%以下，体积已减少至不到原来体积的1/3，在成品库经过数日堆放后，含水率进一步降低，成为理想的辅助燃料，与煤掺烧，既可以为1号、2号和3号锅炉贡献热值，也可以作为流态床高温烟气沸腾炉燃煤的辅助燃料，为污泥干化提供部分热量，从而使印染污泥得到最终的资源化处理。

5.4.5 不同工况的热量平衡计算

5.4.5.1 第一种工况：利用1号和2号锅炉烟气余热干化污泥

(1) 相关参数　1号和2号锅炉排放的烟气温度 $T_1=190℃$。

烟气量：1号锅炉（15t/h）$Q_{15}=31500\text{m}^3/\text{h}$；

2号锅炉（20t/h）$Q_{20}=42000\text{m}^3/\text{h}$

经过污泥干化后，排出干化成粒装置的尾气温度 $T_2=135℃$。

污泥的初始含水率 $M_1=75\%$。

污泥经干化后的含水率 $M_2=40\%$。

烟气从190℃降到130℃时的平均比热 $c_{p平均}=1.086125$ [kJ/（kg·K）]。

烟气190℃时密度 $\rho_{190℃}=0.7691\text{kg/m}^3$。

(2) 热平衡计算　1号和2号锅炉排放烟气可利用能量为：

$$\begin{aligned}Q_{总热}&=(Q_{15}+Q_{20})\times\rho_{190℃}\times c_{p平均}\times(T_1-T_2)\\&=(42000+31500)\times1.086125\times0.7691\times(190-135)\\&=3376857\ (\text{kJ/h})\end{aligned}$$

烟气在污泥干化成粒装置内的传热能耗 Q 主要有以下几个方面组成：

① 加热和蒸发污泥中水分的能耗 Q_A 占 Q 的80%左右。

② 加热污泥和剩余水分的能耗 Q_B 占 Q 的3%左右。

③ 设备散热的能耗 Q_C 占 Q 的12%左右。

④ 为防止污泥干化成粒装置内烟气外溢，污泥干化成粒装置必须在负压下运行，那么，进、出料口等与外界连通的部位有部分常温空气吸入，加热这部分空气的能耗 Q_D 占 Q 的2.5%左右。

⑤ 污泥中有机物分解和打开分子水结合键的能耗 Q_E 占 Q 的2.5%左右。

以上五项能耗，只有 Q_A 在蒸发污泥中水分时为直接有效能耗，因此：

$$Q=Q_{总热}\times80\%=3376857\times80\%=2701485(\text{kJ/h})$$

湿污泥中水分在常压下蒸发的平均吸热量 L 为2675.9kJ/kg，那么可蒸发水量 G_{H_2O} 为

$$G_{H_2O}=\frac{Q}{L}=\frac{2701485}{2675.9}=1009(\text{kg/h})$$

以每天工作24h计，每天可蒸发水量G_d为

$$G_d=G_{H_2O}\times 24=1009\times 24=24229(\text{kg/d})$$

转化为每天从含水率75%降至40%的原始污泥量G为

$$75\%-G_d=40\%(G-G_d)$$

$$G=41.535(\text{t/d})$$

根据热量平衡计算，利用1号和2号锅炉排放的烟气余热，通过二段式污泥干化系统，每天可以资源化处理约42t印染污泥。

5.4.5.2 第二种工况：烟气余热和独立热源结合干化污泥

在这种工况条件下，由流态床高温烟气沸腾炉提供的热量通过调温后进入第一污泥干化成粒装置对污泥进行第一段干化；由2号锅炉提供的烟气进入第二污泥干化成粒装置对污泥进行第二段干化，1号锅炉烟气与来自流态床高温烟气沸腾炉的高温烟气混合，进入第一污泥干化成粒装置，参与污泥的第一段干化。

第一段污泥进料100t/d（W），污泥含水率从75%降至52%；第二段污泥进料56t/d（W'），污泥含水率从52%降到40%。

(1) 相关参数　1号和2号锅炉排放的烟气温度$T_1=190$℃。

烟气量：1号锅炉（15t/h）$Q_{15}=31500\text{m}^3/\text{h}$；

2号锅炉（20t/h）$Q_{20}=42000\text{m}^3/\text{h}$。

流态床高温烟气沸腾炉烟气温度$T_2=950$℃，提供的高温烟气量$Q_{高}=20388\text{m}^3/\text{h}$；经过与1号锅炉的烟气混合后，烟气温度353℃。

经过污泥干化后，排出污泥干化成粒装置的尾气温度$T_3=145$℃。

空气温度$T_4=20$℃。

污泥的初始含水率$M_1=75\%$。

污泥经干化处理后的含水率$M_2=40\%$。

520℃时烟气的密度$\rho_{520℃}=0.4466\text{kg/m}^3$。

烟气从520℃降至180℃时的平均比热$c_{p平均a}=1.141$ [kJ/(kg·K)]。

烟气从180℃降至20℃时的平均比热$c_{p平均b}=1.0472$ [kJ/(kg·K)]。

(2) 热平衡计算　污泥在污泥干化成粒装置内每天蒸发的水量H为：

$$H=H_1+H_2=\left(75\%-52\%\times\frac{1-75\%}{1-52\%}\right)W+\left(52\%-40\%\times\frac{1-52\%}{1-40\%}\right)W'$$

$$=0.48W+0.2W'=0.48\times 100+0.2\times 56=59.2(\text{t/d})=59200(\text{kg/d})$$

污泥在污泥干化成粒装置内每小时蒸发的水量H_m为：

$$H_m=\frac{H}{24}=\frac{58.33}{24}=2467(\text{kg/h})$$

湿污泥中水分在常压下蒸发的平均吸热量h为2675.9kJ/kg，那么每小时蒸发的水量所需要的热量Q_A为：

$$Q_A=H_m h=2467\times 2675.9=6.601\times 10^6(\text{kJ/h})$$

与第一和第二种工况相似，烟气在污泥干化成粒装置内的传热能耗Q，只有Q_A在蒸发污泥中水分时为直接有效能耗，因此

$$Q=\frac{Q_A}{80\%}=\frac{6.601\times 10^6}{80\%}=8.25\times 10^6(\text{kJ/h})$$

携带Q热量所需520℃的烟气量$L_{520℃}$为：

$$L_{520℃}=\frac{Q}{\rho_{520℃}\times c_{p平均a}\times(T_1-T_2)}$$
$$=\frac{8.25\times10^6}{0.4466\times1.141\times(520-180)}$$
$$=4.69\times10^4\ (m^3/h)$$

烟气排出污泥干化成粒装置带走的热量Q_2为：

$$Q_2=L_{520℃}\times\rho_{520℃}\times c_{p平均b}\times(T_2-T_3)$$
$$=4.69\times10^4\times0.4466\times1.0472\times(180-20)$$
$$=3.51\times10^6\ (kJ/h)$$

流态床高温烟气沸腾炉应提供总热量$Q_总$为：

$$Q_总=Q+Q_2=8.25\times10^6+3.51\times10^6=1.164\times10^7(kJ/h)$$

以每天工作24h计，每天需要总热量$Q_{总d}$为：

$$Q_{总d}=Q_总\times24=1.164\times10^7\times24=2.8\times10^8(kJ/d)$$

每天的煤耗量R为（燃煤的热利用率$\eta=90\%$；标准煤的热值以7000kcal/kg计）：

$$R=\frac{Q_{总d}}{7000\times1000\times90\%\times4.18}=\frac{2.8\times10^8}{7000\times1000\times90\%\times4.18}=10.63(t/d)$$

根据热量平衡计算，利用独立热源，需要配置一台提供1.164×10^7kJ/h热量的流态床高温烟气沸腾炉，每天可以资源化处理约100t印染污泥。

5.4.6 环境与经济效益分析

桐乡屠甸利用烟气余热与外供热源相结合的污泥干化工程，在环境与经济上的效益是明显的，具体表现如下。

(1) 该项工程每天处理100t印染污泥，根据污泥实际填埋情况的综合分析，不仅每年因此可节约大量的污泥填埋用地和污泥填埋费用，而且彻底根除了因污泥填埋而产生的各种环境问题。

(2) 该项工程日处理印染污泥100t，处理后含水率为40%的污泥颗粒约42t/d，根据印染污泥的平均热值为3321kcal/kg，相当于产生可利用的5500kcal/kg标准煤约15t/d。

(3) 通过对1号和2号锅炉排放烟气余热的利用，可以回收利用废弃能源约3376857kJ/h，折合成5500kcal/kg标准煤约146.65kg/h，每天可回收的能量相当于标准煤3.52t。烟气余热利用不仅减少了大气热污染排放量，而且提升了原有烟气排放的质量。

5.5 上海市石洞口污水处理厂污泥处理工程

5.5.1 工程概况

上海市石洞口城市污水处理厂位于上海市宝山区长江边原西区污水总管口处，工程规模为$40\times10^4m^3/d$，工程用地$28.20hm^2$。服务范围主要为西干线现状服务区域，主要收集市区苏州河两岸普陀、闸北等地区和苏州河支流截流污水工程北片以及南翔等地区的污水，规划服务面积$150km^2$，服务人口70万人。由于接纳桃浦工业区、月浦地区的工业废水，污水中的工业废水含量较高，生活污水和工业废水之比约为1∶1。

污泥处理采用机械浓缩和机械脱水工艺、脱水污泥料仓储存，然后进行干化焚烧，实现污泥减量化和热资源利用，该工程为国内热干化工艺的首次应用，许多设备也均为国内首次使用。

5.5.2 污泥处理规模

污水处理工程规模为$40\times10^4m^3/d$，干污泥量为64t/d。污水经处理后产生的剩余活性污泥为10667m^3/d（含水率为99.4%），经浓缩后的污泥，由压滤机脱水，称为含水率为70%左右的脱水污泥，约213t/d，污泥量如表5-5所示。

表5-5 污泥量的体积参数

阶段	含水率/%	污泥量/(m^3/d)
脱水污泥	70	213
干化污泥	10	71

5.5.3 方案的论证和决策

石洞口污水厂所接受的污水有50%为工业废水，通过具有脱氮除磷的一体化活性污泥法二级处理后，产生的污泥有丰富的有机质，特别是磷的含量比一般生化污泥还要高一倍，但同时也富集了有毒有害成分，是典型的具有资源性与有害性双重性质的污泥。

为了给这样的污泥寻找出适合其特性和工程建设具体条件的处理处置方案，可先将一般的处理处置方式针对石洞口污泥和环境条件进行分析讨论。

由于石洞口污泥中含有较高的重金属，不适宜于土地利用，因此，可能的处理处置组合有下面六种。

a. 浓缩—脱水—外运水泥厂处置

b. 浓缩—脱水—干化—外运水泥厂处置（外来能源）

c. 浓缩—消化—脱水—外运填埋处置

d. 浓缩—消化—脱水—干化—外运填埋处置（补充外来能源）

e. 浓缩—脱水—干化—焚烧—残渣外运填埋处置（利用污泥自身热值）

f. 浓缩—脱水—加石灰—外运填埋处置

其中，a、b两种组合因污泥未经稳定化处理，不宜以填埋作为处置方案。所以只能用于水泥厂焚烧处置。其他四种组合，污泥已经稳定化，且填埋成本较去水泥厂处置成本低，所以都以填埋处置。这六种组合的建设投资和运行成本比较如表5-6所示。

表5-6 不同组合的经济比较

组合	a	b	c	d	e	f
污水厂投资/万元	7491	11704	12259.42	14381.62	12993.42	8491
出厂污泥状态	75%W 256t/d	10%W 71t/d	75%W 171t/d	50%W 88t/d	灰渣 23t/d	40%W/pH12 245t/d
单位污泥处理总成本(元/t干泥①)	617.87	1558.24	956.7	1100.23	1009.03	997.87
污水厂内年总支出/万元	1443.34	3640.0	2255.87	2570.14	2357.10	2331.02

续表

组合	a	b	c	d	e	f
厂外运输及处置年总支出/万元	747.52	116.80	390.77	201.1	52.56	559.8
年支出合计/万元	2190.86 如改去填埋为2028.24	3756.8 如仅干化到45%W为2806.1	2646.64	2771.24 如果作肥料出售回收资金后为2598.64	2409.66	2890.82 如果作填埋封土出售回收资金后为2622.52
备注	运输周转环节多，恶臭控制难，环保通不过，含水量高，填埋操作困难，水运受台风季节影响大		初步稳定臭味未根本解决，含水量高，填埋操作困难，水运受台风季节影响大	重金属含量高，实际上不能作肥料，还受市场需求的制约	在出厂前彻底稳定化、减量化，不受外界条件制约	加石灰后碱性高，利用有困难，固体总量增加，水运受台风季节影响大

① 干泥均指折算到处理前原生污泥的干泥量为64t/d。

注：W指干污泥质量。

由表可见，组合a的费用是最省的，但由于湿污泥体积大，散发恶臭，在运输周转各环节上环保问题突出，在试烧水泥时当地居民已反应强烈。经评审要求干化后才能运去水泥厂，故被否决。其他组合中以组合e是最省的，而且污泥在本厂利用自身热值干化——焚烧后稳定、减量彻底，对外界的土地资源和水运季节气候条件的依赖小，但初投资相对较高。

组合f初投资较省，但由于使用石灰量多，污泥量大，外运处置量较多，年总支出反而较高，组合b、c、d也因需要外购能源、建设费用高、污泥量大、运输处置日常费用较高等原因，在年总支出上都不占优势。此外还应注意到，即使处理后的污泥有利用价值，可以回收一部分费用，但也是有限的，不能改变相应组合的基本状况。

所以石洞口污水处理厂的污泥处理处置方案最终确定为组合e，并且具体化为：

污泥调蓄—螺旋机浓缩—板框机压滤脱水—85℃低温干化—流化床焚烧—烟气布袋除尘、石灰脱硫—残渣外运填埋

经热平衡计算，污泥焚烧产热除供自身干化外，基本平衡，为使污泥的资源化利用留有条件，如果重金属问题解决了，可以以煤代替污泥作燃料，产生的干化污泥有经济价值就可外销，形成比例灵活的工艺技术路线，不受市场需求制约。

5.5.4 污泥处理工艺流程

石洞口污水处理厂的污泥处理工艺流程如图5-17所示。

5.5.5 工程设计

(1) 污泥调蓄池　一体化反应池的排泥时间和浓缩机的工作时间有差异，因此，设置污泥调蓄池。采用钢筋混凝土结构，共1座，每座4格，考虑污泥产生的臭气对环境的影响，池顶加盖以防臭气外溢。污泥调蓄时，可能有沉淀分离作用，因此设置部分撇水器，撇除的上清液流入除磷池。

污泥调蓄池技术参数如表5-7所示。

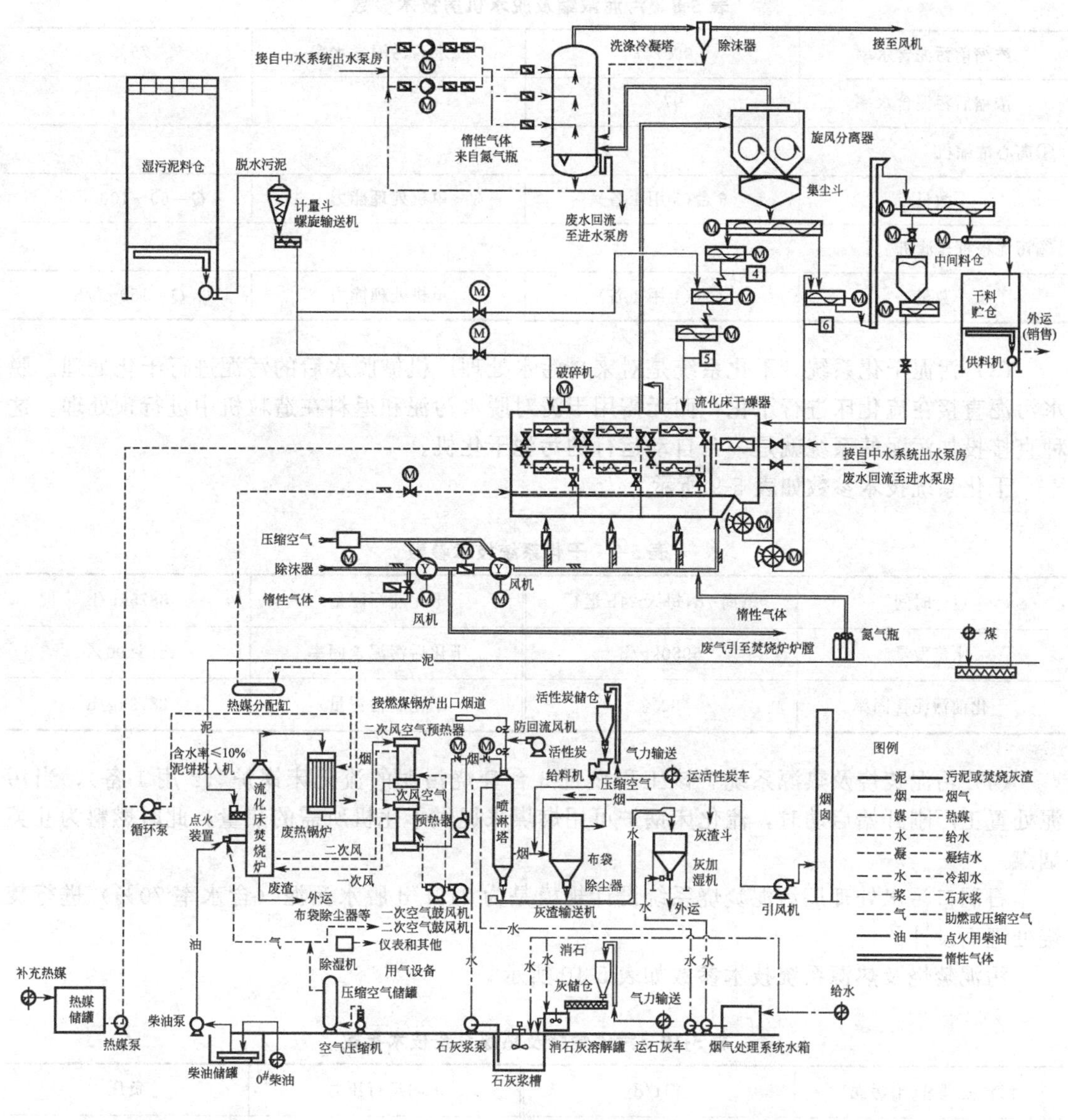

图 5-17 污泥处理工艺流程图

表 5-7 污泥调蓄池技术参数

调蓄时间	$t=8$h	每格平面尺寸	14m×14m
数量	1座,共4格	有效池深	3.4m

(2) 污泥浓缩、脱水机房 污泥浓缩、脱水采用机械的方法，减小占地面积，提高效率。浓缩前污泥含水率为99.2%，浓缩后污泥含水率为97%，然后入脱水机房脱水。

污泥浓缩机浓缩来自污泥调蓄池的污泥，共6台（5用1备），单台处理规模 $Q=60\sim100\text{m}^3/\text{h}$，电机功率3.0kW，每天工作16h，也可调整工作时间。污泥板框脱水机，共2台，1用1备，单台处理规模 $Q=105\text{m}^3/\text{h}$。污泥浓缩和脱水机房技术参数如表5-8所示。

表 5-8 污泥浓缩及脱水机房技术参数

浓缩前污泥含水率	99.2%	脱水后污泥含水率	75%
浓缩后污泥含水率	97%		
①离心浓缩机			
数量	6台(5用1备)	单机处理能力	$Q=60\sim100m^3/h$
②污泥板框压滤机			
数量	2台(1用1备)	单机处理能力	$Q=150m^3/h$

(3) 污泥干化系统 干化系统是对来自污水处理厂机械脱水后的污泥进行干化处理。脱水污泥直接在流化床进行干化，而无需用干泥对脱水污泥和返料在造粒机中进行预处理。这种直接投加污泥的系统就是一台自动运行的污泥干化机。

干化系统技术参数如表 5-9 所示：

表 5-9 干化系统技术参数

运行时间	每周7d,每天24h运行	干化前污泥量	8875kg/h
水蒸发量	5980kg/h	干化后污泥含固率	至少90%
干化前污泥含固率	30%	干化后污泥量	2879kg/h

(4) 污泥焚烧及热源系统 该工程设置3台焚烧污泥的流化床锅炉（2用1备），当污泥处置工厂刚开始启动时，流化床锅炉可用燃煤来提供干化机所需的热量，此时燃料为Ⅱ类烟煤。

石洞口污水处理厂污泥焚烧系统设计规模是为213t/d脱水污泥（含水率70%）进行焚烧处理而设计的。

污泥焚烧及热源系统技术参数如表 5-10 所示

表 5-10 污泥焚烧及热源系统技术参数

污泥处理量(干污泥)	71t/d	炉内运行压力	负压
进焚烧炉污泥含水率	≤10%	低位发热量	14880kJ/kg(干基)
负荷波动范围	60%～125%	C	53.3%
污泥热值	14880kJ/kg	H	6.8%
热能利用	加热导热油	O	30.3%
焚烧炉设计运行温度	≥850℃	N	6.0%
炉内烟气有效停留时间	>2s	S	1.5%

(5) 烟气净化系统 烟气净化系统由酸性气体的脱除和颗粒物捕集两大部分组成。该工艺采用半干法喷淋塔和布袋除尘器组合系统。半干法脱酸是在烟气中喷入一定量的石灰浆，使之与烟气中酸性物质反应，并控制水分使其达到"喷雾干化"的反应过程。脱酸反应生成物基本上为干固态，不会出现废水及污泥。烟气中颗粒物捕集措施采用布袋除尘器。在进入布袋除尘器前，再向烟气中喷入一定量活性炭粉粒，吸附烟气中重金属和二噁英等有害物质，而后在布袋除尘器中有效捕集去除。

5.6　上海市白龙港污水处理厂污泥专用填埋场工程

5.6.1　工程概况

白龙港污水处理厂位于浦东新区合庆乡东侧，东临长江，西至随塘河，北以原南干线排放干渠为界。白龙港城市污水处理厂在原向阳圩上围堰吹填而成，设计地面标高为4.40m（吴淞高程系，下同），四周由内外两道堤与其他滩涂相隔，堤顶标高约8.00m。目前整个厂分为污水预处理区、一级强化处理区及出口泵站三个部分。

污水处理厂一期工程建设时以除磷为主要目标，因此严格控制了出水指标中的磷，而对BOD、SS、氨氮等未作严格要求，拟通过长江大水体的巨大稀释及其自净能力予以去除。考虑到将来能符合国家的污水排放标准，设计采用了一级强化+生物滤池处理工艺，近期实施一级强化，达到对磷的控制目标，远期拟增加生物滤池，达到国际排放标准。

对污水处理过程中产生的污泥采用工程措施避免对环境造成二次污染，充分利用拟建的污泥填埋场作为污泥处置的场所，并进行综合利用，以作为城市绿化介质土。

在白龙港污水厂外围征地16hm²，厂内留出27hm²作为污泥填埋场，共用地43hm²，填埋处置白龙港污水厂、竹园（第一和第二）污水厂的污泥。

5.6.2　污泥处理规模

白龙港污水处理厂污泥处置规模：近期干泥量208t/d，脱水污泥含水率为65%，污泥量为6561m³/d。

同期建设的竹园污水第一处理厂污泥处置规模：干泥量255t/d，脱水污泥含水率为65%，污泥量为687m³/d。

同期建设的上海污水三期工程中的竹园污水第二处理厂的污泥处置规模：干泥量95t/d，脱水污泥含水率为65%，污泥量为256m³/d。

以上三座污水处理厂的总干泥量为558t/d，污泥量为1504m³/d。

5.6.3　方案的论证和决策

（1）填埋方法选择　污泥在专用填埋场填埋又可分为三种类型：沟填、掩埋和堤坝式填埋。就污泥填埋场地而言，由于地下水位较高，不适宜采用挖沟式填埋的方法。从技术的可行性而言，掩埋和堤坝式填埋的两种方法都适用于白龙港污泥的填埋，但从单位面积污泥处置量、运行管理的易操作性、对周围环境的影响程度等而言，堤坝式填埋中的围堤法有着明显的优点。该工程污泥填埋方案采用堤坝式填埋中的堤坝法。

（2）渗滤液循环　渗滤液循环就是将渗滤液回灌到填埋场。有研究结果表明，渗滤液循环的主要优势在于：渗滤液在短时间内（8个月）即可降低其有机物浓度，这种渗滤液更像晚期（5年期）渗滤液。同时，渗滤液中的水分也可以通过喷洒蒸发而减少。随着循环的不断进行，渗滤液COD浓度均不断下降，而氨氮和氯化物浓度随时间的变化幅度较小。另外，虽然循环可以使渗滤液中可降解有机组分和排放量减少，但残留的COD、氨、氯化物及其他无机成分浓度依然很高，不能直接排放。因此渗滤液的处理是不可替代的。

在杭州市天子岭垃圾填埋场进行的为期一年的渗滤液回喷现场中试结果表明，可基本实现渗滤液产生量与蒸发量的平衡，渗滤液的水质也得到净化，COD从10400mg/L降至142mg/L，总氮从899mg/L降至18mg/L。但渗滤液的喷洒会带来空气污染等问题，这些因素限制了渗滤液循环的普通应用。因此，该填埋场不采用渗滤液循环。

（3）渗滤液处理 渗滤液处理可分为合并处理和单独处理两种。

国内外渗滤液处理的试验研究与工程运行经验表明，生物处理法的出水 COD 一般在 500～1200mg/L，不能满足现行的我国生活垃圾填埋污染控制标准（GB 16889—1997）。进入地面水体的渗滤液根据受纳水体的功能分别执行一级和二级标准限值，这就要求排入地表水体的渗滤液处理系统在生物处理之后必须进行必要的深度处理。渗滤液的深度处理，包括混凝沉淀处理、活性炭吸附、化学氧化和催化氧化、反渗透、氨吹脱、蒸发和焚烧等。若采用以上深度处理工艺，则工程运行费用较高。

所谓合并处理就是将渗滤液引入附近的城市污水处理厂进行处理。这种方案以在填埋场附近有城市污水处理厂为必要条件。若城市污水处理厂是未考虑接纳附近填埋场的渗滤液而设计的，其所能接纳而不对其运行构成威胁的渗滤液的比例是有一定要求的。国外的研究结果表明，这一比例一般不超过 0.5%。

污泥渗滤液来自两个部分：降雨及自身污泥水。由于填埋作业区域封场采用 PVC 防水膜，将降落于填埋作业区域的雨水与填埋堆体完全隔离的方法，因此，就填埋场运行的每一刻而言，只有一个填埋作业区域的降水转化为渗滤液。该工程降水量按 20 年一遇最大降雨量约 215mm 计。最大日渗滤液量考虑最大填埋作业区域的渗滤液量及其他填埋作业区域因污泥降解等原因产生的渗滤液量。该工程最大填埋作业区域面积约为 $40000m^2$，产生的渗滤液量为 $40000\times0.215=8600m^3/d$。结合其他填埋作业区域因污泥降解等原因产生的渗滤液量，污泥填埋场最大渗滤液量按 $1\times10^4m^3/d$ 计。最大渗滤液量与污水处理厂处理水量之比接近 0.5%。

根据以上分析，该工程渗滤液处理与污水处理厂相结合，进行合并处理。

5.6.4 污泥处理工艺流程

自卸汽车装载脱水后的污泥，进入污泥填埋区，将污泥运送至污泥填埋区域指定的卸料平台，在卸料平台上将污泥卸入填埋场内。

卸入填埋场内的污泥由履带式推土机推平，单元填埋。当污泥填埋至 7.25m 标高后封场，封场标高为 8.0m。

污泥填埋区域内形成的雨水和渗滤液排放至每个填埋作业区域的收集井，并由潜水泵提升后送入白龙港城市污水处理厂内进行处理。填埋场内产生的填埋气体通过导排管导排。

5.6.5 工程设计

（1）填埋作业区的划分 厂外 $16hm^2$ 污泥填埋场划分为 6 个填埋作业区域，厂内 $27hm^2$ 填埋场划分为 12 个填埋区域。填埋区域由隔堤分开，隔堤上修建行车道。

在每一作业区域设置一定数量的卸料平台，以保证履带式推土机推送污泥的最远距离在 60m 左右。

（2）隔堤修建 根据填埋作业单元的划分，厂外 $16hm^2$ 污泥填埋场内需新建东西向、南北向隔堤各两条，共 4 条隔堤。厂内 $27hm^2$ 填埋场划分为 12 个填埋区域，需新建 3 条东西向隔堤及 7 条南北向隔堤。

新建隔堤堤顶标高 8.00m，堤顶宽度 5m，其中两侧土路肩宽度各为 500mm。设单车道混凝土路面，边坡 1∶1.5，在 5.50m 标高设一平台，平台宽度 1m。平台以下边坡 1∶2，堤身边坡采用固土网垫及种青护坡。堤顶路面做法如下：220mm 水泥混凝土面层、300mm 粉煤灰渣及 200mm 砾石砂垫层。

厂外 $16hm^2$ 污泥填埋场填埋库区北侧现有一条隔堤，由编织袋充填土构筑而成，堤顶标高约 5.00m，堤顶宽约 5～6m。为了场区的填埋作业及交通组织需加高至 8.00m，并加宽保证堤顶宽 5m。堤上设单车道混凝土路面，边坡及平台设计同新建隔堤。库区西侧隔堤同样需加高加宽。边坡及平台设计同新建隔堤。

厂外 $16hm^2$ 污泥填埋场需加高加宽原隔堤 1970m，需新建隔堤 1332m。厂内 $27hm^2$ 污泥填埋场需建新隔堤 4653m。

为便于推土机等进出，每一作业区域内设置 1 条围堤坡道，坡道标高由 8.00m 坡至 3.80m，坡度按 4%考虑，末端设一卸料平台。$16hm^2$、$27hm^2$ 两块填埋区域的坡道数量分别为 6 根及 12 根。坡道宽为 5m，卸料平台平面尺寸为 10m×10m。采用袋装砂堆筑，表面铺平。

(3) 防渗工程　填埋场的防渗一般有两种方法：水平防渗和垂直防渗。所谓水平防渗即采用人工合成材料作为填埋场库底衬底防渗，一般多采用高密度聚乙烯防渗膜（HDPE 膜）。此方案造价较贵。垂直防渗指在填埋场库区四周构筑一道垂直防渗帷幕，防止渗滤水向库区外渗出，使填埋场库区成为一个独立封闭的水文单元，此方案造价较低。

由于该填埋场位于长江口滩地，由促淤而成，地下水位较高。如采用水平防渗铺设 HDPE 膜，抗浮问题很难解决。根据白龙港污水处理厂围堤的工程地质勘察报告，较适合进行垂直防渗处理。采用垂直防渗的填埋场与水平防渗相比，还具有使用年限长的优点，该工程采用垂直防渗的工程措施。

(4) 渗滤液收集与处理系统　国内尚无污泥填埋场相关的标准及规范，参照《城市生活垃圾卫生填埋场技术规范》(CJJ17—2001) 及国外污泥填埋场的运行经验，为较好、迅速地排除渗滤液，应保证 2%的场地坡度。但该填埋场为平原填埋场，为避免因场地坡度导至填埋场两侧库底高差较大的情况，在填埋场内设置多套渗滤液收集系统，即每一填埋作业区域内渗滤液的收集独成系统，并泵集至污水管道中。

为避免填埋场内贮留渗滤液，防止影响防渗效果，在主盲沟末端处设置集水井。为满足水泵的安装要求，集水井尺寸为内径 2.0m。在主盲沟距集水井处，将主盲沟扩大并与集水井相连，保证渗滤液收集系统的畅通。集水井采用落低泵井形式，采用 DN2000mm 钢筋混凝土企口管连接，插入场底以下 3.0m，露出场顶以上 1.0m。各填埋单元的渗滤液收集到集水井后，用耐腐蚀液下泵提升至渗滤液输送管道，接入污水处理厂进行处理。

厂外 $16hm^2$ 污泥填埋场需布设 1440m 主盲沟及 2000m 次盲沟，需设置 6 座渗滤液收集井，每座井内安装 1 套提升泵，每套提升泵的规格为 $Q=350m^3/h$，$H=11m$，$P=18kW$。每套提升泵需附液位计、止回阀、闸阀及 HDPE 出水管。泵出水管与布置在隔堤下的 DN300mmHDPE 渗滤液总管相连，至污水处理厂交界处的渗滤液总管长度约为 800m。管覆土深度 1.0m。

厂内 $27hm^2$ 污泥填埋场需布设 2160m 主盲沟及 2688m 次盲沟，需设置 12 座渗滤液收集井，每座井内安装 1 套提升泵，每套提升泵的规格为 $Q=350m^3/h$，$H=11m$，$P=18kW$。每套提升泵需附液位计、止回阀、闸阀及 HDPE 出水管。泵出水管与布置在隔堤下的 DN300mmHDPE 渗滤液总管相连，至污水处理厂交界处的渗滤液总管长度约为 1400m。管覆土深度 1.0m。

各填埋作业区域收集的渗滤液汇集于一条收集总管（DN300mm 铸铁管），泵至白龙港污水处理厂内进行处理。填埋场内不再设置单独的渗滤液处理构筑物。

(5) 填埋气体的收集与处理系统　污泥填埋过程中伴有填埋气体的产生。填埋气体是污泥中有机组分生物降解反应的产物，主要含甲烷、二氧化碳等物质。甲烷气体是一种具有温室效应的气体，且具有潜在的爆炸危险，因此将填埋气体有效而且有组织地导排是建设卫生污染填埋场的重要工程内容。

该填埋场紧靠东海，地势平坦，填埋场内部的填埋气体逸出后即迅速扩散，空气中的CH_4浓度远低于爆炸范围。采用自然垂直导排技术可满足安全生产的要求。

导排管排间距取约50m。导排管布置在ϕ800mm导气石笼内，导排管采用DN150mmPVC管，每根管的一头封闭，另一头敞开，密封一头朝下埋入污泥，敞开一头向上，露出场顶1m，四周覆土压实。

厂外16hm^2污泥填埋场需布设63字导气石笼，厂内27hm^2污泥填埋场需布设96只导气石笼。导气石笼内碎石粒径为32～100mm，外围钢筋采用ϕ8mm。导排管表面轴向开孔间距为100mm。每层均布ϕ8～15mm孔。

5.7 重庆鸡冠石污水处理厂污泥处理工程

5.7.1 工程概况

鸡冠石污水处理厂位于重庆主城南岸区鸡冠石镇。鸡冠石污水处理厂工程服务范围为12个排水系统（杨公桥、土湾、化龙桥、牛角沱、大溪沟、洪岩洞、桃花溪、龙凤溪、储奇门、哑巴洞、海棠溪、鸡冠石）近期服务面积为107km^2，远期125km^2。

5.7.2 污泥处理规模

根据污水处理采用的具有脱氮除磷功能的A/A/O＋化学深度除磷工艺，污水厂一期污水设计规模为旱季60×$10^4m^3/d$，雨季135×$10^4m^3/d$，远期最终规模为旱季80×$10^4m^3/d$，雨季165×$10^4m^3/d$。污水厂处理污水对象为城市污水，产生的污泥为二级污水厂的初沉污泥、剩余污泥和化学深度除磷的化学污泥，污泥量见表5-11和表5-12所示。

表5-11 旱季污泥量

项目	近期(60×$10^4m^3/d$)	远期(80×$10^4m^3/d$)
初沉污泥量(含水率97%)	75000	100000
剩余污泥量(含水率99.3%)	40500	54000
化学污泥量(含水率99.3%)	2100	2800
小计	117600	156800

表5-12 雨季污泥量

项目	近期(60×$10^4m^3/d$)	远期(80×$10^4m^3/d$)
初沉污泥量(含水率97%)	82500	110000
剩余污泥量(含水率99.3%)	40500	54000
化学污泥量(含水率99.3%)	2100	2800
小计	125100	166800

5.7.3 方案的论证和决策

根据污水处理工艺，按其生产的污泥量和污泥性质，结合重庆市的自然环境和污泥处置条件，为达到污水处理厂综合排放标准的规定，污泥必须经过稳定处理。

目前常用的稳定化工艺有：厌氧消化、好氧消化、堆肥、碱法稳定和干化稳定。该工程污泥处理经过可行性研究论证，处理工艺采用：浓缩—厌氧中温消化—机械脱水。

5.7.3.1 消化级数的选择

厌氧消化中，有机物分解过程为：首先使被消化的物质与活性微生物充分混合，而后与代谢产物分离，为此，需要有混合和分离场所，以便实现活性微生物的充分混合和有效分离，所以就出现了以混合产气为主要目的的一级消化，以浓缩、沉淀为主要目的的二级消化。污泥一级、二级消化比较如表5-13所示，由于二级中温消化具有运行费用较低，分解、浓缩效果好的特点，所以推荐采用二级厌氧中温消化工艺，近期工程先实施一级消化，远期再实施二级消化。

表5-13 消化级数比较

比较项目	一级消化	二级消化
消化池容积	相同	
混合分解作用	较好	较差
分解，浓缩作用	较差	较好
产气量	较少	较多
污泥加热所需热量	较多	较少

5.7.3.2 污泥浓缩方案的比较

污水处理过程中将产生两种不同含水率和不同性质的污泥，第一种为初沉池产生的初沉污泥，第二种为二沉池产生的剩余污泥。针对这两种污泥的特点，将重力浓缩池和初沉污泥重力浓缩池＋剩余污泥浓缩机两方案进行比较。

(1) 重力浓缩池方案 含水率97%的初沉污泥，不进入浓缩池，直接进入均质池。含水率99.3%的剩余污泥先进入浓缩池，经浓缩后含水率降为97%，而后进入均质池与初沉污泥混合一起进入消化池，工艺流程如图5-18所示。

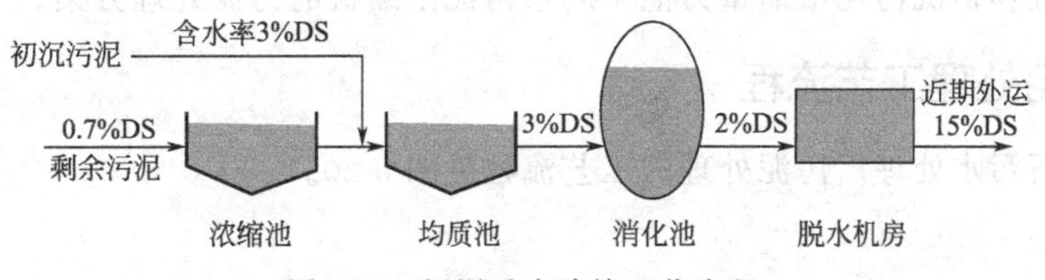

图5-18 污泥重力浓缩工艺流程

(2) 初沉污泥重力浓缩池＋剩余污泥浓缩机方案 含水率97%的初沉污泥进入浓缩池，经浓缩后含水率降至95%，而后进入均质池与初沉污泥一起进入消化池，工艺流程如图5-19所示。

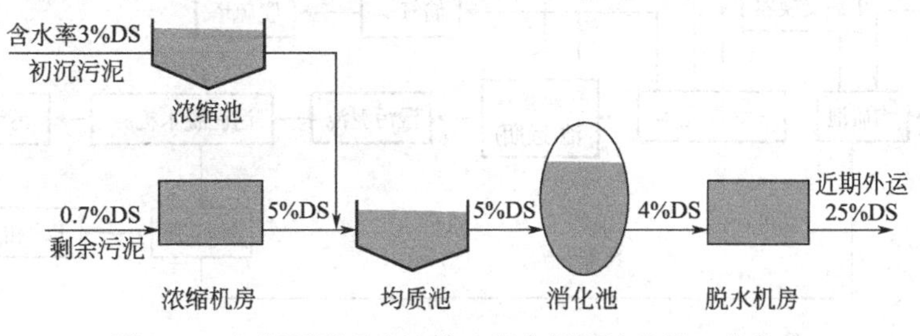

图5-19 初沉污泥重力浓缩＋剩余污泥浓缩机工艺流程

(3) 方案比较　两个方案的工程量和投资比较如表5-14所示，优缺点比较如表5-15。

表5-14　工程量和投资比较

比较内容	重力浓缩池方案	初沉污泥浓缩重力池＋剩余污泥浓缩机方案
浓缩池数量/座	4	3
浓缩池尺寸/m	直径20m,有效水深4m	直径25m,有效水深4m
浓缩机数量/座	无	螺压浓缩机4台(3用1备),单机4.4kW
均质池数量/座	2	2
均质池尺寸/m	直径20m,有效水深3m	直径15m,有效水深3m
消化池数量/座	6	4
消化池体积/m^3	单池12000m^3	单池12000m^3
湿污泥池数量/格	8	6
湿污泥池尺寸/m	10×10×3.5	10×10×3.5
污泥脱水机数量/座	3	3
污泥脱水机流量/(m^3/h)	单台65.0m^3/h	单台35m^3/h
污泥处理投资/万元	7418.76	6178.88

表5-15　两套方案优缺

比较内容	优点	缺点
浓缩池方案	构筑物种类较少,管理较简单	消化池数量较多,工程投资较高
浓缩池＋浓缩机方案	消化池体积减小33%,工程投资较低	构筑物种类较多,管理较复杂

综上所述两方案的优缺点，初沉污泥浓缩重力池＋剩余污泥浓缩机方案具有较大的优越性，该工程拟推荐初沉污泥浓缩重力池＋剩余污泥浓缩机的污泥处理方案。

5.7.4 污泥处理工艺流程

重庆鸡冠石污水处理厂污泥处理的工艺流程见图5-20。

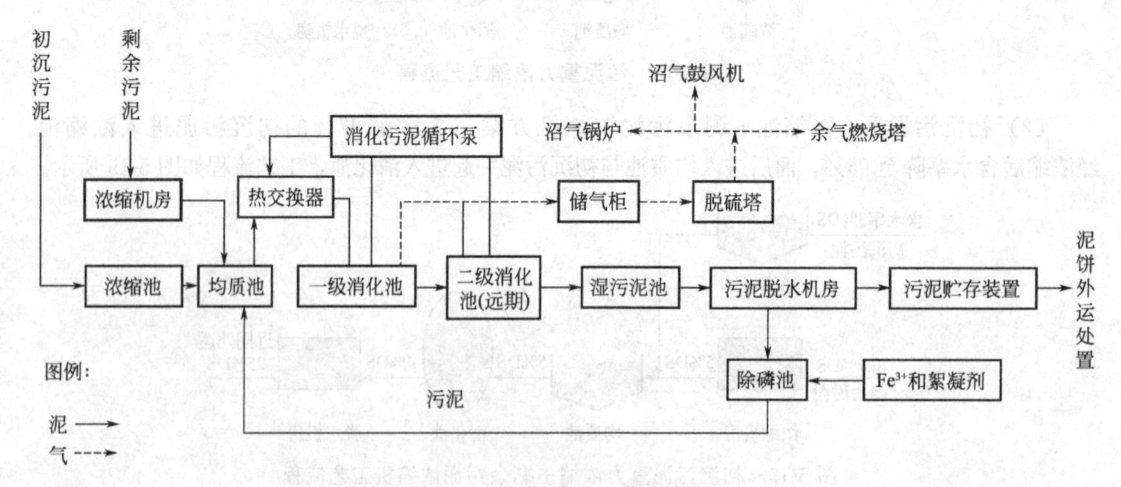

图5-20　污泥处理工艺流程图

5.7.5　工程设计

（1）初沉污泥浓缩（按雨季污泥量设计）　初沉污泥采用重力式污泥浓缩池浓缩，3座，远期增加1座。浓缩池主要技术参数如表5-16所示。

表5-16　浓缩池技术参数

浓缩池数量	3座	池直径	ϕ25m
单座污泥量	27500kgDS/d	固体负荷	56kgDS/(m²·d)
污泥体积	917m³/d	周边驱动浓缩机	3台，功率0.75kW

（2）剩余污泥浓缩　二沉池剩余污泥浓缩采用螺压浓缩机，设污泥浓缩机房1座，平面尺寸36.48m×21.48m。螺压浓缩机近期选用4台（3用1备），远期增加1台，并设有絮凝剂制备及投加系统2套。

浓缩机主要技术参数如表5-17所示。

表5-17　浓缩机技术参数

剩余污泥量	40500kgDS/d	螺压浓缩机能力	100m³/h
剩余污泥体积	6086m³/d	设备功率	4.4kW
螺压浓缩机数量	4台	加药量	0.0015kgPAM/kgDS
单台螺压浓缩机流量	2029m³/d(84.5m³/h)		

（3）污泥均质池　经两种不同浓缩方式的污泥进入消化池前需混合，以起到均质的作用，均质池按雨季污泥量设计，近期共2座，远期不增加。每座尺寸为直径15m，有效水深3m。池内设有水下搅拌器2台。污泥均质池主要技术参数如表5-18所示。

表5-18　污泥均质池技术参数

数量	2座	停留时间	12.0h
单座污泥量	62550kgDS/d	水下搅拌机(带导流圈)	2台
污泥体积	1251m³/d	设备功率	7.5kW
池直径	Φ15m		

（4）污泥消化池　污泥进行厌氧中温消化，使污泥中有机物转变为腐殖质，减少污泥体积，改变污泥性质，破坏和控制致病微生物，同时可获得污泥气，用于带动鼓风机或提供污泥消化过程中所需的热量。污泥消化近期设置4座一级蛋形消化池，远期增加2座二级消化池。消化池采用机械搅拌。

污泥消化池主要技术参数如表5-19所示。

（5）消化池操作楼　为了保证污泥消化系统安全可靠的运行，在4座消化池之间建1座消化池操作楼，平面尺寸33.02m×16.00m。操作楼内设2层工作层，地下层布置消化池进泥泵、污泥循环泵，地面层为污泥加热系统。操作楼内共设4套进泥和污泥加热系统，与4座一级消化池相对应。各种设备按雨季污泥量配置，操作楼与消化池用天桥和管廊相连接，内设各种污泥和污泥气管道。消化池操作楼主要技术参数见表5-20。

表 5-19 污泥消化池技术参数

①污泥消化池			
污泥量	117600kgDS/d(旱季)	污泥投配率	5%(旱季);5.6%(雨季)
	125100kgDS/d(雨季)	消化池总容积	47222m³
污泥含水率	95%	挥发性固性负荷	1.25kgVSS/(m³·d)(旱季)
污泥体积	1251m³/d(旱季)	挥发性有机物 VSS 降解率	50%
	2502m³/d(雨季)	总降解率	25%
挥发性固体含量	50%	消化后污泥量	88200kgDS/d(旱季)
挥发性固体量	58800kgVSS/d(旱季)	污泥消化后含水率	96%
污泥消化温度	33～358℃	污泥体积	2205m³/d
污泥消化时间	20d(旱季);18d(雨季)	沼气产率	0.884m³ 气/kgVSS
沼气产率	11.04m³ 气/m³ 泥	沼气量	26000m³/d
②污泥机械搅拌机			
数量	4 套	设备功率	24.2kW
③消化池超压保护安全释放系统			
数量	4 套	参数	池内污泥气临界压力 60.004MPa

表 5-20 消化池操作楼主要技术参数

①消化池进泥泵			
类型	偏心螺杆泵,手动无级调速	性能	$Q=27m^3/h,H=45m$
数量	5 台(4 用 1 备)	设备功率	11kW
工作方式	连续进泥		
②循环污泥泵			
类型	偏心螺杆泵,手动无级调速	性能	$Q=54m^3/h,H=15m$
数量	5 台(4 用 1 备)	设备功率	15kW
工作方式	连续		
③热交换器			
类型	管道式	新鲜污泥投配温度	128℃(冬季)
数量	4 组	消化温度	338℃
参数	外管直径 ϕ250mm	热水进水温度	758℃
	内管直径 ϕ200mm	热水出水温度	658℃
	单根管长 7m		
控制方式	根据热交换器进出口温度调节热水温度,由 PLC 进行控制		
④热水循环泵			
类型	变频离心泵	性能	$Q=66.14m^3/h,H=11m$
数量	5 台(4 用 1 备)	设备功率	5.5kW
工作方式	连续		
⑤沼气粗过滤器			
数量	2 套		

(6) 湿污泥池 消化后的污泥均匀混合、调理、储放，并尽可能释放消化池中产生的污泥气，有利于污泥脱水。湿污泥池主要技术参数见表5-21。

表5-21 湿污泥池主要技术参数

消化后污泥量	88200kgDS/d	单格尺寸	10m×10m
污泥含水率	96%	平面尺寸	31.2m×20.9m
污泥体积	$2205m^3/d$	水深	3.5m
数量	1座(8格)	停留时间	21.5h

(7) 污泥气净化、贮存 污泥气净化、贮存系统主要技术参数见表5-22～表5-24。

① 沼气脱硫装置。降低污泥气中硫化氢含量，减少硫化氢对后续处理设备的腐蚀。

表5-22 沼气脱硫装置技术参数

设备类型	干式脱硫塔及脱硫再生系统	数量	2套
性能	$Q=600m^3/h$		

② 储气柜。调节产气量的不平衡，使沼气带动鼓风机和沼气锅炉加热系统能正常连续运行。

表5-23 储气柜技术参数

设备类型	柔膜密封干式储气柜	停留时间	6h
数量	2座	监测设备	气柜压力及柜顶位置监测系统
单柜容量	$3400m^3$	数量	2套
工作压力	0.004MPa		

③ 余热燃烧塔。事故发生时将污泥气燃烧释放，保证厂区安全。

表5-24 余热燃烧塔技术参数

设备类型	柱形内燃式沼气火炬	设备	带自动点火及安全保护装置的火炬
数量	2座	控制方式	根据储气柜顶的压力表信息，自动点火
最大排气量	$1200m^3/h$		

(8) 沼气鼓风机房 为节约运行费，将污泥消化产生的污泥气，通过沼气发动机带动鼓风机，近期设置4台沼气驱动鼓风机，远期增加1台，单台鼓风机空气量为$486m^3/min$。污水厂运行初期，5台电动鼓风机全部运行，待运行正常产生污泥气后，便尽可能使用沼气鼓风机，以节省运行成本。

该建筑物内还设有2套沼气锅炉，作为消化污泥加热用。消化污泥加热所需热水充分利用沼气发动机冷却出水，经计算，仅在冬天需使用沼气锅炉补充热源。沼气鼓风机房主要技术参数见表5-25。

表 5-25 沼气鼓风机房主要技术参数

数量	1座	设备类型	沼气锅炉
尺寸	55.79×17.01m(局部 21.21m)	设备输出功率	650kW
设备类型	沼气带动离心鼓风机	设备数量	2套
设备数量	4台	热功率	800kW
性能	单台流量 486m³/min,风压 0.07MPa		

(9) 污泥脱水机房 污泥通过脱水机进一步脱水，降低含水率，以减少污泥体积，便于污泥贮存、运输和综合利用。脱水机房内设有絮凝剂制备设备和投加系统1套。污泥脱水机房设备按雨季污泥量配置。污泥脱水机房主要技术参数见表 5-26。

表 5-26 污泥脱水机房主要技术参数

数量	1座	设备台数	4台(3用1备)
尺寸	24.24m×15.24m	脱水前污泥量	31275kg/d
消化后污泥量	93825kgDS/d	脱水前污泥体积	782m³/d(32.6m³/h)
污泥含水率	96%	单台脱水机能力	35m³/h
污泥体积	2346m³/d	加药量	0.003kgPAN/kgDS
设备类型	离心脱水机	脱水污泥贮存料仓	V=500m³,4套

(10) 除磷池 污水污泥经浓缩脱水后的污泥水中含有大量的有机物，特别是磷酸盐，由于该部分污泥水水量不大，但浓度特别高，因此考虑采用化学方法加以处理，除磷池按远期规模设计，除磷池采用穿孔旋流反应沉淀池形式。除磷池主要技术参数见表 5-27。

表 5-27 除磷池主要技术参数

①除磷池			
设计流量	3000m³/d(远期)	有效水深	3.18m
进水 TP	20～50mg/L	反应时间	0.5h
数量	1座	停留时间	3.3h(近期);2.5h(远期)
单格尺寸	23.95m×5.80m		
②桁车式刮泥机			
数量	1台	设备功率	0.37kW
参数	单台宽 5.4m		
③污泥泵(潜水泵)			
数量	1台(库备1台)	设备功率	0.75kW
参数	流量 Q=5m³/h(12小时运行),扬程 15m		
④立式搅拌机			
数量	4台	设备功率	0.75kW
⑤静态混合器			
数量	1套	参数	直径 Φ300mm

5.8 厦门第二污水处理厂扩建工程

5.8.1 工程概况

厦门市第二污水处理厂位于厦门市本岛西堤外侧。一级处理工程规模为$21\times10^4m^3/d$，在建的污水处理能力为$7\times10^4m^3/d$。该厂已建有储泥池、脱水机房等污泥处理设施，污泥处理能力和已建$10\times10^4m^3/d$一级处理规模相匹配。

根据《厦门市本岛市政工程规划（综合）1995～2020年》中污水工程规划，将本岛排水区细分为五个区域，即西北部、东北部、西南部、东南部、本岛几何中心区域。西南部的规划建南岸污水厂（厦门市第一污水处理厂）、污水二厂（厦门市第二污水处理厂）和湖里污水处理厂。西南部排水区包括12个排水小区，它们是鹭江、鸿山、中山、湖滨南、火车站后、浦南、金鸡亭小区龙山山庄、槟榔、莲坂、狐尾山、仙岳。根据规划本岛中心区域内将有$20000m^3/d$污水西排，即松柏排水小区的污水纳入西南部排水区。因此南岸污水厂和污水二厂总的服务范围为上述13个排水小区，总面积为$2470hm^2$。上述服务范围内的南岸污水厂（厦门市第一污水处理厂）废除，并接纳湖里地区污水，将这两座污水处理厂的污水汇集至厦门市第二污水处理厂进行处理。扩大规模后的厦门市第二污水处理厂扩建工程，主要包括污水和污泥处理构筑物等厂内全部工程以及南岸污水厂（厦门市第一污水处理厂）的污水输送至二厂的污水泵站和管道工程。

5.8.2 污泥处理规模

根据该厂污水处理工艺，处理过程中产生的污泥量如表5-28所示。

表5-28 污泥量一览表

污泥类型	干污泥量/(kgSD/d)	湿污泥量/(m^3/d)	含水率/%
初沉污泥	30000	1200	97.5
剩余污泥	28000	930	97
小计	58000	2130	97.3

5.8.3 方案的论证和决策

根据污泥处理工艺，按其生产的污泥量和污泥性质，结合厦门市的自然环境及处置条件，污泥处置拟采用工地利用方式，因此污泥必须经过稳定处理。

5.8.3.1 污泥浓缩方案的比较

该厂在污水处理过程中产生的污泥，要进行厌氧中温消化，消化后进行机械脱水。在这个过程中，污泥需进行浓缩，一般有前浓缩和后浓缩两种浓缩形式。该工程将对两种污泥浓缩方案进行比较。

(1) 消化后浓缩方案　该方案为初沉污泥（含水率97.5%）以及经气浮浓缩池排出的剩余污泥（含水率97%）先进入均质池。均质后直接进入消化池，消化污泥经浓缩后进行机械脱水。

(2) 消化前浓缩方案　该方案为初沉污泥（含水率97.5%）以及经气浮浓缩池排出的剩余污泥（含水率97%）先进入均质池。均质后进入机械浓缩机进行浓缩，使污泥含水率降为95%，然后进入消化池，消化后污泥直接进行机械脱水。

（3）方案比较　两种消化污泥浓缩方案比较如表5-29所示。

表5-29　污泥浓缩工程量、投资比较

比较内容	消化后浓缩方案	消化前浓缩方案	比较内容	消化后浓缩方案	消化前浓缩方案
机械浓缩设计流量	相同	相同	污泥脱水机设计规模	相同	相同
均质池设计规模	相同	相同	运行成本	高	低
消化池体积	大	小	工程投资	高	低
污泥消化加热量	大	小			

综合上述两方案的比较结果，前浓缩方案具有较大的优越性，推荐前浓缩方案作为该厂的污泥处理方案。

5.8.3.2　污泥水处理工艺方案

（1）水量和水质　污泥处理过程中产生的污泥浓缩上清液、污泥消化上清液、污泥脱水的滤液等均称为污泥水。根据该工程污泥处置工艺方案，污泥处理过程中产生的污泥水有两种，污泥前浓缩上清液和消化污泥脱水的滤液，污泥水量如表5-30所示。

表5-30　污泥水量一览表

污泥水类型	流量/(m^3/d)
污泥前浓缩上清液	990
消化污泥脱水滤液	930
小计	1920

该工程产生两种污泥水，初沉污泥和剩余污泥经机械浓缩机浓缩，时间较短，有机污染物还未分解，污泥前浓缩上清液污染浓度较低，因此前浓缩污泥水直接排入厂内污水管。消化污泥脱水滤液的污染物浓度较高，污泥水水质主要指标如下：BOD_5＝1500mg/L；SS＝1000mg/L；NH_3-N＝600mg/L；TP＝10mg/L。

（2）污泥水处理工艺方案　由于污泥消化时间在20d以上，时间较长，消化污泥产生的污泥水污染物浓度较高，特别是污泥水中NH_3-N含量很高，直接进入污水处理部分将增加其处理负荷。为此，消化污泥脱水滤液需进行脱氮处理。

对NH_3-N含量较高的污泥水一般采用生物脱氮法或化学吹脱法两种，该工程就这两种工艺方案比较如下。

方案一：SBR活性污泥法。

设一座SBR池，分两格，消化污泥脱水滤液交替进入各格SBR池，利用生物的硝化和反硝化去除污泥水中的氨氮。SBR池工作周期为24～36h。上清液排入生物滤池前提升泵房。污泥进入污泥均质池。本方案需设置鼓风机房等。

方案二：化学吹脱法。

设一座污水调节池和一组空气吹脱塔，消化污泥脱水滤液先进入调节池，将污泥水的pH值调节到10～11，然后提升至吹脱塔，利用空气吹脱污泥水的氨氮。去除氨氮后的污泥水进入气浮池，和生物滤池排出的冲洗废水一起，经加药气浮进行泥水分离后，排入污水处理的提升泵房。

两种方案的技术经济比较如表5-31所示。经上述技术经济比较，方案一（SBR活性污泥法）虽然出水水质较好，运行管理较方便，但是工程投资和运行费用较高。

表 5-31 污泥水处理方案技术经济比较

比较内容	方案一（SBR 活性污泥法）	方案二（化学吹脱法）	比较内容	方案一（SBR 活性污泥法）	方案二（化学吹脱法）
工程投资/万元	380	185	BOD_5/(mg/L)	100	1500
运行费用	高	低	SS/(mg/L)	60	1000
运行管理	较方便	较复杂	NH_3-N/(mg/L)	60	90
占地面积	大	小	TP/(mg/L)	10	10
出水水质	较好	一般			

由于工程用地比较紧张，而处理污泥水目的仅在于冬季减轻污水处理部分氮的处理负荷，每年运行时间较少，经处理的污泥水仍将进入污水处理环节进行处理，对污泥水出水水质要求不严。因此推荐工程投资和运行费用低、占地面积小、对氨氮去除效率较高的化学吹脱法作为该工程污泥水处理工艺方案。去除氨氮后的污泥水进入气浮池，和生物滤池排出的冲洗废水一起，经加药气浮进一步去除 BOD_5、SS、TP 后，排入生物滤池前提升泵房。

5.8.3.3 污泥气综合利用

（1）污泥气量 污水处理后产生的污泥量为 58000kgDS/d。其中，可生化污泥 VSS 含量为 48%，消化池去除 VSS 量为 50%。污泥气产量按 950L/kg $VSS_{去除}$（约合 11.4m^3 气/m^3泥）计，污泥气量为 13200m^3/d。

（2）污泥气热量 污泥气中主要成分为甲烷（CH_4），约占 60%～65%，二氧化碳（CO_2）约占 30%～35%，其余 5%为 H_2、O_2、N、H_2S 等。污泥气中的热量主要由甲烷产生，如甲烷含量按 60%计。甲烷热值按 8550kcal/m^3 气计，则污泥气热量为 5130kcal/m^3气，等于 5.97kW/m^3 气（1kcal＝1.163W），扣除 10%损失后为 5.37kW/m^3，污泥气产生的热量为 13200m^3/d×5.37kW/m^3＝70880kW/d（2950kW/h）。

（3）污泥气综合利用方案的选择 污泥消化产生的污泥气有三种用途。首先应考虑用来作为污泥消化加热所需的能源，通过沼气锅炉产生的热水，由热交换器对消化池的生、熟污泥进行加热；其次可以用来带动沼气鼓风机；第三可以用来带动沼气发电机。污水厂产生的污泥气首先应满足第一种用途，在第一种用途利用后有多余的情况下，对第二、第三种用途应进行技术可靠性、经济合理性、操作方便和实施可行进行综合比较后确定，污泥气综合利用比较如表 5-32 所示。

表 5-32 污泥气综合利用比较

比较项目	污泥气发电	污泥气带动鼓风机
能量利用率	热能—机械能—电能，能量多次转换，能量利用率低	热能—机械能，能量转换少，能量利用率高
用途的广泛性	发电后使用场所多，面广	只能带动单一设备
实施的可能性	发电后使用设备增加较多，运行复杂，实施可能性较差	带动单一设备，运行简单，实施可能性较强

通过表中比较可以看出，沼气发动机带动鼓风机具有较多优点，所以推荐采用污泥气带动鼓风机的综合利用方案。

5.8.4 污泥处理工艺流程

厦门污水处理二厂扩建工程的污泥处理设施如图 5-21 所示。

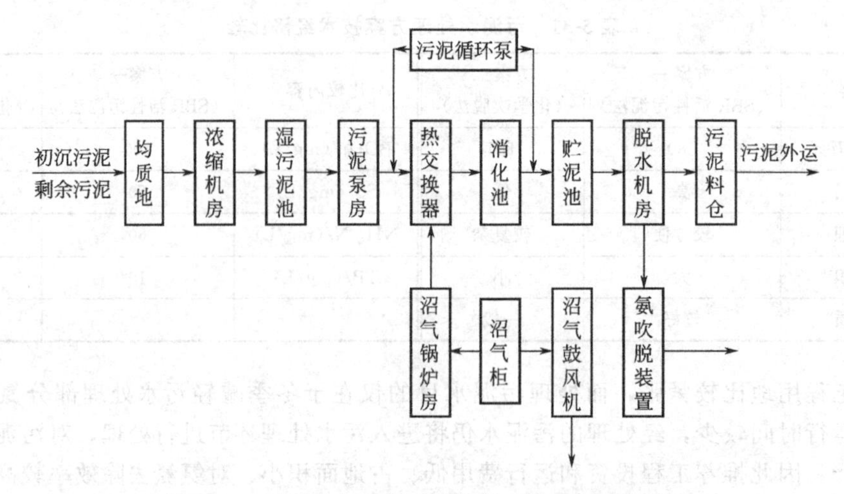

图 5-21 厦门污水处理二厂扩建工程污泥处理设施

5.8.5 工程设计

(1) 污泥均质池 该工程污水处理工艺中产生的污泥来自初沉池和气浮池，两种池子排泥方式和污泥性质不同，初沉池污泥采用间接排泥，污泥浓缩机房工作时间为 20h，因此设置均质池起到均质和调蓄作用。污泥均质池主要技术参数如表 5-33 所示。

表 5-33 污泥均质池的主要技术参数

数量	1座	污泥停留时间	15.9h
尺寸	分为 3 格，每格平面尺寸为 10m×10m，有效水深为 4.7m	潜水搅拌器	2台

(2) 污泥浓缩机房 污泥浓缩机房进泥含水率为 97.3%，浓缩后污泥含水率为 95%。污泥量为 1160m³/d。污泥浓缩机房设有 2 套絮凝剂制备及投加系统，絮凝剂投加量为 0.1%～0.2%。污泥浓缩机房主要技术参数见表 5-34。

表 5-34 污泥浓缩机房的主要技术参数

进泥含水率	97.3%	机房平面尺寸	18.48m×15.48m
浓缩后污泥含水率	95%	螺压浓缩机	2台(1用1备)
絮凝剂投加量	0.1%～0.2%	单台螺压浓缩机	处理能力 108m³/h

(3) 湿污泥池 污泥浓缩机房的出泥进入湿污泥池。湿污泥池主要技术参数见表 5-35。

表 5-35 湿污泥池的主要技术参数

数量	1座	贮泥时间	12h
有效面积	分为 3 格，每格有效容积为 570m³		

(4) 污泥消化池及操作楼 污泥经浓缩后，进入蛋形消化池的污泥含水率为 95%，污泥量为 1169m³/d。污泥消化池的主要技术参数见表 5-36。

表 5-36　污泥消化池的主要技术参数

进泥含水率	95%	进泥泵参数	流量为 $16m^3/h$，扬程 40m，单泵功率 7.5kW
污泥量	$1160m^3/d$		
消化池数量	3 座	循环污泥泵台数	6 台
尺寸	垂直净高 40m，最大直径 22m	循环污泥泵参数	流量为 $80m^3/h$，扬程 20m，单泵功率 15kW
单池有效容积	$8120m^3$		
污泥停留时间	21d	套管式热交换器	3 组，单根管长为 6m
工作温度	33～35℃	热水循环泵台数	4 台(3 用 1 备)
搅拌	螺旋桨搅拌，并采用导流筒导流	热水循环泵参数	流量为 $25m^3/h$，扬程 15m，单泵功率 3.0kW
进泥泵台数	6 台		

(5) 沼气鼓风机及沼气锅炉房　为节约经常运行费，将污泥消化产生的污泥气，通过沼气发动机带动鼓风机。主要技术参数见表 5-37。

表 5-37　沼气鼓风机及沼气锅炉参数

鼓风机数量	3 台	热水型沼气锅炉数量	3 台
鼓风机参数	单台鼓风机空气量为 $13400m^3/min$，风压 85000Pa	沼气锅炉参数	产热量为 640kW

(6) 脱硫塔　采用干法脱硫，反应剂为 $Fe(OH)_3$，在脱硫器内发生 $Fe(OH)_3$ 与沼气中 H_2S 的脱硫反应，反应物 Fe_2S_3 在鼓风供氧条件下进行再生。脱硫器一座两室，分别是脱硫室与再生室。在脱硫室 Fe_2S_3 外取再生期间，粗滤后的沼气直接旁通入气柜。脱硫后沼气供沼气锅炉和沼气鼓风机使用。脱硫塔主要技术参数如下：数量为 1 套；脱硫能力为 $850m^3$ 沼气/h。

(7) 沼气柜　沼气柜外壁为钢筋混凝土结构，内置全封闭自撑式薄膜气囊。沼气柜主要技术参数见表 5-38。

表 5-38　沼气柜主要技术参数

数量	2 座	贮气时间	7.5h
总容积	$4000m^3$	尺寸柜体	直径 $D=14.6m$，气囊直径 $D=13.6m$

(8) 沼气燃烧塔　为消耗过剩沼气，设置一座可调范围为 60%～90%的沼气燃烧塔。沼气燃烧塔主要技术参数如下：数量为 1 座；耗气量为 $600m^3/h$。

(9) 贮泥池　贮泥池为已建。贮泥池主要技术参数如下：数量为 1 座；贮泥时间为 9.5h；2 格，每格平面尺寸为 9m×9m，池内有效水深为 2.8m 。

(10) 污泥脱水机房及污泥堆棚　污泥脱水机房及污泥堆棚为已建，污泥脱水机房平面尺寸为 14m×27m，污泥堆棚平面尺寸为 21m×21m，高为 4.50m。脱水机进泥含水率为 96.2%，污泥量为 $1160m^3/d$。脱水后污泥含水率为 75%，污泥量为 $175m^3/d$。污泥脱水机房及污泥堆棚主要技术参数见表 5-39。

表 5-39 污泥脱水机房及污泥堆棚主要技术参数

进泥量	1160m³/d	无轴螺旋输送机	1台
含水率	96.2%	无轴螺旋输送机参数	输送能力 $Q=8m^3/h$，长度 14m，功率 3.0kW
出泥量	175m³/d		
含水率	75%	垂直斗式提升机	1台
离心脱水机	3台(2用1备)	垂直斗式提升机参数	输送能力 8m³/h，垂直高度 12m，单机功率 11.0kW
单台脱水机处理能力	25m³/h		
工作时间	24h		
碱贮罐	2只	污泥料仓	2套
碱投加装置	2套，用于污泥水氨吹脱装置调节池内的 pH 调节	体积	200m³

(11) 污泥水氨吹脱装置　消化污泥脱水滤液先进入调节池，在调节池内先将污泥水 pH 调节到 10～11，然后提升至吹脱塔，利用空气吹脱污泥水中的氨氮。去除氨氮后的污泥水进入气浮池，和生物滤池排出的冲洗废水一起，经加药气浮后，排入生物滤池前提升泵房。污泥水氨吹脱装置主要技术参数见表 5-40。

表 5-40 污泥水氨吹脱主要技术参数

污水调节池	1座	吹脱塔	6座
调节池尺寸	2格，每格平面尺寸为 7m×3m	吹脱塔尺寸	直径 1200mm，高 3500mm
		单塔处理能力	5～7m³/h

5.9 青岛市麦岛污水处理厂扩建工程

5.9.1 工程概况

麦岛污水处理厂位于青岛市崂山区大麦岛村，污水处理厂预处理工程设计规模为 $10\times10^4m^3/d$，污水仅经过处理后直接深海排放，预处理工程占地 1.71hm²，于 1999 年 12 月 31 日建成投产。扩建工程用地在一期工程南侧和东侧，其中东侧部分是麦岛村渔民停泊渔船的船坞；其余部分东侧为麦岛村渔民的私人住宅及少量商贸建筑；北侧为东海路。

麦岛污水处理厂一期工程占地面积 1.71hm²，扩建工程在原厂址的基础上，向东征地约 132m，向南围海造地约 30m，扩建工程征地面积为 2.83hm²（工程用地 1.65hm²，预留用地 0.43hm²，规划控制用地 0.75hm²），其中征地拆迁用地面积 1.89hm²，围海造地面积 0.94hm²。征地范围内目前主要是麦岛村村民的住宅。

5.9.2 污泥处理规模

根据污水处理采用物化＋BIOSTYR 滤池处理工艺，污水厂规模扩建至 $14\times10^4m^3/d$。污水厂处理污水对象为城市污水，产生的污泥为二级污水厂的初沉污泥、剩余污泥和化学除磷的化学污泥，总泥量约为 53473kgSS/d。

5.9.3 污泥处理工艺流程

污泥处理工艺流程见图 5-22。

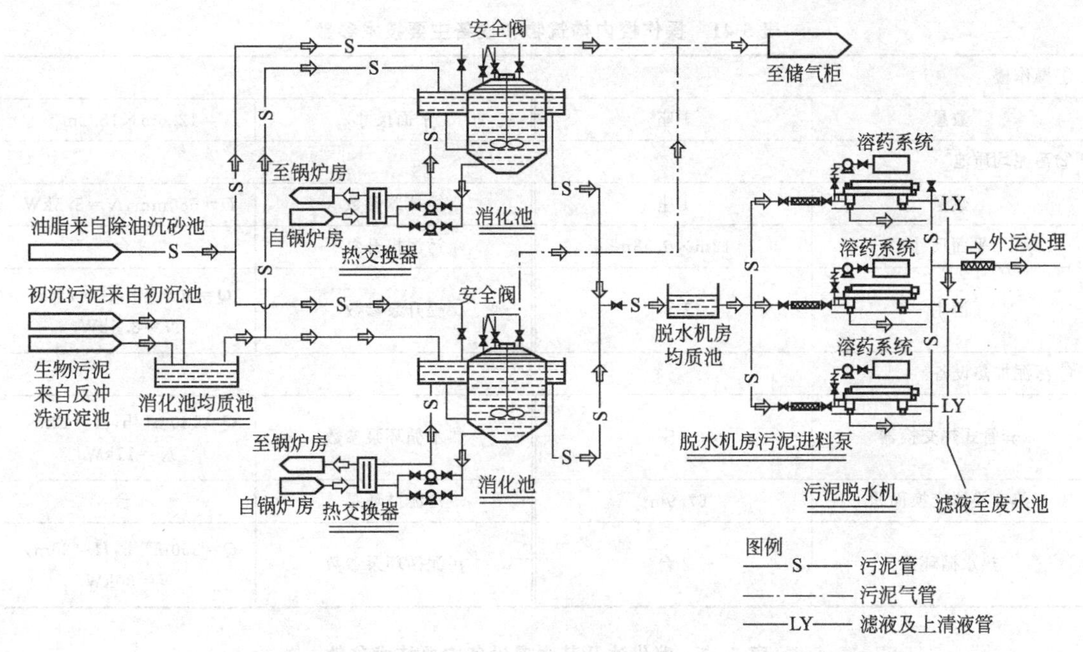

图 5-22 污泥处理工艺流程

5.9.4 工艺设计

该工程污泥由 3 部分组成，自 MULTIFLO-300 初沉池污泥、自 MULTIFLO-300 反冲洗沉淀池的生物污泥、自细格栅及除油沉砂池的油脂，前两部分污泥分别通过污泥泵提升后进入操作楼的污泥均质池，经均质后的污泥进入污泥消化池，油脂直接进入污泥消化池，污泥经消化稳定后排入污泥脱水间的污泥贮池，然后进行机械脱水处理，脱水后的污泥外运处置。

（1）操作楼　该工程操作楼共 1 座，位于两座消化池之间，顶部通过走道与消化池相接。由于初沉污泥和生物污泥来自不同的构筑物，均为间歇排泥，而且污泥性质不同，因此在操作楼底部设有污泥均质池，起到均质和调蓄作用。池内安装潜水搅拌器用于污泥混合均质，均质后的污泥由 3 台污泥提升泵提升至两座消化池进泥井。

为了保证消化池内温度恒定在 35℃，需要向消化池补充一定的热量来加热进入消化池的生污泥和补偿消化池的热量损失。这就需要对消化池的污泥再加热，在操作楼内设置 2 套热交换器，热交换器中污泥与污水逆向传热，热水由 2 台热水循环泵提升至热交换器，循环污泥来自消化池底部，通过 4 台污泥循环泵（2 用 2 备）提升至热交换器，经过水泥热交换后进入消化池进泥井。操作楼内构筑物和设备主要技术参数见表 5-41。

（2）消化池　来自细格栅及除油沉砂池的油脂和来自操作楼的均质污泥、循环污泥合并进入消化池进泥井，混合后进入消化池的底部。每座消化池设 1 套搅拌器对污泥搅拌，采用导流筒导流。池顶设螺旋桨提升或加压，使池内污泥在筒内上升或下降，形成循环，以达到污泥混合目的。搅拌器电机为户外防爆型，能正反向转动。池顶部设污泥气密封罐、污泥气室、观察窗等装置。在消化池底部和顶部设有出泥管至出泥井，分别由液压套筒阀控制消化池出泥。出泥井有两格，一格装有出泥管接至污泥脱水间的均质池，另一格装有上清液排放管接至污泥脱水间的废水池。消化池产生的污泥气通过池顶污泥气管汇集后沿消化池进泥井下行接入储气柜。消化池及其附属设备主要技术参数见表 5-42。

表 5-41 操作楼内构筑物和设备主要技术参数

①操作楼			
数量	1座	平面尺寸	12.6m×18.1m
②污泥均质池			
数量	1座	搅拌器参数	D=580mm,N=5.5kW
平面尺寸	12m×6.58m	污泥提升泵	3台
潜水	1套	提升泵参数	Q=30m³/h,H=25m,N=8.5kW
③污泥加热设备			
套管式热交换器	2座	热水循环泵参数	Q=130m³/h,H=12m,N=11kW
热交换器交换面积	67.9m³	污泥循环泵	4台
热水循环泵	2台	污泥循环泵参数	Q=350m³/h,H=30m,N=30kW

表 5-42 消化池及其附属设备主要技术参数

消化池进泥量	53473kgSS/d	消化池内温度	(35±2)℃
污泥中可挥发成分	60%～65%	消化池进口污泥温度	12℃
污泥浓度	40～47g/L	污泥再加热需热量	1355kW
消化后污泥量	36451～38238kgSS/d	池体散热量	190kW
污泥中可挥发成分	45%～49%	热交换器热水进口温度	70℃
污泥浓度	30～34g/L	热交换器热水出口温度	65℃
可挥发成分去除率	47%～49%	热交换器污泥进口温度	35℃
数量	2套	热交换器污泥出口温度	37.5℃
直径	29.3m	热交换器数量	2套
有效体积	12700m³	热交换器交换表面积	67.9m²
最小停留时间	20d	循环污泥量	700m³/h
平均绝热系数	0.77(－5℃)W/(m²·K)	循环热水量	260m³/h

(3) 储气柜 该工程储气柜为1座，对污泥气产气量进行调节，使污泥气发电系统能正常连续运行。储气柜为双膜结构，体积为 2500 m³，停留时间为 3.3h。污泥气优先用于污泥气发电机发电，过剩的污泥气将通过燃烧器烧掉。储气柜主要技术参数见表 5-43。

表 5-43 储气柜主要技术参数

储气柜数量	1座	储存时间	3.3h
储气柜体积	2500m³	冬天污泥气燃烧量	2351m³/d
冬大污泥气产量	18095m³/d	夏大污泥气燃烧量	1236m³/d
夏天污泥气产量	16980m³/d	污泥气净户热值	5520kcal/m³
污泥气发电机消耗量	15744m³/d		

(4) 发电机房/锅炉房 污泥消化过程中产生的污泥气优先用于发电，并提供热能用于污泥加热，污泥气锅炉备用。该工程发电机房/锅炉房为1座，发动机房包括两套发电机组，每套污泥气发电机备有一套热回收单元，包括冷却水回路和尾气回路。发电机组的主要燃料是污泥消化产生的污泥气。发电机房（2台运行）将为热交换器的进口端提供2032kW的热功率，能够满足消化池污泥加热所需的最大需热量，多余热能由发动机组自带的冷却器去除。

由于该工程在初沉池和反冲洗沉淀池中加入$FeCl_3$作为混凝剂，可以有效减少消化产生的污泥气中H_2S的含量，污泥气可以不用脱硫。发电机房/锅炉房主要技术参数见表5-44。

表5-44 发电机房/锅炉房主要技术参数

污泥再加热需热量	1355kW	润滑油回收热量	188kW
池体散热量	190kW	尾气回收热量	1058kW
总需热量	1545kW	流量	2×43.7m³/h
污泥气发电机数量	2台	进口温度	70℃
总污泥气消耗量	15744m³/d	出水温度	90℃
总最大能量输入(污泥气)	4211kW	沼气/油热水锅炉数量	2台
总最大电力输出	1672kW	锅炉效率	89%
总最大热量输出	2032kW	供热量	1736kW
夹套水回收热量	560kW	污泥气需要量	6490m³/d
内冷却器回收热量	226kW		

(5) 燃烧塔 该工程消化过程产生污泥气主要用于发电，发电之后剩余的污泥气量为1236～2181m³/d，为消耗过剩沼气，设置1座污泥气燃烧塔，耗气量为700m³/h。

(6) 污泥脱水间 该工程污泥脱水间共1座。经过消化稳定、减量化后的污泥，通过排泥管进入污泥脱水间的储泥池，池内安装2套潜水搅拌器用于污泥搅拌，污泥经过短暂停留后由3台污泥进泥泵提升至离心脱水机脱水，离心脱水机共3台，每天工作时间为22h。脱水后污泥含固率大于22%，污泥量为166m³/d。

为了提高污泥脱水设备的效率，污泥脱水土程中需要投加阳离子高分子絮凝剂，注入离心脱水机中用以改变污泥内部的凝聚力，降低胶团的稳定性，并加大污泥颗粒的尺寸及污泥的憎水性能以利于脱水。污泥脱水间设置2套絮凝剂制备装置，通过3台容积式絮凝剂加药泵（2用1备，$Q=2.3m^3/h$，$H=15m$，$N=0.5kW$）将药剂注入到离心机的进口管线。

提升后的污泥通过2台螺旋输送机输送至5个污泥贮斗中临时贮存，再外运处置。污泥脱水液和消化池的上清液储存在废水池中，通过2台废液泵（1用1备，$Q=60m^3/h$，$H=15m$，$N=5.5kW$）提升至初沉池处理。

储泥池和污泥脱水间主要技术参数见表5-45。

表5-45 储泥池和污泥脱水间的主要技术参数

潜水搅拌器	2套	污泥量	38238(26℃)
潜水搅拌器参数	$D=368mm$,$N=2.5kW$	离心脱水机使用数量	2
污泥进泥泵	3台(2用1备)	单台输入能力	830kgDS/h
进泥泵参数	$Q=15$、$40m^3/h$,$H=20m$, $N=4.0kW$	单台输入流量	30m³/h
污泥产量	174m³/d	平均工作时间	22h/d
聚合物投加量	279kg/d	聚合物流量	101m³/d
聚合物浓度	3g/L	脱水污泥期望含固率	22%

5.10 上海市月浦水厂污泥处理工程

5.10.1 工程概况

上海月浦水厂污泥处理工程所涉及的设计范围为：在场外就近预留空地处实施全厂排泥水处理工程，包括月浦水厂现有沉淀池的排泥水及滤池的反冲洗废水的收集、浓缩、调质缓冲、污泥脱水及脱水干污泥外运处置在内的整个排泥水处理系统，并在平面布置上结合水厂远期净水工艺的发展要求统一规划，以及进行以上实施内容的工程概算。

5.10.2 污泥处理规模

① 月浦水厂的最大生产规模按 $40\times10^4 m^3/d$ 计。

② 月浦水厂沉淀池的最高日排泥水总量为 $11600m^3$，滤池的冲洗废水最高日总量为 $6260m^3$，月浦水厂的生产废水排水最高日总量为 $17860m^3$。

③ 排泥水的正常设计干泥量为 18t/d，排泥水最高日平均干泥量为 29.86t/d。

5.10.3 方案的论证和决策

机械脱水设备在排泥水处理系统中占投资的比例相对较高，而且脱水时的加药与否和泥饼的含固率也是决定运行成本高低的最主要因素，并且还涉及脱水设备的滤出液是否可回用以及泥饼的综合利用价值。

在对机械脱水设备的进一步调研过程中了解到国外尚有新型的滤布行走式板框压滤机在传统式板框压滤机基础上进行了优化。传统式压滤脱水机勾片装置易偏移，造成滤板倾斜，甚至脱落；进料泵压力很大，振动剧烈，容易造成接头和螺丝松动，污泥喷出；滤布易附着干污泥，滤板因闭合不紧，致污泥喷出；清洗水压太大，水雾四溅，这些都容易造成环境污染。滤布行走式压滤脱水机对传统式压滤脱水机可能的故障因素进行了改良和完善，而且此类压滤机可以在不加药剂的情况下，获得含固率很高的泥饼，由于没有加药，泥饼和滤出液不含 PAM 单体，其综合利用的价值相对较高。脱水设备滤出液的 SS 含量很低，可满足回用要求。不加药泥饼可改良成园艺用土。

月浦水厂排泥水处理系统对脱水设备的处理要求为：进泥含固率为 3%，设计处理干泥量为 18t/d，脱水机一天工作 12h，脱水污泥含固率≥30%。按此要求选用基本为同档次的进口板框压滤机与离心脱水机进行比较，如表 5-46 所示。

表 5-46 板框压滤机与离心脱水机比较

序号	比较项目	离心脱水机	(行车式)板框压滤机
1	脱水设备部分配置	进泥螺杆泵(2套)、离心脱水机(2套)、污泥切割器(2套)、螺旋输送器(2套)、控制系统等	进泥离心泵(2套)、板框压滤机(2套)、滤布清洗泵(2套)、空压机(3套)、冷干机(2套)、螺旋输送器(4套)、控制及其他设备必备的套配设备
2	进泥含固要求	3%	2%～3%
3	脱水污泥含固浓度	>30%	>50%
4	运行状态	连续式	批式
5	操作环境	封闭	基本封闭

续表

序号	比较项目	离心脱水机	(行车式)板框压滤机
6	脱水设备占地	紧凑(13.5m×10m,1层)	较大(25m×30m,2层)
7	冲洗水量	较少(不可回用于生产)	83.2m³/d(可回用于生产)
8	实际设备运行需调换磨损件	导流输送器	滤布(寿命280d)
9	噪声	<89dB	<85dB
10	是否加PAM设备	需	不需
11	滤出液利用价值	只可排放	可回用于生产
12	从进泥至泥的脱水设备系统设备费用(包括所需的加药设备)	379万(人民币)	1261万(人民币)

按月浦水厂排泥系统处理工况要求，离心脱水机及滤布行走式板框压滤机的工作程序如下（离心脱水机（2套）每日连续运行12h）：

螺杆泵进泥→离心机→螺旋输送器→至污泥库

加PAM

板框压滤机2套，批式运行每日共12h，每批次工作时间为40min，其中进料时间15min，压榨时间为15min，其他运行时间10min。操作循环为：

滤板闭合→污泥进料→挤压→中芯清洗吹干→隔膜水排出→滴水盘开启→滤板开启→泥饼排出→滴水盘关闭→滤布清洗→滤板闭合等步骤

按设备配置要求对行走式板框压滤机及离心脱水机进行设备费用及运行费用综合比较见表5-47。

表5-47 设备费用及运行费用综合比较 单位：万元

序号	项目名称	离心脱水机	板框压滤机
1	工程费用		
	土建部分费用	20	150
	成套设备费用	379	1261
	安装费用	18	41
	小计	417	1451
2	运行费用		
	动力费用	29	19
	加药费用	41	0
	污泥处置费	153	92
	小计	223	111
3	年营运费用贴现值	1641	814
	($T=6\%$, $n=10$年)		
	折现值	2059	2265

由以上详细比较分析可以看出，滤布行走式板框压滤机脱水过程中无需加药，相应可省略加药设备费用及日常运行的药剂费用，虽设备配电功率较大，但设备在每批次中的运行时间较短，因此动力费用较低脱水污泥的含固浓度较高，

相应节省了污泥外运处置费用，且脱水污泥中未加PAM药剂，相对来讲污泥的利用价

值更高些，较为环保，滤出液中不含 PAM，可直接回用于生产，节约了水资源。但配置的设备费用较离心机高得多，且占地面积较大，本身设备重量较重，相应建筑物结构需特殊处理，经过设备费用及运行费用按 10 年折现值比较，离心脱水机方案为 2059 万元，滤布行走式板框压滤机方案为 2265 万元，按 10 年折现值板框压滤机比离心脱水机大，因此，在满足月浦水厂排泥水系统处理目标要求的情况下，经过进一步比较分析，机械脱水设备考虑采用离心脱水机的方案仍较为合适。

5.10.4 污泥处理工艺流程

月浦水厂污泥处理系统设置调节池 2 座，浓缩池 2 座，预浓缩池 1 座（叠合在 2# 调节池上），污泥平衡池 1 座（叠合在 1# 调节池上），1#、2# 辅助泵房各 1 座，脱水机房包括加药间、配电、控制等。污泥处理系统场地四周道路与厂内现有道路进行衔接，排泥水处理系统的雨水及浓缩池上清液、脱水机分离水达标后排入水厂雨水系统，汇总至原有废水池，由泵排至厂外练祈河中，水厂原有生产废水排放系统管线将作调整。滤池及冲洗废水设一路排水管线集中收集至 2# 调节池，沉淀池排泥水另设一路排水管线集中收集自流至 1# 调节池。原北区生产区的雨水将单独沿原有雨水管线自流至厂内原有废水池。原废水池功能调整为雨水池功能。排泥水处理系统设置独立的生产管线、给水管线及加药管线等，部分与原有管线联通。排泥水处理系统及远期规划深度处理系统总占地为 $39hm^2$，其中排泥水处理系统占地约 $15hm^2$。

污泥处理系统流程示意如图 5-23 所示。

排泥水调节池 → 预浓缩池 → 浓缩池 → 污泥均衡池 → 脱水机房

图 5-23 月浦水厂污泥处理系统工艺流程

5.10.5 工程设计

（1）排泥水调节池 排泥水调节池设 2 座，由沉淀池虹吸式吸泥机吸出的泥水重力汇流至排泥水处理系统设置的 1# 调节池，滤池及冲洗废水靠重力流汇集至泥水处理系统设置的 2# 调节池。

排泥水调节池主要技术参数见表 5-48。

表 5-48 污泥处理设备主要技术参数

项目	有效容积/m^3	有效水深/m	平面尺寸/m	设计上升流速/(mm/s)
1# 调节池	3000	3.5	28.9×31.05	
2# 调节池	3000	3.5	28.9×19.05	
预浓缩池		6.0	8.3×9.3	2
浓缩池		6.0	16.3×15.3	0.5
污泥均衡池	300	3.0	7.6×15.6	

（2）预浓缩池 设预浓缩池 1 座，采用钢筋混凝土结构，预浓缩池设计上升流速为 2mm/s。预浓缩池上部设置不锈钢斜板，斜板长为 2.7m，倾角为 60°，间距为 60mm，下部设置中心传动刮泥机，刮泥机直径 7.6m，配电功率为 0.8kW。预浓缩池上清液考虑与浓缩池上清液一并回用至净水制水系统的原水进水管，当上清液水质不适宜回用时，也可排放至就近雨水管道。

预浓缩池主要技术参数见表 5-48。

(3) 浓缩池 设置浓缩池两座合并建造，采用钢筋混凝土结构，浓缩池设计上升流速为0.5mm/s。浓缩池上部设置不锈钢斜板，斜板长为2.7m，倾角为60°，间距为60mm，下部设置中心传动刮泥机，刮泥机直径为14.0m，配电功率为1.5kW。浓缩池上清液考虑与预浓缩池上清液一并回用至净水制水系统的原水进水管，当上清液不适宜回用时，也可排放至就近雨水管道。浓缩池下部含固率3%以上的浓缩污泥由设置于1#辅助泵房内的螺杆泵送至污泥平衡池。

浓缩池主要技术参数见表5-48。

(4) 污泥均衡池 设置污泥均衡池1座，池深3.5m，叠合于1#调节池池顶中部，用于均匀浓缩污泥，为钢筋混凝土结构。污泥均衡池进水采用过堰入池方式，均衡池设置潜水搅拌机1套，配电功率为3.3kW，并设置排泥管将浓缩污泥重力输送至设置于污泥均衡池旁的辅助泵房。

5.11 杭州市祥符水厂污泥处理工程

5.11.1 工程概况

祥符水厂位于杭州西北部地区祥符桥北，水厂建于1958年，最初的供水规模为$5.0\times10^4m^3/d$，原水取自西塘河。经对制水系统的新建和扩建，目前祥符水厂的制水能力为$25\times10^4m^3/d$。祥符水厂主要担负着杭州西北地区的工业用水及30万居民的生活用水。

祥符水厂经二次扩建后，生产废水量较大，在水厂正常生产运行过程中所产生的生产废水约为$6000m^3/d$。直接排放对周围环境以及正常农业生产造成较大的影响，为此在1997年水厂实施了对排泥水系统的改造。将滤池的冲洗废水进行回用，大幅度地减少了水厂的排泥水量，并且在罗大洋鱼塘旧址处建设了4座容积为$1\times10^4m^3$的贮泥池，其占地面积为40余平方公顷。祥符水厂对所有沉淀池的排泥水进行厂内汇集，然后由泵提升至贮泥池进行自然沉淀，上清液排入附近的河道，据此，尚可维持水池的正常运行。

鉴于贮泥池体积有限，且罗大洋贮泥池用地系租用陆家圩村土地，根据租用协议，至2001年年底，其租用期限将满，土地须予以归还，届时，祥符水厂排放污泥水将无法处置排放，为此势必对正常生产带来极大的影响，甚至将会造成水厂停役。这是水厂目前面临的非常紧迫的问题，迅速彻底地解决祥符水厂的排泥水的处理问题已是迫在眉睫。

5.11.2 污泥处理规模

污泥量的拟定是确定工程规模的重要依据，排泥水中所产生的干泥量与原水的悬浮固体含量，原水色度及投加的混凝剂品种、投药量有关。经过对不同浊度的祥符水厂原水的悬浮固体的多次实测分析确定原水悬浮固体含量SS与浊度NTU比例为1.5∶1。通过对原水浊度、色度、加药量的统计分析，确定原水浊度计算取值为12.5NTU，色度计算取值为19，加药量计算取值为25mg/L，根据水厂的生产规模从而计算确定祥符水厂的计算干泥量为7t/d。

5.11.3 方案的论证和决策

(1) 脱水机械的选择 就机械脱水设备的选用来看，石家庄润石水厂排泥水处理系统机械脱水设备采用的是带式压滤机，北京市第九水厂及深圳市梅林水厂排泥水处理系统机械脱水设备采用的是板框压滤机，上海市闵行水厂一车间排泥处理系统中机械脱水设备采用的是离心脱水机。

离心脱水机、板框压滤机、带式压滤机的比较如表 5-49 所示。

表 5-49 祥符水厂排泥水处理系统平面布置方案比较

序号	比较项目	离心脱水机	板框压滤机	带式压滤机
1	脱水设备部分配置	进泥螺杆泵、离心脱水机、卸料系统、控制系统	进泥泵、板框压滤机、冲洗水泵、空压系统、卸料系统、控制系统	进泥泵、带式压滤机、滤带清洗系统(包括泵)、卸料系统、控制系统
2	进泥含固率要求	23	1.53	35
3	脱水污泥含固浓度	25	30	20
4	运行状态	可连续运行	间歇式运行	可连续运行
5	操作环境	封闭式	开放式	开放式
6	脱水设备布置占地	紧凑	大	大
7	冲洗水量	很少	大	大
8	实际设备运行需调换磨损件	少量易损件	滤布	滤布
9	噪声	较大	进泥泵噪声较大,板框压滤机本身噪声较大	小
10	机械脱水设备部分设备费用(均以进口设备并按该工程的泥量要求计,不包括卸料系统)	38.0 万美元	53 万美元	22.5 万美元

祥符水厂污泥具有压密污泥含固率相对较低（2%～3%）以及污泥颗粒粒径较细，富含氢氧化物絮体等特点，通过以上分析表明，机械脱水设备中带式压滤机设备费用相对较低，但带式压滤机进泥要求在 3%以上甚至更大，且出泥含固浓度一般只能达到 20%，因此针对于祥符水厂污泥的特性，采用带式压滤机以期获得稳定的处理效果难度较大

板框压滤机对进泥浓度要求不高，一般为 1.5%～3%，脱水后出泥的污泥含固率较高可达 30%，但相对比较设备占地较大，设备安装基础要求较高，板框压滤机采用批式运行方式，且需配置辅助设备较多，操作程序相对复杂，需控制的环节多，相对其他两种机械脱水设备价格较贵，针对祥符水厂排泥处理系统布置要求紧凑，需留有规划深度处理的场地，系统处理泥量相对较小的特点，板框压滤机相对来说，经济性较差。而板框压滤机原国产的陈旧机型基本已淘汰，新型机型成熟生产厂家较少，目前污水处理行业中多数采用进口设备，因此设备选择余地较小。

离心脱水机能连续工作，进泥含固率要求 2%～3%，出泥含固率可达 25%以上，根据祥符水厂污泥特性，离心脱水机基本能满足处理要求，且系统配置简单，除主机外只有加药和进出料输送机械，脱水系统为全封闭式操作。车间环境清洁卫生，且随原水水质的变化，进泥量的变化，要达到处理要求可调环节较多，能全自动控制。对工艺和污泥变化能自动跟踪调节，可不设专人操作，便于系统管理。相对其他型式的脱水设备，冲洗水量相对较小，因此考虑祥符水厂污泥处理系统机械脱水设备采用离心脱水机较为合适。

(2) 有关脱水污泥处置及污泥处理系统对周围环境影响的考虑 祥符水厂污泥处理系统的平面布置推荐方案考虑将污泥处理系统集中布置在厂区预留空地中间道路的南侧，基本考虑将污泥处理系统与现有生产系统分开布置，以便集中管理，以及考虑在污泥处理系统日常

运行中脱水污泥的运输等不会给正常生产环境带来污染。

祥符水厂污泥处理的对象为沉淀池排泥水，经有关部门对祥符水厂沉淀池底泥进行化学分析，分析结果显示如表 5-50。

表 5-50 祥符水厂沉淀池底污泥的化学分析

项目	SiO_2	$Al_2O_3+TiO_2$	铁含量	烧失量	其他
沉淀池污泥组成/%	45.04	21.84	6.18	17.48	9.46

污泥成分中以原水中的泥土及投加的混凝剂产生物质居多，有机物所占比例相对较小，因此在污泥处理过程中及处理后的脱水污泥基本不会产生恶臭。对周围环境影响较小。

浙江省环境保护科学设计研究所针对祥符水厂污泥处理工程所提交的《建设项目环境保护影响报告》指出：通过对祥符水厂净水污泥进行重金属含量测定，结果显示其中 Pb 为 60.4mg/kg、Cd 为 0.139mg/kg、Cr 为 90.1mg/kg，As 为 9.99mg/kg。对照《土壤环境质量标准》(GB 15618—95)，Cd、Cr、As 符合一级标准（为保护区域自然生态，维持自然背景的土壤环境质量的限制值)。Pb 符合二级标准（为保障农业生产，维护人体健康的土壤限制值)。因此，祥符水厂污泥重金属指标是安全的。

根据可行性审批的意见，脱水污泥运至天子岭垃圾堆场作填埋，由以上污泥分析结果可以表明，祥符水厂处理后的非活性污泥，作为垃圾堆场填埋土不会对周围环境造成二次污染，对垃圾场生态恢复不会产生不良影响。

排泥水处理过程中，机械脱水后的分离水悬浮固体 SS 含量仍较高，将再回入排泥水系统进行处理，浓缩池中下部浓缩污泥将至机械脱水设备脱水，浓缩池中上清液排入水厂原有回用池与厂内滤池冲洗废水一并回用，考虑到分离水中某些物质的富集，当回用上清液不符合原水水质要求时则排入场内下水道。

根据杭州市环境保护局关于调整《杭州市地面水环境保护功能区划分方案》的报告，祥符水厂目前厂内排水最终是排入西塘河，西塘河祥符河段功能（新桥土坝以上至宦塘）属Ⅲ类水质集中式生活饮用水二级保护区。根据中华人民共和国国家标准《污水综合排放标准》(GB 8978—1996) 规定，排入 GB3838Ⅲ类水域（划定的保护区和游泳区除外）将执行一级标准，其中对于 1998 年 1 月 1 日后建立的单位，最高允许排放浓度规定悬浮物 (SS) 一级标准为 70mg/L（二级标准为 150mg/L)，祥符水厂污泥系统的浓缩池上清液在不符合原水水质标准而排放时，在运行过程中将确保 SS 不大于 70mg/L，在原水浊度突变的情况下，事故应急排放时 SS 浓度不大于 150mg/L。

5.11.4 污泥处理工艺流程

污泥处理系统流程如图 5-24 所示。

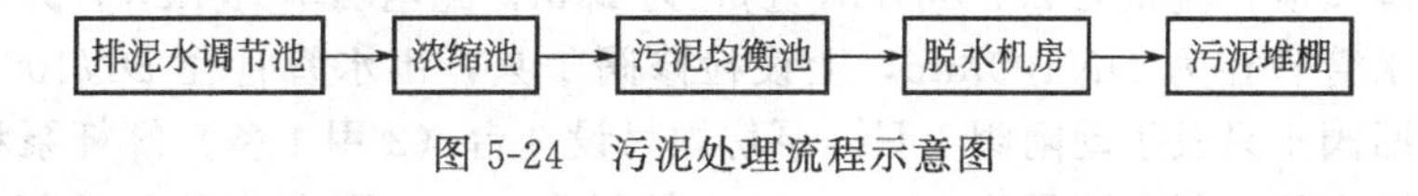

图 5-24 污泥处理流程示意图

5.11.5 工程设计

(1) 排泥水调节池 设置调节池（上叠调质池）1座，沉淀池排泥水由排泥槽汇集重力流至调节池。调节池进水端设置水下搅拌器 2 套（1用1备)，调节池另设置变频调速潜水泵 3 套（2用1备)，将调节池排泥水泵至浓缩池。

排泥水调节池主要技术参数如下。

① 排泥水调节池。有效容积 1200m^3；有效水深 4.0m；平面尺寸 26.8m×13.4m。

② 变频调速潜水泵。3 套（2 用 1 备）；流量为 100m^3/h，扬程 15m，配电功率为 11kW。

（2）污泥浓缩池　污泥池处理系统共设置污泥浓缩池 2 座，合并建造。污泥浓缩池上部设不锈钢斜板，斜板长为 1.0m，倾角为 60°，间距为 80mm，下部设置中心传动刮泥机，刮泥机直径为 7.6m，功率为 0.8kW。污泥浓缩池上部分离水由 4 根集水槽汇集，流入集水总渠，并由排水管排至厂内原有回用池回用至絮凝沉淀池前，当水质不符合原水水质要求时排入厂内雨水系统，再纳入西塘河。

浓缩污泥由排泥管重力输送至综合泵房。

浓缩池主要技术参数见表 5-51。

表 5-51　浓缩池主要技术参数

平面尺寸	8.5m×8.3m	设计负荷	10kg/(m^2·d)
池深	6.50m	设计停留时间	3.5h

（3）污泥调质池　污泥调质池设置 1 座，叠合于调节池池顶中部，用于均匀浓缩污泥，为钢筋混凝土结构。污泥调质池进水采用过堰入池方式，调质池设置水下搅拌器 2 套（1 用 1 备），每台配电功率为 4kW。调质池浓缩污泥采用 2 根排泥管，将浓缩污泥水重力输送至综合泵房。

污泥均质池主要技术参数见表 5-52。

表 5-52　污泥均质池主要技术参数

有效容积	300m^3	池深	3.8m
平面尺寸	13.4×9.2m	有效水深	3.0m

（4）PAM 投加系统　药剂采用阴离子型的固体粒状 PAM 高分子聚合物（粒径小于 2mm），浓缩池高分子 PAM 最大投加量为 0.5mg/L，污泥脱水前 PAM 最大投加量为 4kg/t 干泥，PAM 投配浓度为 0.2%～0.3%，在线稀释浓度为 0.01%。PAM 的标配及加注系统采用引进设备，集中设置在加药车间内，加药车间与脱水机房等合并建造。

PAM 投加系统主要技术参数见表 5-53。

表 5-53　PAM 投加系统主要技术参数

PAM 投配浓度	0.2%～0.3%	浓缩前最大加注量	0.5mg/L
在线稀释浓度	0.01%	脱水机前最大加注量	4kg/t 干泥

（5）综合泵房　综合泵房内设螺杆式输送泵 6 台，3 台（2 用 1 备）用于提升污泥浓缩池浓缩污泥至调质池，流量为 23.5m^3/h，扬程为 20m，配电功率为 4kW，并设置变频调速装置。水泵进水管管径为 *DN*100mm，上设检修阀 1 只，出水管管径 *DN*100mm，出水管上设同口径止回阀 1 只及手动闸阀 1 只。泵房内另设 3 台（2 用 1 备）螺杆泵将调质池浓缩污泥送至离心脱水机，每台流量为 14.3m^3/h，扬程为 20m，配电功率为 4kW，并设置变频调速装置。进水管管径 *DN*100mm，上设污泥切割器 1 套，配电功率为 5.5kW，并设同口径手动检修阀 1 只，出水管管径为 *DN*100mm，上设同口径止回阀及手动闸阀 1 只。

（6）脱水机房及污泥堆场　系统设置污泥离心脱水机 2 套，每套能力 10～14m^3/h。每套配电功率 30kW，系统另设置螺旋输送器 2 套，1 套水平输送，1 套倾斜输送。脱水机房内设集水池收集分离水，并重力流至调节池处理。

脱水污泥输送至污泥堆棚定期外运处置，污泥堆棚面积为120m^2。加药间、污泥脱水机房、综合泵房、低配及变压器室、控制室合并建造，总建筑面积为527m^2。

脱水机房主要技术参数如下：离心脱水机2套；单机脱水能力10～14m^3/h。

5.12 污泥处理处置新技术应用案例

5.12.1 基于厌氧消化技术的污泥处理处置方案

5.12.1.1 北京市高碑店污泥处理工程

北京市高碑店污泥处理工程为北京城市排水集团有限责任公司负责的“北京市高碑店污水处理厂污泥高级消化工程”和“高碑店再生水厂工程”两个工程项目的集成。其工艺方案为：污泥浓缩＋污泥预脱处理＋热水解＋厌氧消化＋污泥压滤脱水工艺。

该工程项目建设地点在高碑店污水处理厂厂内。高碑店污水处理厂规模为100万吨/日，目前正在进行提标改造工程的建设，未来将成为高碑店再生水厂。待高碑店再生水厂和本项目建成后，全厂污泥处理的工艺技术路线将是：剩余污泥和初沉污泥首先分别经过浓缩（其中初沉污泥浓缩前进行除砂），再混合进入预脱水机房，然后进入热水解系统。经过热水解处理后泥性发生改变；再进入原高碑店污水处理厂二期工程的消化池进行厌氧消化（全部采用一级消化），消化后的污泥采用压滤机进行污泥深度脱水，脱水出泥的含水率至60%以下。

污泥高级消化工艺系统主要由如下几大子系统组成：初沉和剩余污泥浓缩系统、剩余污泥预脱水及热解系统、污泥厌氧消化系统、污泥压滤脱水系统、沼气锅炉系统、臭气处理系统（包括一切可以产生臭气的气源及车间等的臭气处理）、沼液及滤液处理系统、现况脱水机房污泥输送及储存系统和冷却水系统。

工艺流程示意图见图5-25。

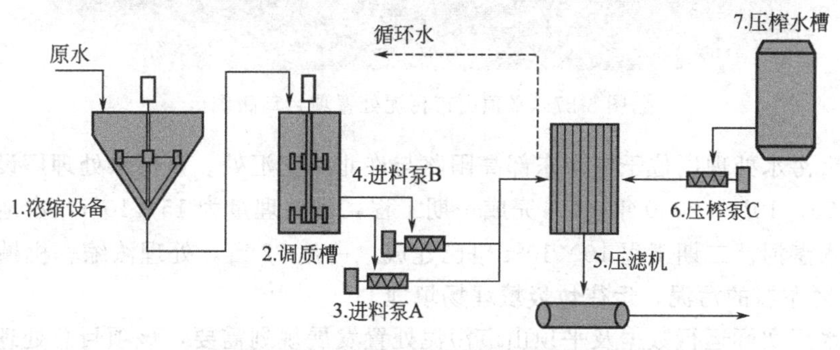

图5-25 高碑店污泥处理工艺流程

工况一（全部工程实施后）：正常工况时，经过热水解和中温厌氧消化处理的污泥（93%～95%含水率），pH值7～8，送入污泥缓冲池，经加药调质后，泵送入板框压滤机进行脱水。脱水污泥含水率不超过60%，pH值5.5～8.5，以满足污泥处置要求。

工况二（工程实施工况及事故工况）：污水处理厂水区的初沉和剩余污泥组成的混合污泥，其含水率为97%～98%，直接进入板框脱水机房。脱水污泥含水率不超过65%。

5.12.1.2 平顶山市污泥处置工程

平顶山市城市公用事业局及污水净化公司经过5年的考察调研，深入了解调查国内外先进的污泥处理处置技术，先后有中国、美国、日本、德国的多种污泥处理技术被确定为平顶山市污泥处理处置可选技术路线。经过BOT招标，最终实施方案采用艾尔旺“AAe高浓度中温生物厌氧消化处理＋Aae 阳光棚深度干化”工艺技术路线（见图 5-26）。图 5-27 为平顶山市污泥处置项目鸟瞰图。

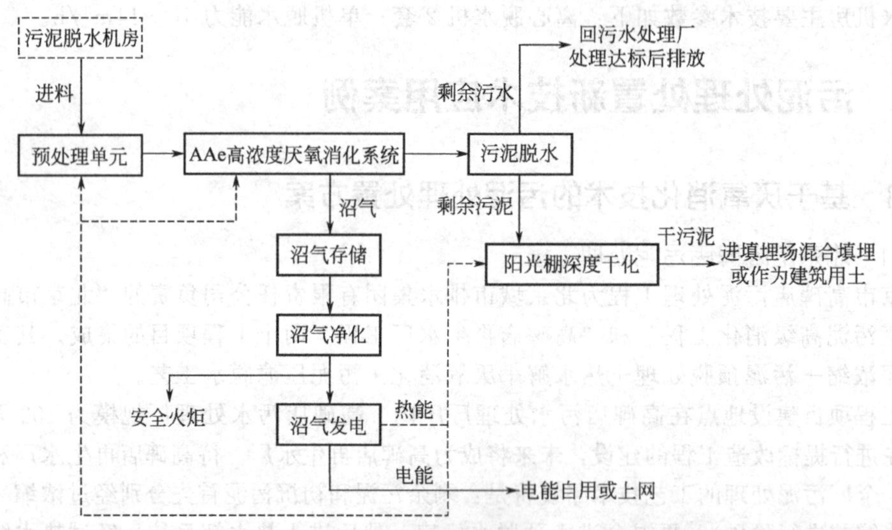

图 5-26 平顶山市污泥处置工艺流程

图 5-27 平顶山市污泥处置项目鸟瞰图

平顶山市污水处理厂位于城市东部高阳路与许北路交汇处。该污水处理厂设计总规模为日处理污水 25×10^4t，2000 年 12 月完成一期工程，日处理量为 15×10^4t，占地 178 亩，污水处理后排入湛河。二期工程 10×10^4t 也已建成，占地 92 亩，处理浓缩、机械脱水处理至含水率为 80%左右的污泥，运往垃圾填埋场填埋。

根据污水厂实际运行数据及平顶山市污泥处置发展规划需要，该项目总处理规模为日处理 220t/d 市政污泥（含水率按 80%），20t/d 环卫粪便（含水率按 90%）。同时预留将来接收平顶山市第二污水厂 5×10^4t/d 污水处理产生的污泥一并处理的土地及接口。

艾尔旺“AAe 高浓度中温生物厌氧消化技术在国内同类污泥处置项目中已建成有大型示范项目且成功运行 5 年以上，技术成熟可靠。同时该技术克服了国内传统厌氧消化装置占地大、搅拌不均匀、增温困难、消化不彻底、易沉砂淤积、易产生浮渣结盖、运行不稳定等一系列技术难题，具有占地面积小、投资强度小、运行费用低、消化彻底、运行稳定，产沼气效率高等诸多优势。

该技术可以在实现污泥无害化、减量化、稳定化处理的同时，实现资源化。将污泥中的有机物质转化为生物质新能源。项目建成后可实现每年减排污泥 54020t，年产生物气 388×10^4m^3，同时实现碳减排 40558t，具有突出的环境效益、经济效益和环境效益。

5.12.2 基于好氧发酵技术的污泥处理处置

5.12.2.1 上海市松江污水厂污泥处置工程

上海市松江污水厂污泥处理处置工程为上海市政府单一来源采购项目，建于松江污水厂厂内。工程规模日处理污泥120t，车间总建筑面积约10626.84m²，集混料、发酵、除臭、仓储、办公于一体。整个车间结构为二层，并对地下空间进行了充分利用：混料系统建于地下，便于卸料；参观通道、办公休息区域和除臭装置布置于发酵车间二层，方便管路的设置并保证了参观考察的视觉角度及参观环境，同时减少了占地面积；屋顶采用污泥发酵后的产品进行绿化，在厂内实现了污泥的资源化利用。工程于2011年开始建设，2012年4月1日投入运行，2012年底通过验收。该项目的工艺路线如图5-28所示。

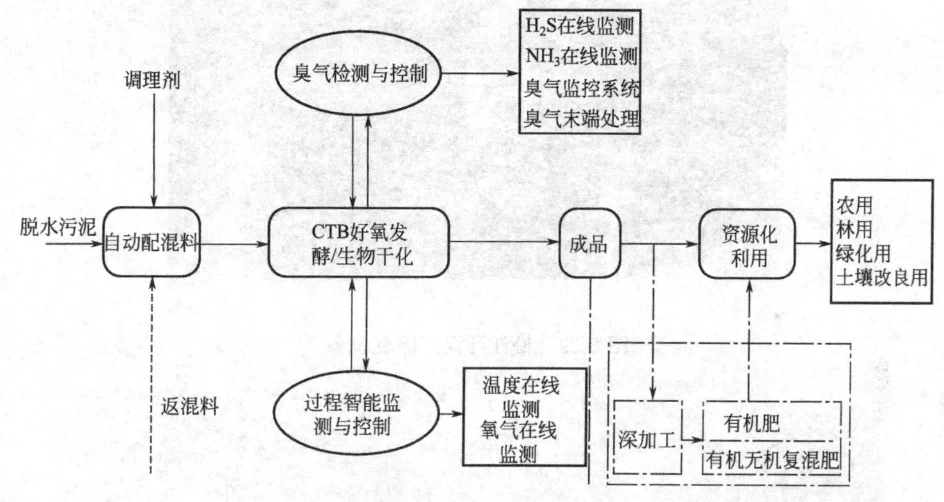

图5-28 上海市松江污水厂污泥处理工艺流程图

泵入厂区的脱水污泥与调理剂、返混料通过混料系统混匀后物料进入发酵槽；然后向堆体中插入温度、氧气在线监测探头，启动发酵程序，主发酵过程根据温度、氧气在线监控探头采集的数据经信号采集器输入计算机监控系统，实时反馈控制鼓风曝气的强度和时间；高温期结束后，由匀翻机进行翻堆，使不同部位的物料进一步混匀，消除发酵的死角区域，提高产品质量；发酵结束后，堆肥控制系统提示堆肥过程结束，部分发酵产品进入筛分系统进行筛分，筛上物作为返混料进入下一个循环，筛下物外运。为保障操作人员身体健康，发酵车间内安装有环境监测探头，在线监测厂内环境中氨气、硫化氢等有害气体浓度，当有害气体浓度达到预设危害浓度时，系统报警并开启除臭系统。

该项目特点主要有如下几点。

(1) 自控系统 采用好氧发酵专用温度监测探头、国际首创的专用氧气监测探头和智能控制好氧发酵系统，实现了好氧发酵稳定化处理的计算机自动测控硬、软件技术，使复杂的好氧发酵处理过程彻底“傻瓜化”，操作简单，可以实现无人值守和故障的自我诊断，同时可以保证工艺的高效、稳定运行，确保产品的质量稳定并满足相关行业标准。

(2) 曝气系统 采用独特的自动控制曝气系统，保证发酵堆体布气的均匀性，曝气孔形状防堵塞设计（自主专利产品），避免传统发酵过程堆体出现短期厌氧或局部厌氧问题，降低了在发酵过程中物料中的硫被还原的概率，因此显著抑制H_2S、硫醇等恶臭气体的产生。

(3) 结构布局 松江污泥项目将除臭装置置于建筑物二层，大幅度节省了占地面积；车间发酵区域顶部采用该厂污泥发酵后的营养基质培育的草坪进行绿化；除此之外，二层还设有参观通道和休息区域，以供外来人员参观和考察。

(4) 除臭系统　首先该除臭系统采用“源头控制＋末端除臭”的理念，所谓的源头控制就是通过智能控制系统对工艺运行过程中各个环节进行合理的调控，保证臭气释放量最少；其次为了保证臭气的高效收集并防止臭气外逸，两个发酵槽为一组由隔墙及卷帘门分隔成独立区域，每个区域内设置有臭气浓度在线监测探头，当臭气浓度超过设定浓度值时，自动开启引风除臭系统，从而保证除臭系统的高效运行并大幅度降低能耗和运行费用。通过双重保障，保证了厂内工人的操作环境。图 5-29 为松江污泥厂的除臭设备；图 5-30 为松江污泥厂的污泥好氧发酵工程；图 5-31 为松江污泥厂的智控系统。

图 5-29　松江污泥厂除臭设备

图 5-30　松江污泥厂污泥好氧发酵工程

图 5-31　松江污泥厂智控系统

5.12.2.2 任丘市城东污水处理厂污泥处理处置工程

任丘市城东污水处理厂污泥滚筒高温好氧发酵处理工程，是水专项“城市污水厂污泥处理处置技术装备产业化”的示范工程，其工艺流程如图 5-32 所示，图 5-33 为滚筒设备图片，5-34 为料仓一角，图 5-35 为输送装置图片。该工程建设规模为 15t/d（含水率 80%），采用 DACT 滚筒动态好氧高温发酵技术对脱水污泥进行处理，于污水处理厂内利用脱水机房旁空地进行建设，总占地面积 1030m^2。该项目以玉米秸秆、玉米芯等农业废弃物调节污泥的含水率、C/N、孔隙率等，可维持 55～70℃高温发酵 5～7d，污泥有机物降解率可达 50%以上、产品含水率＜40%、粪大肠菌群值＞0.01%、种子发芽率＞75%，满足《城镇污水处理厂污泥处置 园林绿化用泥质》等相关标准，作为园林绿化营养土使用。该项目占地小、系统运行稳定，无臭气释放，环境卫生安全，在年消减约 250t 有机物的同时年产营养土 3000t，最终实现了污泥处理处置的无害化、稳定化、减量化和资源化等目标，被评为“2014 年国家重点环境保护实用技术示范工程”。

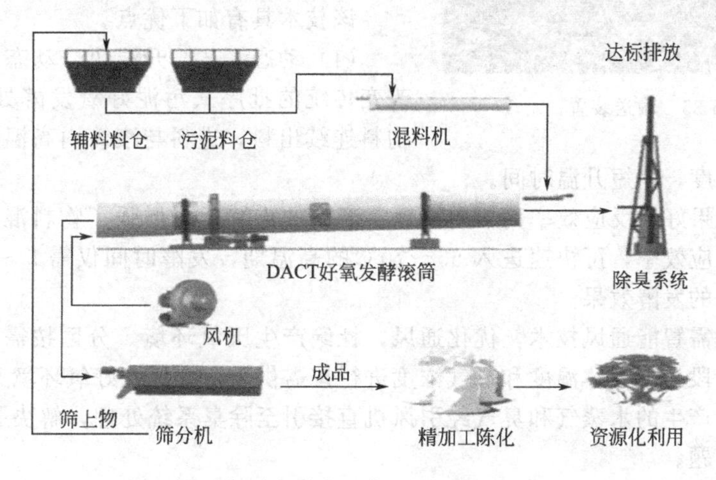

图 5-32 任丘市城东污水厂污泥处理工艺流程

图 5-33 滚筒设备

图 5-34 料仓

图 5-35 输送装置

与传统槽式好氧发酵工艺相比，DACT 滚筒动态好氧高温发酵技术是利用全封闭外旋转式发酵滚筒的缓慢转动，将污泥及辅料慢慢移向出料段，并在此过程中发生物料的混合和充氧，为微生物提供较优越的生长环境，快速发生好氧发酵反应并实现物料升温及促进有机物降解。微生物消耗有机物进行代谢时产生的热量，使物料维持55～70℃高温期达 5d 以上，可有效杀灭病原菌、寄生虫卵和杂草种子，并蒸发水分，使污泥转化成稳定的腐殖质，最终实现污泥稳定化、无害化、减量化处理，熟化后产品可用于园林绿化、土壤改良等，最终实现污泥的资源化利用。

该技术具有如下优点。

(1) 动态工艺，升温快　动态发酵处理工艺，改变传统的批序式污泥好氧发酵处理模式，实现物料连续出料，进料与滚筒内高温物料充分混合，提高起始发酵温度，缩短升温时间。

(2) 传质效果好，反应效率高，周期短　滚筒的连续运转增强了物料混合和翻抛效果，提高了传质及反应效率，可快速进入 55～70℃的高温期，发酵时间仅需 5～7d 即可达到传统工艺 20～30d 的发酵效果。

(3) 分区按需智能通风技术，优化通风，杜绝产生厌氧环境　分区按需智能通风技术，可实现各发酵阶段根据堆体温度和氧气浓度进行按需供风，既保证好氧环境又减少了通风量和废气处理量，产生的水蒸气和臭气经引风机直接引至除臭系统处理，解决了污泥好氧发酵技术臭味大的问题。

(4) 无臭、安全、易操作　发酵滚筒全密闭，废气全收集处理，无臭气排放，环境友好，操作界面与发酵界面分离，操作条件安全。

(5) 全保温，散热小，适应地域广　发酵滚筒全保温，系统散热量较小，发酵温度易保持，杀菌效果明显，运行效果受季节、地域影响较小。

(6) 系统占地小，设备布置灵活，可于污水处理厂内建设。

(7) 系统机械化、自动化程度高，运行及维护简单，劳动强度较小。

5.12.2.3 渭南市排水集团污泥处理中心工程

该项目采用槽式高温好氧快速堆肥技术，设计日处理污泥 120t，添加少量秸秆和返料进行调节，日产有机肥 30t，用作营养土和园林基质，执行《城镇污水处理厂污泥处置 园林绿化用泥质》(GB/T 23486—2009)。

项目总投资 3341.91 万元，总用地 3hm^2，其中建筑面积 12292m^2，包括原料车间、发酵车间、陈化车间、加工车间和有机肥库房等生产厂房，以及综合楼（研发、化验、营销、办公等）、传达室、车库等。

项目采用槽式高温好氧快速堆肥技术。槽式发酵系统是将原料混合物堆放在发酵槽中，使用翻堆机实现物料的翻搅和位移，每 4～5 个发酵槽共用一台翻堆机，并通过移行车进行换槽和出料，同时在发酵槽底部安装曝气管，由鼓风机通过曝气管强制通风供给氧气，形成好氧发酵环境，经过一个周期的发酵后物料转出发酵槽，由自动出料机转入陈化车间腐熟，发酵产品通过皮带机传送到加工车间后进行筛分，筛上物作为返料返回辅料车间，筛下物打包入库，发酵过程产生的臭气通过引风管道收集并引入生物滤池进行处理，图 5-36～图 5-39 展示了其中的某些关键设备。整个发酵周期 20～30d，成品含水率下降至 30%左右。

图 5-36 引风系统

图 5-37 翻堆机

图 5-38 一次发酵车间一角

图 5-39 曝气分控箱

该项目优点如下。

① 项目设计合理，一次投资及运行成本低，项目污泥吨投资约 27 万元，吨处理成本约 110 元。

② 堆肥过程中接种自主研发的 VT-2000 污泥堆肥接种剂，其富含的低温菌、嗜温菌有力促进了堆体的快速升温，在不同温度条件下均有微生物对堆体进行不间断分解，使其快速腐熟。菌剂中富含的微生物使产品对调整土壤微生态，维持土壤微生态平衡具有重要作用。

③ 配置了全程安防巡视系统及发酵过程在线检测系统。环境监测仪可监测车间内温湿度及氨气浓度；智能堆肥综合探杆可监测发酵槽内的温度、湿度及氧浓度，并带有自动进出装置，能感应翻堆机进槽后自行退出；中控室工程师站实现自动进出料系统、曝气系统、除臭系统、监测探头等系统设备的联动控制。

④ 堆肥曝气系统采用曝气管强制通风，发酵过程中配合堆肥综合探杆监测的氧浓度数

据，实现需氧量动态供给，提高发酵效率，节省了资源及成本。

⑤ 设备成套化、机械化程度高，全过程采用自动进出料，大大减少人工成本。

5.12.3 污泥综合处理技术

5.12.3.1 镇江市第二污水处理厂污泥深度脱水处理

镇江市新区第二污水处理厂位于镇江市大港新区，服务范围以国际化工园区、出口加工区为主，为市政生活污水的生化污泥，该厂设计总规模为 $5\times10^4m^3/d$，一期工程规模为 $2\times10^4m^3/d$，污泥处理处置项目有自有污泥和外来运输污泥两种，两种污泥性质类似，按远期每天有干泥约10t的规模统一建设，含第二污水厂自有污泥干泥5t外来运来污泥干泥5t。采用传统的带式压滤机脱水，处理后的污泥含固率只能达到15%～20%左右，难以达到处理技术要求，经超高压弹性压榨机处理后，污泥可在药剂几乎零添加的情况下，含水率低于60%。

镇江市新区第二污水处理厂原污泥浓缩池内的污泥，可作为稀释来源，同时外来运输污泥送料至污泥稀释调理系统进行稀释调理，再经输送泵打入超高压弹性压榨机主机，经过高压压榨后，滤液通过管道直接回流至污水处理系统，污泥通过卡车外运进一步处理。污泥处理流程见图5-40，图5-41为超高压弹性压滤机，图5-42为污泥经超高压弹性压榨机处理后的污泥效果。

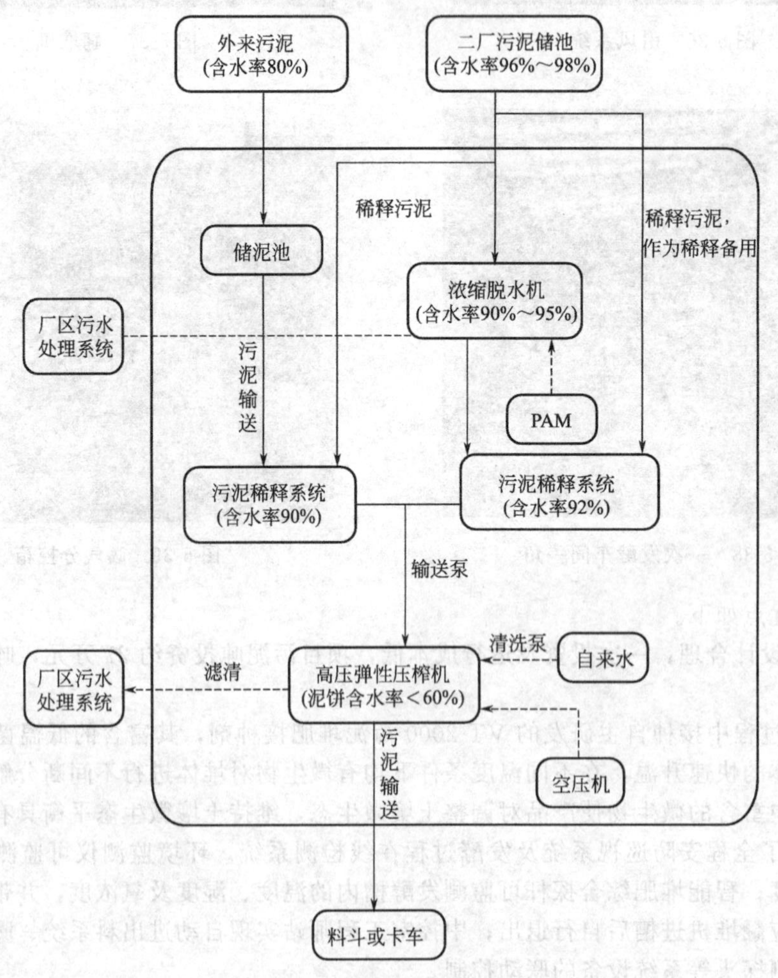

图5-40 污泥处理工艺流程

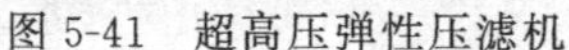

图 5-41 超高压弹性压滤机

图 5-42 污泥处理后效果

该污泥深度脱水项目无论是污泥性质、处理效果还是处理工艺都具有一定代表意义，主要特点如下：

① 低药剂、低成本投入，几乎在零加药的情况下可将污泥脱水至60%以下；

② 超高压高效率，设备的压榨压力可达5～7MPa，一个过滤周期不加药时仅需2h左右；

③ 滤布用量少，滤板寿命长，同等处理量情况下超高压弹性压榨机过滤面积小，滤布用量小，钢制滤板寿命长；

④ 采用弹性介质直接压榨，压缩比和压力均匀大于一般的压榨机设备；

⑤ 附属设备少，该设备共用一台液压系统，不需要外加空压泵、压榨水泵、空压机等增压设备；

⑥ 该技术仅通过机械压滤方式，具有工艺简单，占地少，投资省，技术成熟稳定，可实现全自动控制的明显优势。

5.12.3.2 无锡梅村水处理厂污泥深度脱水项目

无锡梅村水处理厂污泥深度脱水项目位于无锡梅村水处理厂内。该项目于2013年3月开工建设，2013年7月正式投入运营。梅村水处理厂污泥深度脱水项目采用BOT模式，直接处理梅村水处理厂内含水率98%～99%的剩余污泥2000m^3/d（折合80%含水率污泥约200t/d）。污泥经调制和板框压滤机处理后，含水率降至60%以下，实现了污泥的稳定化和减量化。经深度脱水后污泥运送至慧联热电集中焚烧处置。工艺流程如图5-43。

该项目采用调质深度脱水方法。污泥首先经药物调质工艺对其进行改性，比阻降低，可以充分改善压滤工况。布置调整罐，浓缩后的剩余污泥进入调理罐，加药后进行调质处理。

污泥在调理罐调质处理后，输送进压滤机。污泥进入压滤机后留在压滤机的滤室内聚集，不断浓缩、过滤，滤液不断流出。

污泥进料结束后，再启动压榨泵向压滤机隔膜板内注水，隔膜在腔室内水压作用下，不断膨胀，挤压滤室中的污泥，将污泥中的水分进一步挤出来，直至压到泥饼的水分符合要求为止。压榨结束后，拉开滤板和隔膜板进行自动卸泥饼。完成卸饼后，将泥饼破碎，输送到料斗内，再用汽车运出集中焚烧。

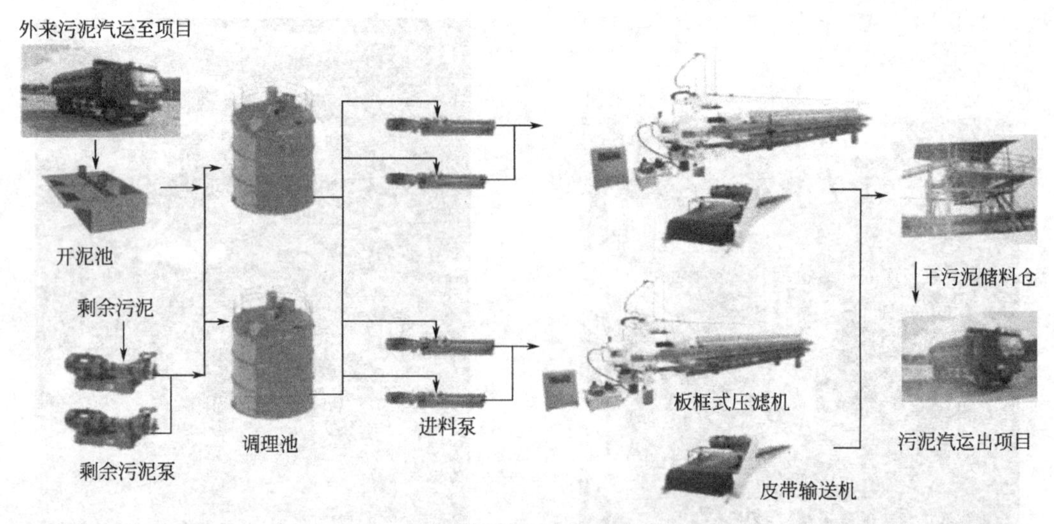

图 5-43 污泥深度脱水工艺流程

5.12.3.3 河北乐亭县污水处理厂污泥处理处置工程

河北乐亭县污水处理厂项目建成于 2010 年，设计处理能力为 40000t/d，出水执行《城镇污水处理厂污染物排放标准》(GB 18918—2002) 中的一级 B 标准。污水处理厂已建成 3 年，经现场深入勘察，发现污水处理厂基建、工艺、设备等都存在不同程度问题。根据实际情况对污水处理厂进行升级改建，改造后排放污水执行《城镇污水处理厂污染物排放标准》(GB 18918—2002) 中一级 A 级标准。处理污水来源于乐亭县城区下水道，主要包含机关、学校和居民日常生活中产生的废水（厕化粪池、洗衣洗澡水、厨房等家庭排水以及商业、医院和游乐场所的排水等）。生化池原有工艺是 UNITANK 工艺，氨氮、总氮去除率有限，总磷基本没有去除，且产泥量很大。利用现有生化池土建进行工艺合理升级，将生化工艺改造为双级 HAF-FSBBR。提高各项污染物去除率，达到彻底净化的目的，同时实现污泥减量化。

针对乐亭县污水处理厂项目特点，采用双级 HAF-FSBBR 污泥零排放技术。

根据污水生物处理工艺中微生物的代谢特性，污水中的有机物一部分被微生物分解提供其生命活动的能量，最终代谢为二氧化碳和水等；另一部分用来增殖，将有机物转化为新的生物体。通过增加污泥生态链，并适当调整微生物群落特性，利用代谢的生物体作为微生物的底物并重复代谢过程，构建特定的微生态系统，强化微生物代谢活性，减少污泥量；同时通过工艺交替及微生态环境交替实现能量解偶联及维持能量，从而再次实现污泥减量，实现源头减量污泥零排放，并提高污水处理效率。双级 HAF-FSBBR 污泥零排放工艺如图 5-44 所示。

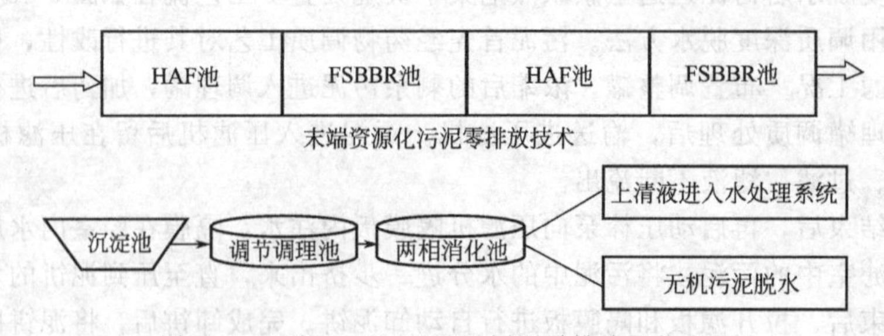

图 5-44 双级 HAF-FSBBR 污泥零排放工艺流程

该项目集成了源头减量污泥零排放技术和末端污泥资源化技术的综合特点，具有创新。二者特点分述如下。

（1）源头减量污泥零排放技术特点

① 污泥产量低。将污泥中的有机物分解成无机盐类和水，污泥减量90%以上。

② 增强系统抗冲击能力，对于水量水质带来的变化，能够较好应对，且对温度变化系统反应不明显。

③ 除臭效果好。能够很明显消除污水厂中产生的臭味，降低除臭系统的经济投入。

④ 提高污水处理系统的效率，可明显提高处理负荷。

⑤ 运行成本低，不需要污泥脱水设备及污泥处置费用，提高工作效率。

⑥ 不改变污水厂原有结构，短时间低成本升级改造生物处理系统，不仅实现污水水质指标，且污泥减量90%以上。

（2）末端资源化污泥零排放技术特点：

① 稳定污泥性质，减量有机污泥90%以上；

② 独特的污泥流化技术，解决了传统工艺中浮渣结盖、堵塞管道、搅拌不均、沉砂淤砂等问题，具有节能、高效可靠、控制方便、维护简便、维修量低的特点；

③ 污水处理厂可省却污泥浓缩池建设或运行，节省基建和运行费用；

④ 科学的保温系统，避免了罐内上下温差大、进料与罐内消化液的局部温度不均等问题，温度均匀可靠，气温适应强，彻底消除污泥的臭味；

⑤ 提高污泥的卫生质量，污泥在复合分相消化过程中，会杀灭95%以上病原菌及有害微生物；

⑥ 独特的排砂系统，避免了沼渣、沉砂、淤砂导致的有效消化容积的减少；

⑦ 负荷消化启动时间短；

⑧ 标准化设计，具有设计施工周期短，布局美观的特点；

⑨ 适合污水处理厂升级改造，也适用于污泥处理厂。

图5-45为乐亭县污水处理厂一角。

图5-45 乐亭县污水处理厂一角

5.12.3.4 淄博精飒环境工程有限公司5×10^{4}t/a污泥减量化及资源综合利用项目

该项目为淄博精飒的“15×10^{4}t/a污泥减量化及资源综合利用项目”一期“5×10^{4}t/a污泥减量化及资源综合利用项目”工程。该工程主要用于处理光大水务（淄博）有限公司水质净化三分厂污泥，设计处理能力150t/d（含水量80%湿污泥计），污泥干化后含水率＜30%。

该项目采用真空射流干化技术，整个的干化过程温度控制在60℃以内，干化过程中不需要外接加热设备，非蒸发工艺，安全可靠，恶臭气体逃逸率低；干化过程中，无需添加任何药剂，不会影响污泥的后续处理；与传统的热干燥方式相比，节能40%以上，并且还具有杀菌、有机质损失率低、占地面积小等特点。

该项目利用地域优势，将光大水务（淄博）水质净化三分厂污泥直接泵送至污泥干化车间，利用污泥射流干化技术，将光大水务（淄博）水质净化三分厂污泥含水率降低至30%以下，污泥的热值提高至1500kcal/kg。干化后的污泥采用密闭罐车，直接运至水泥厂、电厂协同焚烧。射流干化过程产生的尾气经洗涤、活性炭吸附、低温等离子除臭系统处理后，排放至大气中；干化过程中产生的废水直接回排至污水处理厂处理。整个的污泥干化过程，不对周围环境造成二次污染。图5-46和图5-47分别是真空射流干燥主机及设备操控室。

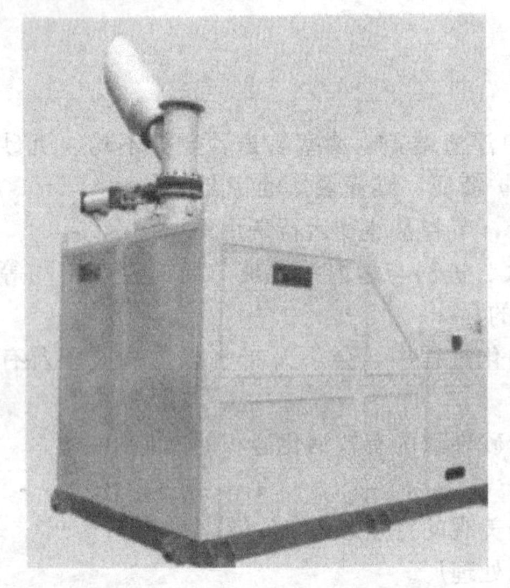

图5-46 真空射流干燥主机

图5-47 设备操控室

该项目特点突出，主要表现在以下几点。

① 安全性好。整个污泥干化过程温度控制在60℃以内，过程中无需外接加热设备，非加热工艺，安全可靠。

② 无需添加剂。整个的干化过程中，无需添加任何药剂，与传统的调理—压榨工艺相比，不会增加污泥干基，不会对污泥的后续处理造成不利影响。

③ 无需外部热源，降低恶臭气体逃逸率。低温不会造成污泥内部恶臭气体的强烈挥发，降低恶臭气体逃逸率，不影响周围环境。

④ 节能。与传统热干化工艺相比，能源利用效率高，节能在40%以上。

⑤ 杀菌作用。该技术干化的过程伴随着破碎，使细菌壁破裂，有杀菌作用，大肠杆菌灭活率达99.73%以上，

⑥ 有机质损失率低。有机质在污泥干化前后变化小，损失率不足5%，最大限度地保证了污泥热值，对后续的处理的水泥协同焚烧、等离子气化、电厂焚烧等工艺影响小，价值高。

⑦ 模板化设计占地面积小。射流干化工艺采用模板化设计，可以根据项目实际规模的不断变化，一次性设计，灵活、分期建设。整体系统占地面积小。

5.12.3.5 裕川300t/d污泥处置工程

裕川厂区位于天津市滨海新区北塘，目前运行的污泥处理设施总设计能力为400t/d，

一期工程（150t/d）在2012年10月投产运行。该项目获国家发改委2009年“资源节约与环境保护项目”1000万元资金支持，是天津市最具规模的污泥处理及资源化设施之一，可满足滨海新区80%以上的污泥处理需求。目前处理来自塘沽、大港、空港和临港的污水处理厂污泥。该项目工艺独到，流程简洁，处理时间短，占地小，投资和运行成本低，应用模式灵活，工艺安全环保。具体工艺流程如图5-48所示。

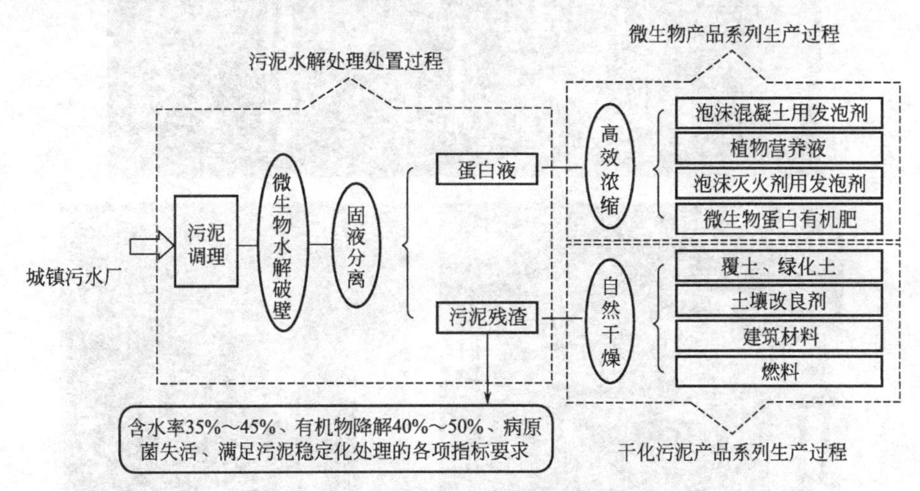

图5-48　污泥处理处置工艺流程

该项目以城镇污水处理厂和工业废水处理设施产生的活性污泥为处理对象，通过理化作用对微生物进行水解破壁处理，经固液分离后得到含蛋白液体和污泥残渣。污泥残渣因病原菌破壁失活而无害化，因水分的分离而减量2/3，因蛋白等的分离实现有机物消减50%以上，最终可作为覆土、绿化土、土壤改良剂和建筑材料被利用。分离出的含蛋白液体可作为污水处理厂的碳源、蛋白发泡剂和有机肥等利用。

该项目在解决污泥处理难题的同时，对新型资源——污泥微生物蛋白进行高附加值利用。采用该技术每处理10×10^4t污泥（300t污泥/d），相对于填埋处置可节约土地150亩，节约污泥运送耗油40000L（距填埋场20km计）；相对于干化焚烧，可节约燃煤7000t，直接减排二氧化硫24t、二氧化碳14000t。图5-49为污泥破解装置及污泥干化设备图。

5.12.3.6　南京胜科水务有限公司污泥脱水干化工程

南京胜科水务有限公司位于南京化学工业园，设计废水处理规模2.5×10^4t/d，目前一期处理污水量为1.2×10^4t/d，每天平均产泥量约12t（含水率85%）。原南京胜科水务有限公司的污泥处理模式是：原始污泥（含水率99%）经带式脱水机脱水至含水率85%以下后以危险废物形式外运焚烧处置。由于危险废物污泥外运焚烧处置费用较高且逐年上涨，为减少污泥处理成本，拟对污泥进行脱水、干化减量处理。

该项目主要在原带式脱水机房车间内进行改建。根据南京胜科水务有限公司的污水处理规模，结合目前实际情况，该污泥干化工程总规模按24t/d（含水率≤85%）进行设计，工程拟分两期进行，其中一期规模按12t/d（含水率≤85%）进行设计，污泥处理要求出泥含水率≤20%。

采用的新技术改变了传统脱水工艺，将物料的脱水、压滤与热干化等工序合成一体，在同一设备上连续完成。具体工艺流程见图5-50。

经调制后的污泥，经进料泵送入脱水干化系统，同时在线投加絮凝剂，利用泵压使滤液通过过滤介质排出，完成液固两相分离。在入料初期，滤布上的滤饼层较薄，过滤阻力小，

图 5-49 污泥破解装置及污泥干化设备

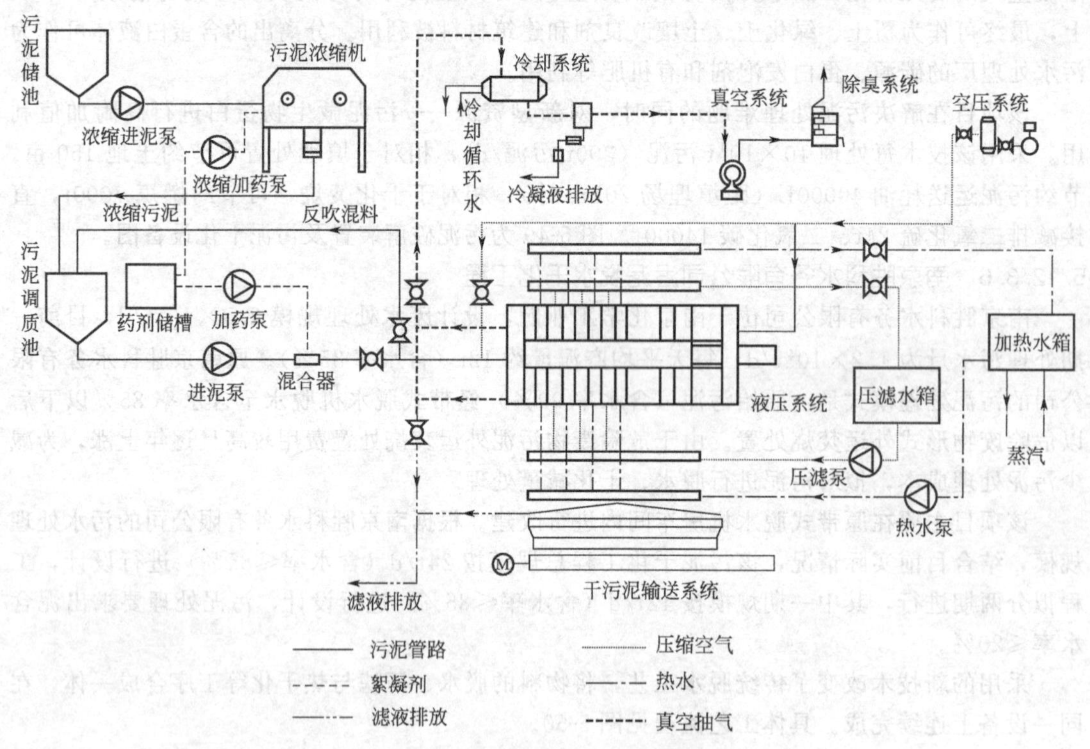

图 5-50 污泥脱水干化工艺流程图

因此入料量很大。随着过滤的进行，滤饼逐渐增厚，滤饼的空隙率则相对减少，导致过滤阻力增加，入料量随之减少，当物料充满滤室时，进料过滤期结束。在密实成饼阶段，通过隔膜板内的高压水产生压榨力，破坏了物料颗粒间形成的“拱桥”，使滤饼压密，将残留在颗粒空隙间的滤液挤出；滤饼中的毛细水则利用压缩空气强气流吹扫进行穿流置换，使滤饼中的毛细水进一步排出，以达到最大限度地降低滤饼水分。在此基础上，低温真空脱水干化成套技术增加了真空干化功能，即在隔膜压滤结束后，加热板和隔膜板中通入热水，加热腔室中的滤饼，同时开启真空泵，对腔室进行抽真空，使其内部形成负压，降低水的沸点。滤饼中的水分随之沸腾汽化，被真空泵抽出的汽水混合物经过冷凝器，汽水分离后，液态水定期排放，尾气经净化处理后排放。图 5-51 是污泥真空脱水设备。

图 5-51 污泥真空脱水干化设备

该项目采用低温污泥真空脱水技术，具有如下显著特点。

① 污泥经低温真空脱水干化设备处理后，含水率可脱水干化至 20%以上，污泥总量减量明显，污泥外运处置成本大幅降低。

② 在脱水过程中只需投加 PAM 等常规絮凝剂，无需投加石灰、铁盐等无机添加剂，污泥干基不会增加，使污泥得到充分减量化。

③ 在原有带式脱水机房内改造完成，无需另外新建厂。

④ 低温真空脱水干化工艺，加热介质温度为 85～90℃热水，过程全封闭负压运作，污泥进入干化系统后不再与其他运转部件产生动态接触，无磨损隐患和粉尘爆炸危险，无粉尘和臭气排放。在设备运行或停运过程中，无需考虑惰性气体保护等安全措施。

⑤ 所有滤板均有德国制造的品质保证，非金属 PP 外框的设计与加工大大减少了热量的环境损失，节省能源费用。滤板的隔膜膜片及其他配件是可拆卸的，滤板使用多年后可以非常方便地更换隔膜，没有必要更换整块滤板，无需返厂重现修复。

⑥ 可以根据项目实际规模的不断变化，一次性设计，灵活、分期建设，运行不同数量的单体设备，减少前期设备投资风险和运行过程中的“大马拉小车”现象，降低设备拆旧和运行成本。

5.12.3.7 佛山南海区污泥处理项目

佛山南海区污泥处理项目位于佛山市南海区大揽林场，是广东首个同类项目，设计总规模为日处理 450t 湿污泥，其中一期工程设计规模为日处理 300t 湿污泥，设立 3 条生产线，每条线干化处理量 100t/d。工程范围包括整个干化生产线的设计、供货、安装、调试，整个系统主要包括：湿污泥接收系统、储存及输送系统、污泥干化系统、干污泥输送及储存系统、除臭系统。

该项目采用国际先进的干化设备和工艺，将含水率80%的湿污泥干化至含水率为30%的干污泥，干化后污泥输送至绿电电厂与生活垃圾协同焚烧发电。干化过程中产生的热水回到热电厂循环利用，整个污泥干化过程的废气全部经收集至臭气处理系统处理达标后排放，废水回到污水处理设施处理后达到排放标准。具体的工艺流程见图5-52。污泥干化设备见图5-53。

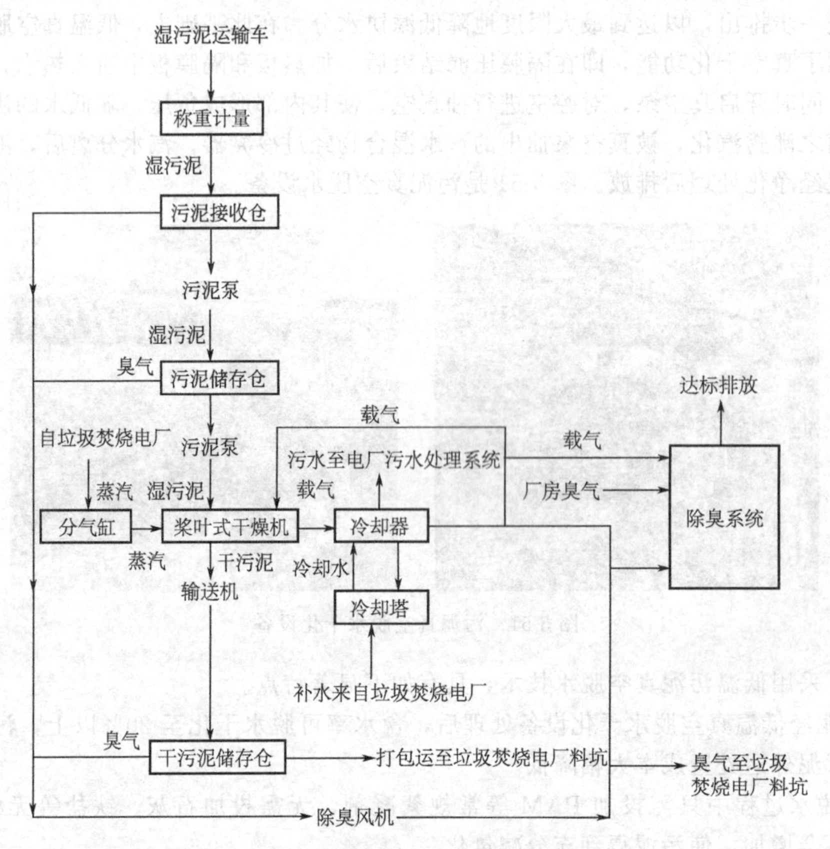

图5-52 污泥处理工艺流程图

图5-53 污泥干化设备

该项目特点突出，主要表现在以下几方面。

① 污泥高效减量化、无害化、稳定化。进场污泥通过干化并与垃圾混烧，完全实现了污泥的减量化、无害化、稳定化。而处理污泥所产生的废水、废气及固体废物均在厂区内进行无害化处理，在不大量增加原有厂区废物无害化处理负担的情况下不再产生二次污染。

② 能量和资源的循环利用。首先垃圾焚烧产生大量的热蒸汽可利用于污泥干化系统，

而干化后的蒸汽冷凝水则再次返回至电厂循环利用；其次整个污泥处理的载气、臭气、循环冷却水均与电厂系统联动循环、封闭处理；最为重要的是，送至电厂协同焚烧的干污泥，充分利用了污泥的热值，为污泥的资源化利用找到了出路。

③ 节能降耗、土地节约、安全环保、集约经济。首先由于紧邻垃圾焚烧厂，所以蒸汽质量好，成本低，使得污泥干化处理运行成本大大降低，达到政府和企业可以承受的范围；其次这种污泥处理工艺布置合理、结构紧凑、占地节省，几乎可在所有的现有电厂新建，省去征地的审批程序和相关费用；再次从工艺角度出发，污泥干化的含水率可控，无粉尘污染及危险，对环境无二次污染；最后，这种协同处置模式可使能源消耗大幅降低，干污泥作为燃料，每年可节约煤炭近万吨，另外最终的灰渣如作为建筑辅料，每年可减少大量的固体垃圾处理量，节约填埋用地。

④ 解决政府难题，处置企业受益。我国市政污泥2010～2014年保持较高增幅，增长趋势强劲。目前重点城镇污泥无害化处理处置率还比较低，据不完全统计尚不足20%，与“十二五”目标——“城市污泥无害化处置率达到70%左右”相差较大。这与我国产业、技术政策的缺失有关。目前国内政策尚未完善，处置费没有明确的来源，除了少数用地紧张、经济发达城市外，目前各地方政府更倾向于更经济、更适用的处理、处置方式，这就导致一方面大型市政污泥集中处理市场规模有所缩减；另一方面由于监管不力，相当数量的不法企业打着处置旗号将污泥偷排。从技术角度看，传统的干化、焚烧工艺具有投资高、运营成本高的特点，而厌氧、好氧等处理工艺存在着大量的不稳定和最终产物无出路的问题，短时间内无法推广。这就使得污泥产业的市场化多年来一直处于萌芽状态。而“佛山模式”的推出，基本可以突破了污泥产业市场化的瓶颈，既可以解决污泥处理的技术难题，又让污泥处理企业不再把污泥处理视为负担，为希望进军“污泥产业”的企业发展提供了一个很好借鉴。

参考文献

[1] 蔡佳骏，王晓霞，孙贤波，虞天立．剩余污泥超声破解技术研究进展［J］．上海市化学化工学会2013年度学术年会论文集，2013：86-88.

[2] 池勇志，刘晓敏，李玉友，张昱，费学宁，王愉晨．微波预处理剩余污泥的研究进展［J］．化工进展，2013，32（9）：2221-2226.

[3] 陈国炜，席鹏鸽，徐得潜，等．解偶联用于降低污泥产率的研究进专论与综述［J］．工业水处理，2015，35（1）：12-16.

[4] 上海市政工程设计研究总院（集团）有限公司．污泥综合解决方案．见：第六届上海污泥热点论坛论文集，2014.

[5] 谷晋川，蒋文举，雍毅．城市污水厂污泥处理与资源化［M］．北京：化学工业出版社，2008.

[6] 郭小马，赵焱，王开演，赵阳国．MBR与SMBR脱氮除磷特性及膜污染控制［J］．环境科学，2015，36（3）：1013-1020.

[7] 关伟，郭会平，赵学洋，李举明．我国城市污水处理现状及城市污水处理厂提标改造路径分析［J］．辽宁大学学报自然科学版，2015，42（4）：378-384.

[8] 胡海兰，方芳，冯骞，操家顺．代谢解偶联技术在污泥减量化中的应用研究进展［J］．净水计划，2014，33（2）：36-41.

[9] 何品晶，顾国伟，李笃中等．城市污泥处理与利用［M］．北京：科学出版社，2003.

[10] 姜世坤，尹军，赵玉鑫，解艳东，刘伟华．2010．鸟粪石法去除臭氧化污泥破解液中氮磷效能［J］．水处理技术．36（9）：114-117.

[11] 金正宇，张国臣，王凯军．热解技术资源化处理城市污泥的研究进展［J］．化工进展，2012，31（1）：1-9.

[12] 贾瑞来，刘吉宝，魏源送．基于响应面分析法的微波-过氧化氢-碱预处理污泥水解酸化优化研究［J］．环境科学学报，2015，36（3）：1-16.

[13] 李复生，高慧，耿中峰，张敏华．污泥热化学处理研究进展［J］．安全与环境学报，2015，15（2）：239-245.

[14] 李立欣，赵乾身，马放，潘鹏志．废水处理中污泥减量技术现状及发展趋势［J］．水处理技术，2015，41（1）：1-4.

[15] 李鹤超，严红，肖本益．化学解偶联剂污泥减量技术的研究进展［J］．工业水处理，2015，35（1）.

[16] 楼紫阳，赵由才，张全．渗滤液处理处置技术及工程实例［M］．化学工业出版社，2007.

[17] 宁平．固体废物处理与处置［M］．北京：高等教育出版社，2012.

[18] 苏洪敏，李梅，孔祥瑞，张克峰，顾婧．超声波污泥减量化技术研究进展［J］．山东建筑大学学报，2013，28（2）：154-157

[19] 申荣艳，骆永明，章钢娅，等．城市污泥农用对植物和土壤中有机污染物的影响［J］．农业环境科学学报，2007，26（2）：651-665.

[20] 王涛，叶成全，李伟民，等．化学解偶联剂对A2/O工艺污泥产率的影响［J］．中国给水排水，2011，27（3）：102-105.

[21] 王绍文，秦华，邹元龙，滕华，张宾．城市污泥资源利用与污水土地处理技术［M］．北京：中国建筑工业出版社，2007.

[22] 翁焕新．污泥无害化、减量化、资源化处理新技术［M］．北京：科学出版社，2009.

[23] 徐强，刘明，张春敏．污泥处理处置新技术、新工艺、新设备［M］．北京：化学工业出版社，2011.

[24] 谢敏，施周，刘小波，陈积义．微波辐射对净水厂污泥脱水性能及分形结构的影响［J］．环境化学，2009，28（3）：418-421.

[25] 叶成全．多种解偶联剂对A2/O工艺污泥减量效果的研究［D］．重庆：重庆大学，2011.

[26] 尹军，王剑寒，赵玉鑫．回流臭氧化污泥对污水处理系统影响的研究进展［J］．吉林建筑工程学院学报．2009，26（1）：13-16.

[27] 尹军，王剑寒，赵玉鑫，刘继莉，闫慧慧．臭氧投量对活性污泥特性参数的影响［J］．中国给水排水．2009，25：18-21.

[28] 尹军，赵玉鑫，王剑寒．污泥臭氧化减量技术研究进展［J］．长春工业大学学报（自然科学版），2007，2：35-36.

[29] 尹军，赵玉鑫，王小玲，刘志生，赵可．臭氧在污泥减量技术中的应用［J］．环境污染与防治，2006，28（8）：627-630.

[30] 姚刚．德国污泥利用和处置（I）［J］．城市环境和城市生态，2002，13（1）：43-47.

[31] 中国环保部．2011年中国环境统计年报［R］．北京：中国环境科学出版社，2012.

[32] 赵西成，李兆，王力，苗波波．微波热解技术研究进展［J］．应用化工，2014，43（2）：343-352.

[33] 张源凯，王洪臣，庄健．污泥预处理的几种新技术［J］．水资源环境保护，2014，30（4）：71-77.

[34] 朱开金，马忠亮．污泥处理技术及资源化利用［M］．北京：化学工业出版社，2007.

[35] 张辰，王国华，孙晓．污泥处理处置技术与工程实例［M］．北京：化学工业出版社，2006.

[36] 张小平．固体废物污染控制工程［M］．第2版．北京：化学工业出版社，2010.

[37] ［意］Paola Foladori Gianni Andreottola Giuliano Ziglio著．污水处理厂污泥减量化技术［M］．周玲玲，董滨译．北京：中国建筑工业出版社，2013.

[38] 赵玉鑫，尹军，于合龙，王立军，王剑寒．污泥臭氧氧化破解影响因素研究［J］．吉林农业大学学报，2010，32（5）：523-527.

[39] 赵玉鑫，尹军，于合龙，王立军．污泥臭氧氧化破解历程研究［J］．黑龙江大学自然科学学报，2010，27（6）：759-763.

[40] 赵玉鑫，尹军，王剑寒．臭氧破解污泥效能评价指标选择与应用［J］．哈尔滨工业大学学报，2009，41：79-83.

[41] Aragóna C，Quirogab J M，Coello M D. Comparison of four chemical uncouplers for excess sludge reduction [J]. Environmental Technology，2009，30（7）：707-714.

[42] Ayol A，Dentel S K，Filibeli，et al. Use of drainability and filterability simulations for evaluation of oxidative treatment and polymer condition of sludge [J]. Wat. Sci. Technol，2004，50（9）：9-16

[43] Arvinthan V，Mino H，Satoh S，et al. Alkaline，acid and thermal solubilization for minimization of waste sludge [J]. Environmental Engineering Research，1998，35：189-198

[44] Barjenbruch M and Kopplow O. Enzymatic，mechanical and thermal pre-treatment of surplus sludge [J]. Advances in Environmental Research，2003，7：715-720

[45] Bougrier C，Albasi C，Delgenès J P，et al. Effect of ultrasonic，thermal and ozone pre-treatments on waste activated sludge solubilisation and anaerobic biodegradability [J]. Chemical Engineering and Processing，2006，45：711-718

[46] Benabdallah EI-Hadj T.，Dosta J.，Marquez-Serrano R.，and Mata-Alvarez J. Effect of ultrasound pre-treatment in mesophilic and thermophilic anaerobic digestion with emphasis on naphthalene and pyrene removal [J]. Water Research，2007，41：87-94.

[47] Chen G H，Mo H K，Liu Y. Utilization of a metabolic uncoupler 3，3，4，5- tetrachlorosalicylanilide（TCS）to reduce sludge growth in activated sludge culture [J]. Wat. Res.，2002，36（13）：2077 - 2083.

[48] Chudoba P，Morel A，Capdeville B. The aspect of energetic uncoupling of nicrobial growth in the activatd sludge process：OSA system [J]. Water. Sci. Technol.，1992，26（9-11）：2477-2480.

[49] Chen Guowei，Xi Pengge，Xu Deqian，et al. Comparison between inhibitor and uncoupler for minimizing excess sludge production ofan activated sludge process [J]. Frontiers of Environmental Science& Engineering，2007，1（1）：63-66.

[50] Chu，Li B.，Wang，Jian L.，Xing，Xin H.；Sun，Xu L.；Jurcik，Benjamin. Evaluation of biodegradation of soluble and particulate matter produced during sewage sludge ozonation by a combination of chemical and microbial approaches [J]. Journal of Environmental Science and Health - Part A Toxic/Hazardous Substances and Environmental Engineering. 2010，45（11）：1315-1321.

[51] Detchanamurthy S，Gostomski P A. Metabolic uncouplers in environmentalresearch：a critical review [J]. Reviews in Chemical Engineering，2012，28（4/5/6）：309-317.

[52] Guo Xuesong，Yang Jianming，Liang Yuan，et al. Evaluation ofsludge reduction by an environmentally friendly chemical uncouplerin a pilot-scale anaerobic/anoxic/oxic process [J]. Bioprocessand Biosystems Engineering，2013，37（3）：553-560.

[53] Ghyoot W and Versteaete W. Reduced sludge in production in a two-stage membrane-assisted bioreactor [J]. Wat. Res.，1999，34（1）：205-215.

[54] Jin Pei，Hong Yao，Hui Wang，Dan Shan，Yichen Jiang，Lanqianya Ma，Xiaohua Yu. Effect of ultrasonic and ozone pre-treatments on pharmaceutical waste activated sludge's solubilisation，reduction，anaerobic biodegradability and acute biological toxicity [J]. Bioresource Technology，2015，192：418-423.

[55] Jun Yin, Yuxin Zhao, Yingzi Lin, Baojun Jiang, Zhiyuan Sun, Jianhan Wang. Characteristic changes of activated sludge after ozonation [C]. In: Beijing International Environmental Technology Symposium. Beijing, China, September , 2006, 19-21: 445-454.

[56] Jun Yin, Yuxin Zhao, Jianhan Wang. Sludge solubilisation by hydrogen peroxide/ozone treatment and organic matter recovery [C]. Advances in Chemical Technologies for Water and Wastewater Treatment. Xi-an, China, May: 2008, 15-18.

[57] Jiang Baojun, Yin Jun, Wu Xiaoyan, Zhao Yuxin. Effect and Cost Research for Leachate Treatment in PAC/Fenton and Fenton/PAC Technology [J]. Journal of Donghua University. 2010, 27 (3): 395-399.

[58] Mao T. , Hong S-Y. , Show K. -Y. , Tay J. -H. , and Lee D-J. A comparison of ultrasound treatment on primary and secondary sludges [J]. Water Science and Technology, 2004, 50 (9), 91-97.

[59] Park B, Ahn J H, Kim J, et al. Use of microwave pretreatment for enhanced anaerobiosis of secondary aludge [J]. Wat. Sci. Tech, 2004, 50 (9): 17-23.

[60] Yin Jun, Zhang Liguo, Liu Lei, Zhao Yuxin. Pyrolysis characteristics of pharmaceutical sewage sludge and brown coal [C]. In: Proceedings of Facing Sludge Diversities. Challenges, Risk and Opportunities (IWA), Antalya, Turkey, 2007: 495-503.

[61] Yuxin Zhao, Jun Yin, Helong Yu, Ning Han, Fengjuan Tian . Observations on ozone treatment of excess sludge [J]. Water Science and Technology, 2007, 56 (9): 165-175.

[62] Yuxin Zhao, Jun Yin, Helong Yu, Baojun Jiang, Shikun Jiang. Sludge Treatment by O_3/H_2O_2 and Carbon Source Recovery [J]. Journal of Residuals Science & Technology, 2009, 6 (4): 193-199.

[63] Yin Jun, Zhang Liguo, Liu Lei, Zhao Yuxin. Characterization of metabolism process of waste activated sludge from SBR process [C]. In: Proceedings of Facing Sludge Diversities. Challenges, Risk and Opportunities (IWA), Antalya, Turkey, 2007. : 497-487.